水致疾病风险与饮水安全技术

陈维杰　杨　二　等著

黄河水利出版社

·郑州·

内容提要

全书共分十章，分别为绪论、水质常规指标(上、下)、饮用水中消毒剂常规指标、水质非常规指标、饮用水常规处理技术、饮用水深度处理技术、管道分质供水、应急安全供水、饮用水源保护等。比较全面系统地介绍、评价了各类饮用水源水的性质与测定、处理技术，既注重新成果的应用，更注重突出实用性，相信对新标准颁布实施后的水处理工程建设与管理，以及人们日常生活中的安全与健康饮水能够起到应有的借鉴与帮助作用。

图书在版编目(CIP)数据

水致疾病风险与饮水安全技术/陈维杰，杨二等著．郑州：黄河水利出版社，2009.12

ISBN 978-7-80734-779-8

Ⅰ.①水… Ⅱ.①陈… ②杨… Ⅲ.①饮用水-供水水源-安全管理 ②饮用水-给水卫生 Ⅳ.①TU991.11 ②R123.5

中国版本图书馆 CIP 数据核字(2009)第 243703 号

出 版 社：黄河水利出版社

地址：河南省郑州市顺河路黄委会综合楼 14 层　邮政编码：450003

发行单位：黄河水利出版社

发行部电话：0371-66026940、66020550、66028024、66022620(传真)

E-mail：hhslcbs@126.com

承印单位：黄河水利委员会印刷厂

开本：787 mm×1 092 mm　1/16

印张：22

字数：508 千字　　印数：1—1 300

版次：2009 年 12 月第 1 版　　印次：2009 年 12 月第 1 次印刷

定价：48.00 元

序

2007 年 5 月 30 日至 6 月 1 日，联合国秘书长水与卫生顾问委会员第八次会议暨亚洲地区对话会在我国上海市召开，会议发表的材料表明，全球有 11 亿人未能喝上安全饮用水，26 亿人缺乏必要的用水卫生设施，每年有 500 万人、包括 180 万儿童死于与水有关的疾病。

我国是一个发展中国家，经济实力尚不能保障水环境得以实现应有的良性循环。在这种情况下，水污染尤其是饮水不安全问题将在一个相当长的时期内继续困扰人们的身心健康。据我国水利部统计，全国现阶段有 3.2 亿人饮水不安全、400 多座城市缺水、1/3 的饮用水水源不达标，可以说饮水安全问题十分严峻。

饮用安全和卫生的水，是每一个人生命健康的需要和渴望。联合国前秘书长安南曾指出："获得安全的水是人类的一个基本需要，因此是一项基本人权。不洁的水危害所有人的身体健康，也危害整个社会的健康。这是对人类尊严的践踏。"我国饮用水水质的进一步改善同样十分迫切。

那么，什么样的水才算是安全和卫生的饮用水呢？从概念上讲，它应该是在满足人体基本生理功能和维持生命基本需要的基础上，长期饮用可以改善和促进人体的生理功能、有利于增强人体健康和提高生命质量。在实际生活中，其属性又往往与一定历史发展阶段的生产力状况、科学技术水平和社会文明程度相适应，一般是通过水质标准来进行衡量和判断。新中国成立之初制定的水质标准是 15 项，改革开放之初增至 35 项，到 2007 年猛增至 106 项，这充分体现了党和政府对饮水安全问题的高度重视以及我国综合国力的显著增强。

检验水质的标准由少增多，客观上反映了饮用水净化程度在不断提高。与此相对应，也就急需一部能够全面系统介绍各类各项水质指标性质、影响、检验方法及处理技术的配套读物。在这种情况下，高级工程师陈维杰、杨二等撰写了《水致疾病风险与饮水安全技术》一书。该书的最大特点是以标准为纲，逐指标地依其性质、对人体健康的影响、检验方法、处理工艺等程序展开系列介绍，克服了以往大多数专著不太注重系统化的缺陷，从而为读者全面系统地了解、掌握各项水质标准的概念和研究成果提供了参考依据，确实不失为目前对新版《生活饮用水卫生标准》(GB 5749—2006)较为全面、系统的诠释书籍。

维杰是我的同学，长期从事饮用水的生产、管理工作，探索和积累了丰富的实践经验与理论知识；在与杨二等同志合作著书过程中，还借鉴了数百位同行专家、学者的研究成果，因而书稿具有较强的知识性、实用性和收藏价值。建议从事饮用水工程建设、管理及研究者在工作学习中参阅，同时也可作为家庭日常生活中的饮水健康用书收藏。

李占学

2009 年 12 月

前 言

1972年6月5~16日,联合国在瑞典首都斯德哥尔摩召开的第一次环境与发展大会提出“石油危机之后,下一个危机是水”。中国工程院院士、全国政协原副主席、水利部原部长钱正英将我国的水问题概括为“一多(洪涝)、一少(短缺)、一脏(污染)”,把水质污染与洪涝灾害、水资源短缺并称为21世纪的三大水危机因素之一。当前,随着工业化、城镇化、农业产业化进程的快速推进,水质污染问题将不可避免,并且在局部地区还会有加剧之势。水是生命之源,水质污染将直接或间接地影响人民群众的身体健康。对此,党和政府历来十分关注。新中国成立60年来,我国已先后数次制订、发布生活饮用水卫生标准和规范,将控制饮用水质量标准的水质指标由最初的15项逐步增加到了目前的106项,从而最大限度地解决饮用水污染对城乡居民日常生活的困扰问题,切实保障人民群众的饮水安全。

“工欲善其事,必先利其器,器欲尽其利,必先习其技。”为认真贯彻、执行新的《生活饮用水卫生标准》(GB 5749—2006),本书根据作者自身的实践并参考上百位前辈、学者及同行的研究成果,从理化性质、对人体健康的影响、检测方法、处理技术四个方面对标准中的106项指标进行了诠释解读,同时对饮用水的常规处理、深度处理、管道分质供水、应急安全供水和饮用水源保护等系列技术进行了介绍。另外,由于水处理技术还涉及众多的学科及专业领域,为帮助读者对相关研究成果的了解,每章之后还附加了知识链接内容,以力求使该书成为集知识性、实用性、资料性于一体的工具书,从而为推行、普及饮用水安全处理技术作出一份微薄的贡献。然而,水处理技术是一个烟波浩渺的知识海洋,一部书不可能回答所有的水问题,加之作者才薄智浅、水平有限,书中谬误之处在所难免,在此还望广大读者多提宝贵意见,以共同推进水污染防治、水净化处理的科学技术迈向更新、更高的发展阶段。

本书第1~4章及全书的“知识链接”内容由洛阳市高级工程师陈维杰撰稿,第5~6章由黄河水利科学研究院高级工程师杨二撰稿,第7章及第8章8.4、8.5节由李勉撰稿,第9、10章由李莉撰稿,第8章8.1、8.2、8.3节由鲍宏喆、陈丽撰稿。全书由陈维杰统稿。

作 者

2009年12月

目 录

第1章 绪 论

水是生命之源。地球上的生命从咸水中诞生,在淡水中进化,在陆地上成长,不管其形态多么复杂,水在任何生命体中所起的作用从来就没有改变过。人之所以能在陆地上成长,也是因为身体内有一整套完备的储水系统。这个系统在人体内储备了大量的水,水量平均约占体重的60%。正因为如此,人才能在短时间内适应暂时的缺水。与人一样,地球上几乎所有的生物体内也都含有水,都会因缺水而死亡。所以,从这种意义上讲,"生命就是水,水就是生命"。然而,随着世界范围内的人口与经济的快速增长,已逐渐引起了水资源的日益短缺与水污染的日益严重问题,尤其是水质变化对人类健康的影响亦愈来愈受到全社会的广泛关注,研究解决饮水安全问题已到了刻不容缓的地步。

1.1 水的性质

纯净的水分子是由2个氢原子和1个氧原子构成的氢氧化合物,分子式为H_2O;按质量百分比则含有11.11%的氢和88.89%的氧。水一般是无色、无臭、无味的透明液体,常以液态、固态、气态3种聚集状态并存于自然界中,液态称为水,固态称为冰,气态称为水汽(水蒸气)。在101 325 Pa(一个标准大气压下),水的沸点为100 ℃,冰点为0 ℃,4 ℃时密度达到最大值(1 000 kg/m^3),水的比热容为4 186.8 J/(kg·K),是自然界热容量最大的物质。水分子是一种极性分子,水分子中的氢键结合作用较强,固态水和液态水中的H_2O分子常发生缔合,形成双水分子$(H_2O)_2$和多水分子$(H_2O)_n$。水能溶解许多物质,是最重要的溶剂,而且是一种惰性溶剂,在溶解物质的过程中本身很少发生化学变化。

自然界中并不存在绝对纯净的水,水在其运动过程中,大气、岩石、土壤和生物圈中的物质就会进入水中,使水体发生变化。环境中的盐类最容易被水溶解而进入水中,因此水中的最主要的组分就是这些盐离子;大气中的活性气体也会进入水中,这是水中鱼类等生物赖以生存的条件;天然水中还存在大量的非溶解物质、胶体物质,同时也包含一些微量元素(见表1-1)。天然水由悬浮物质(这类物质由大于分子尺寸的颗粒组成,并借助浮力和黏滞力悬浮于水中)、溶解物质(这类物质由分子或离子组成,并被水分子结构所支撑,常见的是钙、镁、钾、钠四种阳离子和碳酸根、碳酸氢根、硫酸根、氯离子四种阴离子,即所谓的天然水中"八大离子"。此外,还有铁、锰等阳离子和硝酸根、亚硝酸根等阴离子,以及溶解于水体中的O_2、CO_2、N_2和偶有的H_2S气体等)、胶体物质(介于悬浮物质与溶解物质之间)组成,见图1-1。

人类生活与生产排放大量的污染物,这些污染物大量进入水体后使水质状况恶化,从而对人体健康带来了不同程度的危害。

表 1-1　天然水中的主要组分

类别	主要组分
阴离子	Cl^-、SO_4^{2-}、HCO_3^-、CO_3^{2-}
阳离子	Na^+、K^+、Ca^{2+}、Mg^{2+}
气体	O_2、CO_2
微量元素	Br^-、I^-、F^-、BO_2^-、HPO_4^{2-}、SO_3^{2-}、HS^-、Fe^{2+}、Fe^{3+}、Mn^{2+}、Cu^{2+}、Zn^{2+}
非溶解物质	黏土、砂、细菌、藻类
胶体物质	硅胶、腐殖质

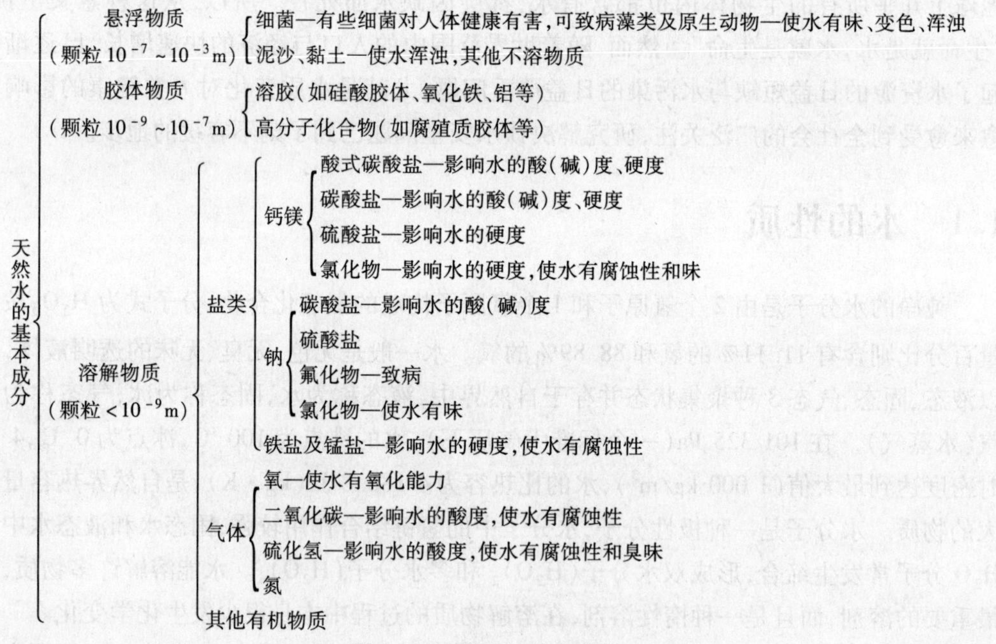

图 1-1　天然水的基本成分

1.2　水循环

地球上的天然水具有与地球几乎相同的年龄（约 46 亿年）。这么多的水又这样长久存在而不消散，这与水的性质、大气的化学组成、地球的质量及地球在太阳系中的位置（与太阳距离适中）等因素有关。

图 1-2 所示为水在地球表层的循环，其驱动力是太阳能。图中方框代表储层，箭头所指代表水的迁移径路。水从某储层流出时，该储层被称为源；水自外流入储层时，该储层被称为汇。为了定量描述水循环，还需要在方框内标出储层中水物质的总量（即储存量），并在箭头处标出两储层间的通量。通量表示为在一定时期内（一般为一年）沿特定径路传质的数量。若某储层中水量保持恒定，这表示在流入量和输出量之间保持平衡，呈恒定状态。

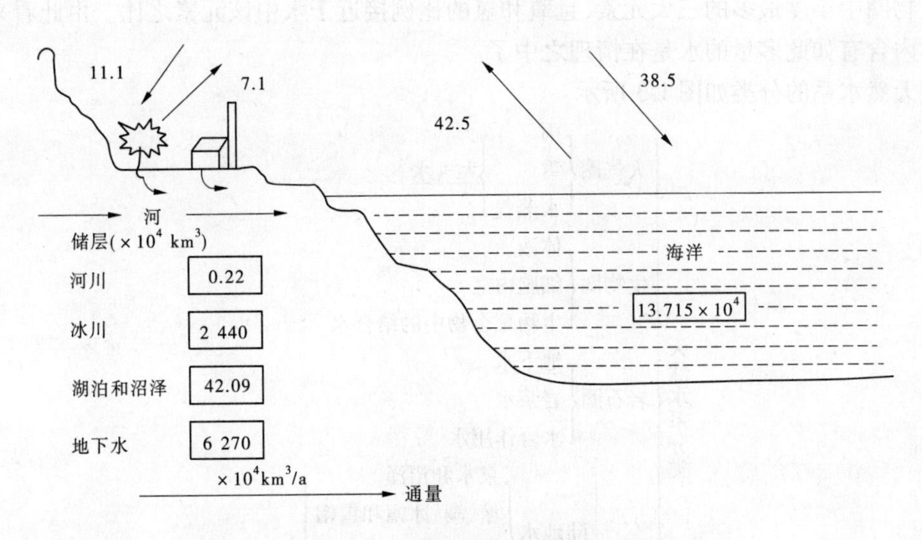

图 1-2　水在地球表层的循环

在地球表层,世界气象组织(WMO)1992 年公布的水体总量为 14.59 亿 km^3(联合国科教文组织 UNESCO1978 年公布的地球表层水体总量为 13.86 亿 km^3),其中海洋水约为 13.715 亿 km^3,占 94%,地下水约为 0.627 亿 km^3,占 4.3%;冰川水约为 0.244 亿 km^3,占 1.67%;湖泊、沼泽、河川水分别为 39.65 万、2.44 万、0.22 万 km^3,三者合计占 0.029%;大气水约为 1.459 万 km^3,占 0.001%。在这些总水储量中,淡水资源总量约为 3 700 万 km^3(根据联合国教科文组织和世界气象组织共同制定的《水资源评价活动——国家评价水册》给出的定义,水资源为"可以利用或有可能被利用的水源,具有足够数量和可利用的质量,并能在某一地点为满足某种用途而可被利用"),约占水体总量的 20.025%,其他均为苦咸水。而在淡水资源中,有 2 000 多万 km^3 储藏于冰川和南北两极的冰层里、约 800 万 km^3 埋藏于地下含水层中,此两项在现有技术水平条件下尚难开发利用,所以能够真正被人类所利用的全球淡水资源仅约 21.3 万 km^3,无疑是十分短缺和宝贵的。

地球表面的水循环是通过蒸发、蒸腾、降雨、径流形成来实现的,即海水蒸发为云,随气流迁移到内陆,遇冷气流凝为雨雪而降落,降水后一部分沿地表流动,汇成江河湖泊,称为地表水,另一部分渗入地下转为地下水,在流动过程中,地表水和地下水相互补充,最终复归大海,完成了海洋→内陆→海洋的水循环。在水循环的量变过程中,通常大气中水的约 83% 来自海洋,但通过雨雪而返回海洋的水量仅为 75% 左右;这也说明海水中的一部分是通过河川入海而得到补足的。生物圈含水总量少得几乎不能与其他圈层相比,但组成生物体的主要成分还是水。例如,哺乳动物体内的水分平均为体重的 60% ~70%,成年人体重的一半以上是水分(每天通过饮水和食物吸收的水分约为体重的 5%),新生婴儿体重的近 80% 是水分,水是人体内有机物和无机物的溶剂,消化、新陈代谢、造血、组织合成等都是在水溶液中进行的;在植物体上,农作物的体内水分占总体重的 75% ~85%,

农作物没有足够的水分就不能发芽、生长、发育、结实,生产 1 kg 冬小麦籽粒平均需水 1 000 kg,生产 1 kg 玉米需水 1 200 kg,而生产 1 kg 水稻则需水 2 000 kg。氧、碳、氢依次是生物圈中丰度最多的三大元素,且氧和氢的比例接近于水中该元素之比。由此看来,生物体内含有如此多量的水是在情理之中了。

天然水系的分类如图 1-3 所示。

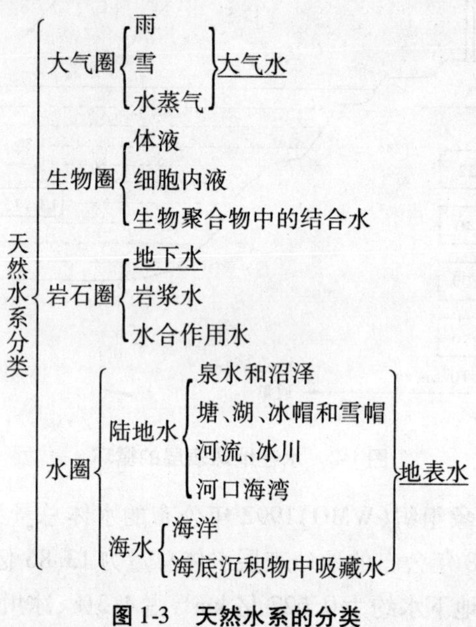

图 1-3 天然水系的分类

其中具有环境相对重要性的有地表水、地下水和大气水,它们分属于水圈、岩石圈和大气圈。

天然水在自然循环和被人利用的过程中受到污染,混入各种杂质,因此各种水系具有不同水质。对某一天然水系,可以从地理、地质、物理、化学、生物等方面来描述它的性质状态,但从水环境安全的角度看,则应突出这些方面与污染物性质之间的关系,从而为进一步探讨水污染对人身健康的影响以及制订相应的应对措施奠定科学的基础。

1.3 水污染

由于人类活动或天然过程而排入水体的污染物超过了其自净能力,从而引起水体的水质、生物质量恶化,称之为水污染。水污染的重要恶果就是造成水致疾病。据世界卫生组织(WHO)统计,地球上 80% 的疾病是由于不良的饮用水引起的。第一类是介水传染病,即通过饮用或接触受病原体污染的水而传播的疾病,如伤寒、霍乱、痢疾、肝炎、脊髓灰质炎、腹泻等;第二类是介水化学性疾病,即由于水中化学物质所造成的疾病,如水中高氟所致的氟斑牙、氟骨症,水中缺碘(10 μg/L)造成的甲状腺肿大,饮用水被汞、镉、砷、铅、农药等污染所造成的中毒等;第三类是水量不足或水质不良而诱发的疾病,如各种皮肤病、眼结膜炎、沙眼、中耳炎、虱传染(斑疹伤寒、回归热等);第四类是其他各种间接形式与饮用水有关的疾病,如钩端螺旋体病、血吸虫病、水蛭病、水生昆虫及其他动物所传播的寄生虫病等。

1.3.1 污染源

向水体排放污染物质的策源地和场所称为水体污染源。

水体污染物大体来源于两个方面：一是自然过程（例如大气降落物、岩石风化、有机污染物自然降解等）产生。例如河流上游的某些矿床、岩石和土壤中的有害物质通过地面径流和雨水淋洗进入水体，这种自然污染源具有长期性和持久性，但一般认为这种缓慢自然过程产生的污染只能算是水体中的沾染物。二是水在应用过程中，如工农业生产等社会、经济活动中产生的废水以及生活污水、城市污水等。当前，对天然水造成较大危害的是第二种污染源，即人为污染源。全世界每年排放的污水达4 260亿m^3，造成河流稳定流量的40%左右和55 000亿m^3水体被污染（据另一统计资料，全世界每年排入水体的污水量达7 000亿m^3，被污染的水量达85 000亿m^3）。我国2000年排放的污水总量约为620亿m^3（20世纪80年代年均为310亿m^3、90年代年均为435亿m^3），造成近40%的河段水质达不到Ⅲ类地面水环境质量标准、90%的城市水域环境污染严重、50%以上的重点城镇水源地不符合饮用水质量标准，其污染源主要是工业废水、生活污水和农业面源污染，其严重恶果就是造成区域性的水质型缺水（水质型缺水指因水源的水质达不到国家规定的饮用水水质标准而造成的缺水）。

1.3.1.1 工业废水污染源

各种工业企业在生产过程中排出的生产废水、生产污水、生产废液等统称为工业废水。工业废水是当前人为污染源的头号策源地，其毒性和危害最为严重，且在水中不易被净化。工业废水往往所含成分十分复杂，一般很难对其作出明确的分类。表1-2按废水中所含污染物种类列举了与其相应的各种污染源。

1.3.1.2 生活污水污染源

生活污水往往是城镇污水的主要组成部分，是人们日常生活中产生的各种污水的混合液，主要包括厨房、洗涤间、浴室等排出的炊事、洗涤污水和厕所排出的粪便污水等，是当前仅次于工业废水的第二大污染策源地。生活污水中主要组分是有机物，也有无机物和少量重金属及病原微生物，有机物包括纤维素、淀粉、糖类、油脂、酚、尿素、蛋白质等，无机物包括各种氯化物、硫酸盐、磷酸盐以及钾、钠重碳酸盐等。生活污水的特点主要是SS（悬浮固体）、BOD（生化需氧量）、NH_3-N（氨氮）、ABS（合成洗涤剂）、P（磷）、Cl（氯）、细菌和病毒等含量高（其中对水威胁最大的是氨氮、细菌和病毒），尤其是N、S、P极易在厌氧微生物的作用下生成硫化氢、氨、硫醇等具有恶臭气味的物质。生活污水多呈弱碱性，pH值为7.2～7.8，从外表看水体混浊，可呈黄绿色以至黑色，一般除了厌氧微生物外，其他生物都不能在其中生存。

未经处理的生活污水典型成分（水质参数）列于表1-3，供参考。

1.3.1.3 农业污水污染源

农业污水污染源包括农田排水和农副产品加工的有机污水，以及含有化肥、农药、农家肥（人和畜的粪便）以及动植物残体和农副产品加工的有机废弃物渗出的污液。

表 1-2　工业废水污染源

污染物	污染源	污染物	污染源
游离氯	造纸厂、织物漂洗、农药厂	镉	锌矿、炼锌厂、电镀、电池厂
氨、铵盐	化工厂、煤气厂、焦化厂、氮肥厂	锌	电镀、人造丝生产、橡胶生产、锌矿矿区排水
氟化物	烟道气洗涤水、玻璃刻蚀业、原子能工业、氟矿、炼铝厂、磷肥厂等	铜	有色金属矿山与冶炼、电镀、人造丝生产
硫化物	石油煤气化工、织物染色、制革、造纸、人造丝生产	汞	化工厂、氯碱厂、农药厂、造纸厂、冶炼厂、用汞仪表厂
氰化物	焦化煤气、炼油化工、电镀业、贵金属冶炼、金属清洗、塑料、有机玻璃制造、丙烯腈合成等工厂排水	钒	化工厂、染料厂、冶炼厂
亚硫酸盐	纸浆厂、人造丝生产	砷	含砷矿石处理、制革、涂料、染料、药品、玻璃等生产
酸类	矿山开采、石油化工、化肥、金属清洗、酒类酿造、织物生产、电池生产排水以及酸雨	硒	制药厂、冶炼厂
碱类	造纸厂、化学纤维、制碱、制革、炼油、电镀等工业	磷	合成洗涤剂、农药、磷肥等生产
合成洗涤剂	印染厂、洗涤剂厂、电镀厂	糖类	甜菜加工、酿酒、食品加工制罐厂
酚类化合物	炼油、焦化、煤气、树脂、染料、农药厂的排水以及木材防腐厂、酚醛塑料厂等	淀粉	淀粉生产、食品加工、织造厂
苯类化合物	石化、焦化、农药、塑料、橡胶、颜料、炸药等生产排水	油脂	采炼油、毛条、织造、涂料、机械加工、食品等
醛	合成树脂、合成纤维、制药、染料等	感官性污染	纺织污水、制碱污水、生活污水等
耗氧废弃物	造纸厂、纤维厂、食品厂和生活污水等	热污染	热电站、核电站、冶金和石油化工等工厂的排水
铬	矿山、冶炼、电镀、制革、化工、合金制造	放射性物质	原子能工业、同位素生产和应用单位
铅	铅矿矿区排水、电池生产、汽车尾气、油漆与颜料涂料生产	致癌性物质	含焦油废水等
镍	电镀、电池、冶金	病源微生物	制革厂、屠宰场、洗毛厂

表 1-3　未经处理的生活污水典型成分(水质参数)

污染物	浓度(mg/L)(可沉淀固体除外)		污染物	浓度(mg/L)(可沉淀固体除外)	
	范围	平均		范围	平均
总固体(TS)	350 ~ 1 200	720	总氮(TN)	20 ~ 85	40
总溶解性固体(TDS)	250 ~ 850	500	有机氮(Org - N)	8 ~ 35	15
不挥发的	145 ~ 525	300	自由氨(Amm - N)	12 ~ 50	25
挥发的	105 ~ 325	200	硝酸盐和亚硝酸盐	0	0
悬浮固体(SS)	100 ~ 350	220	总磷(TP)	4 ~ 15	8
不挥发的	20 ~ 75	55	有机的	1 ~ 5	3
挥发的	80 ~ 275	165	无机的	3 ~ 10	5
可沉淀固体,mg/L	5 ~ 20	10	氯化物	30 ~ 100	50
5 天生化需氧量(BOD_5,20 ℃)	110 ~ 400	220	碱度($CaCO_3$)	50 ~ 200	100
总有机碳(TOC)	80 ~ 290	160	油和油脂	50 ~ 150	100
化学耗氧量(COD)	250 ~ 1 000	500			

农田施用化肥和农家肥,特别是施用过量的化肥,其较高的氮、磷成分除被植物吸收一部分外,过剩的部分会通过污染土壤而污染土壤中的水(全国近年农田施用化肥的平均利用率只有 20% ~50%,以 2005 年为例,全国共施用化肥 4 766.9 万 t,其中氮肥占 2 229.7万 t、磷肥占 743.8 万 t、钾肥占 489.8 万 t、复合肥占 1 303.6 万 t,测算综合利用率约 35%),被污染的土壤水渗出后连同当地含有氮、磷污染因子的工业废水排入水库、水塘、水井等储水体,会促使藻类繁殖,形成“水华”现象(海边则称为“赤潮”),即水体富营养化。所谓水体富营养化,就是指氮、磷等植物营养物质含量过多所引起的水质污染现象,其后果是造成大量藻类繁殖、水草丛生和浮游生物死亡。其表现特征可由优势浮游生物的颜色不同而呈现出蓝绿色、棕红色、浮白色等,严重的还会在岸边出现大量堆积,不但散发恶臭,破坏景观,更重要的是消耗了水中的溶解氧,促使鱼类窒息死亡,同时藻类还会释放出生物毒素——藻毒素而对人体及其他生物构成严重危害。表 1-4 列出贫、富营养水面特征现象对照,供参考。

在对农作物喷洒杀虫剂、农田施用除草剂等过程中,只有少量药液附着于农作物上,约 80% 含有氯、苯、烃等有毒成分的残液将存留在土壤中,残留时间由一周到数年不等,残留期间有毒成分可通过降雨和地面径流的冲刷而进入地表水与地下水中,被污染的地表水和地下水一旦被开发饮用,这些有机成分进入人体后将会在脂肪和肝脏发生积累,进而使神经系统和肝脏产生慢性中毒甚至诱发致癌致突变作用。

表 1-4　贫、富营养水面特征现象对照

贫营养水面	富营养水面
1. 营养物质贫乏	1. 营养物质丰富
2. 浮游藻类稀少	2. 浮游藻类较多
3. 有根植物稀疏	3. 有根植物茂盛
4. 湖盆通常较深	4. 湖盆通常较浅
5. 水底常为砂石、砂砾	5. 水底多为淤泥沉积物
6. 水质清澈透亮	6. 水质混浊发暗
7. 水体温度较低(凉水)	7. 水体温度较高(温水)
8. 特征性鱼类:鲑、鲟等	8. 特征性鱼类:鲫、草、鲢等(特别严重时亦无)

动植物残体对水体的污染主要表现为水中腐殖质、微生物分泌物及病原微生物等。腐殖质是一种含酚羟基、羧基、醇羟基等多种官能团的大分子有机物,一般分为腐殖酸、富里酸和胡敏酸三种组分,通常是水体色度的主要影响因子,可通过饮用水对人体造成致癌致突变影响。动植物残体和掩埋尸体腐烂后的残液以及垃圾污水、生活污水等还含有大量的病原微生物,即使经过二级生化污水处理及加氯消毒,其中某些病原微生物、病毒仍能大量存在,一旦通过各种途径(比如饮水、饮食等)进入人体,就会诱发多种疾病。

总之,由化肥、农药、农村污水和灌溉水组成的农业污染源具有两个显著特点:一是含有机质、植物营养素和病原微生物高,如牛圈所排污水的生化需氧量(BOD)可高达 4 300 mg/L、猪圈达 1 200 mg/L,是一般生活污水的几十倍;二是含有较高的化肥、农药成分,且面广、分散,难以收集,难以治理。

1.3.1.4　自然污染源

自然污染源包括两个方面:一是火山爆发和地震等地壳运动形成特殊地层中的岩体所含有毒物质(元素)侵入或溶入水体造成污染;二是大气中污染物种类繁多,可以直接降落或溶于雨雪后降落进入水体造成污染。自然污染物的主要无机成分有粉尘、重金属离子等,有机成分有油脂、蛋白脂、碳水化合物等。

1.3.2　污染物类别及危害

通常按照污染物的性质和形态,将水体污染物划分为化学性、物理性和生物性,这种分类如表 1-5 所示。

从环境毒理学的观点出发,又可将化学性污染物进一步分为三类:①对生物体有害的物质,如氰、酚是急性有毒物质,重金属类都是累积性的慢性有毒物质或致癌物质;②污染物本身对生物无毒性,但因其数量或浓度很大,可引起各种危害,如大量耗氧性碳水化合物进入水体后发生生物降解,同时可将水中氧气耗尽,从而产生厌氧腐败作用;③原先是对水体生态系统有益的物质,因数量或浓度过大而变为有害物质,如当氮、磷、钾、碳、维生素等营养物质在水体中过于富足,加上水温、日照条件适宜时,就会造成水体富营养化,从而对水中生态系统产生不良影响。有关水体污染物的种种危害将在以后的相应章节中就具体的污染物(类)作进一步详述。

表 1-5 水污染物分类

类别		特性	代表性污染物
化学性污染	无机物	无毒	酸、碱及一般无机盐、植物营养(N、P 等)
		有毒	重金属(Hg、Cd、Pb、As 等)、氰化物、硫化物、氯、硝酸盐、硫酸盐、放射性物质
	有机物	无毒	需氧污染物(碳水化合物、脂肪、蛋白质等)
		有毒	酚类化合物、石油、卤代烃、有机氯农药(DDT、六六六、狄氏剂、艾氏剂等)
物理性污染	漂浮物		泡沫、浮垢、木片、树叶
	悬浮物		粉砂、砂粒、金属细粒、火山灰、橡胶粒、纸浆屑、固体污染物
	热污染		温排水
生物性污染	病原微生物		病毒、细菌、真菌、尸体、原生动物、藻类
	致癌物		芳香烃、芳香胺、亚硝基化合物、有机氯化合物(也可归为有机化学污染类)

1.4 水质标准

1.4.1 水质指标

所谓水质指标,指的是水样中除水分子外所含杂质的种类和数量或浓度,是衡量水中杂质的标度。显然,天然水在环境中迁移或加工、使用过程中都会发生水质变化。通常可根据水质变化特征将水质指标分为物理、化学、生物、放射性四大类,其中有些指标可直接用某一种杂质的浓度来表示其含量,有些指标则利用某一类杂质的共同特性来间接反映其含量,如有机物杂质可用需氧量(化学需氧量、生物化学需氧量、总需氧量)作为综合指标(也被称为非专一性指标)。常用的水质指标有数十项,这里将有关指标的意义列举如下。

1.4.1.1 物理指标

温度:影响水的其他物理性质和生物化学过程。温度升高时水中生物活性增加,溶解氧(DO)减少,当水温超过一定界限时会形成热污染。

臭和味:感官性指标,可借以判断某些杂质或有害成分存在与否。清洁的水没有味道,水中溶解不同物质便会产生不同的味道。水体受污染后常会产生一些臭味。

色度:是水样颜色深浅的量度,水中悬浮物、胶体或溶解类物质均可生色。纯洁的水在水层浅时是无色的,水层深时为浅蓝色,水中含有杂质时则随污染物的不同而呈不同颜色。

浊度:定义为水中悬浮物对光线透过时所发生的阻碍程度,主要由水中悬浮物或胶体状颗粒物质引起。

透明度:与浊度意义相反,但两者都反映水中杂质对透过光的阻碍程度。

固体 TS(残渣):包括总溶解性固体 DS(又称过滤性残渣)和悬浮固体 SS(又称非过滤性残渣),又可分为挥发性固体(VS)和不可挥发固体(FS)两部分。

1.4.1.2 **化学指标**

1)非专一性指标(也可将电导率、pH 值、氧化还原电位三项归入物理指标类)

电导率:指水溶液传导电流的能力,用以表示水样中可溶性电解质的总量。

pH 值:定义为以 10 为底的氢离子浓度的负对数,用每升中氢离子的当量数来表示,反映水的酸碱性质。

氧化还原电位:决定水中变价元素的形态。

硬度:主要由可溶性钙盐和镁盐组成,能引起用水管路中发生沉积和结垢。

碱度:定义为水接受质子的能力。这个能力的大小可用水中所有能与强酸发生中和作用的物质的总量来量度,即指水中所有能与强酸发生中和反应的物质的总量。水中碱度一般来源于水样中的 OH^-、CO_3^{2-}、HCO_3^- 离子,它关系到水中许多化学反应过程。

酸度:定义为水释放出质子的能力。这个能力的大小可以用水中所有能与强碱发生中和作用的物质的总量来量度,即指水中所有能与强碱发生中和反应的物质的总量。一般水体中的无机酸主要来源于工业酸性废水或矿井排水,具有腐蚀作用。

2)无机物指标

铝:影响水的可饮用性,对金属有腐蚀作用,对生物有一定毒性。

铁:在不同条件下可呈 Fe^{2+} 或胶粒 $Fe(OH)_3$ 状态,造成水有铁锈味和浑浊,形成水垢,繁生铁细菌。

锰:常以 Mn^{2+} 形态存在,其很多化学行为与铁相似。

铜:影响水的可饮用性,对金属管道有侵蚀作用。

锌:很多化学行为与铜相似。

钠:天然水中主要的易溶组分,对水质不发生重要影响。

硅:多以 H_4SiO_4 形态普遍存在于天然水中,含量变化幅度大。

有毒金属:常见的有镉、汞、铅、铬等,一般来源于工业废水。

有毒准金属:常见的有砷、硒等,砷化物有剧毒,硒化物产生臭味。

氯化物:影响可饮用性。可腐蚀金属表面。

氟化物:饮用水浓度控制在 1 mg/L 可防止龋齿,高浓度时会产生氟斑牙和氟骨症。

硫酸盐:水体缺氧条件下经微生物反硫化作用转化为有毒的 H_2S。

硝酸盐氮:通过饮用水过量摄入婴幼儿体内时,易转为亚硝酸盐而致毒(见下项)。

亚硝酸盐氮:是婴幼儿高铁血红蛋白症的病原物,与仲胺类作用生成致癌的亚硝胺类化合物。

氨氮:呈 NH_4^+ 和 NH_3 形态存在,NH_3 形态对鱼有危害,用 Cl_2 处理水时可产生有毒的氯胺,又可引起水体富营养化。

磷酸盐:基本上有三种形态:正磷酸盐、多磷酸盐和有机键合的磷酸盐,是生命必需物质,可引起水体富营养化。

氰化物:剧毒,进入生物体后破坏高铁细胞色素氧化酶的正常作用,致使组织缺氧窒息。

3)非专一性有机物指标

生物化学需氧量(BOD):水体通过微生物作用发生自然净化的能力标度,以及废水生物处理效果标度。用单位体积污(废)水所消耗的氧量(mg/L)表示。BOD越高,表示水中有机物含量越多,水中溶解氧含量(DO)越少,水质状况越差。

化学需氧量(COD):有机污染物浓度指标。指在一定条件下水中各种有机物与外加的强氧化剂作用时所消耗的氧化剂量,又简称耗氧量,用mg/L表示。

总需氧量(TOD):近于理论耗氧量值,指水中能被氧化的有机和无机物质燃烧变成稳定的氧化物所需的氧量。

总有机碳(TOC):近于理论有机碳量值,包括水样中所有有机污染物质的含碳量。

酚类:多数酚化合物对人体毒性不大,但有臭味(特别是氯化过的水),影响可饮用性。

洗涤剂类:仅有轻微毒性,有发泡性。

石油类:影响空气—水界面间氧的交换,被微生物降解时耗氧,使水质恶化。

4)溶解性气体

氧气:为大多数高等水生生物呼吸所需。可腐蚀金属。水体中缺氧时又会产生有害的CH_4、H_2S等。

二氧化碳:大多数天然水系中碳酸体系的组成物。

1.4.1.3 生物指标

细菌总数:对饮用水进行卫生学评价时的依据。

大肠菌群:水体被粪便污染程度的指标。

藻类:水体营养状态指标。

1.4.1.4 放射性指标

总α、总β、铀、镭、钍等:生物体受过量辐照时(特别是内照射)可引起各种放射病或烧伤等。

1.4.2 水质标准

水质标准是环境标准的一种,它是根据各种用户的水质要求和废水排放容许浓度,对一些水质指标作出的定量规范。它是评价水体是否受到污染和水环境质量好坏的准绳,也是判断水质适用性的尺度,当然也是水质监测工作的目的和归宿,它在一定程度上标志着一个国家的文明程度和技术发展水平,反映了一个国家保护水资源政策目标的具体要求。在饮用水方面,各国都根据各自的情况分别制订有符合本国社会、经济、技术发展水平的饮用水标准。目前,全世界具有权威性、代表性的饮用水水质标准有3部,即世界卫生组织(WHO)提出的《饮用水水质准则》、欧洲共同体(EC)颁发的《饮用水水质标准指令》和美国国家环保局(USEPA)颁布的《安全饮用水水质标准》。我国自1955年以来,根据社会、经济的发展和科学技术的进步以及人民群众对健康的追求,先后数次制订、修改、完善了生活饮用水卫生标准和规范，走出了一条与时俱进、符合我国国情的饮水安全标准之路。

1955 年 5 月，卫生部发布了北京、天津、上海等 12 个城市试行的《自来水水质暂行标准》，这是新中国成立后第一部关于生活饮用水的水质标准。此标准经试行后，于 1956 年 12 月由国家建设委员会和卫生部共同审查批准了《饮用水水质标准》（草案），其中共包括 15 项水质指标，主要是感官性状、微生物指标和一般化学指标。

1959 年，建筑工程部和卫生部批准发布了《生活饮用水卫生规程》，将生活饮用水水质指标由 15 项增至 17 项。首次设置了浑浊度的指标，要求生活饮用水的浑浊度不超过 5 mg/L，特殊情况下个别水样的浑浊度可允许为 10 mg/L；新增的另一项指标是水中不得含有肉眼可见物。

1976 年，国家建设委员会和卫生部共同批准了《生活饮用水卫生标准（试行）》（TJ 20—76），自 1976 年 12 月 1 日起实施，将生活饮用水水质指标由 17 项增至 23 项，新增项目主要是毒理指标。

1985 年 8 月 16 日，卫生部批准并发布了《生活饮用水卫生标准》（GB 5749—85），自 1986 年 10 月 1 日起实施，将生活饮用水水质指标进一步增至 35 项，适用于我国城乡供生活饮用的集中式供水（包括各单位自备的生活饮用水）和分散式供水。

2001 年 6 月，卫生部发布《生活饮用水卫生规范》（2001 年版），水质指标增至 103 项，包括常规检验项目 34 项和非常规检验项目 69 项，自 2001 年 9 月 1 日起施行。

2005 年，建设部发布《城市供水水质标准》（CJ/T 206—2005），设置常规检验项目 40 个和非常规检验项目 51 个以及关于水质检验频率与合格率的项目 9 个，此标准适用于城市公共集中式供水、自建设施供水和二次供水，自 2005 年 6 月 1 日起执行。

2007 年 7 月 1 日，由卫生部、国家标准化管理委员会联合发布的《生活饮用水卫生标准》（GB 5749—2006）（强制性标准）正式实施，其中生活饮用水水质指标调整为 106 项，包括水质常规指标 38 项（含农村小型集中式供水和分散式供水部分水质指标 14 项）、非常规指标 64 项和饮用水中消毒剂常规指标 4 项（见表 1-6 ~ 表 1-9），本书将详细介绍 38 项水质常规指标和 4 项消毒剂常规指标的理化性质、对人体健康的影响以及检测办法与处理技术等，并对 64 项非常规指标作简单的介绍，同时还附录一些国外生活饮用水水质参考指标及限值，供参考，见表 1-10。

表 1-6　水质常规指标及限值

指标	限值
1. 微生物指标①	
总大肠菌群（MPN/100 mL 或 CFU/100 mL）	不得检出
耐热大肠菌群（MPN/100 mL 或 CFU/100 mL）	不得检出
大肠埃希氏菌（MPN/100 mL 或 CFU/100 mL）	不得检出
菌落总数（CFU/mL）	100

续表 1-6

指标	限值
2. 毒理指标	
砷(mg/L)	0.01
镉(mg/L)	0.005
铬(六价,mg/L)	0.05
铅(mg/L)	0.01
汞(mg/L)	0.001
硒(mg/L)	0.01
氰化物(mg/L)	0.05
氟化物(mg/L)	1.0
硝酸盐(以 N 计,mg/L)	10;地下水源限制时为 20
三氯甲烷(mg/L)	0.06
四氯化碳(mg/L)	0.002
溴酸盐(使用臭氧时,mg/L)	0.01
甲醛(使用臭氧时,mg/L)	0.9
亚氯酸盐(使用二氧化氯消毒时,mg/L)	0.7
氯酸盐(使用复合二氧化氯消毒时,mg/L)	0.7
3. 感官性状和一般化学指标	
色度(铂钴色度单位)	15
浑浊度(NTU)	1;水源与净水技术条件限制时为 3
臭和味	无异臭、异味
肉眼可见物	无
pH	不小于 6.5 且不大于 8.5
铝(mg/L)	0.2
铁(mg/L)	0.3
锰(mg/L)	0.1
铜(mg/L)	1.0
锌(mg/L)	1.0
氯化物(mg/L)	250
硫酸盐(mg/L)	250
总溶解性固体(mg/L)	1 000
总硬度(以 $CaCO_3$ 计,mg/L)	450
耗氧量(COD_{Mn} 法,以 O_2 计,mg/L)	3;水源限制,原水耗氧量 >6 mg/L 时为 5
挥发酚类(以苯酚计,mg/L)	0.002
阴离子合成洗涤剂(mg/L)	0.3

续表 1-6

指标	限值
4. 放射性指标[②]	指导值
总 α 放射性(Bq/L)	0.5
总 β 放射性(Bq/L)	1

注:①MPN 表示最可能数;CFU 表示菌落形成单位。当水样检出总大肠菌群时,应进一步检验大肠埃希氏菌或耐热大肠菌群;当水样未检出总大肠菌群时,不必检验大肠埃希氏菌或耐热大肠菌群。

②放射性指标超过指导值,应进行核素分析和评价,判定能否饮用。

表 1-7 饮用水中消毒剂常规指标及要求

消毒剂名称	与水接触时间(min)	出厂水中限值(mg/L)	出厂水中余量(mg/L)	管网末梢水中余量(mg/L)
氯气及游离氯制剂(游离氯)	至少 30	4	≥0.3	≥0.05
一氯胺(总氯)	至少 120	3	≥0.5	≥0.05
臭氧(O_3)	至少 12	0.3		0.02;如加氯,总氯≥0.05
二氧化氯(ClO_2)	至少 30	0.8	≥0.1	≥0.02

表 1-8 水质非常规指标及限值

指标	限值
1. 微生物指标	
贾第鞭毛虫(个/10 L)	<1
隐孢子虫(个/10 L)	<1
2. 毒理指标	
锑(mg/L)	0.005
钡(mg/L)	0.7
铍(mg/L)	0.002
硼(mg/L)	0.5
钼(mg/L)	0.07
镍(mg/L)	0.02
银(mg/L)	0.05
铊(mg/L)	0.000 1
氯化氰(以 CN^- 计,mg/L)	0.07
一氯二溴甲烷(mg/L)	0.1

续表 1-8

指标	限值
二氯一溴甲烷(mg/L)	0.06
二氯乙酸(mg/L)	0.05
1,2-二氯乙烷(mg/L)	0.03
二氯甲烷(mg/L)	0.02
三卤甲烷(三氯甲烷、一氯二溴甲烷、二氯一溴甲烷、三溴甲烷的总和)	该类化合物中各种化合物的实测浓度与其各自限值的比值之和不超过1
1,1,1-三氯乙烷(mg/L)	2
三氯乙酸(mg/L)	0.1
三氯乙醛(mg/L)	0.01
2,4,6-三氯酚(mg/L)	0.2
三溴甲烷(mg/L)	0.1
七氯(mg/L)	0.000 4
马拉硫磷(mg/L)	0.25
五氯酚(mg/L)	0.009
六六六(总量,mg/L)	0.005
六氯苯(mg/L)	0.001
乐果(mg/L)	0.08
对硫磷(mg/L)	0.003
灭草松(mg/L)	0.3
甲基对硫磷(mg/L)	0.02
百菌清(mg/L)	0.01
呋喃丹(mg/L)	0.007
林丹(mg/L)	0.002
毒死蜱(mg/L)	0.03
草甘膦(mg/L)	0.7
敌敌畏(mg/L)	0.001
莠去津(mg/L)	0.002
溴氰菊酯(mg/L)	0.02
2,4-滴(mg/L)	0.03
滴滴涕(mg/L)	0.001
乙苯(mg/L)	0.3

续表 1-8

指标	限值
二甲苯(mg/L)	0.5
1,1-二氯乙烯(mg/L)	0.03
1,2-二氯乙烯(mg/L)	0.05
1,2-二氯苯(mg/L)	1
1,4-二氯苯(mg/L)	0.3
三氯乙烯(mg/L)	0.07
三氯苯(总量,mg/L)	0.02
六氯丁二烯(mg/L)	0.000 6
丙烯酰胺(mg/L)	0.000 5
四氯乙烯(mg/L)	0.04
甲苯(mg/L)	0.7
邻苯二甲酸二(2-乙基己基)酯(mg/L)	0.008
环氧氯丙烷(mg/L)	0.000 4
苯(mg/L)	0.01
苯乙烯(mg/L)	0.02
苯并(a)芘(mg/L)	0.000 01
氯乙烯(mg/L)	0.005
氯苯(mg/L)	0.3
微囊藻毒素-LR(mg/L)	0.001
3. 感官性状和一般化学指标	
氨氮(以N计,mg/L)	0.5
硫化物(mg/L)	0.02
钠(mg/L)	200

表 1-9　农村小型集中式供水和分散式供水部分水质指标及限值

指标	限值
1. 微生物指标	
菌落总数(CFU/mL)	500
2. 毒理指标	
砷(mg/L)	0.05
氟化物(mg/L)	1.2
硝酸盐(以N计,mg/L)	20

续表 1-9

指标	限值
3. 感官性状和一般化学指标	
色度(铂钴色度单位)	20
浑浊度(NTU)	3;水源与净水技术条件限制时为5
pH	不小于6.5且不大于9.5
溶解性总固体(mg/L)	1 500
总硬度(以 $CaCO_3$ 计,mg/L)	550
耗氧量(COD_{Mn}法,以 O_2 计,mg/L)	5
铁(mg/L)	0.5
锰(mg/L)	0.3
氯化物(mg/L)	300
硫酸盐(mg/L)	300

表 1-10　国外生活饮用水水质参考指标及限值(资料性附录)

指标	限值
肠球菌(CFU/100 mL)	0
产气荚膜梭状芽孢杆菌(CFU/100 mL)	0
二(2-乙基己基)己二酸酯(mg/L)	0.4
二溴乙烯(mg/L)	0.000 05
二噁英(2,3,7,8-TCDD,mg/L)	0.000 000 03
土臭素(二甲基萘烷醇,mg/L)	0.000 01
五氯丙烷(mg/L)	0.03
双酚A(mg/L)	0.01
丙烯腈(mg/L)	0.1
丙烯酸(mg/L)	0.5
丙烯醛(mg/L)	0.1
四乙基铅(mg/L)	0.000 1
戊二醛(mg/L)	0.07
2-甲基异莰醇(mg/L)	0.000 01
石油类(总量,mg/L)	0.3
石棉(>10 μm,万/L)	700
亚硝酸盐(mg/L)	1

续表 1-10

指标	限值
多环芳烃(总量,mg/L)	0.002
多氯联苯(总量,mg/L)	0.000 5
邻苯二甲酸二乙酯(mg/L)	0.3
邻苯二甲酸二丁酯(mg/L)	0.003
环烷酸(mg/L)	1.0
苯甲醚(mg/L)	0.05
总有机碳(TOC,mg/L)	5
萘酚-β(mg/L)	0.4
黄原酸丁酯(mg/L)	0.001
氯化乙基汞(mg/L)	0.000 1
硝基苯(mg/L)	0.017
镭 226 和镭 228(pCi/L)	5
氡(pCi/L)	300

资料来源:

1. World Health Organization. Guidelines for Drinking - water Quality, thirdedition. Vol. 1, 2004, Geneva.
2. EU's Drinking Water Standards. Council Directive 98/83/EC on the quality of water intended for human consumption. Adopted by the Council, on 3 November 1998.
3. USEPA. Drinking Water Standards and Health Advisories, Winter 2004.
4. 俄罗斯生活饮用水卫生标准,2002 年 1 月实施。
5. 日本饮用水水质标准,2004 年 4 月起实施。

1.5 饮用水安全保障技术

饮用水的净化技术与工程设施是保障人们饮水卫生和安全的重要措施,它是人类在与水源污染及由此引起的疾病所作的长期斗争中产生的,并随着水源污染及由此引起的疾病的变化而不断发展和完善。从 1804 年在英国派斯利建成世界上第一座城市慢砂滤池水厂至今的 200 多年来,饮用水净化技术的发展大体经过了两个阶段:第一阶段是从 19 世纪初到 20 世纪 60 年代。欧美国家的一些城市由于排出的污水、粪便和垃圾等使地表水和地下水水源受到污染,造成霍乱、痢疾、伤寒等水传染疾病的多次大规模暴发和蔓延,夺去成千上万人的生命。这些惨痛事件促进了饮用水去除和灭菌技术的发展,其中有代表性的工艺流程是混凝沉淀—砂滤—投氯消毒。这便成为日后逐渐形成并得到广泛应用的饮用水常规处理工艺技术体系。第二阶段是从 20 世纪 60 年代开始。随着工业化和城市化的迅猛发展,饮用水水源受到了更加广泛和严重的污染,饮用水安全面临着空前的新挑战(至 2003 年,全球仍有 14 亿人不能够喝上安全的饮用水,导致上亿人患上与水有关的疾病,每年至少造成 500 万人死亡。联合国有关组织还测算,目前全球用水量每年以

5%的速度递增，到2030年全球将有1/3以上的人口面临淡水危机。我国至2005年底也存在各类饮用水不安全人口3.12亿人）。在这种极其严峻的形势下，美国、西欧、日本等国家和地区重点组织开展了饮用水除污染新技术试验研究，并相继取得了活性炭吸附、臭氧氧化与生物活性炭、膜处理等深度水处理技术的突破，使饮水安全技术保障体系得到了延续和发展。本书也将结合不同性质的水污染特征重点介绍相应的常规处理技术和深度处理技术，以供应用时选择和参考。

知识链接

【1】 安全的饮水

《红楼梦》中有一句名言："女人是水做的。"其实，不论是男性还是女性，体内都含有大量以水为基础的液体……成年男性体内含水量大约是体重的60%；成年女性体内含水量大约是体重的50%；出生一天的婴儿体内含水量大约是体重的79%，而其血液中约90%为水。成年人若一周断水就会出现脱水而亡。美国学者 Martin Fox 指出，水是含有溶解性矿物质的血液系统的一部分，它如同溶解态的钙、镁一样，为人体组织维护健康所需。可以说，水对生命的作用是无以能比的。即使在不进食的情况下，只要有水的供应，就会通过肝脏和肌肉中糖原的分解而转化成葡萄糖来维持大脑、心脏以及其他重要器官的能量供应，从而使生命得以延续。一个成年人每天至少需要饮用6~8杯水（每杯水约230 mL。茶、酒、咖啡、果汁等尽管含有大量水，但并不能算做是水，因为其中还含有大量的脱水因子，这些脱水因子进入身体后，不仅能让一同进入的水迅速排出，而且会带走体内原来储备的水，这就是日常生活中越喝茶和咖啡就越想小便的原因）。尤其在炎热的夏季，消暑解渴的最佳饮品更是当属白开水。只有摄入足量的安全水后，一些健康问题，比如泌尿系统结石、气喘、过敏症、高血压、高胆固醇、胰岛素非依赖型糖尿病以及多种慢性疼痛症，才可能得到解决或减轻。多喝水还可以稀释汗液里化学成分的浓度。相反，饮水量的不足会影响细胞的活力，容易产生肠胃功能紊乱而引发腹痛、腹泻（许多人总是习惯口渴了再喝水，其实当感到口渴时就表明身体已经缺水而出现了代谢紊乱的苗头。当然，一次饮水也不宜过多，过多又会使大量水分涌入血液之中而增加心脏的负担，一般每次喝水宜控制为100 mL左右），严重的还会使身体的某些区域因缺水而产生诸多"口干"型并发症——急性尿路感染（尿急、尿频、尿痛等）、急性膀胱炎症和妇科腰疼、高烧、打寒颤等急性肾盂肾炎症和慢性疼痛（美国医学博士F·巴特曼提出的新观念认为，身体的慢性疼痛不应用受伤或感染来解释，而应当首先将其视为慢性缺水，什么部位疼痛，就是什么部位缺水），如消化道溃疡、肠炎、风湿性关节炎、心绞痛（无论是行走还是休息）、间隔性跛行疼痛（行走时腿部疼痛）、偏头痛和持续性头痛、颈椎疼痛、腰疼痛等。因此，从祛病保健的角度来看，合理补水确实胜于良药（早上起床后喝一杯水能够降低血液黏度，稀释尿液，使积蓄一夜的体内垃圾溶解并随尿液排出体外，有利于预防尿路感染而形成结石；除此之外，多喝水还能够保持肌肤滋润而富有弹性，有利于人体健壮、精力旺盛）。

那么,什么样的水才算得上是安全饮用水呢?如果从原则上讲,就是在质和量两个方面都满足人们对健康饮用的需求。具体来讲,不同的国家以及一些国际组织分别制定了标准、规范或提出了明确意见。例如世界卫生组织(WHO)和联合国儿童基金会(UNICEF)2000年对全球居民的生活用水质量与健康的关系进行系统评估,提出了分析结果(见表1-11)。世界卫生组织专家通过长期研究,还对健康的水质特性提出如下建议:没有污染,不含致病菌,不含重金属和有害化学物质;同时它必须含有人体所需要的天然矿物质和微量元素;pH值呈弱碱性(pH >7);含有新鲜适量的溶解氧;小分子团、负电位等,水的生理功能强,长期饮用能改善人体的健康状况(《沈阳晚报》,2009年7月28日,"好水"就是一剂"良药")。

表1-11　生活用水质量与健康的关系

供水水平	获取水的方式	需求满足		对健康的不利影响
		消费	卫生状况	
缺乏(每人每天低于5 L水)	超过1 000 m取水距离,或30 min的取水时间	不能保障	不能保障	很高
基本(每人每天不超过20 L水)	100 ~1 000 m取水距离,或5 ~30 min的取水时间	基本保障	可满足洗手、洗菜,洗衣、洗澡难以保障	高
中等(每人每天大约50 L水)	通过一个公用管口取水,或100 m以内取水距离,或5min取水时间	保障	能保障基本的个人与食品卫生,洗衣、洗澡也能保障	低
优良(每人每天100 L水以上)	通过多个管口连续取水	完全保障	完全保障	很低

在我国,针对存有3亿多农村人口的饮水不安全问题,水利部、卫生部于2004年联合下发了《关于印发农村饮用水安全卫生评价指标体系的通知》,要求水量标准以每人每天获得40 ~60 L为安全、水质标准以达到国家《生活饮用水卫生标准》为安全。这里主要介绍水质方面的安全问题。

由于水中元素易于被人体吸收,所以水质安全与人类健康的关系最为密切。饮用水中某些生物必需元素的余缺可直接影响人体健康,总的来说,富含腐殖质的酸性软水、有机污染水、某些元素含量过高或过低的水都不利于人体健康(如长期饮用酸性水易引起便秘、高血压、高血脂、痛风、肥胖、动脉硬化、关节炎、结石、肿瘤等慢性疾病(《大河报》,2009年6月20日,自来水超越矿泉水)。据世界卫生组织统计,癌症患者100%是酸性体质,心脑疾病患者80%是酸性体质,而人们吃的大鱼大肉以及饮用的自来水多呈弱酸性,极易促成酸性体质的形成,这就是很多慢性病久治不愈的原因),而有机质贫乏的中性或弱碱性的适度硬水则有利于人体健康(如石灰岩层中的地下水就有益于人体健康)。例如2009年2月12日中央电视台《百科探秘》栏目揭秘广西巴马村有70多个百岁老人,个个目明耳聪,挑水劈柴不在话下,甚至80岁还能结婚生子,其秘诀就是他们世代饮用的盘阳河水呈弱碱性。表1-12列出水质与健康关系的对比资料,可从某些侧面说明以上现象。

表 1-12 水质与健康关系对照

疾病种类	发病率或死亡率较高		发病率或死亡率较低	
	饮水成分	地区	饮水成分	地区
甲状腺肿大	I 低	世界各大山脉及山区石灰岩分布区	I、Ca、Mg、Mn 高	平原、沿海地区、半干旱草原
氟中毒	F 高	世界各国	F 低	世界各国
大骨节病	腐殖酸(-OH)含量高,Se、Mo 低	我国东北、西北、西南等病区	腐殖酸(-OH)低的适度硬水	非病区
克山病	NO_2、亚硝胺类物质含量高的有机污染水	我国东北、西北、西南等病区	腐殖酸(-OH)低,Se、Mg、Mo 高的适度硬水	非病区
肝癌	NO_2、亚硝胺类物质含量高的有机污染水	我国东南沿海等河网地区、南宁地区		
食管癌	NO_2、亚硝胺类物质含量高的有机污染水	太行山南段		

随着科学的进步和研究的深入,不断有新的发现被相继揭示。Buyton 和 Cornhill 通过分析 100 个大城市的饮用水发现,如果饮用水中含有中等含量的总溶解性固体(即 TDS,含量大约 300 mg/L)、具有中等硬度(以 $CaCO_3$ 计约为 170 mg/L)和偏碱性(pH > 7.0),并含有 15 mg/L 的二氧化硅,那么癌症的死亡率就会减少 10% ~25%、心血管病死亡率则降低 15%。由此得出结论,饮用含大约 300 mg/L 的 TDS、有中等硬度、偏碱性的水会降低癌症致死的危险性;硬度和 TDS 与心脏病死亡率存在明确关系,TDS 越高,心脏病发作率越低,日常生活中应尽可能地饮用硬度大约为 170 mg/L 的水。

【2】 天然水的分类

天然水按其化学成分分类常用的有以下几种方法。

【2.1】 按水中离子含量分类

(1)按矿化度(即含盐量)分。矿化度是表征天然水质的重要标志,它是按水中所含离子的总量进行划分的,一般分为:淡水, <1 g/kg(1 000 mg/L);微咸水,1 ~25 g/kg;具有海水盐度的咸水,25 ~50 g/kg;盐水, >50 g/kg。

对于河水而言,根据矿化度可将其分为四个等级:

低矿化度——含盐量在 200 mg/L 以下;

中等矿化度——含盐量在 200 ~500 mg/L;

较高矿化度——含盐量在 500 ~1 000 mg/L;

高矿化度——含盐量在1 000 mg/L以上。

(2)按硬度分。表示硬度的方法通常有美国硬度和德国硬度两种体系，其中美国硬度一般以$CaCO_3$含量表示，德国硬度以°DH表示，两者的换算式是1°DH = 17.8 mg/L $CaCO_3$含量。

当用美国硬度表示时，将水划分为以下五类：

软水——硬度在0~50 mg/L;

中等软水——硬度在50~100 mg/L;

微硬水——硬度在100~150 mg/L;

中等硬水——硬度在150~200 mg/L;

硬水——硬度大于200 mg/L。

当用德国硬度表示时，将水划分为以下五类：

极软水——0~4°DH;

软水——4°~8°DH;

微硬水——8°~16°DH;

硬水——16°~30°DH;

极硬水——>30°DH。

一般地表水为软水，地下水硬度较高，生活饮用水通常要求硬度不超过25°DH。

【2.2】 按阴、阳离子含量分类

这种分类方法目前多用于地下水，是根据地下水中阴、阳离子物质的量来划分的。达到这个数量级的离子只有6种，即Na^+、Mg^{2+}、Ca^{2+}、Cl^-、SO_4^{2-}和HCO_3^-。由于1种阳离子和1种阴离子在水中不可能单独存在，只能是3种阳离子与3种阴离子相互组合而成，如表1-13所示。

在命名时，可按哪种离子较多，就给予哪种称呼。例如按阴离子含量可称为氯化物水、硫酸盐水、重碳酸水、硫酸盐重碳酸协水等；再如按阳离子含量可称为钠水、镁水、钠镁水、钠钙水等。

表1-13 天然水分类(1)

离子类型	HCO_3^-	$HCO_3^- + SO_4^{2-}$	$HCO_3^- + SO_4^{2-} + Cl^-$	$HCO_3^- + Cl^-$	SO_4^{2-}	$SO_4^{2-} + Cl^-$	Cl^-
Ca^{2+}	1	8	15	22	29	36	43
$Ca^{2+} + Mg^{2+}$	2	9	16	23	30	37	44
Mg^{2+}	3	10	17	24	31	38	45
$Na^+ + Ca^{2+}$	4	11	18	25	32	39	46
$Na^+ + Ca^{2+} + Mg^{2+}$	5	12	19	26	33	40	47
$Na^+ + Mg^{2+}$	6	13	20	27	34	41	48
Na^+	7	14	21	28	35	42	49

【2.3】 按主要组分和离子相互间的对比分类

这种分类法是将含量最多的阴离子作为分类基础，把最多的阴离子分为碳酸盐（$HCO_3^- + CO_3^{2-}$）、硫酸盐（SO_4^{2-}）和氯化盐（Cl^-）3 大类，在每一大类中又把主要阳离子分为 3 组：钙组、镁组和钠组，再根据阳离子与阴离子的相对含量关系把各组水分为 4 个不同的型。如此可得 27 种水，见表 1-14。

表 1-14 天然水分类(2)

类	碳酸盐[C]$HCO_3^- + CO_3^{2-}$			硫酸盐[S]SO_4^{2-}			氯化盐[Cl]Cl^-		
组	钙 Ca	镁 Mg	钠 Na	钙 Ca	镁 Mg	钠 Na	钙 Ca	镁 Mg	钠 Na
型	Ⅰ	Ⅰ	Ⅰ	Ⅱ	Ⅱ	Ⅰ	Ⅱ	Ⅱ	Ⅰ
	Ⅱ	Ⅱ	Ⅱ	Ⅲ	Ⅲ	Ⅱ	Ⅲ	Ⅲ	Ⅱ
	Ⅲ	Ⅲ	Ⅲ	Ⅳ	Ⅳ	Ⅲ	Ⅳ	Ⅳ	Ⅲ

在命名时，可根据水质分析结果，将某水称为某类、某组、某型水，其中类用相应阴离子名称中的代表字母表示（C、S、Cl）、组用化学成分的符号表示、型则用罗马数字表示。例如[C]CaI 型代表碳酸盐类、钙组、I 型水，表示在阴离子中 $HCO_3^- + CO_3^{2-}$ 最多、阳离子中 Ca^{2+} 最多，而且 $HCO_3^- + CO_3^{2-}$ 的量大于 Ca^{2+} 含量的水。

第2章　水质常规指标(上)

——微生物指标与毒理指标

根据卫生部、国家标准化管理委员会颁布的《生活饮用水卫生标准》(GB 5749—2006),水质常规指标共有38项,本章分别对其中的4项微生物指标和15项毒理指标的理化性质、对人体健康的影响、检测方法及处理技术予以探讨。

2.1　总大肠菌群

2.1.1　性质与危害

总大肠菌群是肠道中并存的三大类细菌之一(其他两类分别是肠球菌群和产气荚膜杆菌群),专指一群需氧及兼性厌氧在37 ℃培养24 h能分解乳糖产酸、产气的革兰阴性无芽孢杆菌。此类细菌在人及温血动物的粪便中大量存在,健康人的每克粪便中平均含有5 000万~1亿个,每毫升生活废水中则含有3万个以上。水中大肠菌群的多少,可以反映水体被粪便污染的程度,并间接表明肠道致病菌存在的可能性。大肠菌群一般包括大肠埃希杆菌、产气杆菌、枸橼酸盐杆菌和副大肠杆菌。大肠埃希杆菌是人和温血动物肠道中正常的寄生细菌,一般情况下不会致人染病,但在个别情况下也发现此菌能够战胜人体的防卫机制而诱发毒血症、腹膜炎、膀胱炎及其他感染;从土壤或冷血动物肠道中分离出来的大肠菌群大多是枸橼酸盐杆菌和产气杆菌,同时也会有副大肠杆菌;副大肠杆菌也常在痢疾或伤寒病人的粪便中出现,因此如发现水中含有副大肠杆菌,就可以认为水体受到了病人粪便的污染。我国现行《生活饮用水卫生标准》规定水体中不得检测出此类微生物。

2.1.2　检测方法

总大肠菌群的检验方法有多管发酵法和滤膜法两种:多管发酵法可用于各种水样(包括底泥)的测定,但操作较为烦琐;滤膜法操作简便、快速,但不适用于浑浊水样,因为这种水样常会堵塞滤膜,异物也可能干扰菌种生长。

2.1.2.1　**多管发酵法**

多管发酵法是根据大肠菌群细菌能够发酵乳糖、产酸产气以及具备革兰染色阴性、无芽孢、呈杆状等特性进行检验的方法。如产酸产气者,则大肠菌群为阳性,表明有大肠菌群存在;反之如无气体和酸产生,则表明为阴性反应,无大肠菌群存在。其检验程序如下:

(1)制备培养基。检验大肠菌群需要的培养基有乳糖蛋白胨培养液、三倍浓缩乳糖蛋白胨培养液、品红亚硫酸钠培养基和伊红美蓝培养基。

(2)初步发酵试验。该试验是根据大肠菌群能分解乳糖生成二氧化碳等气体的特征,而水体中某些细菌不具备此特点的原理而设计的,但是能产酸、产气的绝非仅有大肠菌群,故还需进行复发酵试验予以证实。初步发酵试验方法是在 3 支装有已灭菌的 9 mL 浓乳糖蛋白胶培养基的小发酵管(内有倒管)中各加入已稀释好的 10^{-4} 水样 1 mL(10^{-4} 为试管编号,即先用 1 mL 无菌吸管吸取 1 mL 活性污泥样品于第一试支管。10^{-1} 中并吸洗 3 次混匀,再从 10^{-1} 管中吸取 1 mL 菌液于第 2 支试管 10^{-2} 中并吸取 3 次混匀,依次至 10^{-4} 管),然后将小发酵管置于 37 ℃恒温箱中培养 24 h。

(3)平板分离。水样经初步发酵试验培养 24 h 后,将产酸、产气及只产酸的发酵管分别接种于品红亚硫酸钠培养基或伊红美蓝培养基上,于 37 ℃恒温培养 24 h,挑选出符合下列特征的菌落,取菌落的一小部分进行涂片、革兰染色、镜检。

品红亚硫酸钠培养基上的菌落:紫红色,具有金属光泽的菌落;深红色,不带或略带金属光泽的菌落;淡红色,中心色较深的菌落。

伊红美蓝培养基上的菌落:深紫黑色,具有金属光泽的菌落;紫黑色,不带或略带金属光泽的菌落;淡紫红色,中心色较深的菌落。

(4)复发酶试验。上述涂片镜检的菌落如为革兰阴性无芽孢杆菌,则取该菌落的另一部分再接种于装有乳糖蛋白胨培养液的试管(内有倒管)中,每管可接种分离自同一初发酵管的最典型菌落 1 ~3 个,于 37 ℃恒温培养 24 h,有产酸产气者,即证实有大肠菌群存在。

(5)计算总大肠菌群数。根据证实有大肠菌群存在的阳性管数,查总大肠菌群数检数表(略),可得出每升水样中的总大肠菌群数。也可根据以下公式近似算出每升水样中的总大肠菌群数(MPN):

$$总大肠菌群数 = \frac{1\,000 \times 得阳性结果的发酵管(瓶)的数目}{\sqrt{得阴性结果的水样体积毫升数 \times 全部水样体积毫升数}} \quad (2\text{-}1)$$

对不同类型的水,可视其总大肠菌群数的多少,用不同稀释度的水样试验,以获得较准确的结果。

2.1.2.2 **滤膜法**

将水样注入已灭菌、放有微孔滤膜(孔径 0.45 μm)的滤器中,经抽滤,细菌被截留在膜上,将该滤膜贴于品红亚硫酸钠培养基上,于 37 ℃恒温培养 24 h,对符合发酵法所述特征的菌落进行涂片、革兰染色和镜检,凡属革兰阴性无芽孢杆菌者,再接种于乳糖蛋白胨培养液或乳糖蛋白胨半固体培养基中,在 37 ℃恒温条件下,前者经 24 h 培养产酸产气者,或后者经 6 ~8 h 培养产气者,可判定为总大肠菌群阳性。

由滤膜上生长的大肠菌群菌落数和所取过滤水样量,按下式计算每升水中总大肠菌群数:

$$总大肠菌群数 = \frac{所计数的大肠菌群菌落数 \times 1\,000}{过滤水样量(mL)} \quad (2\text{-}2)$$

2.1.3 处理技术

去除水中微生物以至病原微生物的方法大致分为物理方法和化学方法两种。物理方法主要有过滤、加热、紫外线照射、超声波辐射和光催化消毒等;化学方法包括氯及氯胺、二氧化氯、臭氧、重金属离子消毒等。选择具体消毒方案时一般应考虑三个因素：一是水源水处理时，必须尽可能减少水中病原体的数量直至消除其致病作用，因而应选择高效的水处理工艺和消毒方法；二是从水在输送管网中到用水点以前，必须维持消毒剂对病原微生物生长的抑制作用，以防止可能出现的病原体滋生或再生长；三是尽可能选择对人体健康影响小的消毒剂或消毒方法，需要考虑残留于水中的消毒剂本身以及消毒副产物对人体健康的影响等。

2.1.3.1 加氯消毒

氯作为传统的饮用水消毒剂，起始于美国 Philadelphia 在 1913 年首次使用液氯进行饮用水消毒，之后液氯逐渐被推广应用，并发展成为最普遍的氯消毒形式。现在通常所说的氯消毒主要指的是氯气，也包括次氯酸钠、次氯酸钙、漂白粉等。工程应用时，将高压液氯在常压气化后以氯气的形式通入水中并发生歧化反应。

$$Cl_2 + H_2O \rightleftharpoons HOCl + H^+ + Cl^- \tag{2-3}$$

试验证明，次氯酸 HOCl 可穿透细胞壁而深入到细菌内部破坏细菌的酶系统，从而把细菌杀死，比如在 2 ~ 5 ℃的条件下反应 30 min 就可将 99% 的大肠杆菌除去。有关氯及其系列制剂的消毒机理、消毒工艺等内容详见本书第 4 章 4.1 部分介绍。

2.1.3.2 氯胺消毒

氯胺是氯与氨反应生成的产物，包括一氯胺、二氯胺、三氯胺等三种形态。其中二氯胺和三氯胺不稳定，所以通常起主导消毒作用的是一氯胺。

相对于氯消毒而言，氯胺灭活水中微生物的能力比自由氯低得多，因此在工程中通常不将其作为预消毒剂对进厂水进行处理。但由于氯胺与水中消毒副产物的前驱物反应活性远低于自由氯，所以许多水厂还是经常将其作为二次消毒剂而广泛地推广应用。有关氯胺的消毒机理与消毒工艺等内容详见本书第 4 章 4.2 部分介绍。

2.1.3.3 二氧化氯消毒

二氧化氯在饮水消毒剂中是仅次于臭氧的强氧化剂，它能够快速抑制细胞内蛋白质的合成，使蛋白质中的氨基酸氧化分解，从而灭活微生物。二氧化氯的杀菌效果高效而且广谱，除一般细菌外，还能对大肠杆菌、异养菌、铁细菌、硫酸盐还原菌、脊髓灰质炎病毒、肝炎病毒等具有很强的灭活效果，因而近 20 年来推广尤快。有关二氧化氯消毒的详细内容参见本书第 4 章 4.3 部分介绍。

2.1.3.4 臭氧消毒

臭氧是一种极强的氧化剂，其分解释放出的新生态氧[O]活性是氯的 600 倍，在诸类消毒剂中的杀菌能力排序上位居榜首（臭氧 > 二氧化氯 > 氯 > 氯胺），且消毒杀菌时受 pH 值、温度的影响很小。有关这方面的详细介绍可参见本书第 4 章 4.4 部分内容。

2.1.3.5 高锰酸钾消毒

尽管高锰酸钾在饮用水处理中的应用有较长的历史，但从严格意义上来说，它并非消毒剂，而是氧化剂，它能够氧化微生物细胞或其胞内酶等成分，从而导致微生物失活而达到消毒目的。与其他绝大多数消毒剂所不同的是，高锰酸钾在饮用水处理条件下的还原产物为固相的水合二氧化锰，这种二氧化锰本身也具有氧化性能，从而能够在一定程度上加剧灭活水中微生物。然而更为重要的还有，水合二氧化锰具有丰富的比表面积，能吸附水中微生物,从而促进微生物与其一块通过沉淀、过滤过程从水中去除。除此之外,当采用其他消毒剂与高锰酸钾联用时,水合二氧化锰能够将微生物吸附富集在固相表面,从而有利于其他消毒剂发挥消毒作用、提高消毒效果。

然而高锰酸钾消毒是受比较苛刻的条件制约的,通常只有在较高浓度、较低 pH 值、较长接触反应时间的条件下才能发挥出明显的消毒作用。如只有当 $KMnO_4$ 投量达到 2 mg/L且接触反应时间达到 30 min 以上时才能对细菌表现出较好的去除效果(而对原生动物、蠕虫等微生物还需要更大的投量及更长的接触反应时间)。但是,当水中存在 1 mg/L以上的 $KMnO_4$ 时就会显现出品红色而严重影响感官性状,所以实际应用中,只能将其作为预氧化剂(如去除水中臭味、降低水的色度,详见第 3 章 3.3.4 部分介绍),而不能将其作为二次消毒剂使用。

2.1.3.6 紫外线消毒

紫外线(UV)是一种高能量的光,其波长范围为 40 ~ 400 nm,按波长分为 A 波段、B 波段、C 波段和真空紫外线,其中 C 波段的波长为 200 ~ 275 nm,水消毒用的就是 C 波段紫外线。紫外线在波长 240 ~ 280 nm 范围最具杀菌效能,尤其在波长为 253.7 nm 时紫外线的杀菌能力最强。其杀菌机理是通过紫外线对细菌、病毒等单细胞微生物的照射,以破坏其 DNA 的结构(链断裂等),使构成该微生物的蛋白质无法形成或使其立即死亡,一般紫外线在 1 ~ 2 s 内就可达到灭菌的效果。试验表明,采用 UV 消毒可使大肠杆菌平均去除率达到 98% 以上(有试验在 0.36 s 时将其 100% 杀灭)、细菌总数平均去除率达到 96.6%。当然,在事实上,所有的微生物对紫外线都是很敏感的,故 UV 用于水处理消毒是具有独特优势的:消毒快捷、彻底,不污染水质,使用及维护方便,运行成本也不高(有试验分析运行成本仅为臭氧消毒的 1/2,比氯消毒高 0.011 元/m^3。还有试验甚至认为比氯消毒的成本低,仅为氯的 1/2、臭氧的 1/9)。

紫外线虽然对各种病源微生物,尤其是贾第虫和隐孢子虫等抗氯性致病菌具有很高的灭活率,但由于其不具有持续消毒能力且易产生光度复活现象(指 UV 照射后微生物的损伤能被可见光逆转,有试验发现 UV 辐射度为 0.1 W/cm^2、UV 剂量为 10 mJ/cm^2 时大肠杆菌的复活率可高达 45%),所以选用 UV 消毒时通常都还需要与氯、氯胺、二氧化氯等消毒剂联用。

2.1.3.7 超声波消毒

在频率超过 20 000 Hz 的声波作用下杀灭水中微生物的过程称为超声波消毒。现已确定,超声波在薄水层里 1 ~ 2 min 内即可消灭 95% 的大肠杆菌,并对痢疾杆菌、斑疹伤寒、病毒及其他微生物具有明显杀灭作用,还可杀死水中的原生动物与后生动物,如肉眼可见到的昆虫(毛翅类、摇蚊、蜉蝣)的幼虫、寡毛虫、某些线虫、海绵、苔藓动物、软体动物的饰贝和水蛭等。在超声波作用下,海洋水生物的动、植物区系也会死亡。经超声波作用之后,牛奶可以得到灭菌。

2.1.3.8 阳光消毒

阳光消毒法即 SODIS 是一种简单的太阳光水消毒方法,系瑞士联邦水科学技术研究所(EAWAG)下属发展中国家水与卫生设施信息中心研究开发并在世界多个发展中国家推广应用的一种新方法。其基本原理是利用太阳光来钝化导致腹泻的病原体的活性,从而提高饮用水的质量。该方法将水装入透明的玻璃(或塑料)瓶之后,在充足的日光下暴晒5 h。通过紫外线 UV2A 波段辐射和水温升高的共同作用,破坏病原体,使水得以消毒。使用该方法时,要求不低于于500 W/m^2 的太阳辐射强度和持续5 h 的时间,即相当于中纬度地区夏季5 h 的太阳辐射量。由于辐射和温度对水的作用是一种协同关系,因此在水温升高到超过 50 ℃,消毒过程则需要 1/3 的太阳辐射强度。50 ℃的水被暴晒 1 h 后,大肠菌类的浓度将减少 4 ~5 个数量级,从而可达到安全饮用的标准。试验还证明,SODIS 方法还可有效抑制霍乱病菌。

水的消毒方法除了以上介绍的几种外,还有重金属离子(如银)及微电解等。近年来,膜技术在给水处理中的应用日趋广泛,膜对细菌、病毒和原生动物的截留去除特性得到高度重视,也有研究者将其归为消毒的一种方法。随着对水中微生物认识的深入和水质指标要求的不断提高,人们将面临各种新的问题。可以这样说,各种消毒方法中没有一种方法是包医百病、完善无缺的,研究者必须针对新问题,不断探索研究新的消毒方法和应用技术,以更好地保障饮水安全和人体健康。

2.2 耐热大肠菌群

2.2.1 性质与危害

耐热大肠菌群又称粪大肠杆菌,是总大肠菌群的一部分,主要来自于人和温血动物的粪便,专指在(44.5 ±0.2) ℃的温度下培养 24 h 仍能生长并发酵乳糖、产酸产气的一类粪源性大肠菌群,包括埃希菌属和克雷伯菌属,其中 95% 属于在 44 ℃条件下培养的埃希氏大肠杆菌。该指标反映了水体近期受粪便污染的情况,是目前国际上通行的监测水质受粪便污染的指示菌,在卫生学上具有十分重要的意义。如在水体中检出粪大肠杆菌,则就表明该水体中已存在肠道致病菌和寄生虫等病原体。如用粪大肠杆菌指标和粪链球菌(存在于人和动物粪便中的一种菌群)指标综合分析水质,还可进一步判断粪便的污染源是来自于人还是来自于动物(粪大肠杆菌/粪链球菌的比值大于或等于 4 时表明主要为人粪污染,小于或等于 0.7 的主要为动物粪污染,介于 0.7 ~4 时为混合污染)。我国现行《生活饮用水卫生标准》规定水体中不得检出粪大肠杆菌指标。

2.2.2 检测方法

测定粪大肠菌群的方法与测定总大肠菌群的方法基本相同,也分多管发酵法和滤膜法两种(参见本章 2.1.2 检测方法),区别仅在于培养温度的不同。粪大肠杆菌的检测多在大肠菌群检验的基础上进行,即在 37 ℃预培养大肠菌群后移至培养箱中于(44.5 ±0.2)℃下培养 24 h,然后根据是否产酸产气来确定是否存在粪大肠杆菌,最后按试验结果查表换算成粪大肠菌群数。

2.2.3 处理技术

去除耐热大肠菌群的方法与去除总大肠菌群的方法相同,详见本章 2.1.3 论述,这里从略。

2.3 大肠埃希氏菌

2.3.1 性质与危害

大肠埃希氏菌也称普通大肠杆菌或大肠杆菌，是好氧及兼性的、革兰染色阴性、无芽孢、大小为(2.0~3.0)μm×(0.5~0.8)μm、两端钝圆的杆菌，生长温度为10~46 ℃，适宜温度为37 ℃，生长pH值范围为4.5~9.0，适宜的pH为中性，能分解葡萄糖、甘露醇、乳糖等多种碳水化合物并产酸产气，所产生的CO_2/H_2为2。大肠杆菌菌落呈紫红色、带金属光泽，直径为2~3 mm，菌落中各类细菌的生理习性较为相似，一般能与宿主和谐相处并帮助宿主消化食物。大肠杆菌落有几百种菌株，其中大部分是无害的，但也有些血清型的大肠杆菌可以引起不同症状的肠道炎症和腹泻，这些大肠杆菌被称为致病性大肠杆菌或叫病原性大肠杆菌，其突出的典型代表就是美国科学家1982年发现并命名的0－157大肠杆菌。这种大肠杆菌的特点是：①威力强大，仅少数细菌就能致病。②其分泌的毒素能够破坏肠道黏膜，并由此产生血痢，且毒素进入血液后还能够破坏红细胞、白血球、血小板等，进一步引起它们的碎片堵塞动脉毛细血管，阻碍血液循环。如碎片在肾脏中堆积起来，还会导致肾功能紊乱，其他相关器官也会因堵塞不畅而产生缺氧性肿胀，进而破坏相关器官的正常功能。0－157大肠杆菌尤其对婴幼儿危害极大，对一些死亡儿童的尸检显示，有坏疽性脑伤害症，还有癫痫、肺部伤害、结肠瘘和肾衰竭等病症。③当症状出现后再服用抗菌素为时已晚，因为细菌一旦释放出毒素，抗菌素也就无能为力了。1993年，美国有4个州700多人感染0－157大肠杆菌致病，其中有51人发展成急性肾衰竭和尿血性贫血(医学上称出血性肾功能衰竭综合征)，4人死亡，之后全美国每年约有2万个疑似病例、250人死亡。由于大肠杆菌菌群中有这些致病隐患和威胁，所以各国对此都非常重视，我国现行《生活饮用水卫生标准》也自然规定水体中不得检出此类菌种指标。

2.3.2 检测方法

参见本章2.1.2检测方法。

2.3.3 处理技术

参见本章2.1.3内容。

2.4 菌落总数

2.4.1 性质与危害

水中所含微生物来源于空气、土壤、废水、垃圾、死的动植物等，所以水中微生物种类是多种多样的，而不同微生物的菌种又往往各具不同的生理特性，其菌落总数则表明了水体受上述有机微生物污染的程度，菌群总数越多，说明水体污染越严重。微生物学上把细菌菌落总数（CFU）定义为“1 mL 水样在营养琼脂培养基中，于 37 ℃培养 24 h 后所生长的腐生性细菌菌落总数”，我国现行《生活饮用水卫生标准》（GB 5749—2006）规定：1 mL 自来水中细菌总数不得超过 100 个（农村小型集中式供水和分散式供水工程不能超过 500 个）。

2.4.2 检测方法

2.4.2.1 **生活饮用**

（1）以无菌操作方法用灭菌吸管吸取 1 mL 充分混匀的水样，注入灭菌平皿中，倾注约 15 mL 已融化并冷却到 45 ℃左右的营养琼脂培养基（培养基配方：蛋白胨 10 g、牛肉膏 5 g、NaCl 5 g、琼脂 15～20 g、蒸馏水 1 000 mL，pH 值 7.2，0.1 MPa 灭菌 20 min），并立即旋摇平皿，使水样与培养基充分混匀。每次检验时应作一平行接种，同时另用一个平皿只倾注营养琼脂培养基作为空白对照。

（2）待冷却凝固后，翻转平皿，使底面朝上，置于 37 ℃恒温箱内培养 24 h，进行菌落计算，即为水样 1 mL 中的细菌总数。

2.4.2.2 **水源水**

（1）在距水面 10～15 cm 深处采取水样。先将灭菌的玻璃采样瓶瓶口向下迅速浸入水中，然后翻转过来，除去玻璃瓶塞，水即流入瓶中。盛满后，将瓶塞盖好，再从水中取出，最好立即检查，否则需放入冰箱中保存，保存时间不得超过 6 h。

（2）稀释水样。取 3 个灭菌空试管，分别加入 9 mL 无菌水。先取 1 mL 水样注入第一管 9 mL 无菌水内并摇匀，再自第一管取 1 mL 至下一管无菌水内，如此稀释到第三管，稀释度分别为 0.1、0.01、0.001。稀释倍数视水样污浊程度而定，以培养后平板的菌落数在 30～300 个的稀释度最为合适。若 3 个稀释度的菌数均多到无法计算或少到无法计算的程度，则可继续稀释或减少稀释倍数。一般中等污染水样，可取 0.1、0.01、0.001 三个连续稀释度。

（3）自最后 3 个稀释度的试管中各取 1 mL 稀释水加入空的灭菌培养皿中，每一稀释度做两个培养皿。

（4）各倾注 15 mL 已溶化并冷却至 45 ℃左右的肉膏蛋白胨琼脂培养基，立即放在桌上摇匀。

（5）凝固后倒置于 37 ℃培养箱中培养 24 h。

（6）进行菌落计算。若其中一个平板有较大片状菌苔生长，则不应采用，而应以无片状菌苔生长的平板作为该稀释度的平均菌落数；若片状菌苔的大小不到平板的一半，而其余的一半菌落分布又很均匀，则可将此一半的菌落数乘以 2 代表全平板的菌落数，然后计算该稀释度的平均菌落数。计算的方法步骤如下：

①选择平均菌落数在 30～300 个的进行计算，当只有一个稀释度的平均菌落数符合此范围时，则以此平均菌落数乘其稀释倍数即为该水样的细菌总数。

②若有两个稀释度的平均菌落数均在 30～300 个，则按两者菌落总数之比值来决定。若其比值小于 2，应采取两者的平均数；若大于 2，则取其中较小的菌落总数乘其稀释倍数报告之。

③若所有稀释度的平均菌落数均大于 300 个，则应按稀释度最高的平均菌落数乘其稀释倍数报告之。

④若所有稀释度的平均菌落数均小于 30 个，则应按稀释度最低的平均菌落数乘其稀释倍数报告之。

⑤若所有稀释度的平均菌落数均不在 30 ~ 300 个，则以最接近 300 或 30 的平均菌落数乘其稀释倍数报告之。

2.4.3 处理技术

参见本章 2.1.3 内容。

2.5 砷

含砷化合物用于生产晶体管、激光、半导体的合铸剂（扩散源），以及用于加工玻璃（脱色剂）、色素、纺织品、纸、金属黏合剂、木材防腐剂、弹药、皮革、农药（杀虫剂）等。

2.5.1 性质

砷（As）在自然界分布很广，但含量很低。它的元素丰度在地壳中占第 52 位（1.8 mg/kg），在海洋中居第 28 位（2.6 μg/L），一般干净空气和土壤中浓度范围分别为 1.5 ~ 53 ng/m^3 和 0.1 ~ 40 mg/kg。存在于地表中的含砷矿物超过 150 种，主要含砷矿物有雄黄（As_2S_2）、雌黄（As_2S_3）、毒石（FeAsS）、砒石（As_2O_3）等。单质砷不溶于水，但有多种含砷化合物易溶于水。地表水中一般含砷量很低，但某些地下水和某些矿区煤中含砷量甚高，地下水中含砷量高者可达 280 mg/L（一般富氧状态下以五价砷为主，厌氧环境中则以三价砷居多），煤中含砷量高者可达 1 500 mg/kg（如捷克和斯洛伐克的部分矿区）。

砷属氮族元素，原子序数 33，原子量 74.92，有 α、β、γ 三种同素异性体，分别呈黄、黑和灰色。其中灰色者具有金属性，是脆性的晶状准金属固体，相对密度 5.73（14 ℃），熔点 814 ℃（36 大气压），加热时能够迅速地氧化成三氧化二砷（As_2O_3），并散发出蒜臭味。As_2O_3 用途十分广泛，它的熔点 312.3 ℃，沸点 465 ℃，密度 3.738 g/cm^3，在 20 ℃条件下水溶解度 37 g/L，可用于制造催化剂、玻璃脱色剂、皮革和渔网之类的防腐剂，牙科医生还将其作为治疗牙疾的辅助药物。As_2O_5 的熔点 315 ℃（分解），密度 4.32 g/cm^3，在 16 ℃条件下水溶解度 1 500 g/L，可用于制作黏结剂、杀菌剂及生产有色玻璃。砷还可合成为砷化镓，用于制造电子计算机芯片及能够显示色彩的数字式手表。近年，我国医学界还提出可用氧化砷（俗称砒霜）治疗白血病以及梅毒、湿疹、鳞屑癣、红苔癣、恶性疟和硒中毒等。可见，砷化合物的用途是十分广泛的。

人们通常讲的砷中毒一般都是由两方面的原因引起的，一个是自然因素（即地球化学环境），另一个是人为因素（即砷污染）。砷污染主要来源于采矿、冶金、化工、化学制药、农药生产、纺织、玻璃和制革等企业的工业废水（如 2008 年河南省民权县某公司利用劣质矿石生产硫酸，造成 1 000 余万 t 河水受污染，其所在大沙河包公庙河段砷浓度高达 450 mg/L，超标值达到 899 倍）。地球化学环境引起的砷中毒具有明显的区域性，我国大致可分为三种类型:一是中新生代断陷盆地型。该类型以内蒙古、山西为代表,病区位于干旱、半干旱区内,地势低洼,湖沼发育,沉积物为湖沼相粉矿质黏土和腐殖质淤泥,其上覆盖了河流冲洪积的砂质黏土等,为砷的富集提供了来源。内蒙古河套平原和呼包平原曾暴发砷中毒流行事件,经调查与当地居民大批改用手压井有关,病户取用了湖沼相沉积物中的浅层地下水,地下水流滞缓,富含腐殖质,经化验地下水砷含量平均为 0.18 ~ 0.40 mg/L,少数甚至高达 0.969 ~ 2.331 mg/L,且表现为三价砷和有机砷偏高。二是第四纪冲洪积平原型。该类型以新疆奎屯为代表,该区自更新世以来,气候干燥,蒸发强烈,水的矿化度高,砷、氟含量俱高,一度导致砷中毒和地氟病流行。三是新生代滨海平原型。该类型以台湾嘉南地区为代表,该区气候湿润,为典型的滨海相沉积地还原环境,地下水中的砷和有机物含量较高。

2.5.2　对人体健康的影响

砷是人体非必需元素。单质砷几乎无毒性,有机砷化合物的毒性也相对较低,而很多无机砷化氢毒性最强,其次是亚砷酸盐(三价砷),再次是砷酸盐(五价砷)。常见的三氧化二砷(As_2O_3),俗称砒霜,外形如小麦粉,可溶于温水,其中毒量为 10 ~ 50 mg,致死量为 60 ~ 200 mg,在致死剂量下,重症者 1 h 内死亡,平均致死时间为 12 ~ 24 h。五价砷虽然毒性不大,但在一定条件下可在人体内被还原为三价砷化合物,因此其慢性中毒的后果同样也是不容忽视的。

存在于环境中的砷及其化合物可经呼吸而由肺、经溶解而由皮肤、经饮食而由消化道进入人体,还可由母体胎盘进入胎儿体内。进入人体的砷会与人体内酶分子(例如丙酮酸脱水酶的分子)中与酶活性相关的巯基结合,从而抑制酶的活性,尤其表现在细胞代谢和呼吸作用受阻,其药理作用是扩张和增加毛细血管的渗透性,并出现水肿。关于砷化物的毒性,《本草纲目启蒙》(小野兰山,1803)中记载:“日本称之为砒石(信石)或誉石(砒霜)者,……可杀死鼠或蝇,……若投入河中,则鱼虫尽死,其毒可知……。”砷中毒一般分急性与慢性两种情况。急性中毒多由事故、下毒引发,其症状外观表现在古典小说《水浒传》第 25 回“药鸩武大郎”中有过极惟妙惟肖的描写:“油煎肺腑,火燎肝肠。心窝里如雪刃相侵,满腹中似钢刀乱搅。浑身冰冷,七窍血流”,又是“牙关紧咬,喉管枯干”,最终“肠胃迸断,呜呼哀哉”,死后火化,其“毒药身死的证见”便是“骨殖酥黑”的表象。历史上急性砷中毒事件枚不胜数。例如拿破仑 1815 年兵败后被囚于圣赫勒拿岛一小室内,因吸入室内壁纸透出的砷化氢气体而于 1821 年 5 月 5 日中毒死亡,后人在对其遗留的头发化验时发现含砷量高达 39.56 mg/g,几近于常人的 100 倍,2005 年 6 月国际法医毒物学家协会主席帕斯卡尔金茨宣布拿破仑死于砷中毒。1908 年 11 月 14 日傍晚,清光绪皇帝驾崩,国家清史编纂委员会于 2008 年 11 月 2 日宣布,其化验两缕头发中的一缕含砷量高达 2 404 μg/g,另一缕的两段分别为 362.7 μg/g 和 202.1 μg/g,属于急性砒霜中毒死亡。世界上最大的一次砷中毒事件为日本的“森永奶粉事件”。1956 年,日本森永奶粉公司在生产奶粉时,用磷酸氢二钠作为稳定剂,结果混入了剧毒的砷化物,含 As_2O_3 达 25 ~ 28 mg/kg。厂家把这种含砷的奶粉销售到日本各地,结果造成了砷中毒事件,使日本 27 个都、道、府、县的 12 159 人中毒,其中 128 人患脑麻痹症而死亡。慢性中毒一般由职业性接触引发，潜入水体中的砷特别宜于在毛发和指甲中蓄积，有的潜伏期可长达几年甚至几十年，初时症状一般表现为不适和疲劳、食欲差、消化不良、恶心呕吐、皮肤黏膜干燥或炎症，进一步的症状有头痛、末梢神经炎、腱反射迟钝、知觉神经障碍、皮肤过度色素沉着（黑皮病）、皮肤过度角化症、肌肉萎缩、脱毛、肢体血管痉挛及坏死（黑脚病）等，并一般还伴有内脏脂肪变性、高度衰弱、心脏麻痹等重症。现有充分的流行病学证据表明，无机砷是人体皮肤和肺部的致癌物，还可使染色体发生畸变。

长期饮用砷含量高的水会导致砷慢性中毒。据新疆奎屯地区调查：当饮用水中砷含量>0.1 mg/L时，开始出现砷中毒患者，但需要相当长的时间，且为轻型中毒；当砷含量达到0.6 mg/L及以上时，出现患者的最短潜伏期仅为半年，持续饮用10年及以上的居民患病率为47.2%，而且出现5例皮肤癌患者。台湾西海岸地区曾对20世纪初4万居民饮用高砷井水60年的情况进行调查研究：当地井水中砷平均浓度约为0.5 mg/L（范围为0.01～1.8 mg/L），发现每千人中患皮肤癌者10.6人、色素过度沉积者184人、皮肤角化症患者71人、乌脚病（外周血管紊乱）患者9人。

我国在1985年颁布的《生活饮用水卫生标准》中规定，砷在饮用水中的限值为0.05 mg/L；卫生部2001年发布的《生活饮用水水质卫生规范》对砷的限值未予改变，仍维持限值为0.05 mg/L的规定；现行的《生活饮用水卫生标准》（GB 5749—2006）则将限值提高到0.01 mg/L（农村小型集中式供水和分散式供水工程则放宽到以前的限值0.05 mg/L）。

2.5.3 检测方法

水中砷含量的测定方法有很多，包括二乙基二硫代氨基甲酸银分光光度法（参见GB 7485—87）、硼氢化钾－硝酸银分光光度法（参见GB 11900—89）、锌－硫酸系统新银盐分光光度法、砷斑法、氢化物发生原子吸收法、催化示波极谱法、电感耦合等离子发射光谱法（ICP－AES）和氢化物－原子荧光法。下面重点介绍两种国标方法。

2.5.3.1 二乙基二硫代氨基甲酸银分光光度法

通过锌与酸作用产生新生态氢，在碘化钾和氯化亚锡存在下，使五价砷还原为三价并被新生态氢还原成气态砷化氢（胂）。用二乙基二硫代氨基甲酸银（AgDDC）－三乙醇胺的三氯甲烷溶液吸收胂，生成红色胶体银，以氯仿为参比液，在波长510 nm处测定吸收液的吸光度。该方法的测定范围为0.07～0.5 mg/L，适用于水和废水中微量砷的测定。

水中砷浓度（mg/L）的计算公式为

$$c = \frac{m}{V} \tag{2-4}$$

式中，c为样品中砷的浓度，mg/L；m为标准曲线上查得试样中砷的含量，μg；V为试样体积，mL。

水中砷含量测定时的注意事项如下：

（1）在消解破坏有机物的过程中，勿使溶液变黑，否则砷可能有损失。

（2）在砷化氢发生过程中，应在通风橱内或通风良好的室内进行，以免砷中毒。

（3）在完全释放砷化氢后，红色生成物在2.5 h内是稳定的，应在此时间内进行分光光度测定。

(4)锑、铋干扰测定。加入氯化亚锡和碘化钾可抑制 30 μg/L 以内的干扰。

(5)硫化物对测定有干扰,可通过乙酸铅棉除去。若棉花变黑,应更换。

(6)夏天高温季节,还原反应激烈,可适当减少硫酸溶液用量,或将砷化氢发生瓶放入冷水中,使反应缓和。

2.5.3.2 **硼氢化钾-硝酸银分光光度法(新银盐分光光度法)**

硼氢化钾(或硼氢化钠)在酸性溶液中产生新生态氢,将水样中无机砷还原成砷化氢(AsH_3,即胂)气体,以硝酸-硝酸银-聚乙烯醇-乙醇溶液为吸收液,胂可将吸收液中的银离子还原成单质胶态银,使溶液呈黄色,其颜色强度与生成氢化物的量成正比。该黄色溶液对波长为 400 nm 的光段具有最大的吸收度,且吸收峰形对称。可以空白吸收液为参比测其吸光度,然后用标准曲线法测定砷的浓度。该方法的测定范围为 0.4~12 μg/L,其适用于饮用水和清洁水中痕量砷的测定。对于被污染的水,需先用盐酸-硝酸-高氯酸消解,调节 pH 值,并加还原剂和掩蔽剂后才能移入反应管中测定。

采用此法测试时的注意事项如下:

(1)测样为 250 mL 试料、3.00 mL 吸收液和 10 mm 比色皿,其中 As_2O_2 为剧毒药品,用时须小心。

(2)U 形管中乙酸铅棉和脱脂棉的填充必须松紧适当、均匀一致。加入 DMF(二甲基甲酰胺)混合液后,用洗耳球慢慢吹起约 1 min,使溶液均匀分布于脱脂棉上,在样品测试之前,用标准砷溶液试测一次,以平衡装置,防止吸光度偏低。

(3)在发生 AsH_3 时,如果反应液中有气泡产生,可加入适量乙醇消除。

(4)显色温度最好为 15~20 ℃,若过高或过低,可适当减少或增加硫酸-酒石酸用量。

2.5.4 处理技术

高砷水处理的备选技术包括混凝沉淀法、石灰软化法、铁锰氧化法、离子交换法、活性氧化铝法、膜分离以及吸附法等。选择时一般应从两个方面进行考虑,即首先分析原水中铁和锰的含量,目的是考察是否可采用改良的除铁除锰工艺进行除砷;接着测试水中颗粒砷的特性与含量,目的是考察是否可采用直接微滤法除砷。对于铁锰含量较大的高砷水,可优选氧化过滤工艺,该工艺的优点是在除铁除锰的同时,还可氧化水中的三价砷,使之转化为五价砷,进而形成水不溶物而得以去除;对于颗粒状砷含量较大的高砷水,可通过微孔滤膜的模拟试验方法先判别微滤法对砷的去除效果,如果试验证明出水能够达标,则应优选直接微滤法除砷的工艺方案。当然,原水铁锰含量高或颗粒状砷含量高并不是所有高砷水的共同特征,但如果通过水质分析和测试能够采用氧化除铁锰法或直接微滤法除砷,则无疑可使高砷水的处理设施大为简化。因此,在制定除砷技术方案时先行对原水进行水质分析和测试是十分必要的。下面对一些常用的除砷技术进行介绍,以供选择时参考。

2.5.4.1 **混凝沉淀/过滤法**

混凝沉淀/过滤法除砷是最常用的一种饮用水除砷方法。常用的混凝剂主要有铝盐和铁盐,比较而言,铁盐混凝除砷的效果比铝盐更好,尤其是对三价砷(铁盐去除三价砷的原水以软水为宜且适宜 pH 为 6.9～8.5）。最近有研究表明，高铁酸盐具有氧化和絮凝的双重作用，对于三价砷的去除效果很好，但由于高铁酸盐的价格较高，所以目前研究仍以试验为主，实际应用则较少。

在混凝沉淀除砷工艺中，砷一般通过以下三个过程而得以去除：

(1)沉淀。可形成不溶性的化合物如 $Al(AsO_4)$ 或者 $Fe(AsO_4)$ 而沉淀。

(2)共沉淀。可溶性的砷嵌入到正在生长的金属氢氧化物中而一起发生共沉淀。

(3)吸附。可溶性砷与金属氢氧化物外表面的静电结合而被吸附，从而达到除砷的目的。

需要说明的是，以上过程中的吸附暨过滤环节是确保除砷效果的一个重要步骤。研究表明，通过混凝和沉淀只能去除大约 30% 的砷，而经过孔径为 1.0 μm 的滤料过滤后，砷去除效率可提高至 96% 以上。所以，在实际应用中，过滤就成为混凝沉淀法除砷的必配措施了。至于过滤材料，一般应用最多的还是石英砂，而石英砂的过滤效果与其粒径和滤床高度有关，试验表明，当粒径大于 40 目时，滤床高度不得低于 20 cm；当粒径小于 40 目时，滤床高度只要 15 cm 即可。

典型的铁盐混凝沉淀/过滤除砷工艺流程是：

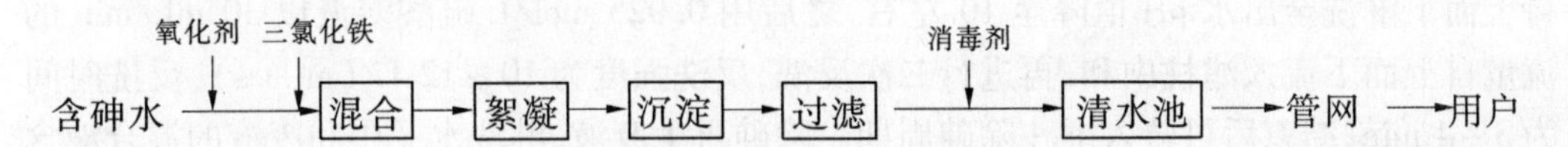

即先向含砷水中投加氯或高锰酸钾等氧化剂，使三价砷氧化成为五价砷，然后投加三氯化铁而经混合、絮凝、沉淀、过滤等完成除砷过程。

2.5.4.2 离子交换法

用于除砷的树脂主要是碱性材料，这种树脂带正电荷，能够有效地去除水中的五价砷，使出水中砷的浓度低于 1 μg/L。但当水中为三价砷时，由于三价砷不带电荷而无法用离子交换法去除，所以必须先进行预氧化(可使用游离氯、次氯酸盐、臭氧、高锰酸盐和 Fenton 试剂等)使 As(Ⅲ)变成 As(Ⅴ)，然后用离子交换法去除。需要说明的是，离子交换法除砷受 pH 和进水砷浓度的影响不大，但如果水中存在竞争离子，特别是硫酸根离子时，将会影响除砷效果。美国环保局建议在 SO_4^{2-} 浓度高于 120 mg/L(美国自来水厂协会建议此项限值为 150 mg/L)或者总溶解性固体高于 500 mg/L 时，不适宜采用离子交换树脂除砷。离子交换法除砷的主要工艺是将经过预氧化(如氯消毒和过滤)的原水以下向流(顺流)的方式通过 Cl 型号强碱性阴离子树脂(如聚苯乙烯)交换床而进行 $Cl^- - HAsO_4^{2-}$ 反应。离子交换树脂的优点是除砷速度快，再生容易；缺点是选择性不高，成本也较高。

2.5.4.3 常用吸附法

因为操作简单、经济高效以及可再生等特点，吸附法被认为是最有应用前景的除砷方法。常用的吸附材料包括天然矿物、活性氧化铝、铁的氧化物及羟基氧化物、铁氧化物负载材料、零价铁、钛氧化物及负载材料、稀土氧化物及活性炭等。

1)活性氧化铝

活性氧化铝是迄今为止国内外使用最广泛的除砷吸附剂，对三价砷和五价砷都有较好的去除效果。但砷的吸附容量受 pH 值、进水砷浓度以及砷种类影响较大，一般五价砷软水的最佳 pH 值为 5～8、硬水为 5～6，三价砷硬水的最佳 pH 值为 8，氧化铝粒径为 0.35～1.2 mm 的除砷率明显高于粒径 1.0～2.5 mm 的除砷率，且间歇运行的效果优于昼夜连续运行的效果。活性氧化铝除砷的系统设计与除氟系统设计相似，美国自来水厂协会推荐的设计方案是由交替运行或同时运行的 2 个或 2 个以上吸附床组成，主要工艺是将原水 pH 值调至 5.5～5.6，并以下向流方式通过一个由细介质(28 目×48 目或 14 目×28 目)组成的吸附床，除连续运行周期为 30～90 d 外，一般还需进行预氯化处理或使用其他氧化方法以确保原水中只存在五价砷而无三价砷，由于氧化铝除砷相对于除氟更为困难，所以使用的苛性钠再生剂浓度要高达 4%(除氟用的只需 1% 即可)，并需建一个包括五价砷与 $Al(OH)_3$ 共沉淀的污泥再生液处理系统。我国多用粒径为 0.35～1.2 mm、堆密度为 0.83 g/cm^3 的活性氧化铝 400 g 装填于直径为 32 mm、柱高为 1 700 mm 的滤柱内(滤层厚 600 mm)，以进水流量 60 mL/min、滤速 4.5 m/h 的原水通过滤柱进行昼夜连续处理，并定期取样化验，当出水中砷含量超过 0.05 mg/L 时即停止运行，进行再生处理。再生工艺为先用原水以 10～12 $L/(cm^2 \cdot s)$ 的强度进行反洗 10 min，接着用 8 倍滤料体积的 1% 苛性钠溶液以 20～30 mL/min 的流量过床再生，然后用净水以 4.5 m/h 的滤速自上而下淋洗至出水 pH 值降至 10 左右，之后用 0.025 mol/L 硫酸溶液以 30 mL/min 的流量自上而下流入滤柱中和，再进行二次反洗，反洗强度为 10～12 $L/(m^2 \cdot s)$，反洗时间为 3～4 min，结束后可转入下一除砷周期。除砷再生废液、淋洗水及中和废液的混合液含砷量通常为 100～150 mg/L、pH 值为 11～12、合计水量约为 10 L，必须进行处理。处理方法是先加酸调节 pH 值至 7.5～8.5，然后按 Fe∶As＝4∶1的比例投加硫酸亚铁溶液，搅拌絮凝后静置 6 天，排放上清液，沉渣作填埋处理。

2)颗粒活性炭

颗粒活性炭吸附剂在饮用水处理中最为常用。有研究表明，活性炭除砷效果与其比表面积大小关系不大，而主要与其成分有关，即其中的金属矿物组成起着决定性作用。有研究者考察了负载铜离子前后的活性炭去除砷的性能，发现负载铜离子后，其吸附砷的能力大大增加，可见，铜对砷有很强的吸附亲和能力。另外，在颗粒活性炭表面负载铁氧化物后，也可大大提高砷的吸附容量。

3)零价铁

零价铁也可用来除砷。其除砷的机理主要是水中的三价砷被零价铁还原为不溶性的单质砷，同时生成铁氧化物，通过铁氧化物的吸附作用可将水中的砷去除。零价铁来源广泛，价廉易得，非常适合在经济欠发达地区使用。尽管零价铁是一种很好的除砷材料，但目前的研究大多数仍局限于实验室内，尚未见现场应用实例。

4)颗粒水合氧化铁

铁的氧化物和羟基氧化物与砷有非常高的结合能力，因而可以被用做除砷的吸附剂。颗粒水合氧化铁是近年来开发的一种高效除砷吸附剂，最先由德国的 Driehaus 等研制，并于 1997 年实现了商品化。加拿大和美国也开发了类似的产品。目前市场上的这种吸附剂主要有 GFH 和 GFO。GFH 对五价砷的吸附效果较好，可以处理进水浓度为 10 μg/L、进水体积为 50 000 柱的砷污染水。然而，尽管颗粒水合氧化铁有很好的除砷效果，但由于其成本较高,约合 62 000 元/t,因而限制了它的广泛应用。

5)负载铁氧化物的吸附材料

为了充分利用铁氧化物对砷的吸附能力,很多研究者把铁氧化物负载到其他廉价的载体上,制成负载铁氧化物的吸附剂。常用的载体有石英砂、河砂、硅藻土等。Joshi 和 Chaudhuri 的研究表明,负载铁氧化物的沙子能够有效去除三价砷和五价砷,一个简单的固定床能够处理 160 ~ 190 倍床体积的含 1 000 μg/L 三价砷或者 150 ~ 165 倍床体积的含 1 000 μg/L 五价砷的水,用 0.2 mol/L 的氢氧化钠溶液冲洗可使吸附剂得以再生。也有用大孔强酸性阳离子交换树脂作载体负载纳米水合铁氧化物除砷的报道,该吸附材料把铁氧化物的高除砷能力与树脂良好的机械强度和化学稳定性相结合,对砷有很好的去除效果。

2.6 镉

镉金属主要用于钢的防腐和电镀。硫化镉和硒化镉可作为色素用于塑料中,镉化合物常用于蓄电池、电子元件及核反应堆。

2.6.1 性质

镉(Cd)是一种比较稀有的金属,在重金属中是仅次于汞的丰度且在地球上相对分散的元素之一,其在各圈层中的储量及在各圈层间的迁移通量都较小。镉在地壳中的元素丰度为 0.2 mg/kg,居第 64 位;在海洋中为 11 μg/L,居第 22 位。镉是银白色有光泽的金属,质地柔软,抗腐蚀,耐磨损。熔点 321 ℃,沸点 767 ℃,稍经加热即可挥发,其蒸气可与空气中的氧结合成氧化镉,一旦形成氧化镉保护层,其内层就不再被氧化,氧化镉在水中不易溶解。

镉在周期表中与锌、汞共处第Ⅱ副族且位居二者之间,但镉及其化合物的化学性质却近于锌而异于汞,Cd 具有 $4d^{10}5s^2$ 电子层结构,氧化数为 +2 和 +1,通常以 Cd^{2+} 为稳定。一般当 pH 值小于 8 时镉为简单的 Cd^{2+},pH 值达到 8 时开始生成 $Cd(OH)^+$,常见的镉化合物有氧化镉(CdO)、硫化镉(CdS)、碳酸镉($CdCO_3$)、氢氧化镉[$Cd(OH)_2$]、氯化镉($CdCl_2$)、硫酸镉($CdSO_4$)、硝酸镉[$Cd(NO_3)_2$]等,其中 $CdCO_3$、$Cd(NO_3)_2$、$CdSO_4$ 都溶于水。值得注意的是,镉还特别易与含 -SH 基的氨基酸类配位体强烈螯合,因此镉类化合物一般都具有较大的脂溶性、生物富集性和毒性,并能在动植物和水生生物体内蓄积。

镉在自然界中主要存在于锌、铜和铅矿内(如闪锌矿中含镉高达 40%,其他如红锌矿、菱锌矿等含 Cd 量一般为 0.2% 左右),但在人类活动参与下,地下岩石圈中含镉的矿物被开发利用,大量废弃物以渣、烟和废水的形式向环境中排放,从而引起环境的变化,甚至威胁到人类健康,这种状况就称之为镉污染。例如开采铅锌矿以及进行有色金属冶炼、煅烧和塑料制品的焚烧所形成的含镉颗粒粉尘(据统计,世界上每年由冶炼和镉处理而释放到大气中的镉约达 1 000 t)落入附近水域后就会严重污染水体;由硫铁矿石制取硫酸和由磷矿石制取磷肥时所排出的废水含镉浓度可高达每升数十微克至数百微克;用镉作原料的催化剂、颜料、塑料稳定剂、合成橡胶硫化剂、杀菌剂以及电镀、电池等化学工业排放的废水也会对下游水体造成污染；在城市用水过程中还会出现由于容器和管道的污染而使饮用水中镉含量增加的现象。另外，当水中镉含量达到0.1 mg/L时还可轻度抑制地表水的自净作用。总之，人类活动尤其是工矿生产过程中造成的镉污染已不容忽视。

2.6.2 对人体健康的影响

镉不是人体的必需元素。镉的毒性仅次于汞，可通过消化道、呼吸道及皮肤吸收，其中由消化道而吸收的原因是食用了受镉污染的水浇灌的农作物（特别是稻谷，灌溉水中镉浓度达到0.007 mg/L时即会造成谷物污染）以及直接饮用了受镉污染的水。镉进入人体后可随血液在所有脏器分布，其中大部分留积在肾脏和肝脏，潜藏期可达10～30年。镉能引起肾功能障碍，干扰免疫球蛋白的制造，从而降低机体的免疫力。镉能造成骨质疏松和骨质软化而使骨骼变形及骨折，最终导致死亡。20世纪初至第二次世界大战后在日本富山县神通川流域一带发生了一种骇人听闻的骨痛病，又称“痛痛病”，受害者开始症状表现为腰、背、肩、手、脚关节疼痛，延续几年后发展为全身神经痛和骨痛，继而演变为骨骼软化萎缩（身长比健康时缩短20～30 cm）而自然骨折，最后计有200多人在虚弱疼痛中死去。后经调查研究证实，该地受到了流域上游锌矿冶炼厂排放的含镉废水（每年入海镉达3 000 t）污染，当地居民引用这种含隔废水灌溉农田后，导致稻秧生长不良，进而造成稻米变成“隔米”，此乃诱发“痛痛病”的罪魁祸首。湖南省浏阳市镇头镇双桥村一化工厂于2004年4月建成一条炼铟生产线，之后不久厂区周围树木大片枯死，部分村民相继出现全身无力、头晕、胸闷、关节疼痛等症状，后来周边有俩小孩出现关节疼痛、食欲不振等不良反应，经省医院检查为体内镉超标，其他一部分出现类似症状的村民也同时查出了镉超标。更为严重的是，2009年5月双桥村年仅44岁的罗某突然死亡，据湖南省劳卫所尸检结果其体内镉严重超标；一个月后，61岁的村民阳某因呼吸系统病症入院治疗，不久也不治身亡，据湖南省劳卫所检测其尿镉超标4倍多。镉还是一种三致性和环境激素类毒物，一旦进入人体，就可以与相关受体结合，产生一系列生物反应，诱使人体组织和内脏器官发生不同程度的病变。现研究证明镉与汞、铅都属典型的环境内分泌干扰物（简称EEDs，又称内分泌干扰化学物，指能够干扰人类或动物内分泌系统诸环节并导致异常效应的物质），能够引发人体内分泌失调，危害人体生殖系统，造成生殖器管病变和殃及后代，具体常表现为男性睾丸、附睾等组织器官发生结构功能上的退行变化和母体不孕、早产、流产以及子体死亡率提高、新生儿性别异化与畸变等。在英国威尔士北部的一个小村，近几年出生的全是女性；在我国山西省的一个偏僻村庄，10多年来无一家生男，而且成年妇女个个患头疼和骨痛的怪病，其调查结果是这类“女人村”内饮水中的镉含量都偏高许多，损伤了生育系统的Y因子。镉中毒还会导致前列腺癌和呼吸道癌。由于镉污染范围广、分布面积大以及对人类健康的危害尤为严重，所以许多专家学者都认为镉污染是比汞污染更为严重的公害之一，因此对镉污染必须予以足够的重视。镉是我国公布的优先控制污染物，国家《生活饮用水卫生标准》（GB 5749—2006）规定镉的浓度不能超过0.005 mg/L。

2.6.3 检测方法

天然水中镉的含量常低于饮用水水质标准,镉主要存在于悬浮颗粒和底部沉积物中,欲了解镉的污染情况,需对底泥进行测定。测试方法主要有:双硫腙分光光度法(参见GB/T 7471—87)、原子吸收分光光度法(参见GB/T 7475—87)、石墨炉原子吸收分光光度法、示波极谱法和阳极溶出伏安法等。

2.6.3.1 双硫腙分光光度法

在强碱性条件下,在消解过的水样中加入双硫腙(二苯基硫代卡巴腙)溶液,镉离子可与双硫腙生成红色螯合物,然后用氯仿萃取并与氯仿作参比,在518 nm波长处进行分光光度测定,即可求出镉的含量。

该方法的测定范围为1~60 μg/L,适用于受镉污染的天然水和废水中镉的测定。测定时应注意事项是:①气温较低时,氢氧化钠-氰化钾溶液配制后须放置7~10 d后方可使用,否则将影响测定结果;②当水样硬度过高时,可加入酒石酸钾钠溶液消除Mg^{2+}的干扰。

2.6.3.2 原子吸收分光光度法

原子吸收分光光度法测定水中镉的含量可参见《水质　铜、锌、铅、镉的测定　原子吸收分光光度法》(GB 7475—87)。此方法又可以分为直接法和螯合萃取法两种,并亦适用于水中铜、锌、铅含量的测定。

1)直接法

直接法适用于测定地下水、地表水和废水中镉(铜、锌、铅)的含量。其原理是,将样品或消解处理过的样品直接吸入火焰,在火焰中形成的原子对特征电磁辐射产生吸收,将测得的样品吸光度和标准溶液的吸光度进行比较,确定样品中被测元素的浓度。清洁水样可不经预处理直接测定;污染的地表水和废水需用硝酸或硝酸-高氯酸消解,过滤后再测定。镉、铜、锌、铅的测定条件及测定浓度范围见表2-1。

表2-1　镉、铜、锌、铅的测定条件及测定浓度范围

元素	特征谱线波长(nm)	火焰类型	测定浓度范围(mg/L)
镉	228.8	乙炔-空气,氧化型	0.05~1
铜	324.7	乙炔-空气,氧化型	0.05~5
锌	213.8	乙炔-空气,氧化型	0.05~1
铅	283.3	乙炔-空气,氧化型	0.2~10

2)螯合萃取法

螯合萃取法适用于测定地下水和清洁地表水中低浓度的镉(铜、铅)。其原理是,待测金属离子在pH值为3.0时与吡咯烷二硫代氨基甲酸铵(APDC)螯合后,用甲基异丁基甲酮(MIBK)萃取,然后吸入火焰进行原子吸收光谱测定。其操作条件与直接法相同。当水样中的铁含量较高时,采用碘化钾-甲基异丁基甲酮(KI-MIBK)萃取体系的效果更好。一般仪器的适用浓度范围为:镉、铜1~50 μg/L;铅10~200 μg/L。

2.6.3.3 石墨炉原子吸收分光光度法

石墨炉原子吸收分光光度法测定痕量镉(铜、铅)的含量的具体方法是,将样品注入石墨管,电加热使石墨升温,样品蒸发离解形成的原子蒸气对来自光源的特征电磁辐射产生吸收,将测得的样品吸光度和标准吸光度进行比较,确定样品中被测金属的含量。

测定时,石墨炉的加热升温分为三个阶段:①干燥阶段,以低温(小电流)干燥试样使溶剂完全挥发,但以不发生剧烈沸腾为宜;②灰化阶段,用中等电流加热,使试样灰化或碳化,在此阶段应有足够长的灰化时间和足够高的灰化温度,使试样基本完全蒸发,但又不使被测元素损失;③原子化阶段,用大电流加热,使待测元素迅速原子化,通常选择最低原子化温度。测定结束后,将温度升至最大允许值并维持一定时间,以除去残留物,消除记忆效应,做好下一次进样的准备。石墨炉的工作条件见表2-2。

表2-2 石墨炉的工作条件

元素		Cd	Cu	Pb
特征谱线(nm)		228.8	324.7	283.3
干燥	温度(℃)	110	110	110
	时间(s)	30	30	30
灰化	温度(℃)	350	900	500
	时间(s)	30	30	30
原子化	温度(℃)	1 900	2 500	2 200
	时间(s)	8	8	8
清洗气体		氩	氩	氩
进样体积(μL)		20	20	20
适用浓度范围(μg/L)		0.2 ~2	1 ~50	1 ~50

2.6.3.4 示波极谱法

示波极谱法是一种用电子示波器观察极谱电解过程中电流—电压曲线,进行定性、定量分析的方法,可以测定水中的镉、铜、铅、锌、镍的含量。其原理是,将速度变化很快的极化电压(一般约为250 mV/s)施加在滴汞电极上,2 s内进行快速线性电位扫描以减小充电电流的影响,用阴极射线滤波器作为测量工具,对于电极反应为可逆的物质,示波器上显示出电流—电压曲线为不对称的峰形曲线。当汞滴面积固定和电压扫描速度恒定时,峰高与电极反应物质的浓度成正比。

示波极谱法适用于测定工业废水和生活污水中的镉、铜、铅、锌、镍的含量。对于饮用水、地下水和清洁地表水,需经富集后测定。此方法的检测下限可达6 ~10 mol/L。测定时,先对工业废水或生活污水水样进行预处理,然后按照仪器操作方法,在氨性支持电解质中测定镉、铜、锌和镍,在盐酸支持电解质中测定铅,最后用标准曲线法或标准加入法定量。

2.6.3.5 阳极溶出伏安法

溶出伏安法又称反向溶出极谱法。因为测定金属离子是用阳极溶出反应,故称为阳极溶出伏安法。此法是先将待测物质在适当条件下进行恒电位电解,并富集在固定表面积的特殊电极上,然后利用改变电极电位的方法,让富集在电极上的物质重新溶出,同时记录电流—电压曲线。在一定条件下,根据溶出峰电位和电流大小进行定性、定量分析。

该方法适用于测定饮用水、地表水和地下水中的镉、铜、铅、锌含量,适宜测定范围为1~1 000 μg/L,当富集5 min时,检测下限可达0.5 μg/L。

较清洁的水可直接取样测定,含有机质较多的地面水需要先用硝酸-高氯酸消解,然后配置镉(铜、铅、锌)标准溶液系列,分别加入1 mL 0.1 mol/L高氯酸(支持电解质),混匀,倾入电解池中,通氮气除氧,在-1.30 V极化电压下于悬汞电极上富集3 min,静置30 s后,将极化电压均匀地由-1.30 V向+0.05 V方向扫描(速度视浓度水平选择),记录伏安曲线。对峰高分别作空白校正后,绘出标准曲线。样品的测定与标准溶液测定的程序相同,最后从标准曲线上查知并计算样品中镉(铜、铅、锌)的浓度。

由于阳极溶出伏安法测定的浓度比较低,应十分注意可能来自环境、器皿、水或试剂的污染。对汞的纯度要求为99.99%以上。

2.6.4 处理技术

含镉水的处理方法很多,如离子交换法、氧化还原法、铁氧化体法、膜分离法、生化法等。但迄今为止,在生产实践中得以广泛应用的还是传统的化学沉淀法(硫化物、氢氧化物)和吸附法,其他方法大都还处于试验研究阶段。这里仅介绍常用的化学沉淀法和吸附法两种处理技术。

2.6.4.1 化学沉淀法

在碱性条件下,能形成高度稳定的不溶性氢氧化镉。有效的沉淀pH值范围为9.5~12.5。当pH=8时,刚经沉淀的新鲜残留液中Cd^{2+}的浓度约为1 mg/L;但在pH=10时,可降至0.1 mg/L左右;pH>11时可达0.000 75 mg/L。残液经沙滤后,出水中镉浓度还可进一步降低。如水中含Fe^{2+}或Al^{3+},则在pH=8.5时,还可使镉与$Fe(OH)_2$或$Al(OH)_3$发生共沉淀,除镉效果更好。

用石灰处理含镉废水效果较差,且需要很高的pH条件。为此,可采用石灰和Na_2S分步二级沉淀的方法,例如对原pH=2.6的酸性废水,可用石灰中和到pH=5.0~6.5,再用Na_2S将Cd和其他金属以硫化物形态沉淀下来。经过这种过程的处理,水中含镉量可以从400~1 000 mg/L降至0.008 mg/L。

2.6.4.2 吸附法

活性炭吸附具有吸附力强、比表面积大、去除效率高的特点,但价格昂贵,所以一般选用草灰、风化煤、磺化煤等代用品,国内某些单位使用结果表明,这些代用品均有很高的处理效率。据资料报道,对于含铅、镉、锌等离子的浓度各为20 mg/L,且pH=5.3~5.4的废水,当草灰投加量为5 g/L时,其去除效率为:铅离子99%、镉离子98%、锌离子96%;当草灰投加量为1 g/L、pH值为7.2时,镉离子去除率为93%。

2.7 铬(六价)

铬及其盐类可用于制革、陶瓷、玻璃工业和电镀业以及生产催化剂、色素、油漆、杀菌剂等。

2.7.1 性质

铬(Cr)是银白色的坚硬金属,在地壳中分布很广,可以0、+2、+3、+6四种价态存在,土壤和岩石中可能含有铬,而排入水体的铬主要有+3、+6两种价态,其中六价铬多以$CrO_4{}^{2-}$、$HCrO^{4-}$或$Cr_2O_7{}^{2-}$的形式存在,三价铬多以$Cr(OH)_n{}^{(3-n)+}$的形式存在。六价铬和三价铬在一定条件下可以互相转化,一般当含Cr^{6+}的酸性工业废水进入天然水体后便会很快还原为Cr^{3+}而形成$Cr(OH)_3$沉淀或被吸附沉降于底泥,而在碱性环境中(例如pH=8)则又能完成$Cr^{3+} \rightarrow Cr^{6+}$的转化。六价铬及三价铬的污染源主要来自于铬矿的采矿场、选矿厂、冶炼电镀厂、机器制造厂、耐火材料厂、汽车制造厂、染料厂、印刷厂、制药厂以及燃料燃烧排出的废水、废气和废渣。铬及其主要化合物的理化性质是:Cr的熔点1 857 ℃、沸点2 672 ℃、密度7.14 g/cm³、不能溶解于水,$CrCl_3$的熔点1 152 ℃、密度2.76 g/cm³、微溶解于水,K_2CrO_4熔点968.3 ℃、密度2.73 g/cm³、溶解度790 g/L,Cr_2O_3熔点2 266 ℃、沸点4 000 ℃、密度5.21 g/cm³、不溶解于水,CrO_3熔点196 ℃、密度2.70 g/cm³、溶解度624 g/L。

2.7.2 对人体健康的影响

铬是人体必需的微量元素,参与脂类代谢,能促进人体内胆固醇的分解和排泄。铬还是葡萄糖耐量因子的组成成分,在胰岛素利用葡萄糖的过程中发挥辅助作用。人体每日对铬的需求量(以三价铬计)为0.5~2 μg,而一般人体对食物中"生物合成"的三价铬吸收率为25%,所以每日应由食物提供的三价铬量值为2~8 μg,对一个60 kg的成年人来说则相当于每天每千克体重接纳三价铬0.03~0.13 μg,低于这一数量就说明是缺铬。缺铬时会影响糖类和脂类代谢,但浓度过高又会对人体健康造成重大危害。研究表明,当摄入1~5 g铬酸盐就会造成严重的急性反应,如胃肠紊乱、出血性体质及抽搐、心血管休克继而导致死亡。尤其是六价铬更易于被人体吸收并在体内蓄积。铬化合物能经肠胃道、呼吸道和皮肤进入人体,引起皮炎、湿疹、鼻炎、气管炎、头疼、恶心、呕吐、腹泻、血便等全身性病症,同时影响染色体变异,并具有致癌性。已有充分动物试验证据表明,铬酸钾、铬酸铅、铬酸锶、铬酸锌等六价铬酸盐化合物是致癌物质,长期摄入会引起肺部与鼻咽等呼吸道癌变(在重金属的污染中,铬与镉、钴、镍、锌具有明显致癌性,铊、铁、镍的络合物也具致癌性,铅和锰在某种条件下也可致癌)。虽然食物是摄入铬的主要来源,据统计一般占人体总摄入量的93%~98%,通过饮用水而摄入的仅占2%~7%,但国内外有关规范还是对饮用水中铬含量尤其是六价铬含量极为重视,通常饮用水中的铬质量浓度均系以六价铬而计的,我国《生活饮用水卫生标准》(GB 5749—2006)规定六价铬限值是0.05 mg/L。当水中三价铬浓度达到1 mg/L时,水的浊度明显增加;当水中六价铬浓度达到1 mg/L时,水呈淡黄色并带有涩味。六价铬对人体的毒性比三价铬高100倍、致死量约为5 g,三价铬对鱼的毒性比六价铬大。

2.7.3 检测方法

水样中总铬或六价铬的测试方法有:二苯碳酰二肼分光光度法(参见GB 7467—87)、

APDC－MIBK萃取原子吸收法等。其中二苯碳酰二肼分光光度法应用最为广泛，介绍如下。

2.7.3.1　二苯碳酰二肼分光光度法

这种方法的原理是：在酸性溶液中，六价铬与二苯碳酰二肼（DPC）反应，生成紫红色化合物，其最大吸收波长为540 nm，在该波长处进行分光光度测定，可测出的最低浓度值为0.004 mg/L。

测定前，要根据水样的情况进行预处理。对于水中不含悬浮物、低色度的清洁水样可以直接测定；对于有色但色度不大的水样，可用以丙酮代替显色剂的空白水样作参比测定；对于混浊、色度较深的水样，需根据不同的干扰物质采取不同的预处理方法去除干扰。

测定时，先配置铬标准溶液系列，加酸、显色、定容后，以水作参比测其吸光度并作空白校正，绘制吸光度对六价铬的标准曲线。按同样步骤测定水样的吸光度，从标准曲线上查得并计算水样中六价铬的含量。

当需要测定水样中总铬含量时，只需先在水样中加入氧化剂高锰酸钾，使水样中全部铬离子氧化成六价铬，再用亚硝酸钠分解过量的高锰酸钾，剩余的亚硝酸钠再用尿素分解，然后加入二苯碳酰二肼进行比色测定。

六价铬或总铬的测定结果按下式计算：

$$c = \frac{m}{V} \tag{2-5}$$

式中，c 为样品中六价铬或总铬的浓度，mg/L；m 为标准曲线上查得试样中铬的含量，μg；V 为试样体积，mL。

2.7.3.2　APDC－MIBK 萃取原子吸收法

参见 APDC－MIBK 萃取原子吸收法（螯合萃取法）测定水样中镉（铬）。

2.7.4　处理技术

目前常用的除铬技术是钡盐沉淀法。

采用钡盐沉淀法进行含 Cr 废水处理，使用的沉淀剂有 $BaCO_3$、$BaCl_2$ 和 BaS 等，最后生成铬酸钡（$BaCrO_4$）沉淀。钡盐沉淀法除铬流程见图 2-1。

钡盐沉淀法处理含铬废水的关键点是严格控制 pH 值，因为铬酸钡的溶解度与 pH 值有关，pH 值愈低，溶解度愈大，对去除铬愈不利；而 pH 值过高，CO_2 气体难以析出，也不利于除铬反应进行。如采取 $BaCO_3$ 作沉淀剂，可用硫酸或乙酸调 pH 值为4.5～5.0，这样反应速度快，除铬效果好，药剂用量少，而不用 HCl，避免了残氯影响。如采取 $BaCl_2$ 作沉淀剂，应注意生成的 HCl 会使 pH 值降低，故应将 pH 值调至6.5～7.5。

为了促进沉淀，沉淀剂常加过量，而出水中含过量的钡也不需排放，一般可通过一个以石膏碎块为滤料的滤池，使石膏的钙离子置换水中的钡离子而生成硫酸钡沉淀。

钡盐沉淀法形成的沉渣中，主要含铬酸钡，最好回收利用。可向沉渣中投加硝酸和硫酸，比例约为沉渣∶硝酸∶硫酸＝1∶0.3∶0.08，反应产物有硫酸钡和铬酸。

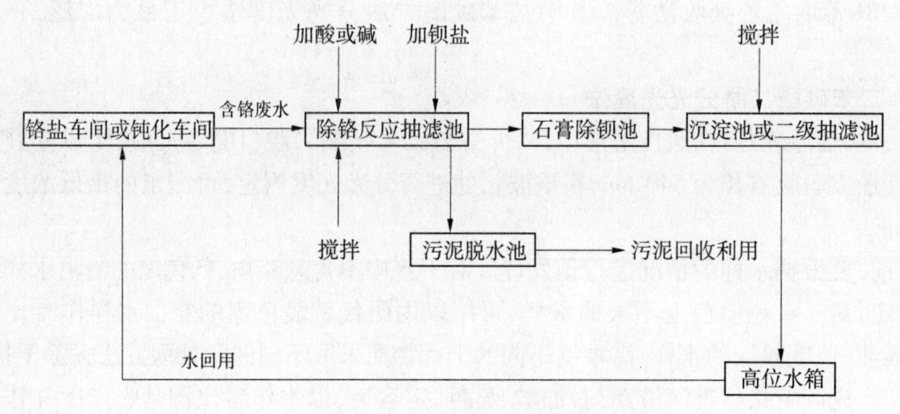

图 2-1　钡盐沉淀法除铬流程图

2.8　铅

铅用于生产铅酸蓄电池、焊料、合金、电缆包皮、颜料、防锈剂、军火、釉料以及塑料稳定剂。

2.8.1　性质

铅(Pb)是地壳中含量较多的重金属元素,其元素丰度为 13 mg/kg,居第 35 位,在海洋中丰度为 0.03 μg/L,居第 46 位。地壳中的铅主要存在于花岗岩、片岩和页岩中,主要矿物有方铅矿(PbS)及受变质作用而形成的白铅矿($PbCO_3$)、硫铅矿($PbSO_4$)、磷氯铅矿[$Pb_4(PO_4 \cdot AsO_4)_3Cl$]、砷铅矿[$Pb_5(AsO_4 \cdot PO_4)_3Cl$]。单质铅是淡黄色带灰色的柔软金属,切削面有金属光泽,但在空气中能很快被氧化而在表层产生暗灰色的氧化膜。铅是除金和汞外常见金属中最重的金属,它容易机械加工、熔点低(327 ℃)、密度高,又能抗腐蚀,这些优良性质使它获得了广泛的应用。

铅在活泼性顺序中位于氢之上,能缓慢溶解在非氧化性稀酸中,也易溶于稀 HNO_3 中,加热时能溶于 HCl 和 H_2SO_4,在有氧条件下还能溶于乙酸,所以常用乙酸浸取处理含铅矿石。铅可生成 +2 和 +4 价态化合物。铅的无机化合物有 PbO、PbO_2、$Pb(OH)_2$、$PbCO_3$ 和 $Pb_3(PO_4)_2$ 等,大多数铅盐均难溶或不溶于水,但均溶于稀硝酸;铅的有机化合物数量不多,有代表性的是四乙基铅,四乙基铅为无色透明的液体,不溶于水,但溶于有机溶剂、脂肪及类脂肪中,故可经皮肤吸收。

环境中铅污染的主要来源是矿山开采、金属冶炼和汽车废气。德国一冶炼厂附近的土壤中含铅量高达 2 900 ~3 000 mg/kg,局部极值更高至 5 000 mg/kg(世界土壤中铅含量均值为 20 mg/kg,我国大部分土壤的含铅量在 10 ~80 mg/kg,均值则为 25 mg/kg)。我国近 10 年来因煤、油燃烧等累计造成 1.5 万 t 铅排入到大气、水等环境中(含铅汽油燃烧后的产物 85% 排入到大气中,致使城市机动车尾气排放对大气铅污染的贡献率平均高达 80% ~90%),对城乡居民尤其是儿童的身心健康产生了严重不良影响。有调查显示城市儿童的平均血铅水平已达 88.3 μg/L,一些城市 50% 以上儿童的血铅浓度甚至大于 100 μg/L(据研究大气铅浓度每升高 1 μg/m^3,人体血铅浓度将增加 50 μg/L)。除此,油漆涂料也会对周围空气产生一定铅污染(0.02 μg/m^3),含铅水管通过弱酸性的水则会造成铅的缓慢溶解而污染水体。

2.8.2 对人体健康的影响

铅是一种严重的环境毒和神经毒,具有很强的蓄积性,对人体毒害很大。饮用水中铅的来源主要有四种途径:一是含铅岩石(如内生的方铅矿 PbS,外生的铅矾 $PbSO_4$、白铅矿 $PbCO_3$ 等)和土壤中溶出的天然水体;二是散发空中的铅尘通过污染雨、雪所形成的降水;三是含铅工业排放水和含铅农药;四是含铅管材制作的供水管道。进入人体中的铅主要经过消化道、呼吸道、皮肤吸收后转入血液,然后与红血球结合,再输送到全身(约90%贮存于骨骼中,其余分布于肌肉组织、神经系统及肾脏中)。铅中毒的主要症状是:①急性中毒症状有腹绞痛、呕吐、腹泻、便秘、铅线、昏睡、迟钝、注意力不集中、失去记忆、幻觉、易动怒、烦燥不安、中毒性脑炎、周围神经炎、肌肉震颤、痉挛等;②慢性中毒症状有食欲不振、贫血、手腕麻木、关节痛、疲劳、失眠、昏迷、脑症、易激动、神经衰弱、肝贤损伤、心血管小动脉硬化以及男女生殖功能异常等。这些症状涉及人体组织、胃肠、肾脏、血液与神经系统。儿童体内对铅的吸收率比成年人高4倍(成人吸收率为10%,而1~3岁幼儿的胃肠道对铅的吸收率为50%左右),一旦中毒,除上述症状外(多呈慢性症状),还将根据中毒程度,即不同的血铅浓度水平而影响儿童的生长发育和智力以及学习记忆等健康功能(铅还能透过母体胎盘,侵入到胎儿体内,特别是侵入胎儿的脑组织内,危害胎儿健康),有研究资料认为,儿童体内血铅水平每增加100 μg/L时智商就会平均降低4~6分。表2-3列出不同血铅水平下生理、病理改变。

表2-3 不同血铅水平下生理、病理改变

血铅浓度(μg/L)	生化、病理改变
100	δ-氨基乙酰丙酸脱水酶(δ-ALAD)活性抑制、听力损伤
100~150	维生素 D_3 降低、认知功能受损
150~200	红细胞原卟啉升高
250~300	血红蛋白合成减少
400	尿δ-氨基乙酰丙酸(δ-ALA)和粪卟啉增加
700	贫血
800~1 000	铅性脑病

铅中毒不容小视,铅危害影响至深。古今中外,铅中毒不乏其事,如我国古代君王食所谓的长生丹药致死,实际上是服用了过量的铅的缘故;古罗马贵族、富豪用铅管导水并喜爱用铅制器皿作盛器,结果造成大量铅物质进入人体,引起慢性中毒,最终导致了古罗马帝国的中途衰亡;另外,据美国芝加哥健康研究所用4年时间对1827年去世的贝多芬(时年57岁)的头发化验、研究情况,发现这位世界著名作曲家的头发中铅含量是健康人的100多倍,由此断定贝多芬也是死于铅中毒。前史之鉴,当以为戒,现今人们对铅污染是十分敏感和重视的,我国卫生部2001年发布的《生活饮用水水质卫生规范》就对原《生活饮用水卫生标准》规定的铅在饮用水中的限值进行了修订,由0.05 mg/L修订为0.01

mg/L，GB 5749—2006 规范仍继续明确铅含量限值为 0.01 mg/L。

2.8.3 检测方法

铅的测定方法主要有：双硫腙分光光度法（参见 GB 7470—87）、直接火焰原子吸收法（参见 GB/T 7475—87）、APDC - MIBK 萃取火焰原子吸收法、共沉淀法、巯基棉富集法、在线富集流动注射火焰原子吸收法、石墨炉原子吸收法和 ICP - AES 法。

铅分析方法的选择可参阅镉分析方法。在测定时，为了避免大量稀释引入的误差，多使用双硫腙分光光度法。

2.8.3.1 双硫腙分光光度法

在 pH 值为 8.5 ~ 9.5 的氨性棕檬酸盐 - 氰化物的还原介质中，水样或消解液中的铅离子可与双硫腙形成淡红色的双硫腙铅螯合物，经三氯甲烷（或四氯化碳）萃取，并以三氯甲烷（或四氯化碳）为参比，双硫腙铅螯合物在波长 510 nm 处有特征吸收，测量其吸光度，可得到水样中铅的含量。

该方法测定范围为 0.01 ~ 0.30 mg/L，适用于天然水和废水中含铅较高的水样。测定时需要特别注意，氰化钾是剧毒药品，因此称量和配制溶液时要特别谨慎小心，萃取时要带胶皮手套，避免沾污皮肤。

2.8.3.2 直接火焰原子吸收法

将水样或消解处理好的试样直接吸入乙炔 - 空气火焰，在波长 283.3 nm 处测定铅的吸光度，将测得的样品吸光度与标准溶液的吸光度进行比较，可确定样品中铅的含量。

该方法测定范围为 0.2 ~ 10 mg/L，适用于地下水、地表水和废水中铅的测定。当水样中铅的浓度在 10 ~ 200 μg/L 时，应采用 APDC - MIBK 萃取火焰原子吸收法测定。

2.8.3.3 APDC - MIBK 萃取火焰原子吸收法

在 pH 值为 3.0 条件下，水样或消解液中的铅离子与吡咯烷二硫代氨基甲酸铵发生螯合反应，形成的螯合物经甲基异丁基甲酮萃取后，可直接吸入火焰进行原子吸收分光光度测定。该方法测定范围为 10 ~ 200 μg/L，适用于饮用水、地下水和地表水中微量铅的测定。

2.8.4 处理技术

大多数工业废水中的铅是以无机的颗粒态或离子态存在的。但从烷基铅生产工厂排出的废水中含有很高浓度的有机铅化合物，对这种废水的处理，在技术上是有一定难度的。表 2-4 列出不同生产企业工业废水中铅的含量，以供选择处理方法时参考。

含铅水体的有效处理方法有沉淀法、混凝法、离子交换法等。联用这些方法可使处理效果达到 99% 以上。

2.8.4.1 沉淀法

该工艺除铅的原理是首先用碱性物质调节水的 pH 值至 6.0 ~ 10.0（最佳为 9.2 ~ 9.5），使水中的二价铅呈 $Pb(OH)_2$ 而沉淀，常用的沉淀剂有 Na_2CO_3、Na_3PO_4 及白云石等。如果在沉淀之后，再加上过滤操作单元，将会使除铅效果更好。例如将含铅水流经事先焙烧处理过的白云石充填床层，就可同时产生沉淀和过滤的作用。一般用沉淀法可使流出液中的铅浓度降至 0.01 ~ 0.03 mg/L，并同时从沉淀的泥渣中回收金属铅。

表 2-4　不同生产企业工业废水中铅的含量

生产企业	铅浓度(mg/L)	生产企业	铅浓度(mg/L)
铅－锌采矿厂	5.0～7.0	多种金属冶金联合企业	
铜矿	5.0～7.0	选矿厂	
铜厂尾矿池流出水	0.01	尾矿池澄清废水	0.16～0.78
锡加工厂	0.4～1.0	铅厂废水	0.06～9.7
铅－锌选矿厂		铅－锌选矿厂尾矿废水	5.5
处理前废水	11.0	选矿厂尾矿废水	0.12
氧化矿浮选排放水	0	铜钨选矿厂尾矿废水	16.0
硫化物浮选排放水	0.16	机床厂	
尾矿池流出水	0.28	废酸洗液	4.0
铅联合企业		洗涤水	0.5～1.0
矿井水	0.8	锻压水	0.07～5.25
选矿厂的一般尾矿废水	1.1	有色轧件厂试剂车间	0.14

2.8.4.2　混凝法

当水中同时含有四烷基铅等有机污染物时，可先用上述沉淀法除去其中的无机铅，再用 $FeSO_4$ 或 $Fe_2(SO_4)_3$ 作混凝剂将剩余的有机铅除去。目前一些铅污染区的饮用水净化处理常用这种工艺措施。

2.8.4.3　离子交换法

这种方法可用于从废水中同时除去无机铅和有机铅。例如对弹药生产厂的废水，先用沉淀法使废水中含铅量从 6.5 mg/L 降到 0.1 mg/L，再用磷酸型树脂吸附处理，使含铅浓度进一步降到 0.01 mg/L 以下，达到《生活饮用水卫生标准》(GB 5749—2006)规定的限值 0.01 mg/L 的要求。

2.9　汞

汞主要用于氯化钠电解中的阴极、金的提炼、电子工业、电气设备(灯、电弧整流器、水银电池)、工业控制器(开关、温度计、气压计)、医药、牙齿修补、实验仪器，汞化合物可用做杀真菌剂、防腐杀菌剂、防腐剂、实验室试剂等。

2.9.1　性质

汞(Hg)又称水银，为银白色液态金属。汞在地壳中的总储量达 1 600 亿 t，但其中 99.98% 呈稀疏的分散状态，只有 0.02% 富集于可以开采的矿床中，岩石圈内汞浓度仅约为 0.03 μg/g。自然界各类岩石中以页岩含汞量为高，含汞矿物约有 20 种，主要包括辰砂、黑辰砂、硫汞锑矿、汞黝铜矿等，其中以朱砂含汞量最高(达 86%)。环境中总的汞含量并不高，一般河水、湖水均不超过 0.1 μg/mg，而有的泉水则可达 80 μg/mg 以上，但是金属矿物的冶炼和氯碱、塑料、电池、电子等工业企业排放的废水中的汞含量却往往很高。环境中的汞可以三种价态存在，即 0 价、+1 价、+2 价，其化学形态可分为金属汞、无机汞、有机汞。汞在周期表中与锌、镉两元素同处ⅡB 族，但汞的化学性质却只与镉相近，而与锌相差很大。在与同族元素的比较中，汞的特异性主要表现在：①氧化还原电位较高，易呈现金属状态；②单质汞是金属元素中唯一在常温下呈液态的金属；③能以 Hg_2Cl_2 一价形态存在；④汞及其化合物具有较强挥发性，汞蒸气压随温度变化较大，各种无机汞化合物挥发性强弱次序为：$Hg > Hg_2Cl_2 > HgCl_2 > HgS > HgO$，烷基汞化合物的饱和蒸气浓度为：$CH_3HgCl$（94 mg/m^3）、CH_3HgBr（94 mg/m^3）、CH_3HgI（90 mg/m^3）、CH_3HgOH（10 mg/m^3）、C_2H_5HgCl（8 mg/m^3）、C_2H_5HgI（9 mg/m^3）；⑤与相应的锌化物相比，汞化合物具有较强的共价性，且由于上述较强挥发性和流动性等因素，其在自然环境或生物体间具有较强的迁移和分配能力。汞的物理性质是常温、常压下呈液态并能蒸发，且随着温度的增高其蒸发量也随之增大。汞的表面张力较大，洒落地面或桌面上能够立即形成许多小汞球从而增加蒸发的表面积，易被墙壁、衣服、毛发及皮肤吸附而形成二次污染。汞的熔点为 −38.87 ℃，沸点为 356.589 ℃，在 20 ℃条件下的蒸气压为 0.16 kPa，在 25 ℃条件下的溶解度为 60 μg/L，在缺氧水体中的溶解度为 25 μg/L。水溶性的汞盐主要有氯化汞、硫酸汞、硝酸汞和氯酸汞等。在有机汞化合物中，乙基汞 Hg_2Et_2 和 EtHgCl 不溶于水，乙酸苯基汞 PhHgAc 微溶于水，乙酸汞 $HgAc_2$ 具有最大溶解度（0.97 mol/L）。因汞离子是一种强烈的细胞原浆毒，能使细胞中蛋白质沉淀，故汞蒸气和汞的大多数化合物都有剧毒。

2.9.2 对人体健康的影响

汞对人体健康的危害与汞的化学形态、环境条件和侵入人体的途径、方式有关。人体吸收汞及其化合物主要有消化道、呼吸道和皮肤三种途径，其中无机汞吸收率仅为 7% 左右，吸收后主要聚积在肾脏内，其次分布在肝、脾、甲状腺部位；有机汞吸收率则高达 95% 以上，吸收后主要累积在肝脏内，其次分布在肾脏、脑组织和睾丸处；金属汞主要以汞蒸气方式经呼吸道和皮肤进入人体，进入后可经肺泡吸收 75% ~80%，吸收物主要蓄积于脑组织中并经血液循环扩散至全身。在汞的三种化学形态中，有机汞的毒性较无机汞和金属汞大，而无机汞又可通过生物代谢转化为有机汞化合物甲基汞（包括一甲基汞即氯化甲基汞、碘化甲基汞和二甲基汞），甲基汞通常呈白色粉末状，一旦进入人体极易被胃肠吸收，然后经血液循环而进入肝脏，最后经转移扩散至大脑或胎盘，在转移过程中，甲基汞会不断地与人体内的含巯基（−SH）有机化合物结合，从而改变或破坏蛋白质结构和功能，甚至导致酶蛋白失活、中断肝脏解毒过程，最终产生剧毒效应而引起全身中毒。急性汞中毒可表现为休克、心血管系统功能和肾功能以及胃肠道严重损伤，食入 500 mg 氯化甲基汞甚至有可能导致死亡，皮肤接触烷基汞则有可能引起急性皮炎和湿疹。需要注意的是，甲基汞的毒性还有一个特异之处，就是进入人体后，一旦度过急性发作期，还会再潜伏几周乃至数月，然后显示出大脑和神经系统的慢性中毒症状且难以治愈。慢性汞中毒可使人的性格变得胆小怕羞、孤独、厌烦、消极抑郁、易激怒，有时行为怪僻、自觉口内有金属味、口腔黏膜充血、牙龈红肿、牙齿松动、牙龈或口颊黏膜出现色素沉着（称作汞线），亦可出现汞毒性震颤(手指、舌、眼睑震颤最为常见),严重时可蔓延至颊肌、上肢、下肢并出现手指书写震颤、运动失调、吞咽及发音困难、中心性视野缩小、听力下降、四肢麻木、疼痛等。除此,甲基汞还能够通过母体而影响胎儿的神经系统,导致新生婴儿出现智能发育障碍、运动机理受损、流涎等脑性小儿麻痹症。据对经常食含甲基汞鱼的正常妊娠妇女研究,其胎儿红细胞中的甲基汞比母体高30%,因胎盘转移使胎儿产生严重的胎来带性甲基汞中毒的事例在日本已有多起报道,生下的胎儿多为白痴。此外,甲基汞还易于在水中迁移,通过水生食物链富集在生物体中,鱼体内甲基汞浓度可比水中高出上万倍。河北省白洋淀水体中含汞0.000 4 mg/L,其生长的桂鱼、黑鱼则含汞0.203 8 mg/kg,鲤鱼、鲫鱼含汞0.078 5 mg/kg,镛鱼、鲢鱼含汞0.058 8 mg/kg。汞污染造成的最严重的事件是1932~1968年发生在日本水俣湾的汞中毒事件(氮肥厂排放含汞废水所致),先后有12 617人通过食鱼而中毒,其中导致死亡1 408多人。在伊拉克也曾发生误食甲基汞农药处理过的小麦、大麦事件,造成6 530人住院、459人致死。

2.9.3 检测方法

水中汞的测定方法主要有冷原子吸收分光光度法(参见GB 7468—87)、双硫腙分光光度法(参见GB 7496—87)、冷原子荧光法和原子荧光法,主要测定方法介绍如下。

2.9.3.1 双硫腙分光光度法

选用95 ℃的高锰酸钾和过硫酸钾溶液将试样消解,把所有形态和价态的汞全部转化为二价汞,再用盐酸羟胺将过剩的氧化剂还原,使在酸性条件下汞离子与双硫腙生成橙色螯合物,然后用有机溶剂萃取,最后用碱溶液洗去过剩的双硫腙,在波长485 nm处测定橙色螯合物的吸光度,即可得到试液中汞的浓度。测试时的注意事项是:①铜离子等多数的金属离子均对汞的测定有干扰,所以应在双硫腙洗脱液中加入1%的EDTA二钠盐掩蔽其干扰;②由于双硫腙汞对光敏感,因此应在避光或在半暗室里操作,也可以加醋酸防止双硫腙遇光发生分解。

该方法是测定各种金属离子的通用方法,一般干扰较多,技术要求较高,操作比较烦琐。

2.9.3.2 冷原子吸收分光光度法

在硫酸-硝酸介质和加热条件下,用高锰酸钾和过硫酸钾将试样消解(或用溴酸钾和溴化钾混合试剂,在20 ℃左右室温和0.6~2 mol/L的酸性介质条件下将试样消解),使所有形态和价态的汞全部转化为二价汞。用盐酸羟胺将过剩的氧化剂还原,再用氯化亚锡将二价汞还原成元素态汞。在室温下,通入空气或氮气,将元素态汞气化,其蒸气对波长253.7 nm的紫外光具有强烈的吸收,而且在一定浓度范围汞蒸气浓度与吸收值成正比。因此,测量试液的吸收值,可求得试样中汞的含量。该方法检出下限为0.05 μg/L,适用于检测饮用水、地表水、地下水、生活污水及工业废水中的汞。测试时的注意事项是:①测定过程所用蒸馏水应为无汞蒸馏水,最好使用去离子水;②更换U形管里硅胶后,应用相等含量的标准试样先测定2~3次,方可正式测定。

2.9.3.3 原子荧光光谱法

其原理是:在一定酸度下,溴酸钾与溴化钾反应生成溴,可将试样消解,使所含汞全部转化为二价无机汞。用盐酸羟胺还原过剩的氧化剂,再用硼氢化钾将二价汞还原,以氩气作载气将其导入原子化器,以汞特种空心阴极灯作激发光源,形成的汞蒸气被特征光辐射激发,产生共振荧光。在低浓度范围内,荧光强度与汞的含量成正比。

该测定方法所用仪器主要是 AFS - 610A 原子荧光光谱仪(HG - AFS)、计算机处理系统和汞特种空心阴极灯。测定时先吸取 40 mL 水样于 50 mL 容量瓶中,加 2.5 mL 硝酸,然后加 2.0 mL 溴酸钾 - 溴化钾溶液摇匀,在室温下(若室温低于 20 ℃可用水浴加热)放置 10 min,滴加盐酸羟胺 - 氯化钠溶液至黄色褪尽,最后加纯水至 50 mL。以硼氢化钾溶液作还原剂,5% 硝酸为载流,按测定程度上机测定。

该法还可用于测定水中砷、硒、铅等元素含量,具有仪器结构简单、分析灵敏度高、重现性好、干扰少、线性范围宽、分析速度快等优点。

2.9.4 处理技术

对含汞废水可能有很多种可供选择的处理方法。这些方法的有效性和经济性取决于汞在废水中的化学形态、浓度、其他存在成分的性质和含量以及处理深度等因素。常用的处理方法有沉淀法、离子交换法、吸附法、混凝法以及还原法(即将离子态汞还原为元素态汞后再过滤)等方法。其中离子交换法、混凝法和吸附法都可使废水中含汞量降到小于 0.01 mg/L 水平;沉淀法配以混凝法可使废水含汞量降到 0.01 ~ 0.02 mg/L 水平;还原法一般只用于排污量较小的废水处理,最终流出液中含汞量可达到相当低的水平。

2.9.4.1 沉淀法

沉淀法中以加入硫化物生成 HgS 沉淀为最常用的方法,这种方法还常与重力沉降、过滤或空气浮上等分离联用。后续操作只能加速相分离,不能提高除汞效率。在碱性条件下,对原始含汞浓度相当高的废水,用硫化物沉淀法可获得大于 99.9% 的去除率,但流出液中最低含汞量仍不能降到 10 ~ 20 μg/L 以下。为减少药剂用量,可在接近中性条件下进行沉淀,具有较好的效果,对此也有人提出最佳 pH 值为 8.5。

本方法的缺点是:①硫化物用量较难控制,过量的 S^{2-} 能与 Hg^{2+} 生成可溶性配合物;②硫化物残渣仍有很大毒性,较难处置。

2.9.4.2 离子交换法

该项技术通常是在废水中通入氯气,使元素态汞氧化为离子态汞,此后加入氯化物,使汞进一步转化为配阴离子状态,再用阴离子交换树脂除去。由于氯碱制造工业废水中含相当高浓度的 Cl^-,所以很适宜用这种方法去除汞污染物。如果废水中含 Cl^- 量不高,则可用阳离子交换树脂。

无论是采用阳离子交换树脂还是采用阴离子交换树脂,交换后流出液中无机汞的含量均不大可能低于 1 ~ 5 μg/L,所以一般在中性或微酸性介质条件下,采取二级交换就可望得到最佳的效果。至于对废水中有机汞污染物的深度处理问题,目前只有乙酸甲基汞的离子交换研究工作进行得较多,所使用的树脂有 DowexA - 1 螯合型树脂、国产大孔巯基树脂等。

2.9.4.3 混凝法

该项技术可适用于从废水中去除无机汞,有时也能去除有机汞。常用的混凝剂有明矾、铁盐和石灰等。某些中间试验的研究成果表明，铁盐对去除废水中所含的无机汞有较好效果，而对于甲基汞则效果不明显。混凝剂最大用量为 100 ~ 150 mg/L，若继续增大剂量则无助于除汞效率的提高。

2.9.4.4 吸附法

最常用的吸附剂是活性炭，其有效性取决于废水中汞的初始形态和浓度、吸附剂用量、处理时间等，增大用量和延长时间有利于提高对有机汞和无机汞的去除效果。一般有机汞的去除率优于无机汞，某些浓度颇高的含汞废水经活性炭吸附处理后，去除率可达 85% ~ 99%，但对含汞浓度较低的废水，虽然处理后流出液中含汞水平已相当低，但去除率却很小。

除了以活性炭作吸附剂外，近年还常用一些具有强螯合能力的天然高分子化合物来吸附处理含汞废水，如用腐殖酸含量高的风化烟煤和造纸废液制成的吸附剂，又如用甲壳素（从甲壳类动物外壳中提取加工得到的聚氨基葡萄糖）经再加工后制得的名为 Chitosan 的高分子化合物也可作为含汞废水处理的吸附剂。

2.9.4.5 还原法

呈离子状态的无机汞化合物可通过还原的方法将其转化为金属汞形态，然后用过滤或其他固液分离的方法予以去除。可选用的还原剂有 Al、Zn、$SnCl_2$、$NaBH_4$、N_2H_4 等。该项技术的主要优点是最终可将汞予以回收，但当废水含汞浓度小于 100 μg/L 时就不能有效使用本方法。

2.10 硒

硒的主要应用领域为电子（如复印机的硒鼓和红外光学元件、发光二极管、光电池等）、玻璃脱色、陶瓷、化工、颜料、冶金（如含硒合金）、农业及食品、卫生及环保等部门。

2.10.1 性质

硒（Se）在地壳中的丰度为 0.05 mg/kg，我国岩石中的硒含量平均为 0.073 mg/kg，游离状态的天然硒十分稀少，通常都是与天然硫共生而分布于硫化矿物中，如黄铜矿、黄铁矿、铅锌矿、铋矿、锡矿及某些金矿中。目前，硒主要从电解铜阳极泥中提取，也可以从硫酸厂的残泥和烟尘、铜矿和铅锌矿的焙烧残渣、铅电解阳极泥中提取。硒可以 -2 价、0 价、+4 价、+6 价四种氧化态形式存在，例如单质硒、亚硒酸盐、硒酸盐等。单质硒不溶于水，在自然条件下不会迅速还原或氧化，物理形态通常为灰、红色无定形粉末或玻璃状，沸点 685 ℃。无机亚硒酸盐在酸性和还原条件下可被还原为单质硒，在碱性和氧化条件下则会生成硒酸盐。亚硒酸盐和硒酸盐都溶于水。在碱性土壤中，硒以水溶性硒酸盐的形式存在并可被植物吸收利用；在酸性土壤中硒常与铁、铝氧化物结合为难溶的亚硒酸盐复合物。许多硒化合物都散发有一种大蒜的气味。

2.10.2 对人体健康的影响

硒对人类及动、植物的生理作用具有双重性。它是人和牲畜必需的微量元素之一，人体摄入硒量不足会发生克山病(一种心肌坏死疾病)及大骨节病(一种关节和肌肉病,又俗称"柳拐子病",临床上主要表现为四肢关节对称性增粗、变形、屈伸困难和疼痛,四肢肌肉萎缩,严重的出现短指(趾)短肢、身体矮小致畸,造成终身残废),而饲料中缺硒则会造成牲畜患白肌病和肝坏死。另外,缺硒还会导致脱发、掉发。而在高硒地区,又往往容易产生硒中毒,硒及其化合物的毒性与砷类似,唯一差别在于适量硒的摄入为人体正常代谢,但浓度稍微增加一点就有可能出现危险。据在高硒区的5个村庄调查,村民平均每天摄入硒量5 mg,中毒率就达到49%,患者出现了食欲不振、四肢乏力、头皮疼痛、头发变脆脱落、指甲变薄脱落、皮肤损伤、神经系统紊乱等症状。由于作为必不可少的微量元素的浓度和造成硒中毒的浓度之间的安全范围特别狭小,因此硒成为重要的影响环境因素。美国推荐每天硒安全摄入量为男人70 μg、女人50 μg,我国建议成人按体重计每天硒摄入量0.9 μg/ kg。对饮用水这一摄入途径(约10%的摄入量来自于饮水,其他途径为饮食、呼吸和皮肤接触),我国及美国等多数国家均规定饮用水中的硒含量限值为0.01 mg/L。

硒是人体内谷胱甘肽过氧化物酶结构中的必需成分,这种酶与维生素E在代谢方面的功能相似,能够保护细胞膜、增强机体的免疫力,另外还能有效地降低汞、镉、铊等元素的毒性。据最新的研究成果还发现,硒与其他营养素配合可以用于防治癌症和多种慢性疾病(如心血管病等)以及有效治疗艾滋病。据卡拉里力教授利用同位素对人体摄入放射性硒过程的追踪观察,发现硒主要积聚在肿瘤组织内,可与肿瘤细胞产生很强的亲和力,具有直接作用于肿瘤细胞的靶向特性。其主要表现有三个特点:①能准确有效地捕捉人体内还未形成肿块的肿瘤细胞,从而消除肿瘤的形成;②能自动聚集在肿瘤周围,同免疫细胞一起消除人体变异细胞组织;③能及时发现游走肿瘤细胞,并直接将其杀灭,且对人体正常细胞无任何伤害。《北京晚报》报道,5年前铜陵63岁退休工人王建三被确诊为胃肿瘤晚期,只有3个月生存期,老人放弃一切治疗,来到距大山村5 km的深山野林过起原始生活。5年后不知不觉胃痛减轻,发作频率逐渐降低,去年年底去医院检查肿瘤竟消失不见。老人为何会不治而愈?专家来到王建三所在大山村对土壤勘测后发现,这里是全国罕见富硒地区,山泉水及生长作物均含大量硒,附近居民近60年未发现一例肿瘤患者及地方病……(《洛阳广播电视报》2009年6月12日转载)。

我国的低硒区主要分布在东北至西南带状地区内的紫色砂岩和黄土层间,其含硒量多在0.05 mg/kg以下,所产粮食含硒量一般低于0.025 mg/kg(非病区的对照值平均为0.068 7 mg/kg),而湖北恩施高硒中毒区碳质岩含硒量高达280 mg/kg,区域差异十分悬殊。

由低硒所引起的克山病和大骨节病同属生物地球化学地方病(简称地方病,意指因环境中某些元素的不足或过剩而引起的地方性疾病),谭见安学者经过30多年的研究认为,这两种病多分布于地质剥蚀区以及历史上上升运动与下降运动的交接与过渡地带(如低山丘陵与山前倾斜平原之间)、剥蚀地形与堆积地形的过渡带、区域性的分水岭两侧或四周、地形低洼地区(如山间盆地、洼地、平原的闭流洼地、流水不畅的低地等),地域共同点都是地表元素淋失严重,导致了水土缺乏硒、锶等微量元素,学者还将我国的此类地方病划分为3种类型:一是东北型,其特点是克山病与大骨节病的分布和病情轻重基本平行,该类病区以东北病区为代表,包括河北、陕西、陇东南、川西北及青藏高原病区,该类病区多饮用富含腐殖酸的潜水和地表水；二是西北型，以陕西渭北黄土高原、陇东黄土高原为代表，克山病与大骨节病的分布基本一致，病区多饮用受有机质污染的窖水、渗泉水和沟水；三是西南型，只有克山病发生而没有大骨节病，属此类型的有云南高原病区、川东山地丘陵平坝病区等，该病区多饮用水田渗井水、沟水、坑塘和涝洼水，水质不良，有机质污染严重。

2.10.3 检测方法

水中硒的检测方法可分为两大类：一类是化学分析法，包括重量法和容量法等；另一类是仪器分析法，包括2,3－二氨基萘荧光法、3,3′－二氨基联苯胺光度法、石墨炉原子吸收法、氢化物－原子荧光法、气相色谱法等。这里重点介绍常用的重量法、容量法及2,3－二氨基萘荧光法、石墨炉原子吸收法。

2.10.3.1 重量法

本法也适用于测定碲。一般是在盐酸溶液中将硒、碲还原成单质而加以称量，最好的还原剂是 SO_2 和 N_2H_4。具体方法是在温热的浓度大于 8.8 mol/L 盐酸溶液中（不含碲时，酸度大于 3.4 mol/L 即可）加入 SO_2 水溶液使硒沉淀、过滤、洗涤后，沉淀物在 393 K 干燥并称量至恒重。在滤液中加入 $N_2H_4 \cdot HCl$ 使碲沉淀，滤出的沉淀物在 378 K 烘干至恒重，可分别测定硒和碲。适用的还原剂还有 $NH_2OH \cdot HCl$ 和硫酸肼。

2.10.3.2 容量法

以硒（Ⅳ）在酸性溶液中的氧化还原性为基础，可用 $KMnO_4$、$K_2Cr_2O_7$ 或碘量法对硒进行测定。在硫酸和磷酸的混合溶液中，$KMnO_4$ 可将硒（Ⅳ）氧化为硒（Ⅵ）：$5H_2SeO_3 + 2MnO_4^- + 6H^+ \rightarrow 5H_2SeO_4 + 2Mn^{2+} + 3H_2O$，然后用 Fe（Ⅱ）标准溶液返滴过量的 $KMnO_4$，即可测定硒（Ⅳ）。加入磷酸可防止生成 MnO_2，本法也适用于测定碲（Ⅳ）。

2.10.3.3 2,3－二氨基萘荧光法

该方法是用硝酸－高氯酸消解水样，将四价以下各种价态的硒氧化为四价，再加入盐酸将六价硒还原为四价硒，然后在 pH 值为 1.5～2.0 的溶液中，2,3－二氨基萘选择性地与四价硒离子生成4,5－苯并硒瑙绿色荧光物质，用环已烷萃取后，选择激发波长 376 nm、发射光波长 520 nm 进行测定，其荧光强度与四价硒含量成正比。该方法的测定范围为0.15～25 μg/L，适用于清洁水、生活污水及工业废水中硒的测定。

水中硒浓度的计算方法为：先用已扣除空白吸光度值的试样吸光度值从硒标准曲线上查出试样的含硒量（μg），然后按下式计算试样中硒的浓度（μg/L）：

$$c = \frac{m}{V} \tag{2-6}$$

式中，c 为样品中硒的浓度，μg/L；m 为标准曲线上查得试样中硒的含量，ng；V 为试样体积，mL。

测试时的注意事项是：①分析中所用的玻璃器皿均需用（1＋1）HNO_3 溶液浸泡 24 h，或热 HNO_3 荡洗后，再用去离子水洗净后方可使用。对于新器皿，应做相应的空白检查后才能使用。②铜、铁、钼等重金属离子及大量氧化物对测定硒有干扰，可用 EDTA 及盐酸羟胺消除。

2.10.3.4 石墨炉原子吸收法

该方法是将试样或消解处理过的试样直接注入石墨炉，在石墨炉中形成的硒基态原子对特征谱线（196.0 nm）产生吸收，将测定的试样吸光度与硒标准溶液的吸光度进行比较，可得到试样中被测元素硒的含量。本方法的检出下限为 0.003 mg/L，测定范围是 0.015 ~ 0.2 mg/L，适合于地表水和废水中硒的测定。如果试样经过 0.45 μm 滤膜过滤，则测定的是溶解态硒；若未经过滤直接消解水样后测定，测得结果是溶解态硒和悬浮态硒的总和，即总硒。

硒的浓度（mg/L）按下式计算：

$$c = c' \frac{V'}{V} \tag{2-7}$$

式中，c 为样品中硒的浓度，mg/L；c' 为标准曲线上查得试样中硒的浓度，mg/L；V 为试样体积，mL；V' 为测定时定容体积，mL。

测试时的注意事项有：①在测量时，应确保硒空心阴极灯有 1 h 以上的预热时间；②在每次测定前，须重复测定空白和工作标准溶液，及时校正仪器和石墨炉灵敏度的变化。

2.10.4 处理技术

含硒的水处理主要包括两类：一类是受微量硒污染的水源水处理；另一类是为消除硒而进行的含硒工业污水处理。含硒的水处理方法概括起来，主要有共沉淀法、离子交换法、活性炭吸附法、改性滤料法、慢砂过滤法、湿地法和生物法等。

2.10.4.1 共沉淀法

共沉淀是指当一种沉淀物从溶液中析出时，另一些可溶性的杂质也被带下去而混杂在沉淀之中。在化学工业中共沉淀现象的发生会影响产品纯度，在分析化学中会影响精度，因而往往是希望避免的。当然在放射化学中可以利用共沉淀来富集痕量元素。在含硒的水处理中可利用共沉淀现象去除原水中微量污染物亚硒酸根 SeO_3^{2-}。具体方法是选择无毒的三氯化铁或三氯化铝作共沉剂，三氯化铁或三氯化铝在水中能够水解为 Fe^{3+} 或 Al^{3+}、Cl^-，Fe^{3+} 或 Al^{3+} 能与水中的 OH^- 生成 $Fe(OH)_3$ 或 $Al(OH)_3$ 而沉淀，在沉淀过程中，$Fe(OH)_3$ 或 $Al(OH)_3$ 能够吸附构晶离子 Fe^{3+} 或 Al^{3+} 而使沉淀带正电荷，从而再行吸附水中的杂质负离子亚硒酸根 SeO_3^{2-}。此法对去除原水中硒十分有效，往往在投药量不多的情况下就能使去除率达到 95% 以上，从而使水质满足生活饮用水标准。这种方法还具有投资省、处理成本低、操作简便等优点。

2.10.4.2 离子交换法

离子交换法技术相对成熟，对硒的去除率一般高达 95% 以上，也有报道达 99.9%。这种方法是利用 201 ×7 强碱阴树脂对亚硒酸根离子亲和力大的特点（干树脂交换容量可达 0.35 g/g）来有效地处理受微量硒污染的水源水以及含硒浓度较高而同时回收物质硒的工业废水。这种方法的不足之处是当水体中存在许多其他离子时，其他离子也往往能够挤占相当一部分的树脂交换容量，从而使这种方法的处理成本增高。

2.10.4.3 活性炭吸附法

活性炭可由不同的原材料制得，如烟煤、泥煤、褐煤、焦炭、木材及椰子壳等。制备时，加热上述材料使挥发性物质气化，并使之热解、碳化，然后进行活化处理。活化过程能选择性地在碳化材料中除去一部分碳原子，而使碳原子重新排列形成孔网结构，并扩大微孔的孔径。活性炭颗粒内部有无数微细的孔隙纵横相通，其孔径为1～10 000 nm，比表面积可达500～1 700 m^2/g。活性炭由于具有这种物理特点，可用于去除水中色度、臭味、有机物、酚、烷基苯磺酸盐（ABS）、消毒副产物、重金属离子以及其他微量有毒有害物质，从而不仅广泛用于食品、化工、电力等工业用水的净化、脱氯、除油和去臭等，而且可用于饮用水的净化处理。研究表明，活性炭用于含硒水处理时的有效去除率可达95%以上。

2.10.4.4 改性滤料法

一般水处理厂的滤料大多为普通石英砂滤料，也有少部分采用陶粒滤料、无烟煤滤料等，但由于这些滤料本身的局限性，如其比表面积有限、中性pH值条件下表面带负电荷或不经济性，于是人们开始设法寻找既经济、过滤效果又好的滤料，改性滤料就是在这种情况下产生的。所谓改性滤料就是在载体材料表面涂层改性剂，使改性剂的性质基本代替载体材料性质，它能够吸附大量的细小颗粒，使无数的微型颗粒堆积在其表面，从而造成比原载体材料大得多的比表面积，并呈多孔状。这样，在原水中不增加任何药剂的情况下，改性滤料就可以有效地去除细菌、浊度、铁、锰、铜、锌、砷、硒、氟、镉、铬、氰化物和有机污染物等，研究表明除硒程度可达80%以上。

2.10.4.5 慢砂过滤法

改良的慢砂过滤能够实现废水的部分脱氮，并能提供一个还原和去除废水中硒的可行途径。其除硒原理主要是通过滤料表层的细菌将硒酸盐还原为元素态硒，由于元素态硒难溶于水，从而就可被滤料层所截留而从水中去除。试验研究表明慢砂过滤最大除硒率能达到74%～97%。此法适用于处理水量小的含硒废水处理工程或者处理水量小的地下水除硒工程。

2.10.4.6 湿地法

湿地系指天然或人工、长久或暂时性的沼泽地、湿原、泥炭地或水域地带，带有静止或流动的淡水、半咸水、咸水水体者，也包括低潮时水深不超过6 m的海域。人工湿地技术是在自然或半自然净化系统的基础上发展起来的污水处理技术，它是一种人为地将石、砂、土壤、煤渣等一种或几种介质按一定比例构成基质，并有选择性地植入植物的污水处理生态系统，具有投资省、运行费用低和实际效果良好等优点。实践证明湿地处理工业废水中的硒效果很好，美国旧金山湿地处理炼油废水，进水中硒浓度为20～30 μg/L，出水硒浓度降低为小于5 μg/L，硒的去除率达89%。湿地去除的硒绝大部分固定在沉淀物和植物组织中，这两者中硒的浓度分别达到大约5 mg/kg和15 mg/kg。另外10%～30%是通过生物蒸发去除的，由于生物蒸发作用，植物和微生物都吸收硒酸盐或亚硒酸盐形式的硒，并通过新陈代谢使其转化为易挥发的形式，湿地通过生物蒸发作用将硒释放到大气中而被去除。

2.10.4.7 生物法

生物法除硒主要通过两种途径实现，即微生物还原作用和生物挥发作用。微生物还原除硒技术是受美国蒸发塘沉淀物中硒的种类变少的启示而开发的新型除硒技术，其原理是排入蒸发塘内的废水中通常有硒酸盐和亚硒酸盐，而在蒸发塘沉淀物中发现的硒主要是元素态硒，这主要是因为微生物的还原作用将硒酸盐还原为亚硒酸盐并最终进一步地还原成为元素态硒，元素态硒难溶于水，于是就沉积在污泥中，然后通过分离污泥而从废水中去除。生物挥发是利用含硒废水中的微生物甲基化作用，使硒生成二甲基硒化物，而二甲基硒化物极易挥发，能够挥发到空气中被气流稀释和分散，从而使硒从污染源中挥发而得以去除。

2.11 氰化物

2.11.1 性质

氰化物是指含有氰基 $-C \equiv N$ 的化合物。水中氰化物包括无机氰化物和有机氰化物，无机氰化物又可分为简单氰化物和络合氰化物。常见的简单氰化物有氰化钾（KCN）、氰化钠（NaCN）、氰化铵等，此类氰化物易溶于水，并电离出氰基 $-C \equiv N^-$，在高温或酸性条件下分解释放出剧毒物质氰化氢（HCN）；络合氰化物有亚铁氰化钠 $[Na_4Fe(CN)_6 \cdot 10H_2O]$、亚铁氰化钾 $[K_4Fe(CN)_6 \cdot 3H_2O]$、铁氰化钾 $[K_3Fe(CN)_6]$ 以及 $[Zn(CN)_4]^{2-}$、$[Cd(CN)_4]^{2-}$、$[Ag(CN)_2]^{2-}$ 等，络合氰化物的毒性比简单氰化物小，但水中的大部分络合氰化物受 pH 值、水温和光照等影响，可以离解为简单氰化物。有机氰化物也称腈，氰化氢或氢氰酸的结构是甲酸腈（$H-C=N$），属于最低级的有机腈，是公认的剧毒物质。

自然环境中普遍存在微量氰化物的来源，主要来自肥料及有机质，例如北京西郊耕层土壤中平均含 CN^- 0.05 mg/kg。但是，高浓度的氰化物来源主要是工业企业的含氰废水，例如电镀废水、焦炉和高炉的煤气洗涤冷却水、选矿和矿石冶炼废水、合成纤维工业和某些化工行业废水等，其浓度变化为 1 ~ 180 mg/L 以上。可见，如稍有不慎，氰化物污染将造成巨大的急性事件，北京、苏州就出现过此类事件，只是由于及时采取了有效措施才避免了极其严重的后果。

2.11.2 对人体健康的影响

氰化物进入人体的途径有三种：一是从呼吸道吸入氰化氢气体或含有氰化物的粉尘；二是从口腔进入胃中；三是通过破损的皮肤与氰化物接触而直接进入血液中。氰化物引起中毒的关键在于氰离子（CN^-）与细胞色素氧化酶的结合，使细胞丧失了摄取和利用氧的能力，从而导致细胞缺氧和窒息。一般急性氰化物中毒可分为以下四个阶段：前驱期→呼吸困难期→惊厥期→麻痹期。其临床症状依次表现为：口内有苦辣味及烧灼感，随即咽喉部产生束紧感及麻木感，口涎渐多并伴随恶心，继之精神焦虑、神志恍惚、头痛晕眩、下颌活动不灵且产生僵直感觉；呼吸困难、气息加剧，呼出气体及呕吐物有苦杏仁味道；血管运动神经的张力增加，引起反射性心律变慢及血压升高，之后发生麻痹作用，导致血压下降和心跳无力、心律不规则；最后神志丧失，猛烈抽搐，大小便失禁，紧接着进入麻痹状态，全身大汗，眼球突出，瞳孔放大，口吐白色泡沫，皮肤出现潮红，呼吸更加困难，直至呼吸、心跳停止而死亡。慢性氰化物中毒系指少量而长期的接触所致，其主要表现为：头痛、头昏、失眠、记忆力及注意力减退、食欲不振、恶心、腹痛、便秘、尿频、前区压迫感、血压低、心悸、呼吸困难、全身肌肉酸痛或刺痛，病情发展则出现精神萎靡、智力减退、甲状腺增大、性功能减退，皮肤接触可产生斑疹、丘疹和疱疹等。据资料介绍，氰化氢对成人的平均致死剂量为 100 mg 左右，氰化钠约为 150 mg、氰化钾约为 200 mg，成人暴露在氰化氢浓度超过 20 mg/kg 的环境中数小时就会产生中毒症状，而暴露在浓度超过 100 mg/kg 环境中只需 1 h 就会出现生命危险。另外，氰化物还对水生生物具有很大毒性，当水体中 KCN 或 NaCN 浓度达到 0.1 mg/L 时就能杀死赖以自净的微生物，达到 0.3 ~ 0.5 mg/L 时就能导致鱼类中毒死亡。

我国多年来把氰化物在饮水中的限值定为 0.05 mg/L，而且在实施中没有困难。因此，卫生部在 2001 年发布《生活饮用水水质卫生规范》和 2006 年发布《生活饮用水卫生标准》(GB 5749—2006)时均未对该限值进行修改，仍维持原规定。

2.11.3 检测方法

常用的检测方法有容量法和比色法，一般测定浓度在 1 mg/L 以上的用容量法较为适宜，测定浓度低于 1 mg/L 时用比色法较为合适。不管是用容量法还是用比色法，在测定前都需要将水样进行预先蒸馏，使氰化物以 HCN 形态蒸出，再经碱液吸收后以待测定。

2.11.3.1 硝酸银容量法(也称硝酸银滴定法)

在预蒸馏得到的碱性溶液中，以试银灵(对二甲胺基亚苄基绕单宁)作指标剂，对硝酸银($AgNO_3$)标准溶液进行滴定，形成可溶性的银氰络合物 $Ag(CN)_2^-$，当溶液由黄色变为橙红色时即为完成滴定，最后根据硝酸银标准溶液的滴定用量，便可计算出氰化物的含量。计算公式为

$$c_{氰化物} = \frac{c \cdot (V_a - V_b) \times 52.04 \times \frac{V_1}{V_2} \times 1\,000}{V} \tag{2-8}$$

式中，$c_{氰化物}$ 为被测样品中氰化物浓度，mg/L；c 为硝酸银标准溶液浓度，mol/L；V_a 为试样消耗硝酸银标准溶液的体积，mL；V_b 为空白消耗硝酸银标准溶液的体积，mL；V_1 为总的碱性吸收液体积，mL；V_2 为取出的碱性吸收液体积，mL；52.04 为相当于 1 L 的 1 mol/L 硝酸银标准溶液的氰离子质量。

应用此法测试时应注意两点：①测试前用 pH 试纸检查试样的 pH 值，必要时加氢氧化钠溶液调节 pH 值 >12；②若水样中含有大量硫化物，应先加碳酸镉或碳酸铅固体粉末除去硫化物的干扰。

2.11.3.2 异烟酸－吡唑啉酮比色法(也称异烟酸－吡唑啉酮光度法)

在中性条件下，预蒸馏收集液中的氰化物与氯胺 T 反应生成氯化氰，氯化氰再与异烟酸作用，经水解后生成戊烯二醛，最后与吡唑啉酮缩合生成蓝色染料。在 0.004 ~ 0.25 mg/L 浓度范围内，该蓝色染料在 638 nm 波长下的吸光度与氰化物的浓度成正比，可进行比色测定，用氰化物的标准曲线进行定量，计算公式为

$$c = \frac{(m_a - m_b)}{V} \times \frac{V_1}{V_2} \tag{2-9}$$

式中，m_a 为从校准曲线上查出试样的氰化物含量，μg；m_b 为从校准曲线上查出空白试验碱性吸收液的氰化物含量，μg；V 为样品的体积，mL；V_1 为样品碱性吸收液的总体积，mL；V_2 为所取样品碱性吸收液体积，mL。

应用此法测试时应注意从加缓冲液起每一步骤都要快速操作，并随时盖严塞子，以免 HCN 的挥发。

2.11.3.3 吡啶－巴比妥酸比色法

此法与异烟酸－吡唑啉酮比色法基本相同，只是用巴比妥酸代替吡唑啉酮与生成的戊烯二醛发生缩合反应，生成红紫色染料，于 580 nm 波长处测定吸光度，然后定量计算氰化物浓度。此方法最低检测浓度为 0.002 mg/L（用 72 型分光光度计，吸光度为 0.020 左右），检测上限为 0.45 mg/L（10 mm 比色皿）、0.15 mg/L（30 mm 比色皿）。

2.11.4 处理技术

高浓度工业废水中的氰都是以配合物形态存在的，故考虑处理方案时一般都是先设法（如电解法）使配合物分解，然后用沉淀等方法将金属除去，对余下的氰化物再用各种方法使之转化为无害的 CO_2、N_2 等形态。对于含氰浓度较低的废水，其中必定含有部分自由态氰（CN^-）且与配合态氰共处平衡状态，在这种情况下去除 CN^- 可由平衡移动使配合物不断离解，从而使处理过程得以继续进行。

2.11.4.1 碱性氯化法

一般用氯气作处理药剂（也可用次氯酸钠溶液），第一阶段的反应为

$$\left.\begin{aligned} Cl_2 + H_2O &\rightleftharpoons HClO + HCl \\ CN^- + ClO^- + H_2O &\rightleftharpoons CNCl + 2OH^- \end{aligned}\right\} \tag{2-10}$$

反应中产生高毒性的中间产物氯化氰 CNCl 在碱性介质中进一步反应：

$$CNCl + 2OH^- \rightleftharpoons CNO^- + Cl^- + H_2O \tag{2-11}$$

这一阶段反应生成物氰酸根离子 CNO^-（即氰酸盐）毒性很小，当要求不高时，水处理到此即可终止，否则需作第二阶段处理。

在第二阶段反应过程中，CNO^- 与过量 ClO^- 在具备足够反应时间的条件下，最终转化为 N_2 和 CO_2，反应式为

$$2CNO^- + 3ClO^- \longrightarrow CO_2 + N_2 + 3Cl^- + CO_3^{2-} \tag{2-12}$$

第一阶段的反应在高 pH 值下进行较为有利，所以废水在处理前要用苛性钠将 pH 值调节至 10.5～11，反应时间为 30 min～2 h；第二阶段的反应则应在略低的 pH 值下更有利，所以在反应进行前先用硫酸调节 pH 值至 8.0～9.0，反应时间约为 1 h。应用本方法可使处理残液中的含氰浓度降低至 0.5 mg/L。

2.11.4.2 臭氧氧化法

臭氧氧化时发生如下反应：

$$\left.\begin{aligned} CN^- + O_3 &\longrightarrow CNO^- + O_2 \\ 2CNO^- + 3O_3 + H_2O &\longrightarrow 2HCO_3^- + N_2 + 3O_2 \end{aligned}\right\} \tag{2-13}$$

臭氧氧化在碱性介质中进行较快。但碱性越强,臭氧消耗越多,因而采用弱碱性介质并连续调节 pH 值可使臭氧消耗量降低。

臭氧氧化不产生污泥,无二次污染,能增加水中溶解氧和杀死病毒或细菌,进而从多个方面达到改善水质的目的,但该项技术的操作费用相对较高。

2.11.4.3 综合回收法

综合回收法适合于高浓度含氰废水的处理。

利用含氰废水在酸性条件下容易挥发出氢氰酸的特点,可对废水直接用蒸气进行蒸馏,回收得到稀氢氰酸。同时利用氢氰酸与铁屑和 K_2CO_3 溶液反应生成 $K_4[Fe(CN)_6]$(黄血盐)的原理,可以处理和回收废水中所含的氰。相关的反应式为

$$\left.\begin{aligned} 4HCN + 2K_2CO_3 &\longrightarrow 4KCN + 2CO_2 + 2H_2O \\ 2HCN + Fe &\longrightarrow Fe(CN)_2 + H_2 \\ 4KCN + Fe(CN)_2 &\longrightarrow K_4[Fe(CN)_6] \end{aligned}\right\} \tag{2-14}$$

除了上述三种处理技术外,近年来还研制出了生化处理法,这种方法的主要设施有塔式生物滤池、生物转盘、表面加速曝气池等,中规模试验的结果表明,生物处理法的除氰率可达95%。

2.12 氟化物

无机氟化物用于炼铝,在钢铁和玻璃纤维工业中作为一种助焊剂,并可用于生产磷酸盐肥料(平均含氟 3.8%)以及制砖、瓦和陶器,氟硅酸用于市政供水中的加氟计划。

2.12.1 性质

氟(F)的化学性质十分活泼,除惰气(如氦)和 O_2、N_2 外,几乎能与所有的金属和非金属结合成各种化合物。它在自然界分布很广,在地壳中的丰度为625 mg/kg,占地球总量的0.077%,居组成地壳各种化学元素的第16位。目前已知的含氟矿物有150种左右,其中以火成岩(岩浆岩)含氟矿物最多,含氟硅酸盐分布最广泛;其次是含氟卤化物;再次为沉积岩等。在众多的含氟矿物中,一般酸性岩浆岩含氟0.8%左右,中性岩浆岩和沉积岩含氟0.05%左右,基性和超基性岩浆岩含氟0.01%~0.037%。最常见的三种氟化物是矿物萤石(CaF_2)、冰晶石(Na_3AlF_6)和氟磷灰石[$Ca_5(PO_4)_3(F,Cl,OH)$]。

水中的氟污染分为天然污染和人为污染两大类。天然污染指自然界中的萤石、冰晶石、氟磷灰石、云母等含氟矿物在物理风化作用和水流长期冲刷、溶蚀下而不断迁移分散到水体之中,从而造成水中(主要是地下水)氟化物含量超标;人为污染主要是含氟产品的制造、焦灰生产、电子元件生产、电镀、玻璃和硅酸盐生产、钢铁和铝的制造、金属加工、木材防腐及农药化肥生产等过程中排放的含氟废水进入自然水体后造成的氟化物含量超标。一般饮用水水源氟污染多为天然污染类型。

地表水中的含氟量受大气降水、火山喷气以及工业废水的影响而很不均匀,一般河水为0.03~7 mg/L、海水为0.1~1.35 mg/L、盐湖水为20~40 mg/L。

地下水中的含氟量取决于地质、地貌及水文地质条件。一般水化学类型为 $HCO_3^- - Cl^- - Na^+$ 型的地区，地下水含氟量最高可达 4 mg/L 以上；水化学类型为 $HCO_3^- - Cl^- - Na^+ - Ca^{2+}$ 型的地区，地下水含氟量为 1.0 ~ 4.0 mg/L；水化学类型为 $HCO_3^- - Ca^{2+}$ 型的地区，地下水含氟量通常在 1.0 mg/L 以下。就全国而言，大致可以按照区域地质环境特点分为以下 6 种类型：①浅层高氟地下水型。这是我国地方性氟中毒病区范围最大的一种类型，主要分布在淮河—秦岭—昆仑山一线以北的广大干旱半干旱地区。该类病区的特点是，饮用水水源中的氟由富氟岩层（火山喷出岩、花岗岩等）作补给源，区内低洼地带排水不畅，从而造成土壤盐碱化和地下水氟离子的富集，加之气候干燥、蒸发量大，又引起浅层地下水氟离子的进一步浓缩，于是就导致了地下水含氟量的增高。如黑龙江三肇、吉林白城、辽宁辽阳、内蒙古赤峰、山西大同、陕西榆林、宁夏盐池、甘肃渭源、青海乐都等，其许多村庄的浅层饮用水含氟量都在 3 ~ 5 mg/L，个别甚至更高。②深层高氟地下水型。此类病区主要分布在渤海湾滨海平原，如天津的汉沽和塘沽、河北的沧州和黄骅、山东的德州和惠民等地，此外新疆的准噶尔盆地南部地区也有分布，这类地区的地质条件都是海陆交替相地层，深层地下水含氟量普通较高，一般可达 7 mg/L，个别甚至超过 20 mg/L。③高氟温泉型。此类病区主要受地质构造运动的控制，多分布于大陆板块边缘地带和断裂带，如广东的丰顺、福建的南靖、山东的栖霞、河南的鲁山等地，其中河南省鲁山县下汤温泉的含氟量高达 24.8 mg/L。④高氟岩矿型。这类病区主要分布在萤石矿、磷灰石矿等富氟岩矿的出露区，致使水源受污染而含氟量居高，如辽宁义县、浙江义乌、江西宁都，河南省从西北到东南依次贯穿洛宁、嵩县、栾川、汝阳、南召、鲁山、方城、泌阳、桐柏、信阳、光山、罗山、新县 13 个县（市）500 余 km 的萤石矿脉沿线分布了比较密集的星点状或小片状高氟水村庄。⑤生活燃煤污染型。这类病区的特点是地处煤矿矿区，一般饮用水含氟量不一定很高，但由于燃用高氟煤而造成食物及室内空气含氟量较高，如湖北恩施、贵州毕节、陕西紫阳、云南镇雄、四川兴文等。⑥高氟茶水型。在四川阿坝和甘孜一些半农半牧区由于饮用高氟茶而引起氟中毒。

2.12.2 对人体健康的影响

氟是人体不可或缺的营养元素之一，它占体重的 0.000 35% 左右。氟进入人体后，一部分（约 50%）被口腔液体保留下来并通过表面吸收而结合到牙齿中（局部效果），余下的（约 50%）则流经胃肠并穿过胃肠壁而进入血液，然后迅速扩散到身体的各个部位。氟是个“骨搜寻器”，适宜在骨骼中积累，一般人体里 96% 的氟是沉淀在骨骼里的。当然，人体对氟的需求是有严格定量的，摄入过多或过少都会影响人体的健康。正常人每天需从饮食中摄取 2.5 ~ 5.0 mg 氟，其中 60% ~ 70% 来自于饮水。适量的氟能使骨牙坚实，减小龋齿发病率，同时对神经系统的兴奋性传导、钙磷代谢、甲状旁腺功能、细胞酶系统以及生殖过程都有裨益。人体对饮水中氟的吸收率为 75% ~ 90%，对其他食品中的氟只能吸收 20% 左右。所以，饮水中的氟含量对人体健康影响很大，它是地方性氟病的主要诱因。国内若干地区调查资料表明，水中氟含量在 0.5 mg/L 以下的地区，人群龋齿率为 50% ~ 60%；水中含氟 0.5 ~ 1.2 mg/L 的地区，人群氟病很少（通常认为为适宜浓度。调查资料也显示寒冷地区的适宜浓度为 1 ~ 1.2 mg/L、温热带地区则应低于 1 mg/L）；氟含量为

1.2～1.5 mg/L时，多数地区氟斑牙患病率达45%以上；氟含量大于1.5 mg/L时，中度与重度氟斑牙患者明显增多；氟含量大于4.5 mg/L时，会引发“氟骨症”并使神经和肌肉组织受损；氟含量大于6 mg/L时，会导致酶系统活力降低，骨的形成受阻；氟含量大于20 mg/L时则可导致骨骼变形、肢体残废。各种程度的氟中毒病症是全球分布最广的地方病之一，世界上五大洲的50多个国家均有此病存在。我国除上海市及香港、澳门特别行政区和台湾省以外的30个省、自治区、直辖市中有1 187个县(市、区、旗)存在地氟病，病区总人口约3.3亿人，其中氟斑牙人口有4 000多万人、氟骨症患者有260余万人，严重影响了当地群众的生活与生产，因此研究、防治地氟病是非常重要的课题之一。

一般认为氟中毒的发病机理有三种情况：①对骨骼的损坏。氟进入人体后可取代骨骼中的羟基磷灰石生成氟磷灰石，即$3Ca_3(PO_4)_2 \cdot Ca(OH)_2 + 2F^- \rightarrow 3Ca_3(PO_4)_2 \cdot CaF_2 + 2OH^-$，最终可形成难溶的氟化钙而大量沉积，造成骨质硬化、密度增加、骨皮质增厚、髓腔变小，或使骨质脱钙而疏松，因而导致临床上常见的硬化型、疏松型和混合型三种情况。另外，氟磷灰石的形成破坏了正常的骨质晶体结构，促使成骨细胞和破骨细胞活动生成新骨，造成骨内膜增生而形成骨疣。同时，氟还可抑制骨磷酸化酶而影响骨组织对钙盐的吸收利用。②对牙齿的损坏。过量的氟进入人体后可产生大量的氟化钙沉积于正在发育的牙组织中，使牙釉质不能形成正常的棱晶体结构而产生不规则的球形结构，从而使局部呈粗糙、白垩状斑点和条纹状斑块，接着使牙釉质松脆而出现继发性缺损。牙齿萌出后，牙釉质发生色素沉着，并可逐渐加深呈棕色或棕黑色。③对神经系统、肌肉、肾脏、血管和内分泌腺的影响。氟可损伤神经受体、神经纤维脱髓鞘，影响神经信号的传导，抑制乙酰胆碱酶活性，出现神经传导障碍；氟可使骨骼肌丝萎缩，肌原纤维和肌丝变性，以及纤维细胞线粒体损伤、神经终板受损变形等；高浓度的氟从肾脏排出时会损伤肾小管、影响肾功能。氟对血管的损害是使血管壁钙化、硬化，影响对脏器的供血。此外，氟还可对生殖系统造成损害，破坏睾丸细胞的结构，影响它的内分泌功能，导致生殖功能下降。

常见地方性氟病的临床表现是氟斑牙和氟骨症。

氟斑牙是地方性氟病的最早体征，一般出生在高氟地区的人均有此病表现，其症状是：①牙釉面光泽度改变，常出现白垩样线条、斑点、斑块等，一旦形成，永不消退；②牙釉面着色，呈浅黄、黄褐、棕褐或黑色，范围可以是线条、斑点、斑块或整个牙釉面；③釉面缺损，可出现凹痕或针尖样脱落，甚至大块的剥脱。

氟骨症的症状及体征是：①症状。腰背及四肢大关节疼痛。一般从腰背开始，逐渐发展到四肢大关节和足跟，疼痛多呈酸痛且具有持续性，晨起加剧，活动后减轻，但不伴有体温升高和关节肿胀，也不受气候改变的影响。重者终日卧床，不敢活动。同时，还常伴随有一系列的神经系统症状，如肢体蚁走感、紧束感、知觉减退及四肢发麻等异常感觉。随着病情的发展，还会出现关节功能障碍及肢体变形，如脊柱生理性弯曲及活动受限等。有些患者还有头痛、心悸、乏力、恶心、食欲不振、腹涨腹泻等症状。②体征。氟骨症按疾病的严重程度分为轻、中、重三种类型：轻度者为持续性腰痛和关节疼痛，无其他阳性体征，可从事正常体力活动；中度者为持续性腰痛和关节疼痛症状加重，同时伴有躯干和四肢大关节运动功能受限，劳动能力受到一定程度影响；重度者为出现一个或多个大关节屈曲、强直、肌肉痉挛或出现废用型肌萎缩，脊柱、骨盆关节骨性黏连，一般患者有严重的弯腰驼背，基本丧失劳动能力。此外，地方性氟病还会造成神经损伤，可表现为神经根损害症状、脊髓损害症状、感觉障碍及括约肌功能障碍，也会继发骨骼肌改变，导致肾功能不全、甲状旁腺功能亢进等。另据研究，水中氟含量增加，还有可能破坏维生素 C，诱发动脉硬化和心脏病，氟还会与水中的有机物反应产生致癌物质三氟甲烷，这或许也是现代人易患高血压、心脑血管、糖尿病等慢性疾病的原因之一吧。

我国现行《生活饮用水卫生标准》规定水体中氟化物浓度限值为 1.0 mg/L（农村饮水放宽为 1.2 mg/L）。

2.12.3 检测方法

对于清洁的地表水、地下水，可直接取样测定，常用检测方法有：氟试剂分光光度法、氟离子选择电极法、硒素磺酸锆目视比色法等。

2.12.3.1 氟试剂分光光度法

水样中的氟离子在 pH 值为 4.1 的乙酸盐缓冲介质中，与氟试剂（3－甲基胺－硒素－二乙酸）和硝酸镧反应，生成蓝色三元络合物，在波长 620 nm 下其吸光度值与氟离子浓度成正比，可进行水样的吸光度测定，用标准曲线法定量。

测试结果（mg/L）计算：

$$c = \frac{m}{V} \tag{2-15}$$

式中，c 为被测样品中氟化物的浓度，mg/L；m 为标准曲线上查得的含氟量，μg；V 为分析时取样体积，mL。

该方法的测定浓度范围为 0.05～1.80 mg/L，适用于地表水、地下水中氟化物的测定。

2.12.3.2 氟离子选择电极法

氟电极是由氟化镧单晶片制成的固定膜电极，只有氟离子可以透过。膜的内表面与一个固定氟离子浓度的溶液和内参比电极相接触，使用时与一个标准参比电极联用。工作电池可表示为

$$Ag \mid Cl, Cl^-(0.33\ mol/L), F^-(0.001\ mol/L) \mid LaF_3 \parallel 试液 \parallel 外参比溶液$$

当氟电极与含氟的试液接触时，电池的电动势（E）随溶液中氟离子活度的变化而改变，在氟离子活度为 10^{-6}～10^{-1} mol/L 范围内时，电极的相应电位与氟离子活度的负对数成直线关系，符合能斯特方程，即

$$E = E_0 - \frac{2.303RT}{F}\lg c_F \tag{2-16}$$

式中，E 为测得的电极电位；E_0 为参比电极的电位；$\frac{2.303RT}{F}$为氟电极斜率；c_F 为溶液中氟离子活度。

配置一系列不同浓度的标准溶液，插入氟离子选择性电极，测得电位值 E，绘制 E—$\lg c_F$ 标准曲线。测得未知水样电位值后，由标准曲线方程求得水样中的氟离子浓度。

实际使用中，通常加入由柠檬酸钠、氯化钠和冰醋酸配制的总离子强度调节剂缓冲液（TISAB）以保持溶液的总离子强度和适宜的 pH 值，并络合干扰离子（Al^{3+}、Fe^{3+}等）。本

法的测定范围是0.05~1 900 mg/L,不受水样颜色、浑浊的干扰,适合于各种水样的测定。

测试结果计算方法如下:

(1)校准曲线法。根据测定所得的电位值,从校准曲线上查得相应的以 mg/L 为单位表示的氟离子含量。

(2)标准加入法。计算公式为

$$c_x = \frac{c_s \cdot \frac{V_s}{V_x + V_s}}{10^{(E_2 - E_1)}/S - \frac{V_x}{V_x + V_s}} \tag{2-17}$$

式中,c_s 为加入标准溶液的浓度,mg/L;c_x 为待测试液的浓度,mg/L;V_s 为加入标准溶液的体积,mL;V_x 为测定时所取待测试液的体积,mL;E_1 为测定试液的电位值,mV;E_2 为试液加入标准溶液后测得的电位值,mV;S 为电极的实测斜率。

2.12.3.3 硒素磺酸锆目视比色法

在酸性溶液中,硒素磺酸钠与氯氧化锆($ZrOCl_2$)生成红色螯合物,当样品中有氟离子存在时,能夺取该络合物中的锆离子而生成无色的氟化锆络离子(ZrF_6^-),并释放出黄色的硒素磺酸钠。根据由红色至黄色的颜色变化,与标准色列比色,可得到水样中氟化物的浓度。

由于这个方法观察的是试液颜色的变化,而不是试液色度的增色和褪色,因此在分析时,应先配制氟化钠标准色列,采用目视法比色测定。因为人的眼睛最容易看出颜色色调的改变。

测试结果(mg/L)计算

$$c = \frac{c_1}{V_2} \times \frac{200}{V_1} \tag{2-18}$$

式中,c 为样品中氟化物浓度,mg/L;c_1 为由标准系列给出氟化物的含量,μg;V_2 为取用试样的体积,mL;V_1 为试样的体积,mL。

2.12.3.4 硝酸钍滴定法

硝酸钍滴定法测定水中氟化物的原理是:在以氯乙酸为缓冲剂、pH 值为3.2~3.5的酸性介质中,以茜素磺酸钠和亚甲蓝作指示剂,用硝酸钍标准溶液滴定氟,当溶液由翠绿色变为灰蓝色时即为终点。根据硝酸钍标准溶液的用量即可计算出氟离子的浓度。本法适用于含氟量大于50 mg/L 的废水中氟化物的测定。

2.12.4 处理技术

氟离子半径小,溶解性能好,是较难去除的污染物之一。最近几十年来,国内外对含氟地下水的处理技术进行了大量的研究,对除氟工艺以及相关的基础理论也取得了一些进展。目前认识到的除氟机理主要有:生成难溶氟化物沉淀(如钙盐法中将 F^- 转化为难溶的 CaF_2 沉淀),离子或配位体交换(F^- 与 OH^- 半径及电荷都较为相近,除氟剂中的 OH^- 基团可与 F^- 交换而达到除氟目的),物理或化学吸附(物理吸附中最重要的是静电吸附。化学吸附中活性氧化铝对 F^- 的吸附是通过对 NaF 的吸附而实现的、羟基磷酸钙

对 F^- 的吸附是通过对 CaF_2 的吸附而实现的),络合沉降(F^- 能与 Al^{3+}、Fe^{3+}、Mg^{2+} 等阳离子形成络合物而沉降)。由于含氟地下水水质以及用途存在较大差异,因此除氟工艺也各不相同,根据原理不同,除氟方法大致可以分为吸附法、絮凝沉淀法、电化学法、离子交换法、化学沉淀法(石灰石法)等。其中前两种方法主要适用于原水中单纯的氟离子含量超标而其他指标含量较低或符合饮用水标准的情况,第三种方法主要适用于氟离子及其他指标俱高的情况(如高氟苦咸水地区),离子交换法主要适用于综合处理阴离子和纯水制备技术中同时降氟的生产工艺,石灰石法则主要适用于高含氟废水的处理。此外,还可用膜滤法除氟。

2.12.4.1　**吸附法**

目前使用最广泛的除氟吸附材料主要有活性氧化铝、骨炭和沸石,常见的除氟(地下水)工艺流程是

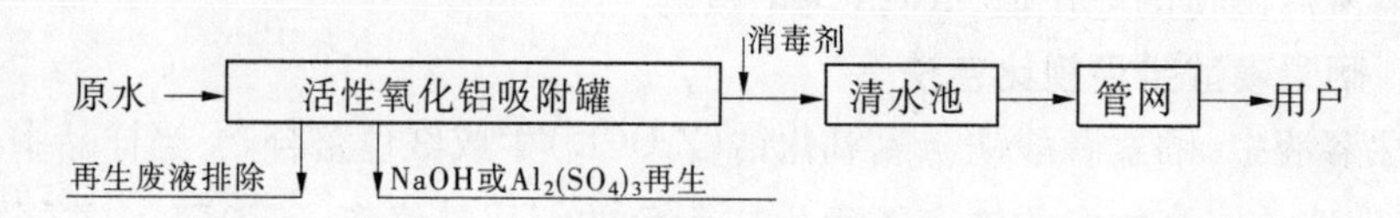

1)活性氧化铝法

活性氧化铝是将氧化铝的水化物经 400 ~ 600 ℃灼烧而成或用普通的氧化铝投加碱性金属离子在 400 ~ 500 ℃下煅烧而成,属于 γ－氧化铝,含有巨大的比表面积(可达 210 m^2/g),是一种白色颗粒多孔分子筛吸附剂,活性氧化铝是两性物质,在水中具有离子交换性。等电点约在 pH 值等于 9.5,当水的 pH 值小于 9.5 时可吸附阴离子、大于 9.5 时可去除阳离子,其吸附地下水中常见阴离子的顺序是 $OH^- > HCO_3^- > PO_4^{3-} > F^- > SO_3^- > NO_2^- > Cl^- > NO_3^- > SO_4^{2-}$,对 F^- 具有较高的选择性。

活性氧化铝使用前需用硫酸铝溶液进行活化,使其转化成为硫酸盐型,反应如式(2-19)所示:

$$(Al_2O_3)_n \cdot 2H_2O + SO_4^{2-} \longrightarrow (Al_2O_3)_n \cdot H_2SO_4 + 2OH^- \tag{2-19}$$

除氟时的反应如式(2-20)所示:

$$(Al_2O_3)_n \cdot H_2SO_4 + 2F^- \longrightarrow (Al_2O_3)_n \cdot 2HF + SO_4^{2-} \tag{2-20}$$

活性氧化铝使用一定时间后,吸附容量会逐渐下降,直至失效,这时可用 2% ~ 3% 浓度的硫酸铝或 0.75% ~ 1% 的 NaOH 溶液再生,如式(2-21)所示:

$$(Al_2O_3)_n \cdot 2HF + SO_4^{2-} \longrightarrow (Al_2O_3)_n \cdot H_2SO_4 + 2F^- \tag{2-21}$$

活性氧化铝吸附去除水中氟的效能主要与水中氟含量、pH 值和氧化铝的粒径有关。

高氟离子浓度地下水,由于对氧化铝颗粒能形成较高的浓度梯度,有利于氟离子进入颗粒内,从而能获得高的吸附容量。试验表明,原水氟离子浓度分别为 10 mg/L 和 20 mg/L 时,如保持出水氟离子浓度在 1 mg/L 以下,所能处理的水量大致相同,说明原水含氟量增加时吸附容量可相应增大。一般活性氧化铝的吸氟容量为 1.2 ~ 2.4 mg/g,也有达到 4.5 mg/g 甚至更高的。有研究认为,活性氧化铝的经济降氟范围为≤8 mg/L。

pH 值在 5 ~ 8 范围内时除氟效果较好,其中在 pH = 5.5 时吸附速率最大,可获得最

高的吸附容量(据试验可高达8.3 mg/g)。但在实际除氟过程中,我国通常只是将pH调节至6.5~7.0(也有建议为6.0~6.5),这是因为在除氟过程中还必须结合考虑水质标准的要求和控制水的腐蚀性,过低的pH值往往需要重新加碱以提高碱度,从而增加了费用和操作的复杂性。有报道显示,CO_2 也是一种良好的pH值调节剂。另外,pH值的影响还与除氟装置的运行方式有关,一般 $pH<7.0$ 时宜采取连续运行方式,滤速可调控为6~8 m/h;$pH>7.0$ 时宜按间接运行方式设计,滤速应调控为2~3 m/h,连续运行时间掌握为4~6 h,间断4~6 h。

氧化铝粒径大小和吸附容量呈线性关系,粒径小的吸附容量大于粒径大的。有试验表明,粒径为2~3 mm的活性氧化铝的除氟量比粒径为3~5 mm的大3~4倍。粒径3~5 mm的球形氧化铝除氟量仅1.2 mg/g,而粒径0.5~2 mm的颗粒氧化铝除氟量则为6~7 mg/g,粒径0.4~1.2 mm的小颗粒氧化铝除氟量更高达9~10 mg/g。这主要是由于粒径小的氧化铝具有较大的比表面积,因而吸氟能力更强些。试验还显示,1体积的大粒径氧化铝每小时仅可处理4.4体积的含氟水,而1体积的小粒径氧化铝每小时则可处理8.1体积的含氟水。我国目前多选用粒径为1~3 mm的氧化铝颗粒。

活性氧化铝法除氟的原理如式(2-19)~式(2-21)所示,除氟工艺则主要包括活化、除氟及再生三个环节:①活化。首先将筛去粉粒的600 g氧化铝分批装柱,自下而上通过原水进行冲洗;之后分别用600 mL的50 mg/mL、37 mg/mL和20 mg/mL硫酸铝溶液以4~5 mL/min的流量自上而下通过滤层4~5次(分别至 SO_4^{2-} 含量不下降为止)进行转型处理,最后再用原水反冲洗滤料使其体积膨胀30%以上,当洗水pH值接近5时,可用与除氟过滤相同的流量通过滤层且出水pH值亦保持为5时,氧化铝的活化即告完成。②除氟。除氟装置有固定床和流动床两种形式:固定床一般采用升流式,滤层厚度1.1~1.5 m,滤速3~6 m/h;移动床滤层厚度1.8~2.4 m,滤速10~12 m/h。当然,设计滤层厚度时还应考虑原水的含氟浓度,一般含氟浓度小于4 mg/L时,滤层厚度宜大于1.5 m;含氟浓度在4~10 mg/L时,滤层厚度宜大于1.8 m。同时,还应注意的是,如在原水流进除氟装置前已先用硫酸或盐酸调低了pH值(常用此法),则滤层厚度可降为0.8~1.2 m。这种工艺的操作方法是先将食用盐酸加入配药槽,把原水稀释至0.25 mol/L后再送到高位槽,然后经流量计和射流器注入进水管与原水混合,注意控制进水pH值为6~6.5,停留时间为10 min,注入流量可由始至终渐减为5 m^3/h、3 m^3/h和2 m^3/h,当出水平均含氟量接近1 mg/L时停止注水。除氟装置经过上述活化的氧化铝与经过pH值调整的原水接触时间应保持为15 min以上。③再生。当出水氟含量超过1 mg/L时,应立即停止除氟处理而启动再生程序。再生前应首选洗脱剂,据试验资料,洗脱剂以2%的苛性钠最佳(洗脱1 g氟仅需苛性钠20 g,而用明矾则需60 g),其他依次为0.188 mol/L的明矾(硫酸铝)、0.125 mol/L的明矾加1.2 mol/L的硫酸、2 mol/L的硫酸以及氯化铝等。再生步骤是:先用原水自下而上地进行反冲洗(初冲洗),冲洗强度11~12 L/(s·m^2),冲洗时间5~8 min,膨胀高度一般为50%左右。然后用2%的苛性钠或2%的明矾再生。若用明矾,再生液自上而下通过滤层的滤速应掌握为0.6 m/h左右,历时6~8 min;若用苛性钠应先按该周期滤层吸氟总量的20倍计算苛性钠用量,配置成0.85%的苛性钠溶液存入碱槽,再用一半除氟流量的原水自上而下地通过滤层(历时30 min),之后用0.2 mol/L的硫酸中和滤层,使滤料尽快恢复微碱性。最后用原水反洗滤料(终冲洗),冲洗强度与初冲洗相同,历时 8 ~10 min。终冲洗完毕后,降低了 pH 值的原水可以正常除氟流量通过滤罐(床),从而开始新的除氟周期。

目前,影响活性氧化铝除氟装置长效发挥作用的主要问题是故障较多(常见故障及原因分析见表 2-5),因而实际使用年限在诸种除氟工艺中是较短的(据 1994 ~1996 年全国改水降氟措施效果评价调查研究情况仅为 6. 21 ±2. 74 年,而骨炭法为 8. 70 ±1. 33 年,电渗析装置为 7. 38 ±2. 52 年)。

表 2-5 活性氧化铝除氟装置常见故障及原因分析

常见故障	原因分析
滤罐反冲洗排渣不畅	罐体高径比不合理 反冲洗进水管细,反冲水量小
滤料随反冲洗水流失	滤料装填过量 反冲洗滤床膨胀空间不足
出水含氟量超标	进水流量大,接触时间少 原水未调 pH 值,滤床总吸附量不足 滤床长时间不再生
滤料变黄,直至失效	原水或药剂含铁离子,滤料孔隙被堵塞
滤床板结或局部"短路"	反冲不良,胶体离子附着在滤料上
滤床吸附量低,再生频繁	原水未调 pH 值 滤床填充量不足 新滤料未经活化处理
滤料被铁锈污染	滤罐内壁防腐处理不合格
再生废水和废渣任意排放	几乎所有水站(厂)均将废水和废渣直接外排

为有效消除装置故障,延长装置使用寿命,最根本的措施应是改进传统的除氟工艺。最新研究成果表明,在常规活性氧化铝吸附法的基础上,通过在吸附床中设置电场以强化吸附剂的再生过程,可以减少 90% 再生剂的消耗量,同时还可使工艺耗水量降至处理水量的 6% 以下,这对降低活性氧化铝除氟成本及延长装置使用年限大有益处。

2)骨炭法

骨炭法也称磷酸三钙过滤法。骨炭是兽骨燃烧去掉有机质后形成的一种黑色、多孔的颗粒状吸附剂,是仅次于活性氧化铝而在我国应用较多的除氟方法。骨炭的主要成分是羟基磷酸钙,其分子式可以是 $Ca_3(PO_4)_2 \cdot CaCO_3$,也可以是 $Ca_3(PO_4)_2 \cdot (OH)_2$,主要组成为磷酸钙 57% ~80% 、碳酸钙 6% ~10% 、活性炭 7% ~10% 。骨炭与水接触时能在一定程度上吸收大量的污染物如色素、异臭、异味成分,骨炭法去除水中氟离子既有离子交换作用也有吸附作用,其交换作用通常认为可用式(2-22)表示:

$$Ca_3(PO_4)_2 \cdot (OH)_2 + 2F^- \rightleftharpoons Ca_3(PO_4)_2 \cdot F_2 + 2OH^- \tag{2-22}$$

当水中含氟量高时,反应向右进行,氟被骨炭吸收而去除。骨炭的吸附容量明显高于活性氧化铝,水中常见的阴离子对骨炭除氟效果无明显影响,水中常见的阳离子能够提高骨炭除氟效能,而这些阴阳离子都会对活性氧化铝除氟效能产生不利影响。因此,对于硬度和盐度较高的高含氟水采用骨炭除氟更合理。

骨炭除氟流程基本与活性氧化铝相同,通常都是将骨炭除氟剂装入到交换罐内,由含氟水自上而下进行过滤,水与骨炭的接触时间一般可掌握为10 min左右,相应水流滤速为3.5~4 m/h,除氟容量一般不低于1.5~1.7 mgF^-/g骨炭,高的可达3~4 mgF^-/g骨炭(进水pH值与水温对此均有影响,pH值越低、水温越高,除氟容量越大,但在pH值为6.5~8.5时,除氟容量并无明显差异。由于高氟地下水的pH值大多在8.0左右,故并无必要调节原水的pH值)。

骨炭再生一般用1%的苛性钠溶液浸泡,然后用0.5%的硫酸溶液中和。基本步骤为:反冲洗→碱再生→淋洗→酸中和→淋洗。滤层得到再生后又成为羟基磷酸钙(再生进行式为式(2-22)的逆反应),即可再次开始除氟运行。

需要注意的是,当用骨炭法处理含氟而又含砷的水质时,砷也能够被骨炭所去除,但除砷过程是不可逆的。由于砷同氟的竞争,砷不能通过正常的碱再生过程被洗掉,因此造成骨炭在使用一段时间后其除氟容量会逐渐降低,导致最终不得不予以更换。所以,从除氟的角度看,骨炭法不宜于处理含砷的高氟水。

骨炭法具有操作方便的明显优点,适合于农村分散式的家庭使用,不足之处是机械强度低、磨损快、易破碎,出水水质物理感官不佳,有的还存有漂浮杂质。

3)*沸石法*

沸石又名分子筛,是沸石族矿物的总称,通常包括斜发沸石、菱沸石、钙十字沸石和丝光沸石等,其均属含水的碱金属或碱土金属的铝硅酸盐矿物,具有多孔性、筛分性、离子交换性、耐酸性和对水的吸附性。天然沸石本身除氟容量很低,必须经过一定的预处理,即所谓活化后才能用于除氟。常用的活化方法是先将沸石破碎至一定粒度后再用碱(如苛性钠)和铝盐(如明矾或硫酸铝)处理,最后烘干备用。试验研究表明,活化沸石除氟过程中,第二周期的除氟容量往往比第一周期大,此后增幅缓慢并趋于稳定(一般为5~10 kg F^-/m^3沸石),这种独有的吸附性能(即具有越用越好的趋势)与其他除氟材料随再生次数增多而除氟容量降低的现象有着明显的不同,并且沸石在交换吸附除氟过程中还能同时交换吸附水中的钙、镁离子,从而兼具降低硬度、改善水质的作用。当然,沸石除氟容量的大小是与沸石本身的类型、质量、粒径、滤料厚度、滤速以及原水pH值、氟离子浓度、水中其他离子含量等综合相关的。一般滤料粒径越小,除氟容量越大(但过小反冲时易于流失),通常以粒径为0.5~2 mm为宜;原水含氟浓度越高,沸石吸附容量也越大;降低原水pH值(在pH值4~9范围内,随pH值升高吸附量反而减小)和水温(在温度13~30 ℃范围内,随水温升高吸附量反而降低),增加滤料厚度、减小滤速、延长接触时间(一般需20~40 min)等都可有效提高除氟效果。此外,对天然沸石进行改性处理也可明显提高其除氟性能,有试验报道,经过高温焙烧、硫酸浸泡、硫酸镁改性途径活化得到沸石的除氟容量是未改性的3.97倍;经过用NaOH和$Al_2(SO_4)_3$溶液改性处理过的沸石,其除氟吸附速率明显加快,最佳pH值工作范围进一步加宽,对氟离子的选择性也随之增强。沸石法的优点在于天然沸石矿藏丰富,分布广泛、价廉易得,因此具有经济实用的特点,目前该法多用于小型生产装置。

除活性氧化铝、骨炭和沸石外,目前许多新型吸附剂也已被用做或尝试用做除氟材料,比如利用稀土元素金属氧化物氧化铈去除水中氟离子获得了较好的效果,对氟的吸附具有较高的动力学速率和较高的吸附容量,但是吸附剂成本较高,目前还尚未大规模应用。然而可喜的是,中国科学院生态环境研究中心近年研制出的一种新型复合高效除氟吸附剂(主要通过离子交换或表面化学反应而达到除氟目的)其活性组成成分对氟吸附的最大容量可达到300 mg/g,远远优于国内外已报道的除氟材料,并且近年已由上海全聚成环保技术公司引进生产,生产出的吸附剂装置具有操作方便、再生方法简单、可连续多次除氟和运行成本低廉等优点,据测算使用这种复合除氟吸附剂每吨水仅需药剂费用约0.15元。另外,氧化锆和氧化钛对地下水中氟离子去除率可达到90%以上。还有报道采用氧化镁、铝型磺化煤(磺化煤经硫酸铝或三氯化铁处理后转化为铝型磺化煤)、磺化(或炭化)木屑(由锯末、果壳加工制得,与磺化煤相似)、水解石、蛇纹石、活性黏土等作为除氟吸附剂。常用除氟吸附剂的基本特征见表2-6。

表2-6　常用除氟吸附剂的基本特征

吸附剂种类	吸附容量(mg/g)	最佳吸附 pH
活性氧化铝	0.8~0.2	4.5~6.0
活性氧化镁	6~14	6.0~7.0
羟基磷酸钙及骨炭	2.0~3.5	6.0~7.0
磷酸盐及碱式磷酸盐	4~6	—
斜发沸石	0.06~0.3	7.3~7.9
氧化锆树脂	30	3.5~7.0
粉煤灰	0.01~0.03	3.0~5.0
铝型磺化煤	1.5~2.3	—
磺化(或碳化)木屑	1.6~2.0	—

吸附是目前地下水除氟的主要方法,具有去除率高(可达90%以上)、水处理成本低的优点。不足之处主要是:吸附过程中大多需要调节pH值,最佳工作pH值(5~6)范围较窄;当地下水盐度较高时,活性氧化铝容易被污染而失活;吸附过程中受到地下水中SO_4^{2-}、HCO_3^-、PO_4^{3-}竞争吸附导致吸附效率下降;吸附容量不高,吸附剂常需要再生,再生后吸附剂吸附氟的性能减弱等。当然,随着新型除氟吸附剂的不断研制开发以及水处理工艺的不断改进,上述问题将得到逐步的克服和解决,吸附法仍不失为地下水除氟的主要方法。

2.12.4.2　**絮凝沉淀法**

三价的铁盐和铝盐是水处理中常用的两大类无机絮凝剂,投入水中后会发生水解而产生一系列的水解聚合物,最终形成氢氧化物沉淀,并且这些物质会对水中氟离子产生配位体交换、物理吸附、卷扫沉降等作用从而去除水中氟离子。铁盐要达到较高的除氟率,

需配合 $Ca(OH)_2$ 使用,且最后还需用酸将 pH 值调节至中性才能排放,工艺复杂,而且会增加水的色度。而铝盐则可以在接近中性的条件下除氟。

硫酸铝和聚合铝(聚合氯化铝、聚合硫酸铝等)对氟离子都具有较好的去除效果。使用硫酸铝时,混凝最佳 pH 值为 6.5 ~ 7.5,但投加量较大时,会使出水中含有一定量的残留铝,有可能危及人体健康。使用聚合铝时,用量可减少一半左右,混凝最佳 pH 值范围扩大到 5 ~ 8。聚合铝的除氟效果与其自身品质有关,碱化度为 75% 左右的聚合铝除氟效果最佳,投加量以水中氟与铝的摩尔比为 0.7 左右时最为经济。有研究表明,传统铝盐去除水中氟离子的效能高于聚合铝。

铝盐沉淀法的设施是絮凝、沉淀池(当原水水质较好时可以省去沉淀或过滤其中之一的处理单元),沉淀方式一般采取变速或间歇沉淀,工艺流程为原水→混凝→沉淀→过滤→消毒→出水,即泵前加药、水泵混合、静置沉淀(静置沉淀时间一般大于 8 h)、取上层清水饮用。该法选用药剂应视水质状况而定,当水中 Cl^- 浓度高时宜选用硫酸铝混凝剂;当水中硫酸盐浓度高时宜选用氯化铝混凝剂;当此两种盐浓度均高时,则宜选用碱式氯化铝混凝剂。

铝盐沉淀法具有操作简单、除氟效率较高等优点,适用于原水氟浓度≤4 mg/L、日处理水量小于 30 m^3 的小型给水厂。这种工艺的最大不足之处是耗药量往往较多(所用硫酸铝、三氯化铝或聚合氯化铝的投加量常为原水含氟量的 10 ~ 15 倍)且出水还不够稳定。目前的研究改进方向主要是如何提高铝盐絮凝剂的氟吸附利用率,进而有效减少铝盐的投加量。表 2-7 列出了近年该领域的一些主要研究进展,相信推广后可使铝盐沉淀法在除氟应用方面得到更广泛的普及。

表 2-7　絮凝沉淀法除氟的研究进展情况

改进方法	改进效果	发表时间	参考文献
多点加药混凝除氟法	降低絮凝剂用量 20%	1979 年	美国专利 US4159246
多点加药部分泥渣回流除氟法	降低絮凝剂用量 20% ~30%	1995 年	美国专利 US5403495
多点加药浓缩泥渣回流除氟法	降低絮凝剂用量 30% ~50%	1998 年	美国专利 US5824277
絮凝体膜分离泥渣回流除氟法	大幅度缩短水力停留时间	1991 年	美国专利 US5043072,2005 年中国专利 200510013656.8
活性泥渣回流接触絮凝除氟法	缩短了水力停留时间	2001 年	国际专利 200204361
多点加药膜分离泥渣回流除氟法	提高了综合处理效率	2001 年	

2.12.4.3　电化学法

1)电凝聚

电凝聚除氟法是近年来我国研究开发的一种新型饮用水除氟技术,它是利用电解铝过程中生成羟基铝络合物和 $Al(OH)_3$ 凝胶的络合凝聚作用除氟的方法。具体工作原理是:铝板在直流电场的作用下,阳极表面向溶液中定量溶出铝离子,阴极产生等摩尔的 OH^- 离子,铝离子在水解和缩聚过程中形成不同形态 $Al(OH)_3$ 的中间产物,这些中间产物作为吸附介质能强烈吸附水中氟离子和氟配合物并生成沉淀而达到除氟目的。

影响电凝聚除氟法的主要因素是原水的pH值、电流密度、水流速度等。据有关资料介绍，当操作条件为进水pH值为5.5~6.0、氟浓度为2~5 mg/L、电解电流密度为15 A/m^2、电解槽停留时间为4~5 min时，可将氟浓度一次性降至1 mg/L以下。相应铝板消耗量按 F^- : Al = 1 : 7.7 计算，工艺过程中水、电、铝及人工等制水成本折合为1.2~1.5元/m^3。操作中需定时倒换正负电极，以缓解电极硬化，并使铝板均匀消耗。

电凝聚除氟法的优点是除氟能力远大于常规铝盐投加法，产生泥渣量少，出水水质好，无需再生，操作与管理方便，设备简单，尤其适用于日处理水量在500 m^3 左右的小规模集中供水系统和远离市政给水管网地区的分散式小型高氟地下水处理单元。缺点是铝材消耗量较大。

2)电渗析

当原水中的含氟量与矿化度均较高时，宜选择电渗析法除氟。如山东省德州市浅层地下水矿化度大于2 g/L的面积占总面积的1/3，其中局部(如平原镇)地下水的含氟量达到5 mg/L左右，当地选用产水量0.5~2 m^3/h 的电渗析器处理后，氟浓度降为0，矿化度降低了65%，总硬度降低了70%，平均制水成本为2元/m^3(1 m^3/h 的电渗析器)，取得令人满意的效果。电渗析除氟工艺流程一般为原水→过滤→电渗析。有关电渗析技术的详细内容参见本书7.4.2.5部分介绍。

2.12.4.4 膜滤法

该法利用特殊的反渗透膜在压力作用下除氟，即水分子在压力作用下通过半透膜，而氟离子及绝大多数盐类物质则被脱除。此法不需任何药剂，设备也较简单，可用于低含氟水、低含盐量的苦咸水处理，不适用于溶解性固体含量高的含氟水处理。由于在压力条件下作业，对半透膜的质量、运行管理要求较高，相应处理成本也较高，目前多用于制取超纯水。有关反渗透膜的净水技术可参见本书7.4.2.4部分介绍。

2.12.4.5 离子交换法

离子交换法是利用离子交换树脂的交换能力而将水中的 F^- 予以除掉的一种方法。一般的除氟工艺流程是原水→过滤→离子交换。这里常用的除氟树脂有氨基磷酸树脂、聚酰胺树脂、阳离子交换树脂和阴离子交换树脂等，其中最常用的氨基磷酸树脂吸附氟的最高量达9.31 mg/L，且去除率为75%以上，但其不足之处是同时也除掉了水中的矿物质并引入了胺类有机物。

Meenakshi 等使用强碱性含氨基的阴离子交换树脂去除水中氟离子，可以在不改变原水感官品质的情况下除氟效率达到90%~95%。反应过程可以表示为

$$R^+Cl^- + F^- \rightleftharpoons R^+F^- + Cl^- \tag{2-23}$$

这是一种氯型阴树脂。氟离子置换了树脂中的氯离子，这个过程一直持续到树脂上位点全部被氟离子占据，然后需要对树脂用饱和氯化钠溶液进行反冲洗，此时氯离子重新回到树脂上再进行下一周期离子交换除氟处理。

一种新型离子交换树脂镧型阳离子交换树脂用来去除水中的氟离子，采用这种离子交换树脂氟离子去除率高达90%~95%。但其缺点是：地下水中 SO_4^{2-}、HCO_3^-、PO_4^{3-} 的存在对除氟产生不利影响；树脂再生所产生的高含氟废液有可能污染环境；树脂的费用较高以及需要预处理以保持进水pH值较低，造成除氟费用较高；要求原水具有较低碱度以

及较高的氯离子浓度等。

2.12.4.6 **化学沉淀法**

水中氟离子与钙反应可以生成 CaF_2 不溶物，使氟离子沉淀而被去除，这种方法也称为钙盐沉淀法。通常向水中投加石灰或可溶性钙盐（硫酸钙和氯化钙等）形成氟化钙沉淀，如式（2-24）所示：

$$Ca(OH)_2 + 2HF \rightleftharpoons CaF_2 \downarrow + 2H_2O \tag{2-24}$$

石灰和硫酸钙价格便宜，但溶解度较小，只能以乳状液投加，利用率低，通常投药量很大。水溶性较好的氯化钙，使用量也需维持在理论用量的 2～5 倍，这是由于 Ca^{2+} 和 F^- 生成 CaF_2 的反应速度较慢，达到平衡需较长的时间，为使反应加快，需加入过量的 Ca^{2+}。钙盐沉淀法除氟效率较低，在饮用水处理中受到限制，多用于高含氟废水的处理，有资料显示可将废水中的氟离子浓度由 12～18 mg/L 降至 7.8～12 mg/L。

2.13 硝酸盐

硝酸盐（NO_3^-）主要用做无机肥料，也用做氧化剂和生产炸药；亚硝酸盐（NO_2^-）主要用于食品防腐剂。

2.13.1 性质

硝酸盐、亚硝酸盐以及铵盐是环境中常见的三类含氮无机化合物（转换关系是：氨$\xrightarrow[O_2]{\text{亚硝化单胞菌}}$亚硝酸盐$\xrightarrow[O_2]{\text{硝化菌}}$硝酸盐，即硝化反应，三者之间还存在反硝化关系）。这类污染主要发生在地表水以及部分地下水中，其来源有土壤（如施用氮肥流失到水体）、大气（如废弃有机物氨化和化石燃料燃烧过程中分别产生 NH_3、NO_x，经转化后汇入地表水）及生活污水（农村及小城镇居民生活氮素排放量按照每人每天维持正常生活所排出的氮化物推算为 44.3 g 硝酸盐量）、工业废水（如有机化学合成工业、洗毛工业、纺织工业、焦炭生产、煤气制造等）的排放。目前地表水中的硝酸盐污染更多地是来自于施用过量化肥的农田土壤流失（有资料显示，化学氮肥施入土壤后，能够被作物吸收利用的只占其施入量的 30%～40%，剩余氮肥经各种途径损失于环境中，并对水环境造成污染）。释入水体中的硝酸盐（NO_3^-）一般不易与金属离子相配合，因而不会生成难溶的沉淀物，虽然 NO_3^- 属强氧化剂，但在天然水体低浓度兼常温的条件下，氧化动力学过程十分缓慢，所以也不能发挥其氧化能力，故其化学形态在通常情况下是相对稳定的。但是，人体一旦摄入了过量的硝酸盐后，经肠道中的厌氧微生物作用，就会很快还原成亚硝酸盐，而亚硝酸盐很不稳定，能将人体内的正常低铁血红蛋白氧化为高铁血红蛋白，并由此使体内丧失输氧能力，导致组织的缺氧症状，危害人体健康。另外，如引用遭硝酸盐污染的地表水或地下水灌溉农田，则 NO_3^- 还会在农作物与蔬菜中积累，国外有研究发现，含氮过多的蔬菜中硝酸盐含量是正常情况的 20～40 倍，人类摄入的硝酸盐和亚硝酸盐有 81.7% 来源于蔬菜，人或牲畜食用含硝酸盐、亚硝酸盐的食物（如海带等草酸含量高的凉菜放置过久即会产生大量亚硝酸盐）后很容易引起中毒。在日常生活中，长期存放的桶装水以及重新煮开的水、蒸锅水、千滚水(炉上沸腾了很长时间的水)中都含有亚硝酸盐,不小心饮用后危害很大。

2.13.2 对人体健康的影响

硝酸盐对人体的毒性是因为它被还原为亚硝酸盐引起的。亚硝酸盐致人中毒的机理是将体内的正常氧合血红蛋白氧化成高铁血红蛋白,从而阻碍体内氧的传送。一般当高铁血红蛋白的含量达到氧合血红蛋白的10%以上时,氧的输送就会明显降低,这种情况就是高铁血红蛋白症,临床上的突出表现为皮肤黏膜发绀,出现青紫及目眩、呕吐等症状,浓度更高时则会出现便血、腹部乃至全身痉挛、昏迷以至窒息死亡。另据研究,亚硝酸盐进入胃中后会在胃酸作用下与蛋白质分解的产物——可亚硝化的仲胺类化合物反应生成N-亚硝基化合物(亚硝胺,也称二级胺),据对所有被测试的动物结果都显示是致癌的,所以对人体也可能是致癌的,有资料介绍主要可诱发食道癌、甲状腺肿瘤等以及糖尿病等。在毒性方面硝酸盐对健康的成年人危害一般不大,但婴幼儿对其敏感性却特别强烈。据研究报道,不足1岁婴儿的胃部呈偏碱性,可使摄入的硝酸盐全部转化成亚硝酸盐,大于1岁的儿童及成年人则只有约10%的(还原)转化率。另外,婴儿也不像成年人那样拥有将高铁血红蛋白转化成血红蛋白的能力,因而当高铁血红蛋白所占的比例达到5%~10%时(高铁血红蛋白一般在血液中占1%~3%),就产生了嗜睡、呼吸不畅、肤色变红等症状,严重时甚至会出现缺氧和死亡。Walton的调查也佐证了这一推断,其调查发现,97.7%的临床病例发生于饮用水中硝酸盐含量为44.3~88.6 mg/L,而且均为3个月以下的婴儿。据报道,我国某地对18万人地区中的50个托幼机构共3 824名婴幼儿的调查表明,该地区20年间饮用水中硝酸盐氮含量为14~25.5 mg/L,却一直未发现高铁血红蛋白症;国外也有报道,饮用水中硝酸盐氮质量浓度为10 mg/L时未发现高铁血红蛋白症,并且有很多例子表明质量浓度高达20 mg/L时也未发现异常病症。基于国内的调查资料并参考国外的研究报道,我国在1985年颁布的《生活饮用水卫生标准》中将硝酸盐氮含量制订为不得超过20 mg/L,2001年卫生部发布的《生活饮用水水质卫生规范》仍规定硝酸盐氮含量不得超过20 mg/L。2006年国家发布《生活饮用水卫生标准》(GB 5749—2006)时对此限值进行了修改和分述,规定一般情况下饮用水中硝酸盐氮含量不得超过10 mg/L,受当地地下水源所限确难达到10 mg/L时可以放宽到20 mg/L,农村小型集中式供水和分散式供水中的硝酸盐氮含量限值亦定为20 mg/L。

以氮(N)计的硝酸盐和亚硝酸盐转化式为

$$1\ mgNO_3^-/L = 0.226\ mgNO_3^- - N/L,\ 1\ mgNO_2^-/L = 0.304\ mgNO_2^- - N/L$$

2.13.3 检测方法

水中硝酸盐的测定方法有麝香草酚(百里酚)分光光度法、镉柱还原法、紫外分光光度法、离子色谱法、戴氏合金法等。

2.13.3.1 麝香草酚分光光度法

麝香草酚分光光度法又称为酚二磺酸光度法,是测试硝酸盐氮的标准方法(参见GB 7480—87)。硝酸盐和麝香草酚在浓硫酸溶液中反应生成硝基酚化合物,移至碱性溶液中发生分子重排,生成黄色化合物,于415 nm 波长处比色测量(本方法国家规范采用2 cm 比色皿)。

该法测定范围大,显色稳定,适用于测定饮用水、地下水和清洁地表水的水样。当亚硝酸盐存在时,将对测定产生干扰,使结果偏高,可用氨基磺酸铵除去;氯化物则对测定结果产生负干扰,可在水样中加入硫酸银除去。本方法最低检测浓度为0.12 mg/L 硝酸盐氮。

2.13.3.2 镉柱还原法

在一定条件下,使水样通过还原镉柱(由铜镉、汞镉或海绵状镉制作),将硝酸盐还原为亚硝酸盐,连同水样中原有的亚硝酸盐与对氨基苯磺酰胺重氮化,再与盐酸 N-(1-萘基)-乙二胺耦合,形成玫瑰色偶氮染料,于540 nm 波长处以分光光度法测定。同时,测定不经镉柱还原的原水样的分光光度值,二者结果之差即为所求。该方法适用于测定硝酸盐含量较低的生活饮用水及其水源、地下水和清洁地表水的水样。

水样浑浊或有悬浮固体时,有可能堵塞还原镉柱。对于一般的浑浊水样,可采用过滤法,在过滤前加入硫酸锌和氢氧化钠生成絮状物的氢氧化锌助滤。含油脂的水样可用有机溶剂(如氯仿)萃取。铁、铜等金属离子对测定有干扰,可加入一定量的乙二胺四乙酸钠进行络合。测定时应注意的是:新制备的镉柱还原力很强,可把亚硝酸盐继续还原至氨,应先用硝酸盐溶液处理使镉柱老化;pH 值对镉柱的还原效率有影响,应保证溶液的 pH 值为3.3~9.6;而在显色时,pH 值也有影响,pH 值小于1.3时偶氮染料颜色最深,显色后颜色的稳定性则与温度有关,一般温度愈低愈稳定。

本方法测定范围为0.006~0.25 mg/L 硝酸盐氮。

2.13.3.3 紫外分光光度法

硝酸根离子特征吸收光谱在220 nm 波长处,可使水样在此波长处与其标准溶液比色测量,但由于溶解性有机物在220 nm 波长处亦有吸收,故实践中往往引入校正值,即在275 nm 波长处(此处有机物有吸收而硝酸盐无吸收)再测量一次吸光值,取 $A_{校}=A_{220}-2A_{275}$ 作为定量的依据。但经验校正值的大小取决于有机物的性质与浓度,并不精确,因此本方法不适用于需对有机物吸光度作准确校正的样品。本方法仅适用于清洁地表水及未受明显污染的地下水水样。应注意的是,在酸性条件下,硝酸根离子将因紫外线的照射而部分生成过氧化亚硝酸酯,使测定受到干扰,因此可调节水样处于弱碱性(如 pH=8)进行测定。

可在水样中加入盐酸消除氢氧化物及碳酸盐的干扰。本方法最低检测浓度为0.2 mg/L 硝酸盐氮。

2.13.3.4 离子色谱法

离子色谱法(IC)是利用离子交换原理,连续对共存的多种阴离子或阳离子进行分离、定性和定量的方法,其分析系统由输液泵、进样阀、分离柱、抑制柱和电导检测装置等组成。将待测溶液离子色谱图的峰高或峰面积与标准溶液的峰高或峰面积比较,即可得知相应离子的浓度。

离子色谱分析流程见图2-2,该法具有简便、快速、选择性好、受干扰小、灵敏度高、可同时测定多组分等优点,在环境科学与水质分析中应用较为普遍。测试时水样不应含有悬浮物、沉淀物或较多有机物。

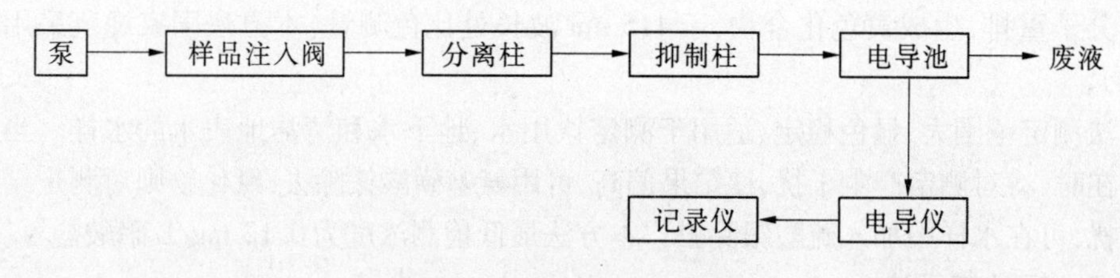

图 2-2　离子色谱分析流程

2.13.3.5　**戴氏合金法**

在热碱性介质中，戴氏合金将硝酸盐还原为氨，蒸馏并以硼酸溶液吸收，以纳氏试剂分光光度法测定。加戴氏合金前，应首先将氨与铵盐蒸出；若水样含亚硝酸盐，可先在酸性条件下加入氨基磺酸，利用反应除去。

该方法适用于测定硝酸盐氮含量大于 2 mg/L 的水样，若水样中硝酸盐浓度过高，可用酸碱滴定法测定。本方法特别适用于色度较深的废水及含大量有机物或无机盐的水样。

2.13.4　处理技术

饮用水中相对较低浓度的硝酸盐的去除方法主要有物理法、化学法、生物法、原位反硝化法、异位反硝化法和复合集成法。根据其处理场所不同又可分为原位反硝化和异位反硝化。

2.13.4.1　**物理法**

物理法是指利用 NO_3^- 的迁移或交换完成的，具体又可分为以下两种形式：

(1)离子交换法。这种技术是利用碱性树脂的阴离子交换能力，由氯离子或重碳酸根离子与被处理水中硝酸根交换达到去除饮用水中硝酸盐的目的。工艺操作时，首先将弱酸树脂和重碳酸盐形式的弱碱树脂相混合，混合后填充到滤柱中，而后采用二氧化碳对树脂进行再生预处理，最后利用离子交换装置进行除 NO_3^- 深度处理。具体工艺流程可参见本书 7.2.3 内容。

(2)膜分离法。用于饮用水脱硝的膜分离方法包括反渗透膜和电渗析两种：反渗透膜对硝酸根无选择性，因而在除去硝酸盐的同时也将除去其他的无机盐，从而降低出水的矿化度，目前用于水淡化除盐的反渗透膜主要有醋酸纤维素膜和芳香族聚酰胺膜两大类；电渗析法可选择性地脱除阴阳离子，一般只适用于从软水中脱除硝酸盐。有关膜分离技术的原理与工艺详见本书 7.4 内容。

2.13.4.2　**化学法**

化学法是指利用一定的还原剂来还原水中的硝酸盐。基本反应历程是硝酸盐首先被还原为亚硝酸盐，最后被进一步还原为氮气或氨氮。具体分以下两种形式：

(1)活泼金属还原法。这种技术是利用一些活泼金属如镉、铁、铝、Devarda 合金、锌、Arndt 合金等作还原剂，在特定 pH 条件下把硝酸盐还原为亚硝酸盐或氨氮，其中最常用的还原剂是铝粉和铁粉。铝粉还原硝酸根是在 $9 < pH < 10.5$ 的条件下，将硝酸盐氮还原为氨氮(60% ~95%)、亚硝酸盐和氮气，十几分钟反应即可完成，此工艺的关键是要严格

控制系统的 pH 值,否则铝粉会发生钝化,但反硝化产物中的氨氮和亚硝酸盐还必须进一步去除(例如利用 H_2O_2 进行氧化处理,据试验,每氧化处理 1 mgNO_3^- - N 需消耗 $H_2O_2$2.43 mg)。铁粉的除硝原理与工艺同铝粉。

(2)催化法。这种技术是针对活泼金属还原法的缺陷而设计的改进方案,即活泼金属还原法产生的氨氮和亚硝酸盐易造成二次污染,所以人们就设法在反应中加入适当的催化剂,以减少副产物的产生,这就是催化还原硝酸盐的基本原理。除硝工艺一般是利用氢气作还原剂、一些贵重金属(如 Pd、Pt、Ru、Ir、Rh 等,其中 Pd 为最佳)等作催化剂而负载于多孔介质上催化还原水中的硝酸盐成为无毒无害的氮气。这种方法具有速度快、适应条件广的优点,但难点是催化剂的活性及选择性方面较难把握,此外还有可能由于氢化作用不完全而生成亚硝酸盐或由于氢化作用过强而生成 NH_3、NH_4^+ 等有毒副产物。

2.13.4.3 生物法

生物反硝化是指在缺氧的环境中,反硝化细菌在一系列生物酶作用下将硝酸根和亚硝酸根逐步还原为 NO、N_2O 和无毒无害的 N_2 的过程,这是自然界氮循环的基本流程,可表示为 $NO_3^- \xrightarrow{\text{硝酸盐还原酶}} NO_2^- \xrightarrow{\text{亚硝酸盐还原酶}} NO \xrightarrow{\text{氧化氮还原酶}} N_2O \xrightarrow{\text{氧化亚氮还原酶}} N_2$(此基本流程说明整个反硝化过程是在多种微生物的协同作用下完成的)。与物理法、化学法相比,生物法反硝化有两个主要优点:一是可以将硝酸盐彻底还原为氮气,不存在对环境的二次污染问题;二是对被处理水的水质如硬度、有机质悬浮物等没有特殊要求。因此,生物法是一种更具发展潜力和适应性更强的饮用水脱硝技术。

2.13.4.4 原位反硝化法

对地下水中硝酸盐的去除,可以直接在污染的地下水水体中进行处理,这种技术就称为原位反硝化或地下反硝化。在地下水的反硝化处理时,由于缺乏电子供体而难以自发进行,因此只能在水体中加入基质和营养物质而使反硝化及二次处理过程得以在地下完成。在基质和营养物质的选择方面,欧洲、日本等地区和国家在 20 世纪 80 年代中后期就进行了深入研究,并取得了一些应用性成果:例如用甲醇、乙醇或蔗糖等作为基质可以进行地下异养生物反硝化;将植物油直接注入井周围也可以对硝酸盐污染的地下水进行修复;利用种植相应的植被或往地下投加锯末、香蒲的茎叶等作为碳源也可进行原位反硝化等。

2.13.4.5 异位反硝化和复合集成法

异位反硝化是将被硝酸盐污染的饮用水在地表用各种工艺和反应器进行的反硝化过程。无论是物理法、化学法还是生物法,都有各自的优缺点,近年来有人将相关技术进行了组装配合,获取了一些新的合成技术,例如电渗析 - 膜生物反应器复合工艺、Pd - Cu 水滑石催化氢还原脱硝技术等,使反硝化技术取得了新的突破和进展。

2.14 三氯甲烷

三氯甲烷($CHCl_3$)又称氯仿,是饮用水氯化消毒过程中的主要副产品,可用于生产制冷剂碳氟化合物和烟雾推进剂以及谷类薰剂的原料,还是树脂、胶水、橡胶、油、脂肪、农药、生物碱等产品的重要提取溶剂。

2.14.1 性质

水中氯仿的来源包括用氯漂白纸浆、工业冷却水和污水以及生产使用灭火剂、杀虫剂、制冷剂、烟雾剂过程中造成的污染。一般在自来水、工业用水和废水、生活污水等的处理过程中广泛使用氯气或次氯酸盐作为水处理药剂,用以除去自来水中铁、锰和待排放废水中的硫化氢、氰化物及杀灭水中细菌、藻类、病毒等有害微生物。但这种氯气之类的水处理药剂在杀毒灭菌的同时,当遇到被处理的水中存在羟基、氨基的芳香族化合物以及具有羰基的非环化合物等腐殖酸类物质时,还会与其反应而生成三卤代甲烷类污染物,这种副产品的80%为氯仿。当然,氯仿形成的速度与程度与氯的浓度、水中腐殖酸的浓度、水的温度及pH值等有关。据试验,当水温每升高10 ℃时,氯仿生成量将提高1.6倍;当普通自来水经加热后用做饮用水或洗澡水时,其氯仿浓度就可能是原冷水中的5倍,且易于挥发,挥发后形成的氯仿有害蒸气则对每一个热水淋浴者产生侵袭之虞。氯仿的沸点仅为61~62 ℃,熔点为-63.5 ℃,密度为1.48 g/cm^3,在25 ℃条件下蒸气压力为26.7 kPa,微溶于水,易溶于醇、苯、醚及石油醚等有机溶剂,具有特殊气味和毒性,是挥发性卤代烃的主要成分之一。

2.14.2 对人体健康的影响

氯仿可经饮用水而由口腔摄入人体,也可经洗澡而由皮肤吸收进入人体。进入人体内的氯仿可遍布于全身各个部位,其中在脂肪、血液、肝脏、肾脏、肺脏和神经系统中浓度最高。氯仿所造成的最常见毒性是对肝中心小叶区的损伤。肝脏损伤的早期症状主要表现为脂肪浸润和气球样变,之后逐步发展为小叶中心坏死,直至大面积坏死而危及生命;氯仿还会引起人的肾小管坏死和肾功能不全,也会诱发呼吸和心律紊乱与衰竭。另据氯仿影响发育研究数据,高剂量的氯仿会对母体和胎儿产生毒性,并认为氯仿可能具有生殖和发育毒性(USEPA 1994,1998)。还有研究报道,以氯仿为代表的三卤代甲烷类污染物还具有致癌性。我国规定饮用水中氯仿的限值含量为0.06 mg/L。

2.14.3 检测方法

检测氯仿等挥发性卤代烃一般都采用带有ECD检测器的气相色谱或质谱法。水样预处理和进样方式有液-液萃取法、顶空法、吹扫-捕集法、直接进样法、固相萃取法、闭路气提法和固相微萃取法等,其中顶空法、吹扫-捕集法、直接进样法的实际应用较多。

2.14.3.1 顶空法

(1)基本原理。将水样置于有一定液上空间的密闭容器中,水中的挥发性组分就会向密闭容器的液上空间挥发,产生蒸汽压。在一定条件下,组分在气液两相达成热力学动态平衡(组分分压服从拉乌尔定律)。取液上气相样品用带有电子捕获检测器(ECD)的气相色谱仪进行分析,用外标法定量,可得组分在水样中的含量。在一定浓度范围内,各种卤代烃的含量与峰面积和峰高成正比。

(2)水样采集和样品预处理。在 50 mL 比色管中,加入 0.4 g 抗坏血酸(约为水样质量的 0.5%),以去除水样中的余氯,用塞子塞住管口带到现场取样,样品采集后立即密封比色管,并应尽快分析。若于冰箱内保存,一般不要超过 24 h。

(3)仪器设备。顶空法所用仪器相对较为简单。一般应包括配有电子捕获检测器(ECD)的气相色谱仪、恒温器、容量瓶、顶空瓶、微量注射器等。

(4)分析条件。包括色谱条件、载气流速、温度程序、载气等。具体数值应根据所用仪器及水样性质确定。三氯甲烷、四氯化碳、三氯乙烯、四氯乙烯、三溴甲烷、一溴二氯甲烷、二溴一氯甲烷等挥发性卤代烃大都属于弱极性化合物,按照相似相溶选择固定液的原则,应选择弱极性柱。GB/T 17130—1997 采用 OV-101 柱,但使用该色谱柱时,检测得到的色谱图中一溴二氯甲烷和三氯乙烯重叠在一起,无法分离。当水样中含有一溴二氯甲烷时(比如检测经氯化消毒处理的饮用水),将给水样测定带来困难。此时可考虑用 HP-5 石英毛细管柱,分离效果更好。

卤代烃标准品的典型色谱见图 2-3。

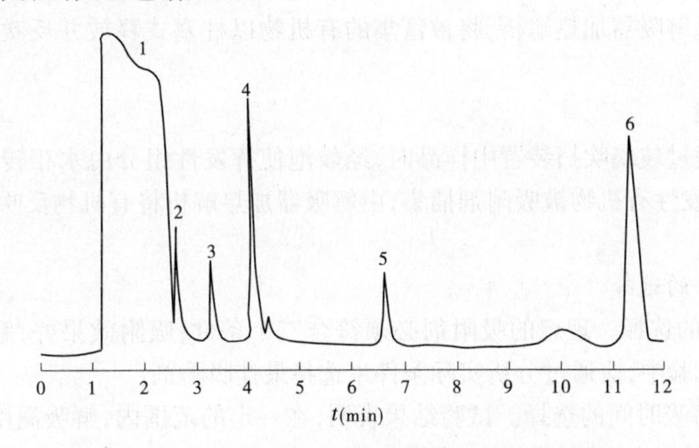

1—H_2O;2—$CHCl_3$;3—CCl_4;4—$CHBrCl_2$;5—$CHBr_2Cl$;6—$CHBr_3$

图 2-3 卤代烃标准品的典型色谱

(5)计算。绘制出色谱图后,根据下式计算样品浓度:

$$c_{样} = c_{标}\frac{h_{样}}{h_{标}} \text{ 或 } c_{样} = c_{标}\frac{A_{样}}{A_{标}} \tag{2-25}$$

式中,$c_{样}$ 为水样中卤代烃浓度,μg/L;$c_{标}$ 为卤代烃标准使用液浓度,μg/L;$h_{样}$ 为样品峰高,mm;$h_{标}$ 为相同进样量标准使用液峰高,mm;$A_{样}$ 为样品峰面积,mm^2;$A_{标}$ 为相同进样量标准使用液峰面积,mm^2。

(6)方法检测限。该方法适用于江、河、湖等地表水及自来水中沸点低于 150 ℃的挥发性卤代烃的测定。各种三卤甲烷的最低检出浓度分别为:$CHCl_3$,0.1 μg/L;$CHBrCl_2$,0.01 μg/L;$CHBr_3$,0.3 μg/L;$CHBr_2Cl$,0.050 μg/L。

(7)方法特点。顶空法具有干扰少、灵敏度高、重现性良好、易于控制和部分实现样品分析自动化等优点。目前,我国以顶空气相色谱法测定水中的挥发性卤代烃作为国家标准方法,但是顶空进样法存在检测灵敏度较低,由于个体误差较大而引起准确度较差等缺点。

2.14.3.2 吹扫－捕集气相色谱法

1)吹扫－捕集装置

(1)吹扫装置。玻璃吹扫装置可具有容纳 5 mL 或 25 mL 样品的两种规格,当检测的灵敏度足以达到方法的检测限时,建议使用 5 mL 的吹扫装置。吹扫瓶底部有一玻璃砂芯,它使吹扫气成为分散细微的气泡通过水样,并使吹扫气从距水样底部 5 mm 处引入,初始气泡直径应小于 3 mm。

(2)捕集器。捕集器是一种装有吸附剂短柱的装置,长度不小于 25 cm,内径不小于 0.105 in(1 in = 0.025 4 m)。内填有机硅烷化物、TenaxGC 和硅胶等填充物。初次使用前,捕集器应在 180 ℃条件下用惰性气体以不小于 20 mL/min 的速度反吹一夜;通常使用前,则只在 180 ℃条件下反吹 10 min,但色谱柱在进样前必须先运行一遍温度程序。

(3)解吸器。解吸器必须在解吸气流到达以前或刚开始时快速地将捕集器加热到 180 ℃(捕集器聚合物部分不要超过 200 ℃,否则会缩短捕集器的使用寿命)。解吸系统的作用在于经过解吸器加热解析,将被富集的有机物以柱塞式释放并反吹入气相色谱进样口进行检测。

2)测定原理

当吹扫气通过玻璃吹扫装置中样品时,经鼓泡使挥发性组分由水相转入吹气中并经过捕集器,使挥发性有机物被吸附剂捕集,由解吸器加热解析将有机物反吹入气相色谱进样口进行检测。

3)仪器条件的选择

(1)吸附剂的选择。理想的吸附剂必须符合三个条件:吸附效果好,解吸回收率高,吸附容量大。试验中,应通过分析实际条件来选择最佳吸附剂。

(2)吹扫、解吸时间的选择。试验结果表明,在一定的范围内,解吸温度恒定时,解吸时间越长,解吸越完全,并逐步稳定,再增加解吸时间对响应值影响不大,一般选择解吸时间为 4 min 即可。吹扫时间由最难挥发的卤代烃组分决定,如较难挥发的 $CHBr_3$ 要 10 min 才可达到最大回收率。

4)方法特点

吹扫－捕集气相色谱法具有检测限低、富集率高、不使用有机溶剂、准确度较高、快速、简便、灵敏度高等优点,但装置相对昂贵、复杂。

2.14.4 处理技术

净化含氯仿废水的方法有应用泡沫塑料的吸附法、应用亲油性滤料的粗粒法、在高 pH 值和高温条件下的水解法及生化处理法等,但处理效果大多不够理想。例如应用生化法时,低相对分子质量的卤代烃在需氧阶段即可能因挥发而逸散至大气。因此,近年来,人们都把处理的重点逐步转移到了如何限制氯仿等卤代烃在饮用水中的水平方面,变污染后的治理为污染前的防治,例如美国、日本等国家都限定饮用水中三卤代甲烷(THMs)的浓度不得超过 100 μg/L。为实现这一目标,可在水厂生产中考虑采取以下三方面措施:①用其他药剂代替氯作为水消毒剂,如臭氧、高锰酸盐等;②用凝聚沉降法去除腐殖质等前驱物(据试验研究,1 mg 腐殖酸可生成(25 ± 4) μg 氯仿),用活性炭或离子交换树脂等吸附去除其他有机化合物类前驱物;③用曝气法或活性炭吸附法或膜滤法等去除已经生成的 THMs。以上有关方法(如臭氧消毒工艺、强化混凝工艺、活性炭吸附工艺、离子交换工艺以及膜技术等)将分别在以后的第 4 章、第 6 章和第 7 章专述。

2.15 四氯化碳

四氯化碳又称四氯甲烷(CCl_4),主要用于制造氯氟甲烷(制冷剂)和灭火器中的溶剂以及金属清洗剂、谷类植物薰剂等,还可用于油漆和塑料的制造。用于饮用水消毒的氯制剂中有时也会含有四氯化碳,有工业区附近的水井供水系统中曾发现含有四氯化碳。

2.15.1 性质

四氯化碳的熔点为 -23.5 ℃,沸点为 76.5 ℃,25 ℃条件下的密度为 1.594 g/cm^3,是具有特殊气味的无色透明液体,极易挥发,微溶于水(20 ℃条件下的水溶解度为 785 mg/L),可与醇、醚、乙醚进行任意比例的混合,对许多有机物如脂肪、油类等有较好的溶解性能,亦能溶解硫、磷、卤素等无机物,受热能分解为二氧化碳、氯化氢、光气和氯气。饮用水中四氯化碳的主要来源是化工厂及其他企业废水向水源的排入。

2.15.2 对人体健康的影响

四氯化碳属于我国优先控制的污染物,具有轻度麻醉及肝脏致毒作用。四氯化碳可通过胃肠道、呼吸道和皮肤而被人体吸收,吸收后可散布于全身各主要脏器,其中在脂肪组织中浓度尤高。四氯化碳在肝脏可被 P-450 药物代谢酶代谢,产生高毒性的三氯甲基自由基,后者可与体内生物大分子结合,引起脂质过氧化,损伤细胞膜,导致肝脏脂肪蓄积和肾脏水肿。据调查,有些成年人当一次摄入 1.5 mL 四氯化碳时就出现严重反应,甚至死亡,儿童一次摄入 0.18 ~ 0.92 mL 即可引起死亡。四氯化碳所致的慢性中毒症状一般表现为进行性的神经衰弱综合征,如头晕、眩晕、倦怠无力、记忆力衰退、胃肠功能紊乱以及肝肾功能的明显损害等。有关流行病学调查表明,橡胶作业工人暴露在四氯化碳与淋巴肉瘤和淋巴细胞白血病的发生相关。一些研究指出,长期暴露于四氯化碳烟气环境中与肝癌的发生相关(生物致癌性试验表明四氯化碳会引起小鼠、田鼠和仓鼠的肝脏癌变)。大多数研究均表明,四氯化碳不具有遗传毒性,而很可能是一种非遗传的毒性致癌物。我国规定饮用水中四氯化碳的限值为 0.002 mg/L。

2.15.3 检测方法及处理技术

四氯化碳也属于挥发性卤代烃,其测定方法可参考 2.14.3 所述三氯甲烷的测定方法。可用顶空填充柱气相色谱法、吹扫 - 捕集气相色谱法或质谱法等,顶空填充柱气相色谱法的最低检测限为 0.01 μg/L。四氯化碳的去除技术可参考 2.14.4 所述方法。

2.16 溴酸盐

溴酸盐在家中主要用做烫发的中和剂,少量的溴酸盐可加入面粉作发面剂和用于鱼酱,也可以加入啤酒和奶油食用。

2.16.1 性质

天然的水体中一般没有溴酸盐,但使用臭氧作消毒剂和去除水中有机物及病毒时,就会产生副产物溴酸盐(BrO_3^-)。溴酸盐可以多种盐的形式存在,最常见的是溴酸钾($KBrO_3$)和溴酸钠($NaBrO_3$)。$KBrO_3$ 可在 370 ℃条件下发生分解,熔点 350 ℃,20 ℃条件下密度 3.27 g/cm^3,40 ℃条件下水溶解度 133 g/L、100 ℃条件下水溶解度 498 g/L;$NaBrO_3$ 的熔点 381 ℃,20 ℃条件下密度 3.34 g/cm^3,8 ℃条件下水溶解度 275 g/L、100 ℃条件下水溶解度 909 g/L。溴酸盐不具有挥发性,而具有强氧化性。开采钾矿、煤矿,生产化学药品以及盐水入侵等也会造成天然水中溴酸盐含量的增加。

2.16.2 对人体健康的影响

试验证明,溴酸盐是基因毒性致癌诱变物,例如鼠类试验时可出现肾细胞肿瘤,水中溴酸盐浓度大于 0.05 mg/L 时会对人体产生致癌作用,一些研究还表明溴酸盐具有致突变性。儿童摄入 60 ~ 120 mL 的 2% 溴酸钾会出现深度中毒,成人摄入溴酸盐的致死剂量估计为 150 ~ 385 mg/kg 体重。溴酸盐的常见中毒症状包括恶心、呕吐、腹痛、腹泻以及不同程度的中枢神经抑制、呼吸抑制、肺水肿等。这些症状大多数可以复原,不可复原的只有肾衰竭和耳聋。由于溴酸盐对人体健康的潜在危害,尤其是致癌作用较大,所以在制定饮用水标准时有严格的限制。世界卫生组织规定的溴酸盐含量限值为 25 μg/L,欧盟和美国环保局订立的最大污染水平为 10 μg/L,我国 GB 5749—2006 标准设定为 0.01 mg/L。

2.16.3 检测方法与处理技术

常用检测方法包括两个方面:先用离子色谱法将被处理水体中的溴酸根离子与其他离子分离开来(为提高分离效率,常用质谱检测器与等离子发生器串联使用),再用电导检测(一般适用于较强的酸或碱)或光学检测器(适用于具有吸光基的化合物)进行检测。

溴酸盐一旦生成后,要将其完全去除非常困难,可采用的方法有利用微生物的活性炭过滤,即生物活性炭滤池以及臭氧化后的活性炭过滤,也有紫外光(UV)辐照和加铁[Fe(Ⅱ)]等方法。

新颗粒活性炭过滤是将普通活性炭滤池改造为生物活性炭(BAC)滤池从而把溴酸盐还原为溴化物,不过这种方法只适合于低氧浓度的情况(氧浓度 <2 μg/L)。在缺氧条件下,可以用 Fe(Ⅱ)还原溴酸盐。为得到充分的还原速率,一般需要相当高的 Fe(Ⅱ)用量(>10 mg/L)。只是这种方法当遇到水中有溶解氧时会影响还原效果。在含有溴酸盐的水中用低压汞灯(波长 $\lambda = 255$ nm)的 UV 光辐照,可使溴酸盐还原成次溴酸最后成为溴化物,但是所需的 UV 辐照量远高于一般消毒所需的剂量,所以运用此项技术去除水中溴酸盐的成本是比较高的。现实生活中,比较经济实用的办法是通过加氨或降低 pH 值来减少水中的溴酸盐含量,使其逐步达到安全饮用水的水平。试验表明,加氨和合理地降低 pH 值可以减少原水中 50% 的溴酸盐生成量,这对于溴化物浓度为 50 ~ 150 μg/L 的原水来说无疑是比较现实的控制办法。

2.17 甲醛

甲醛的主要工业用途是生产尿素甲醛、酚、三聚氰胺、季戊四醇和聚缩醛树脂,在建筑领域广泛用于内、外墙的涂料,还可用于合成多种有机材料,以及用于化妆品、杀真菌、纺织品和防腐液等。

2.17.1 性质

甲醛又称蚁醛,英文名称是 Formaldehyde,化学式为 CH_2O,相对分子质量 30.03,相对密度 1.067,熔点 -92 ℃,沸点 -19.5 ℃,常温常压下为无色、有刺激性气味的气体,具有辛辣、恶心、干草和稻草秆的味道,当空气中含量达到 1.2 mg/m^3 时即能嗅出、达到 2.4 ~ 3.6 mg/m^3 时就会产生刺激症状。甲醛是醛类中分子结构最简单的一种,纯甲醛是容易聚合的可燃性气体,大约在 300 ℃就能自燃。甲醛易溶于水和乙醇,酒中就含有微量的醛及酸和酯。当水溶液中甲醛浓度达到 40% 时就被俗称为福尔马林,是一种具有刺激性气味的无色液体,具有防腐作用,通常被用来固定病理标本及动物标本等。生活中的甲醛主要来源于室内装饰用的胶水及涂料(复合板中含酚醛树脂、脲醛树脂)、衣物整理剂(常用于以纤维素为主的织物和以蛋白质为主的蚕丝织物的防缩防皱)、水产品(用甲醛处理过的海参、鱿鱼、海蛰等,外观好看但食用须慎)及啤酒(啤酒中添加甲醛可抑制麦芽成分的氧化和溶出并产生澄清透亮的效果)。水中的甲醛一般主要来自于工业废水的排放以及消毒剂造成的水中腐殖质类物质的氧化。据试验研究,大部分的消毒剂都会产生甲醛,尤其是采取臭氧消毒时所形成的甲醛浓度最高,一般可达 3 ~ 30 μg/L,平均约为 8 μg/L(氯和氯胺消毒所产生的甲醛浓度则相对较低)。国外还有研究报道,当被消毒的水中臭氧投加量达到 1.5 mg/L、进水中的 TOC 含量达到 3 mg/L 时,水体中的甲醛生成量可高达 40 μg/L。

2.17.2 对人身健康的影响

甲醛为刺激性毒物,对皮肤和黏膜有刺激作用,皮肤接触(如淋浴蒸汽)高浓度的甲醛自来水时会产生刺激(常表现为流泪、咳嗽、打喷嚏、结膜炎、咽炎、支气管痉挛等)和过敏性皮炎(常表现为粟粒至米粒大小的红色丘疹、周围皮肤潮红或轻度红肿),长期接触则可能引起肺功能异常、肝功能异常和免疫功能异常,还可能引起排尿障碍和女性月经紊乱及妊娠综合征。同时,多种试验还证明甲醛能够凝固蛋白质,当其与蛋白质氨基酸结合后,可使蛋白质变性,严重干扰人体细胞的正常代谢,对细胞产生极大伤害,并诱发染色体畸变和新生儿体质变弱。更为严重的是,2005 年 1 月 31 日,美国健康和公共事业部及公共卫生局发布的致癌物质报告中,将甲醛列入一类致癌物质;在此之前的 2004 年,国际癌症研究机构(IARC)已将甲醛由 2A 类致癌物质(很可能对人致癌)提升为 1A 类致癌物质。鉴于此,我国新修订的《生活饮用水卫生标准》(GB 5749—2006),亦将甲醛由过去的非常规指标调整为常规指标,并规定限值为0.9 mg/L。

2.17.3 检测方法与处理技术

测定甲醛的国标方法为乙酰丙酮分光光度法。

2.17.3.1 原理

在过量铵盐存在的情况下,甲醛与乙酰丙酮生成黄色化合物,在一定范围内,黄色化合物的吸光度与甲醛的浓度成正比,从而可求得废水中甲醛的含量。

2.17.3.2 主要试剂和仪器

除另有说明外,均为分析纯试剂和蒸馏水或去离子水。

1)试剂

(1)浓硫酸:6 mol/L,1 mol/L 的 H_2SO_4 溶液。

(2)NaOH 溶液:1 mol/L。

(3)碘溶液:0.05 mol/L,称取6.35 g纯碘和20 g碘化钾,先溶于少量水,然后用水稀释到1 000 mL。

(4)乙酰丙酮溶液:将50 g乙酸铵、6 mL乙酸、0.5 mL乙酰丙酮溶于100 mL水中,保存于冰箱中,此溶液可稳定1个月以上。

(5)重铬酸钾标准溶液:0.05 mol/L,准确称取在110~120 ℃条件下烘2 h,并在干燥器中冷至室温的重铬酸钾2.451 6 g,用水溶解后移入1 000 mL容量瓶中,定容。

(6)硫代硫酸钠标准滴定溶液:约0.05 mL/L,需标定。

(7)甲醛标准溶液。①甲醛贮备液:吸取2.8 mL甲醛溶液(含甲醛36%~38%),用水稀释至1 000 mL,其浓度约为1 mg/mL,需标定。②甲醛标准使用液:用逐级稀释法稀释成10 μg/mL,使用时当天配制。

(8)淀粉指示剂:1%(质量分数)。

2)仪器

(1)分光光度计。

(2)500 mL全玻璃蒸馏器。

(3)25 mL具塞刻度管。

2.17.3.3 操作步骤

(1)样品预处理。样品采集于硬质玻璃或聚乙烯瓶中,并尽快送化验室检验,否则需在每升样品中加入1 mL的 H_2SO_4,使样品的pH≤2,并在24 h内化验。

取100 mL试样于蒸馏瓶内,加15 mL水,再加3~5 mL浓 H_2SO_4 及数粒玻璃珠,用100 mL容量瓶接收馏出液,当馏出液接近100 mL时,停止蒸馏,取下接收瓶,用水定容。

(2)标准曲线的绘制。取数支25 mL具塞刻度管,分别加入0.50 mL、1.00 mL、3.00 mL、5.00 mL、8.00 mL甲醛标准使用液,加水至25 mL,再加入2.5 mL乙酰丙酮溶液摇匀,在45~60 ℃水中加热30 min,冷却,用10 mm比色皿在波长414 nm处以水为参比测量吸光度,绘制标准曲线。

(3)试样的测定。吸取适量试样(含甲醛80 μg以下,体积不超过25 mL)于25 mL具塞刻度管中，加水至 25 mL，然后加入 2.5 mL 乙酰丙酮溶液摇匀，于 45 ~ 60 ℃水中加热 30 min，取出冷却，用 10 mm 比色皿在波长 414 nm 处，以水为参比测量吸光度，从标准曲线上求得甲醛的含量。

2.17.3.4 **结果的表示**

甲醛含量 c(mg/L) 按下式计算：

$$c = m/V \tag{2-26}$$

式中，m 为从标准曲线上查得试样中甲醛的含量，μg；V 为试样的体积，mL。

2.17.3.5 **处理技术**

可用汽提法进行处理，即将气体(载气)通入水体，使气、水之间相互充分接触，进而使水中溶解气体和挥发性溶质穿过气液界面向气相转移，从而达到去除甲醛的目的。

2.18 亚氯酸盐

亚氯酸盐可用于生产二氧化氯和在造纸、纺织等行业用做漂白剂，也可用于生产蜡、虫漆和清漆。

2.18.1 性质

亚氯酸盐($NaClO_2$)是一种强氧化剂，呈雪白状，常温下易溶于水而形成橙褐色溶液，在 20 ℃条件下最大溶解度为 550 g/L，在 175 ℃时会发生迅速分解而释放出氧及足够的热，因此在一般的密闭容器内会引起爆炸。$NaClO_2$ 溶液在常温常压下具有化学稳定性，但遇有机物十分易燃，因此通常可储存于用环氧树脂、聚丙烯、聚酯、乙烯基酯、聚氯乙烯、聚乙烯、玻璃、陶瓷或钼不锈钢制作的容器内，而不能随意与纤维、纸、木屑、炭、磷、硫、尘埃等物质接触，未稀释的亚氯酸盐溶液也不能与浓酸混合。雪片状松散的亚氯酸盐可以刮刨、称量，操作接触无健康危险(但有毒，不能入口)。亚氯酸盐价格昂贵，目前我国原料资源比较缺乏，一般由进口渠道供应。

2.18.2 对人体健康的影响

亚氯酸盐在水中的形成多见于二氧化氯消毒的副产物。二氧化氯与水中有机物反应会迅速被还原成亚氯酸盐，而随后亚氯酸盐在微碱性条件下会部分歧化为氯酸盐，其中大部分仍然是亚氯酸盐。我国有报道自来水厂出厂水中亚氯酸盐的质量浓度为 0.257 ~ 0.76 mg/L。据世界卫生组织的调查，亚氯酸盐属于能够生成高铁血红蛋白的化合物，长期饮用含有低浓度亚氯酸盐的水会造成溶血性贫血，饮用高浓度亚氯酸盐的水则会造成高铁血红蛋白的升高，导致生物个体成长速度减慢和幼胎夭折，还会影响肝功能和免疫反应，促使肝脏产生坏死病变。另外，美国化学品制造商协会近年进行的一项亚氯酸二代生殖和发育试验结果表明，6 mg/(kg·d)服用剂量的亚氯酸会引起延迟神经发育(USEPA，1998)，国际癌症研究所也将亚氯酸盐列为易见的致癌物。因此，美国饮用水中消毒剂及消毒副产物相关条例规定，亚氯酸盐和二氧化氯浓度控制的目标值为 0.8 mg/L，世界卫生组织对饮用水亚氯酸盐浓度的限值确定为 0.7 mg/L，我国《生活饮用水卫生标准》(GB

5749—2006)采用亚氯酸盐浓度的限值为0.7 mg/L。

2.18.3 检测方法及处理技术

据试验研究,水体中加入二氧化氯产生的亚氯酸盐、氯酸盐以及氯离子等三类物质的综合质量浓度低于2 mg/L时,未能观察到对试验个体有生理影响;综合质量浓度不超过5 mg/L时,三类物质在生物体内的蓄积作用以及亚慢性中毒效应都不明显。所以,要解决亚氯酸盐对人体的危害问题,最有效的办法莫过于控制水处理时的二氧化氯投放量,一般ClO_2投放量在0.5~0.7 mg/L时出水就能满足国家的饮用水标准,当水质发生恶化时,可适当提高ClO_2投入量到0.7~1.0 mg/L,这种情况下的出水也能基本保证水质达到规范要求。

在工业上,可用亚氯酸盐和盐酸(或硫酸)合成制作二氧化氯,一般10 g纯$NaClO_2$和3.2 g HCl可制出6 g ClO_2。

2.19 氯酸盐

氯酸盐($NaClO_3$)主要用于农业生产上的除草剂和脱叶剂,也可用于制备二氧化氯、染料、火柴、炸药以及皮革的晒黑和磨光等。

2.19.1 性质

选用二氧化氯消毒的微碱性饮用水中会生成亚氯酸盐(占50%~70%)和氯酸盐(约占30%),一般化学反应式可表示为$2ClO_2 + 2OH^- \rightarrow ClO_2^- + ClO_3^- + H_2O$,氯酸盐的熔点248 ℃、沸点>300 ℃,0 ℃条件下的密度为2.5 g/cm^3,杀菌能力较亚氯酸盐弱,属于中等毒性的化合物。

2.19.2 对人体健康的影响

因为氯酸盐被用做除草剂,所以有大量的关于氯酸盐毒性的报道,其症状包括高铁血红蛋白症、溶血症、无尿、腹部疼痛、肾功能衰竭。成年人口服氯酸钠的致死剂量为15~20 g,相当于172.5~230 mg氯酸根/kg体重。我国《生活饮用水卫生标准》对氯酸盐的限值为0.7 mg/L。

2.19.3 检测方法与处理技术

与控制亚氯酸盐含量的方案一样,控制饮用水中的氯酸盐含量亦应从控制原水中投加二氧化氯试剂量入手,即一般情况下的ClO_2投放量应掌握在0.5~0.7 mg/L,特殊情况下(指水质发生恶化趋势)可提高到0.7~1.0 mg/L,这样就能够保障所处理水质的氯酸盐含量基本达到饮用水标准要求。

工业上可用氯酸盐制取二氧化氯,常用的办法有两种:一是将氯酸盐和氯化钠、硫酸放在反应器中发生化学反应,$NaClO_3 + NaCl + H_2SO_4 \rightarrow ClO_2 + \frac{1}{2}Cl_2 + Na_2SO_4 + H_2O$;二是电解氯酸盐和氯化钠：$2NaClO_3 + 2NaCl + 2H_2O \xrightarrow{\text{工法拉第}} 2ClO_2 + NaCl + 2NaOH + H_2\uparrow$。

【1】 酶、核酸与蛋白质

【1.1】 酶

酶普遍存在于动物、植物和生物体内。假如没有酶，地球上也就没有了生物与人类。正是有了大自然的这种恩赐，使许许多多职责不同的酶配合着人体的新陈代谢一刻不停、有条不紊地工作，才使人获得了营养和生长、发育、繁殖后代的物质基础。同时，许多功能不一的酶，在客观世界中还繁忙地起着催化作用，从而推动了工业革新和农业增产。酶对人类的贡献实在太大了。

那么，酶究竟是一些怎么样的东西呢？简单地说，酶是由生物细胞产生的、以蛋白质为主要成分的生物催化剂。生物体内的一切化学反应，都是在酶的催化下进行的，因此生命不能离开酶而存在，人的健康是靠机体中酶的正常运转而维系的。

从生物角度看，酶是存在于活细胞分子中含有金属原子（锌、镁、锰、铁、钼、铜之类）且相对分子质量可达10 000～50 000的蛋白质及其衍生物。酶的分子一般是由单独存在时不具有活性的两部分所组成，即一部分为不耐热的蛋白质部分，称为载体酶或酶蛋白；另一部分为具有较小的相对分子质量和热稳定性及膜透过性的非蛋白质部分，称为辅酶。只有当酶和辅酶同时存在、同时作用时，才能显示催化活性。

酶的种类有2 000多种，按作用部位可分为外酶和内酶两大类，它们分别在细胞外和细胞内发挥作用；按作用特性可粗分为催化水解反应的水解酶（一般属于外酶）和非水解性的碳链裂解酶（或呼吸酶，一般属于内酶），如表2-8所示。

表2-8 酶的类别

水解酶		碳链裂解酶或呼吸酶
1. 糖酶类	2. 酯酶类	1. 氧化还原酶类
①糖苷酶	①脂肪酶	①脱氢酶
a. 蔗糖酶	②磷酸酯酶	②氧化酶
b. 麦芽糖酶	3. 蛋白酶类	2. 基团转移酶类
c. 乳糖酶	①蛋白酶	3. 裂解酶类
②淀粉酶	②肽酶	4. 异构酶类
③纤维素酶	4. 酰胺酶类	5. 连接酶类
	5. 脱氨基酶类	

已知的辅酶约有12种，其中最主要的有：①烟酰胺腺嘌呤二核苷酸（NAD），以前称二磷酸吡啶核苷酸（DPN），也称辅酶Ⅰ，它是一种载氢体，常与脱氢酶、还原酶、过氧化物酶配合反应。还原形态是NADH。②烟酰胺腺嘌呤二核苷酸磷酸（NADP），以前称三磷酸吡啶核苷酸（TPN），也称辅酶Ⅱ。它的结构和功能与NAD相似，只是在分子上含有3个磷原子而不是4个。还原形态是NADPH。③辅酶A，这是一种泛酸（B族维生素的一种）的衍生物，简写为COA或COASH。在脂肪酸的代谢和合成中，它能作为乙酰基载体参与三羧酸循环过程。④黄素蛋白，包括黄素单核苷酸（FMN）和黄素腺嘌呤二核苷酸（FAD），它们在将代谢物中的氢（或电子）传递给氧的过程中起着重要作用。⑤辅酶M和辅酶F_{420}，属甲烷菌专有。在甲烷发酵过程中，两者分别起甲基载体和电子载体的作用。

酶的作用十分重要且用途广泛。在医疗上，内科医生常用胃蛋白酶治疗消化不良症，外科医生常用胰蛋白酶、胰凝乳蛋白酶来治疗炎症和消肿。在诊断病情方面，最常见的是肝功能检查，当谷丙转氨酶水平较高时，常被怀疑为肝细胞受到了损伤；当血清检查中酸性磷酸酶活力升高时常被诊断为前列腺病变、碱性磷酸酶升高时常被诊断为骨骼病变或肝胆病变，还可用酶传感器测试血糖指标以判断是否患了糖尿病。在防疫保健方面，酶的作用甚至还具有令人难以想象的奇效。日本科学家研究发现，萝卜中含有的一种淀粉酶，能够解除强致癌物亚硝胺与苯并芘的毒性，使其失去毒性。在环境监测方面，常可根据酶水平的变化情况来评估污染程度，例如水体遭受有机磷农药污染时，人畜饮用后的血液中胆碱酯酶活性就会明显下降；海洋遭受石油污染时，鱼肝芳烃羟化酶水平会明显降低；水体遭受Ag^{+}、Cu^{2+}、Hg^{2+}、Pb^{2+}、Fe^{2+}、Fe^{3+}等重金属离子污染时，饮用后会导致体内酶失去活性或受到抑制；矿区排污会造成人体尤其是敏感人群——儿童的唾液溶菌酶发生明显变化（正诱导升高、负诱导下降）；体内摄入毒性物质后，诱导酶可使其代谢转化为低毒甚至无毒（解毒作用）或剧毒（致毒作用），目前已知诱导酶可使苯乙烯、四氯化碳、溴苯、甲醇、四乙基铅对硫磷、八甲磷、乐果、氯乙烯等化学物质的毒性增强，了解这一点，就可以帮助人们设法去解救。至于在工业生产方面，酶的作用就更被世人所公认，例如纺织中的褪浆工艺，如采用传统的化学法，则需要氢氧化钠7～8 g/L在70～80 ℃的条件下加热12 h，但褪浆率也仅有50%～60%，但如果改用细菌α-淀粉酶，则只需在60～70 ℃的条件下加热0.5～1 h，就可使褪浆率达到85%，而如果再将温度提升到100 ℃，则只需加热5 min就可使褪浆率达到100%；再如啤酒、果子酒放久后易产生蛋白质沉淀而使酒液浑浊，但加入少量菠萝蛋白酶后就可以分解蛋白质而防止浑浊。类似实例，枚不胜举，可以说是酶法工艺推动了工业技术创新。

【1.2】 核酸

核酸最初是从细胞核中提取出来的，呈酸性，由此而得名。核酸由C、H、O、N、P等元素组成，是细胞中的另一类高分子化合物，相对分子质量可达10万至几百万。核酸的基本组成单位是核苷酸。一个核苷酸分子由一个含氮的芳香族碱基、一分子五碳糖和几分子磷酸所组成。每个核酸分子是由几百个到几千个核苷酸互相连接而成的长链分子。核酸可分为两大类:一类是含脱氧核糖的,称为脱氧核糖核酸,简称DNA;另一类是含核糖的,称为核糖核酸,简称RNA。DNA主要存在于细胞核内,是细胞中的遗传物质,此外在线粒体和叶绿体中也含少量的DNA;RNA主要存在于细胞质中。核酸对生物体的遗传性、变异性及蛋白质的生物合成具有极其重要的作用。

【1.3】 蛋白质

蛋白质存在于所有机体之中,在细胞中的含量仅次于水,约占细胞干重的50%以上。蛋白质的种类多、结构复杂,但每种蛋白质都含有碳、氢、氧、氮四种元素,许多蛋白质还常含有少量的硫,有的还含有磷、铁等元素。蛋白质的元素百分比组成如下:C(51%~55%)、H(6.5%~7.3%)、O(20%~24%)、N(15%~18%)、S(0~2.5%)、P(0~1%)。蛋白质由几千个甚至几十万个原子组成,相对分子质量从几万一直到几百万以上。氨基酸是蛋白质的基本组成单位,有20多种。实际上,每个蛋白质分子就是由不同种类的、成百上千的氨基酸按照一定的排列次序连接而成的长链高分子化合物。蛋白质分子结构的多样性,决定了蛋白质分子具有多种重要功能:作为结构材料,蛋白质分子可组成许多非骨骼性的机体物质(肌肉、皮肤、毛发等);作为催化剂,蛋白质分子可起生物酶的作用;作为激素,蛋白质分子能在生物体内起调节代谢过程的作用;作为抗生物质,蛋白质分子又能抵御外来有毒物质和病菌的侵入。

【2】 微量元素与人体健康

迄今为止,在人体内已经发现了60多种元素,其中单种元素含量大于体重0.01%且每人每天需要量在100 mg以上的称为常量元素,包括碳、氢、氧、氮、硫、磷、钠、钾、钙、镁、氯等11种,其总含量约占人体元素总量的99.95%;其他占人体元素总量约0.05%的称之为微量元素,微量元素指含量小于体重0.01%且每人每天需要量在100 mg以下的元素,包括铁、铜、锌、锰、钴、钒、镍、铬、锡、氟、碘、硒、硅、砷、硼、锶、锂、锗、铝、钡、铊、铅、镉、汞以及稀土元素等共约50种。微量元素在人体中所占比重虽小,但对人体健康的影响却至关重要,它们常是人体激素、酶和维生素的组成成分。如铁是血红素的重要成分;钴是维生素B12的组成成分;锌是200多种酶的必需成分,很多种生物酶中含有锌、铜、锰、钼等元素。微量元素还参与机体的各种生理、生化活动。微量元素摄入不足或缺乏会导致某些生理功能障碍、生化代谢紊乱,甚至疾病和死亡,如缺铁会降低含铁酶的活性;90%的钒蓄积在组织中,具有抑制胆固醇生物合成的作用。然而,微量元素摄入过多也会对人体造成危害。微量元素在人体内的适宜含量,以及不足或过剩所造成的危害和不同国家与组织的限值分别列于表2-9~表2-11以供参考。

表 2-9 微量元素在人体内的含量及在天然水中的含量

微量元素		人体内的含量(mg)	天然水中的含量(mg)	
			中值	范围
必需元素	铁 Fe	4 000 ~ 5 000	500	10 ~ 1 400
	碘 I	25 ~ 50	2	0.5 ~ 7
	铜 Cu	72	3	0.2 ~ 30
	锰 Mn	12	8	0.02 ~ 130
	钼 Mo	9	0.5	0.03 ~ 10
	锌 Zn	2 500	15	0.2 ~ 100
	钴 Co	1.5	0.2	0.04 ~ 8
	铬 Cr	1.5	1	0.1 ~ 5
	氟 F	1 400	100	50 ~ 2 700
	硒 Se	14 ~ 21	0.2	0.02 ~ 1
	镍 Ni	10	0.5	0.02 ~ 27
	钒 V	18	0.5	0.01 ~ 20
	硅 Si		7 000	500 ~ 12 000
有毒元素	砷 As	18	0.5	0.2 ~ 230
	镉 Cd	50	0.1	0.01 ~ 3
	汞 Hg	13	0.1	0.000 1 ~ 2.8
	铅 Pb	121	3	0.06 ~ 120

表 2-10 微量元素功能、累积部位及不足或过剩造成的影响

元素	功能	分布累积部位	影响	
			不足	过剩
铁 Fe	组成血红蛋白、细胞色素、铁硫蛋白等,并能帮助氧气的运输	骨骼和肝脏	贫血症	呕吐、胃肠道出血,糖尿病,铁尘肺,大骨节病,心脏衰竭或死亡
碘 I	甲状腺素的重要成分	甲状腺、毛发	甲状腺功能减退,甲状腺肿大。幼儿缺碘会影响生长发育,造成思维迟钝	甲状腺机能亢进

续表 2-10

元素	功能	分布累积部位	影响	
			不足	过剩
铜 Cu	血、肝、脑铜蛋白及某些酶的组分之一,能够影响铁的吸收和利用	肌肉	贫血、生长停滞、智力下降,头发变灰白	黄疸、畸胎、心血管病、威尔逊氏病症
锰 Mn	参与葡萄糖、脂肪代谢,是水解酵素、催化酶、转移酶、琥珀酸、脱氢酶等多种酶的辅助物质	骨骼	生长发育迟缓,脂类、糖类代谢障碍	共济失调、食欲减退、便秘、流口水、肌肉强力减退
钼 Mo	参与黄嘌呤、次黄嘌呤代谢	肝	生长迟缓,尿素代谢障碍	生长受阻,心血管病
锌 Zn	许多酶的活性中心,胰岛素的组分	前列腺、眼	侏儒症,食欲不振,生长迟缓,嗅觉失灵,生殖腺发育不全,妊娠畸胎,皮炎	贫血症、呕吐、腹泻、食管癌
钴 Co	维生素 B12 的组分,参与核酸、胆胺酸的合成及脂肪、糖的代谢	骨骼	恶性贫血症	心力衰竭,红细胞增多、甲状腺肿大,食欲减退、耳聋
铬 Cr	促进葡萄糖的利用和胆固醇的代谢,与胰岛素的作用机制有关	皮肤	葡萄糖耐受性低下(糖尿症),生长发育障碍,寿命缩短	吸入引起肺癌或诱发器管坏死、动脉硬化和心脏病
氟 F	人体骨骼生长所必需	牙和骨骼	生长发育迟缓,龋齿症	氟斑牙、骨骼硬化
硒 Se	调节体内氧化还原反应速度和维生素 A、C、E 的吸收与消耗,影响肝功能的代谢及免疫力,还有防癌、抗癌作用	肌肉	生育障碍,肝脏坏死,肌肉失养,引起表皮角质化及白内障、心血管病、克山病、大骨节病	癌症、指甲变形,脱发,四肢无力
镍 Ni	稳定 DNA、RNA,微量 Ni 能使胰岛素增加、血糖降低	皮肤	影响生育能力,磷脂、糖代谢异常	皮炎,湿疹,吸收引起肺癌
钒 V	氧传递,胆固醇、CoA 代谢,膜电介质	脂肪	血清胆固醇降低	食欲减退,生长减弱,眩晕,肺病
硅 Si	在骨骼、软骨形成初期起作用	肺	骨骼发育不良	肾结石,肺病
砷 As	有害微量元素,影响酶的作用和细胞呼吸	毛发、指甲		灰指甲、毛发脱落、皮肤角化、贫血、腹痛、乌脚病、肝癌
镉 Cd	剧毒微量元素	骨骼、肾、肝		呕吐、腹泻、骨痛病、肺气肿、高血压、心脏病
汞 Hg	有害微量元素,可破坏蛋白质	肾、毛发		脑炎、神经炎、牙龈炎、口腔炎等
铅 Pb	对人体有害	肝		脑损伤、贫血、失明、昏迷、血压升高、心绞痛、神经炎、胃肠缺血、坏死、肾癌

表 2-11　不同国家与组织建议的水质标准中的微量元素含量上限　（单位：mg/L）

元素	美国公共卫生处（1962）	日本（1968）	苏联（1970）	WHO（1970）	澳大利亚（1973）	美国环保局（1975）	联邦德国（1975）	中国（1986）
砷 As	0.01	0.05	0.05	0.05	0.05	0.05	0.04	0.05
钡 Ba	1.0		4.0	1.0	1.0	1.0		
镉 Cd	0.01		0.01	0.01	0.01	0.01	0.006	0.01
铬 Cr	0.05	0.05	0.10	0.05	0.05	0.05	0.05	
铜 Cu	1.0	1.0	0.1	0.05	10.0			
铅 Pb	0.05	0.10	0.10	0.10	0.05	0.05	0.04	0.05
汞 Hg		0.001	0.005			0.002	0.004	0.001
硒 Se	0.01		0.001	0.01	0.01	0.01	0.008	0.01
银 Ag	0.05				0.05	0.05		0.05
锌 Zn	5	0.1	1.0	5	5		2	
氟 F	1.7	0.8	1.5					1.0

第3章　水质常规指标(下)

——感官性状和一般化学指标及放射性指标

本章分别对水质常规指标中17项感官性状和一般化学指标及2项放射性指标的理化性质、对人体健康的影响、检测方法及处理技术予以探讨。

3.1　色度

3.1.1　性质

颜色是反映水体外观的指标,色度是水样颜色深浅的量度。某些可溶性有机物、部分无机离子及悬浮微粒均可使水着色,因而水的色度通常与水的种类有关,如纯水是无色透明的清洁水,在水层浅时为无色,水层深时为浅蓝绿色。自然水中颜色的主要来源有:①水生植物和浮游生物,如小球藻、硅藻可使水带有亮绿色或浅棕色等;②水流过沼泽或森林地区,带入了有机物分解过程中产生的腐殖酸或单宁酸等使水呈黄褐色;③天然的金属离子或矿物质,如低铁化合物使水呈淡蓝绿色,被氧化成高铁化合物后呈橙黄色,硫化氢被氧化所析出的硫会使水呈浅蓝色等;④悬浮于水中的泥沙细微颗粒使水呈红色、黄色等;⑤工业废水和生活污水的污染,工业废水含有染料、生物色素、有色悬浮物等,是环境水体着色的主要来源。

水的颜色可分为真色和表色两种。真色是指去除悬浮物后水的颜色;没有去除悬浮物的水所具有的颜色称为表色。对于清洁或浊度很低的水,其真色和表色相近;对于着色很深的工业废水,二者差别较大。通常所称水的色度一般是指真色。

有颜色的水可减弱水体的透光性,从而降低浮游植物等光合作用,影响水生生物的生长。同时,使水产生色度的杂质往往还会堵塞水处理用离子交换剂的孔隙、污染树脂、污染水质、引起水质恶化。

3.1.2　对人体健康的影响

一般来讲,能够使水体产生颜色的物质本身并不会对人体健康构成危害,但是色度却能够直接影响人对饮用水的视觉评价,并经大脑这个中枢系统产生判断,进而反映出对色度高的水产生不信任感和厌恶感。当一杯水的色度大于15度时,多数人能够觉察并感觉不愉快;当色度大于30度时则会感觉厌恶并表示拒绝饮用,甚至认为有毒、有害、有怪味。当然,如果原子色度不超过75度,一般经过混凝、沉淀、过滤等常规处理后大都能使出水色度降到15度以下。现行饮用水水质标准规定色度不应大于15度(铂钴色度单位),农村安全饮用水亦不应大于20度。然而,当水中含有腐殖质及与氯反应产生的氯化副产物时，就会对健康产生危害。试验表明，以含富里酸（腐殖质重要组成部分）10 mg/L、100 mg/L 和 1 000 mg/L 的水按鼠重 1 000 mg/kg 的剂量灌服 14 天可引起体重增速减慢，肾酶浓度发生变化；以含非氯化（TOC 浓度 1.0 g/L）和氯化（TOC 浓度 0.1 g/L、0.5 g/L 和 1.0 g/L）腐殖质的水供雄性大鼠饮用 90 天，结果显示给氯化腐殖质 TOC 浓度 1.0 g/L 组的体重明显降低、给氯化腐殖质 TOC 浓度 0.5 g/L 组和非氯化腐殖质组的体重稍有下降，同时氯化腐殖质（TOC 浓度 1.0 g/L）组还出现了较为严重的血尿，氯化和非氯化腐殖质（TOC 浓度 1.0 g/L）组进行的体内、外致突变试验其姊妹染色单体均呈阳性。

3.1.3 检测方法

在水质化验分析中，一般用真色来表示色度，所以在水样测定前通常都需用澄清或离子沉降的方法先行去除水中的悬浮物。如果水样中含有颗粒过小的无机物或有机物，不易用离心的方法去除，则也可测定其表色，不过测定结果要在化验报告中注明。测定色度的方法通常有铂钴比色法、铬钴比色法和稀释倍数法、分光光度法。前两种方法一般适用于检测天然水和饮用水的色度，后两种方法常用于检测工业废水的色度。

3.1.3.1 铂钴比色法

铂钴比色法是将一定量的氯铂酸钾（K_2PtCl_6）和氯化钴（$CoCl_2 \cdot 6H_2O$）溶于水中配成标准色列，并定义为 1 L 水中含 1 mg 铂和 0.5 mg 钴所具有的颜色为 1 度。将待测水样与标准色列进行目视比色，以确定其色度。测定时如果水样浑浊，则应放置澄清，也可用离心法或用孔径 0.45 μm 的滤膜过滤以去除悬浮物，但不能用滤纸过滤（滤纸会吸附部分溶解于水中的真色）。该法所配成的标准色列，性质稳定，可较长时间存放。

铂钴比色法操作简便，色度稳定，但由于氯铂酸钾价格较贵，大量使用时不太经济，同时测定色度与水的 pH 值关系很大，即 pH 值越高颜色就越深，因此在写色度报告时要注意标清当时的 pH 值。

3.1.3.2 铬钴比色法

铬钴比色法是用重铬酸钾代替氯铂酸钾及用硫酸钴代替氯化钴的一种测定天然水色度的常用方法，其准确度与铂钴比色法相同。重铬酸钾较为便宜且易得到，但标准比色系列的保存时间较短。

3.1.3.3 稀释倍数法

稀释倍数法适用于受工业废水污染的地表水和工业废水颜色的测定。测定时，首先用文字描述水样颜色的种类和深浅程度，如深蓝色、棕黄色、暗黑色等。然后在比色管中将澄清后的水样用清洁水（无色度的水）稀释成不同的倍数，比较样品和纯净水，取刚好看不到颜色的稀释倍数表示该水样的色度。

使用该法的注意事项是，用于测定的水样应无树叶和枯枝等杂物，取样后应尽快测定，否则于 4 ℃条件下保存并在 48 h 内测定。

3.1.3.4 分光光度法

分光光度法和比色法都是利用物质对光的选择性吸收这一性质而建立起来的光度分析方法。通常，有色物质溶液颜色的深浅与其浓度有关，浓度愈大，颜色愈深。分光光度法就是利用溶液对单色光的吸收程度来确定物质的含量，即通过测定水这一被测物质在特定波长处或一定波长范围内光的吸收度而进行定性定量分析(常用的波长范围为:200 ~ 380 nm 紫外光区,380 ~ 780 nm 可见光区,2.5 ~ 25 μm 红外光区)。先求出有色水样的三激励值,然后查专门的图和表,得知水样的色调(红、绿、黄等),最后用主波长、色调、明度和饱和度四个参数来表示该水样的颜色。另外,为了考虑 pH 值对颜色的影响,除了测定原水样外,还要将水样的 pH 值调节至 7.6 再测定一次。近年来,我国某些行业已用这种方法检验排水水质。

3.1.4 处理技术

常用的水中除色方法有以下三种。

3.1.4.1 混凝处理

当水中色度杂质主要表现为悬浮状、胶体状有机物时,一般经混凝、澄清和过滤处理就可去除 75% ~ 90%。混凝剂可采用常用的硫酸铝,也可采用碱式氯化铝 $[Al_n(OH)_mCl_{3n-m}]$,并适当使用有机高分子絮凝剂。混凝法去色效果见表 3-1。

表 3-1 混凝法去色效果(原水色度 27 度)

药剂 $[Al_2(SO_4)_3]$ 投加量(mg/L)	残留色度(度)	色度去除率(%)
60	6.3	77
100	3.4	87
150	2.1	92
200	1.6	94

3.1.4.2 氯化处理

当水的色度杂质(主要为有机物)含量较大时,加氯处理后,色度去除率约 80%。氯化时,剩余氯应大于 0.5 mg/L。加氯处理在低 pH 值下进行较快,因此氯化应放在混凝处理前。氯化后的剩余色度杂质(主要为有机物)可在混凝中进一步去除,水中的残余氯应在进入离子交换程序前去除。

3.1.4.3 吸附处理

吸附处理法是利用多孔固体物质,使水中色度杂质被吸附在固体表面而去除的处理方法。常用的吸附剂有粒状活性炭、大孔吸附剂等。

采用活性炭层过滤时一般掌握的标准为:当水的色度值较低时,粒状活性炭层高 0.6 ~ 1.5 m;当水中色度值较高时,粒状活性炭层高 1.5 ~ 3.0 m,运行流速 10 ~ 12 m/h。粒状活性炭层去色效果见表 3-2。

表 3-2 粒状活性炭去色效果

项目	原水	混凝处理	活性炭过滤
色度(度)		约 30	5

大孔吸附剂是一种珠状大孔高分子聚合物,对水溶液中的某些特定组分能发生吸附—解析作用,因而可以很好地去除水中的色度杂质。

3.2 浑浊度

3.2.1 性质

饮用水原水中由于含有各种颗粒大小不等的泥土、细砂、有机物、浮游生物和微生物等悬浮物质,对进入水中的光产生散射或吸收,从而表现出浑浊现象。水体浑浊的程度可以用浑浊度的大小来表示。水中悬浮物对光线透过时所发生的阻碍程度称为浑浊度。也就是说,由于水中有不溶解物质的存在,故通过水体的部分光线被吸收或被散射,而不是直线穿透。因此,浑浊现象是水体的一种光学性质。与浑浊度有关的颗粒直径在 1 nm ~ 1 mm,可分为三类,即直径小于 0.002 mm 的黏土颗粒和动植物碎片降解产生的有机颗粒以及纤维颗粒(如石棉等矿物质)。一般来讲,水中的不溶解物质愈多,浑浊度也就愈高,但二者之间没有直接的定量关系,因为浑浊度的大小不仅与悬浮物质的数量、浓度有关,而且与它们的颗粒大小、形状和折射率以及入射光波等有关。需要说明的是,浑浊度和色度虽然都是水的光学性质,但它们是有区别的。色度是由于水中的溶解物质引起的,而浑浊度则是由不溶解物质引起的。所以,有的水体色度很高但并不浑浊,反之亦然。

引起浑浊度的物质多种多样,因此有必要确定一个标准的浑浊度单位。最早是采用每升水中含 1 mL 一定粒径($d \approx 400\ \mu m$)的二氧化硅作为一个浑浊度单位(称杰克逊浑浊度单位,用 JTU 表示),即 1 JTU。这种标准现在已不再应用,取而代之的是用一定浓度的甲臜聚合物悬浮液作为标准浑浊度溶液,用散射浑浊度计测量,所测浑浊度单位称为散射浑浊度单位(NTU)。两种浑浊度单位之间的关系是 40 NTU≈40 JTU。

所有天然水体均有一定的浑浊度,地表水的浑浊度比地下水要高些。原水的浑浊度可从小于 1 NTU 至 1 000 NTU,一般饮用水的浑浊度通常小于 1 NTU。

3.2.2 对人体健康的影响

浑浊度本身并不影响饮用水的味觉和嗅觉,但与水的其他一些水质指标密切相关,当水的浑浊度升高时水的色度一般也会相应提高。有研究证实,50% 的水中色度是由腐殖质颗粒引起的,且浑浊度高的水由于存在着各种颗粒物而通常会成为微生物和病毒的寄生场所,并干扰细菌和病毒的检测,影响消毒效果。据报道,在浑浊度 4 ~ 84 NTU、游离余氯质量浓度 0.1 ~ 0.5 mg/L、接触时间 30 min 的情况下仍然能清晰检出大肠杆菌指标,因此高浑浊度的水是可能对人体健康产生危害的。

人类在漫长的饮水过程中,为了保护自己,逐渐形成了拒绝饮用浑浊水的本能。一般浑浊度达到 10 NTU 时,人们就会认为水体浑浊,从而对水产生怀疑感而不愿饮用;只有当浑浊度低于 5 NTU 时,人们才不易觉察到浑浊度而放心饮用。我国现行《生活饮用水卫生标准》(GB 5749—2006)规定水体的浑浊度限值为 1 NTU,受水源与净水技术条件限制时可放宽至 3 NTU;农村小型集中式供水和分散式供水工程此项限值为 3 NTU,受水源与净水技术条件限制时可放宽至 5 NTU。

3.2.3 检测方法

浑浊度是天然水和饮用水的一项非常重要的水质指标,也是水可能受到污染的重要指标。一般情况下,浑浊度的测定主要用于天然水、饮用水和部分工业用水。在自来水厂的设计和运行中,浑浊度的测定也是设备选型和设计的重要参数以及运转和投药量的重要控制指标。浑浊度的测定方法主要有目视比浊法、分光光度法和浑浊度仪法。

3.2.3.1 目视比浊法

用硅藻土(或白陶土)经过处理后,配制成标准浑浊度原液,规定 1 mg 一定粒度的 SiO_2(硅藻土或白陶土)在 1 L 水中能产生的浑浊度为 1 JTU。将浑浊度标准原液逐级稀释为一系列浑浊度标准液(其浑浊度范围的确定参照水样的浑浊度)置于比色管中,取相同体积的待测水样置于比色管中,与标准浑浊度液进行目视比较,取与水样产生视觉效果相近的标准液的浑浊度,即为水样的浑浊度。若水样浑浊度超过 100 JTU,需先稀释再测定,最终结果要乘以其稀释倍数。

用该法所测得的水样浑浊度单位为 JTU。

3.2.3.2 分光光度法

分光光度法测浑浊度的原理是,在适当温度下,硫酸肼与六次甲基四胺聚合,生成白色高分子聚合物,以此作为浑浊度标准溶液,在一定条件下与水样浑浊度比较。该方法适用于天然水、饮用水浑浊度的测定。具体测定要点如下:

(1)将蒸馏水用 0.2 μm 的滤膜过滤,以此作为无浑浊度水。

(2)用硫酸肼[$(NH_2)_2SO_4 \cdot H_2SO_4$]和六次甲基四胺[$(CH_2)_6N_4$]及无浑浊度水配制浑浊度储备液、浑浊度标准溶液和系列浑浊度标准溶液。

(3)于 680 nm 波长处测定系列浑浊度标准溶液的吸光度,绘制吸光度—浑浊度标准曲线。

(4)取适量水样定容,按照测定系列浑浊度标准溶液方法测其吸光度,并由标准曲线上查出相应浑浊度,按下式计算水样的浑浊度:

$$\text{浑浊度} = \frac{A(V + V_0)}{V} \tag{3-1}$$

式中,A 为经稀释的水样浑浊度,NTU;V 为水样体积,mL;V_0 为无浑浊度水体积,mL。

该法测得浑浊度单位为 NTU。

3.2.3.3 浑浊度仪法

浑浊度仪是依据浑浊液对光进行散射或透射的原理制成的测定水体浑浊度的专用仪器,使用时应参照说明书。其一般步骤是:采集代表性样品置于一个清洁的容器中,然后将容器中样品倒入样品管至刻线并小心地握住样品管上部,拧上样品管盖;握住样品管盖,擦掉管壁外水滴、指印;将样品管插入浑浊度仪的管座中,合上座盖;按相应按键读取浑浊度值(NTU)。

散射浑浊度仪可以实现水的浑浊度的在线监测。

3.2.4 处理技术

由于构成浑浊度的悬浮及胶体微粒一般是稳定的,并大都带有负电荷,所以不进行化学处理就不会沉降。目前常用的处理技术是混凝、澄清和过滤,具体方法和水体除色相类似,可参见3.1.4所介绍的内容。

3.3 臭和味

3.3.1 性质

纯净水是无臭无味的。如果饮用水中有异臭、异味之感,则表明水中已可能含有某些污染物或水处理、水输送不当。一般水中异味的主要来源有以下几个方面:

(1)天然水中的臭和味主要来自于溶解的气体或矿物盐类。例如,当水中钠、镁、钙的氯化物质量浓度分别为465 mg/L、47 mg/L和350 mg/L时,50%的受试者会感到有讨厌的味道;蒸馏水中含铁0.05 mg/L或含铜2.5 mg/L或含锰3.5 mg/L或含锌5 mg/L时,均能使人感觉有味;水中溶解有硫化氢(H_2S)时会产生臭鸡蛋味,溶解有沼气时会产生氨臭味等。

(2)水中动植物或微生物与藻类的大量繁殖、死亡和腐败,生活污水或工业废水的污染等,也都会令人产生不愉快的臭与味。水中有机物的臭和味的阈值范围可以从几纳克到几毫克。

(3)水处理过程中的储存、混凝、过滤、消毒均会使饮用水产生异臭和异味。如原水中有机物降解产生难闻的苯酚、醛、烷基苯,水处理装置中微生物的繁殖以及水处理过程中添加的混凝剂、氧化剂、消毒剂等,均会使水带有异臭、异味。氯化消毒水中游离氯的味阈值为75 μg/L(pH值为5)和450 μg/L(pH值为9);次氯酸、次氯酸根、一氯胺和二氯胺的嗅阈值(用阈值浓度表示,下同)为0.15~0.65 mg/L;氯化副产物酚、4-氯酚、2,4-二氯酚的味阈值分别为1 000~5 000 μg/L、0.5~1 200 μg/L、2~210 μg/L。

(4)此外,一般湖沼中的水多含有水藻和有机物,易产生鱼腥味及霉味;浑浊的河水常有泥腥、土气味;某些温泉的水含有硫磺气味等。

3.3.2 对人体健康的影响

臭与味是人的嗅觉和味觉细胞受到某种化学刺激所产生的感受。一般来讲,单纯具有的异味的水并不会对人体健康造成直接危害,但却表明了原水或水处理及输水过程中存在微生物污染或化学污染,在未查明原因之前是不宜饮用的。尽管无臭无味的水也并不就意味着绝对安全,但最起码有利于建立人们对水质的信任,因为臭和味直接关乎着饮用者的口感,是饮用水水质达标的最基本前提和条件。因此,我国现行《生活饮用水卫生标准》就明确规定水质在原水或者煮沸后饮用时都必须保证不得有异臭、异味。

3.3.3 检测方法

由于臭源复杂且可检浓度往往很低,所以用仪器检测十分困难。目前最方便有效的测试手段还是利用人的鼻、口进行感官分析。但嗅觉和味觉受许多生理与心理因素影响,是很难用严格的物理量来表示的,故只能采取定性的文字描述法和近似定量的嗅阈值法。

3.3.3.1 文字描述法

(1)臭。可以用适当的文字来描述水中臭的性质,常用名词有:正常——指不具有任何臭气;芳香气味——指花香、水果香气等;化学药品气味——指氯气味、石油气味、硫化氢气味等;不愉快气味——指鱼腥气、泥土气、霉烂气、粪臭气、蛋臭气、肉臭气等。检测方法是:量取 100 mL 的水样置于 250 mL 锥形瓶中,检测人员凭自己的嗅觉分别在 20 ℃和煮沸稍冷后闻其味,然后选用适当的词语描述其嗅味特征并按照表 3-3 等级划分类别填写臭强度报告。臭的检验最好在水样采集后的 6 h 内完成。

表 3-3 臭和味强度等级

等级	强度	说明	等级	强度	说明
0	无	无任何气味	3	明显	已能明显察觉,不加处理则不能饮用
1	微弱	一般饮用者难以察觉,嗅、味觉敏感者可以察觉	4	强	有很明显的臭味
2	弱	一般饮用者刚能察觉	5	很强	有强烈的恶臭或异味

(2)味。一般仅测定极清洁的水或已经过消毒的水的味。分别将水温调至室温和 40 ℃时尝其味道,用“正常”、“涩”、“甜”、“咸”、“碘味”或“氯味”等文字进行描述,并参照表 3-4 给出的味觉限度及表 3-5 提供的四种味觉代表物质特征进行报告。

表 3-4 几种常见化合物的味觉限度

化合物	水味	味觉限度(mg/L)
氯化钠 NaCl	咸	185
硫酸钙 $CaSO_4$	微甜	70
氯化镁 $MgCl_2$	微苦	135
硫酸镁 $MgSO_4$	微苦	250
铁盐 Fe	涩	0.15

表 3-5 四种味觉的代表物质特征

味觉种类	显味物质	味阈浓度(%)	味觉种类	显味物质	味阈浓度(%)
甜味	蔗糖 糖精	0.7 0.001	苦味	香木鳖碱 奎宁	0.000 1 0.000 05
酸味	盐酸	0.045	咸味	氯化钠	0.055

3.3.3.2 嗅阈值法

所谓嗅阈值法是用无臭水稀释水样,直至闻出最低可辨别臭气的浓度(称嗅阈浓度),用稀释倍数表示嗅的阈限:

$$嗅阈值 = \frac{[无臭稀释水体积(mL) + 水样体积(mL)]}{水样体积(mL)} \tag{3-2}$$

检验操作步骤是：用水样和无臭水在锥形瓶中配制水样稀释系列（稀释倍数不要让检验人员知道），在水浴上加热至(60±1)℃；取出锥形瓶，振荡2~3次，去塞，由检验人员闻其臭气，与无臭水比较，确定刚好闻出臭气的稀释样，计算嗅阈值。如水样含余氯，应在脱氯前后各检验一次。

由于检验人员嗅觉敏感性有差异，对同一水样稀释系列的检验结果会不一致，因此一般应选择5名以上（最好10名或更多）嗅觉敏感的人员同时检验，取几何均值表示嗅阈值。检验人员的嗅觉灵敏程度可用邻甲酚或正丁醇测试，嗅觉迟钝者不能入选。在检验前，必须避免外来气味的刺激。一般认为饮用水的嗅阈值不应超过2。

将自来水或蒸馏水通过装有颗粒活性炭的柱子过滤，即可制得无臭、无味的水。

3.3.4 处理技术

目前，比较成熟的去除臭物质的方法有曝气法、强氧化剂法、活性炭法、活性炭与臭氧协同法等。在此仅介绍制备容易、投药方便、操作简单、除效较好的高锰酸钾除臭法。

高锰酸钾除臭的机理是：首先，$KMnO_4$ 作为一种强氧化剂，其 Mn^{7+} 可以将水中一些常见的还原性异臭物质（如有机物、藻类）氧化分解，同时 Mn^{7+} 本身也被还原成新生态水合二氧化锰，而这种新生态水合二氧化锰又具有巨大的比表面积和很强的活性，能够反过来对水中异臭物质产生强大的吸附作用；其次，$KMnO_4$ 对有机物的这一去除效果还可以大大减少有机物对水中胶体的保护，从而有效提高后续工艺的混凝效果；再次，投加 $KMnO_4$ 后，对水中藻类的去除率也可达到80%~90%，基本可以达到除去藻类体内异臭物质的目的。

这里附一例高锰酸钾预氧化水源水的处理效果供参考，见表3-6。

表3-6 高锰酸钾预氧化水源水的处理效果

指标	水源水	投药量(mg/L)									
		0		0.25		0.50		0.75		1.0	
		数值	去除率(%)	数值	去除率(%)	数值	去除率(%)	数值	去除率(%)	数值	去除率(%)
嗅阈值	50	34	32	12	76	7	86	5	90	3	94
COD_{Mn} (mg/L)	2.75	2.56	6.9	2.17	21.1	2.16	21.6	2.06	25	1.62	41
藻类 (10^7 个/L)	2.25	1.15	49	1.04	55	0.43	81	0.25	89	0.22	90

由表3-6所示的运行结果可以看出，投加高锰酸钾预氧化后，出水的嗅阈值明显降低，与常规工艺部投加高锰酸钾相比，对异臭的去除率从32%提高到94%。事实上，当高锰酸钾的投加量为0.5 mg/L时，出水即无异臭，饮用水感官评价结果变好。

3.4 肉眼可见物

肉眼可见物主要指水中存在的、能以肉眼观察到的颗粒或其他悬浮物质，主要来源于土壤冲刷、生活及工业垃圾污染。含铁高的地下水暴露于空气中时，水中的二价铁就易被氧化而形成沉淀；水处理不当也会造成水中絮凝物的残留；水体中藻类的大量繁殖，也可造成有色悬浮物的产生。

水中含有肉眼可见物表明水中可能存在有害物质或生物的过多繁殖，而且会影响饮用水的外观。为保证人体健康及饮用水的可接受性，我国现行《生活饮用水卫生标准》规定饮用水中不应含有沉淀物、肉眼可见的水生生物及令人厌恶的物质，即不得含有肉眼可见物。

水样采集后摇匀，直接观测并记录是否有可见物。如有一般可采用混凝、澄清和过滤的办法进行常规处理（参见 3.1.4 内容），含有特殊化学成分需要进行深度处理的可结合其他相关水质指标的要求统一考虑。

3.5 pH 值

3.5.1 性质

pH 值为水中氢离子（H^+）活度的负对数，即 $pH = -\lg[H^+]$，pH 值能定量地描述水的酸碱程度，是水化学和水质监测的常规项目之一。根据 pH 值定义，水的 pH 值越低，酸性越强；反之，碱性越强。纯水在 25 ℃时的 pH = 7 显示中性，pH < 7 显示酸性，pH > 7 显示碱性。

pH 值和酸度、碱度既有联系又有区别。pH 值表示水的酸碱性的强弱，而酸度或碱度则表示水中所含酸性或碱性物质的含量（一般定义为，在水溶液中能离解出氢离子 H^+ 者为酸、释放出氢氧根离子 OH^- 者为碱）。同样酸度的溶液，如 0.1 mol 盐酸和 0.1 mol 乙酸，二者的酸度都是 100 mmol/L，但其 pH 值却大不相同。盐酸是强酸，在水中几乎 100% 电离，pH 值为 1；而乙酸是弱酸，在水中的电离度只有 1.3%，其 pH 值为 2.9。一般可根据 pH 值将各种类型的污染水按酸碱程度划分为以下五类：pH < 5.0 为强酸性水质，pH = 5.0 ~ 6.5 为弱酸性水质，pH = 6.5 ~ 8.0 为中性水质，pH = 8.0 ~ 10 为弱碱性水质，pH > 10 为强碱性水质（世界卫生组织规定饮用水标准中 pH 值的合适范围为 7.0 ~ 8.5、极限范围为 6.5 ~ 9.2，我国地表水环境质量标准规定饮用水 pH 值应在 6.5 ~ 8.5、极限范围为 6 ~ 9，农田灌溉用水 pH 值宜为 5.5 ~ 8.5）。

天然水体的 pH 值主要受土壤酸碱度以及腐殖酸、植物根系分泌出的有机酸等影响，数值范围一般在 6.5 ~ 8.5 变动，可以认为是由含弱酸、弱碱及其盐类共同构成的缓冲系统，具有一定的缓冲能力（除了在某些地区因为有弱碱性物质与酸性较大的沉积物相混合而使 pH 值降低外，天然地表水呈酸性是十分罕见的，即天然地表水大多皆因存在碳酸盐、重碳酸盐和氢氧根离子而呈弱碱性）。当制酸、酸洗、选矿、电镀、农药、化工、染料、化纤等行业排放的含酸废水或制碱、制浆、造纸、印染、皮革、炼油等行业排放的含碱废水进入水体后，就会导致水体缓冲能力逐渐耗尽，缓冲系统遭受破坏，最后造成 pH 值的下降或上升。水的酸碱度偏离正常范围会造成严重后果：①水体自净作用削弱，严重时使水体中物质循环遭到破坏，导致水质进一步恶化；②水生生物生长，尤其是鱼类、贝类生长受到影响，严重时导致生物死亡，欧洲部分湖泊因酸雨沉降而导致鱼虾绝迹就是例证；③若灌溉农田，会使土壤酸化或盐碱化，危害农作物安全；④水体酸化或碱化，会使某些有毒有害的元素活化，对生物产生毒害；⑤水工建筑物长期浸在酸碱平衡失调的水中，会因腐蚀而毁坏，危害水利工程的安全运行。在现实生活中，酸性废水的数量和危害比碱性废水大得多，因此通常处理时大都有意保持出水呈现中性或弱碱性。

pH 值受水温影响很大，例如 0 ℃时的中性 pH 值为 7.5，而 60 ℃时的中性 pH 值则为 6.5。

3.5.2 对人体健康的影响

饮用水的 pH 值与人体健康的直接关系并不明确，但 pH 值可通过影响其他水质指标及水处理效果而间接地影响人体健康。试验证明，只要 pH 值在 6.5 ~ 9.5 范围内就不会影响饮用和健康，但 pH 值过低会腐蚀水管，pH 值过高会使溶解盐析出而降低氯化消毒功效。我国现行《生活饮用水卫生标准》规定饮用水的 pH 值必须在 6.5 ~ 8.5、农村安全饮水工程为 6.5 ~ 9.5。

值得关注的是，pH 值对水中有毒物质的毒性具有很大影响，特别是 pH 值的改变会使一些重金属络合物的结构发生变化，从而影响它原有的毒性。

pH 值还会影响其他水质指标。例如当 pH 值低于 7 时，被硫污染的水会生成硫化氢而散发出臭鸡蛋味，氯化作用因趋向生成三氯化氮而产生刺激性味道；当 pH 值大于 7 并继续升高时，水会逐渐产生苦味，色度也会增加。

pH 值对混凝、沉淀、过滤等水处理工艺及水中杂质含量均有一定影响。

当然，水环境对 pH 值也有反作用。例如，水处理过程中会造成氢离子浓度变化（氯化作用降低 pH 值，软化水质提高 pH 值）；管网内壁滋生繁殖微生物会造成局部 pH 值降低，当 pH 值为 5.5 ~ 8.2 时最适宜铁菌生长从而产生“红水”。

3.5.3 检测方法

通常采用比色法和玻璃电极法（参见 GB 6920—86）。比色法简便，但易受色度、浊度、胶体物质、氧化剂、还原剂及盐度干扰；玻璃电极法抗干扰性较强。如果只是粗略测定水样的 pH 值，可以使用 pH 试纸。

3.5.3.1 比色法

比色法是根据各种指示剂在不同 pH 值的水溶液中所产生的不同颜色来测定的。通常是在一系列已知 pH 值的缓冲溶液中加入适当的指示剂制成标准色液装在封口的小安培瓶中，测定时向水样中加入相同的指示剂，进行目视比色，从而确定水样的 pH 值。表 3-7 给出了常用酸碱指示剂及其变色范围。

表 3-7　常用酸碱指示剂及其变色范围

指示剂	pH 值范围	颜色变化	指示剂	pH 值范围	颜色变化
麝蓝(酸性范围)	1.2—2.8	红—黄	溴麝蓝	6.0～7.6	黄—蓝
溴酚蓝	2.8～4.6	黄—蓝紫	酚红	6.8～8.4	黄—红
甲基橙	3.1～4.4	橙红—黄	甲基红	7.2～8.8	黄—红
溴甲酚氯	3.6～5.2	黄—蓝	麝蓝(碱性范围)	8.0～9.6	黄—蓝
氯酚红	4.8～6.4	黄—红	酚酞	8.3～10.0	无色—红
溴甲酚紫	5.2～6.8	黄—紫	百里酚酞	9.3～10.5	无色—红

该法适用于色度和浑浊度都很低的天然水、饮用水的测定,但对 pH 值大于 10 或小于 3 的水样测定时误差较大,且不适用于测定有色、浑浊或含较高游离余氯、氧化剂、还原剂的水样。

3.5.3.2　玻璃电极法

pH 玻璃电极属固体膜电极,由于其是用导电玻璃吹制而成的,故俗称"玻璃电极"。这种玻璃电极是一种对 H^+ 具有高度选择性的指示电极,通常可以测定 pH = 1 ~ 10 之间的溶液。该方法的原理是以 pH 玻璃电极为指示电极、饱和甘汞电极为参比电极,将二者与被测溶液组成原电池。此电池产生的电位差与被测溶液的 pH 值之间的关系符合电极电位的能斯特方程。在 25 ℃时,溶液中每变化 1 个 pH 单位,电位差改变为 59.16 mV,据此用仪器可以直接读出 pH 值。

pH 计的种类虽多,操作方法也不尽相同,但都是依据上述原理测定溶液 pH 值的。pH 玻璃电极的内阻一般高达几十兆欧到几百兆欧,所以与之匹配的 pH 计都是高阻抗输入的晶体管毫伏计或电子电位差计。pH 计上都设有温度补偿装置,以校正温度对 pH 测定的影响。为简化操作、使用方便和适于现场使用,现已开发出复合 pH 电极并制成多种袖珍式或笔式 pH 计。玻璃电极测定法准确、快速,并且受水体色度、浑浊度、胶体物质、氧化剂、还原剂及盐度等环境因素的干扰程度小。

3.5.4　处理技术

当水体的酸度或碱度超标时,可用 pH 调整剂进行中和处理。通常,需将含酸水体 pH 值调高时,用碱或碱性氧化物作中和调整剂;而需将碱性水体 pH 值调低时,则用酸或酸性氧化物作中和调整剂。调节酸性水体 pH 值时经常采用的碱性中和剂有苏打、苛性钠、石灰、石灰石、白云石、碳酸钠、电石渣等,调节碱性水体 pH 值时一般采用的酸性中和剂有 CO_2、硫酸、盐酸、烟道气等。

对饮用水的 pH 值调节,通常是用做针对具体水源水质特点或强化某种水质指标去除工艺的一种前处理措施。例如,高硬度的软化处理,就需要加碱以控制原水的 pH 值,利用流化床结晶软化工艺以达到去除碳酸钙硬度、软化水质的目的。饮用水的 pH 值调节多用药剂中和法,其中调节酸性水多用苏打、苛性钠,调节碱性水多用盐酸,这些药剂的优点是产渣量相对较少,其用量一般需通过试验而先绘制出中和曲线而后再科学选定。

这里介绍三种中和处理法。

3.5.4.1　**酸碱废水互兑中和法**

即设置中和池，池容 $V=(Q_{酸}+Q_{碱})t$（$Q_{酸}$、$Q_{碱}$ 分别为酸性、碱性废水的设计流量，t 为中和时间，一般需 1～2 h），池内配置混合搅拌设施。当水质水量较为稳定或后续处理对 pH 值要求较宽时，也可直接在水源井、管道或混合槽内进行中和。这种以废治废的处理方法常会出现三种情况：一是碱性水的含碱量 G_b（kg/L）= 中和酸性水的需碱量 G_a（kg/L），这种情况最为理想，但不易碰到；二是 $G_b<G_a$，说明碱量不足以中和酸度，此时还应补加投药中和；三是 $G_b>G_a$，说明碱量过剩，出现这种情况时，其结果若在要求值范围之内（如 pH =6.5～8.5）则可不必进行二次处理，若 pH >8.5 则必须适度加酸进行二次返回处理。

3.5.4.2　**药剂中和法**

分两种情况：一是酸性废水加碱中和；二是碱性废水加酸中和。其一般用药量分别见表 3-8 和表 3-9。

表 3-8　碱性中和剂单位耗量

酸类名称	中和 1 g 酸所需碱类物质（g）				
	CaO	$Ca(OH)_2$	$CaCO_3$	$CaCO_3\cdot MgCO_3$	$MgCO_3$
H_2SO_4	0.571	0.755	1.020	0.940	0.860
HCl	0.770	1.010	1.370	1.290	1.150
HNO_3	0.445	0.590	0.795	0.732	0.668

表 3-9　酸性中和剂单位耗量

碱类名称	中和 1 g 碱所需的酸量（g）					
	H_2SO_4		HCl		HNO_3	
	100%	98%	100%	36%	100%	65%
NaOH	1.22	1.24	0.91	2.53	1.37	2.42
KOH	0.88	0.90	0.65	1.80	1.13	2.62
$Ca(OH)_2$	1.32	1.34	0.99	2.74	1.70	2.62
NH_3	2.88	2.93	2.12	5.90	3.71	5.70

3.5.4.3　**酸性废水过滤中和法**

即用石灰石、白云石、大理石等作滤料，使酸性废水通过滤池得以中和。

3.6　铝

元素铝几乎在所有的食品中出现，人体平均摄入量约为 20 mg/d。铝盐广泛应用于防汗剂、肥皂、化妆品及食品添加剂。铝在未经处理及处理过的饮用水中很常见，而铝盐更是作为絮凝剂而被广泛地应用于水处理领域。

3.6.1 性质

铝(Al)在地壳中的元素丰度为7.51%(克拉克值,排O、Si之后列第三位),是土壤和动植物组织中的常见组分。铝及其主要化合物的理化性质是:铝的熔点660.37 ℃、沸点2 467 ℃、密度2.702 g/cm^3,不溶于水;三氧化二铝(Al_2O_3)的熔点2 072 ℃、沸点2 980 ℃、密度3.965 g/cm^3,不溶于水;六水合氯化铝($AlCl_3 \cdot 6H_2O$)加热至100 ℃时可发生分解,密度2.398 g/cm^3,溶于水;硫酸铝[$Al_2(SO_4)_3$]加热至770 ℃时可发生分解,密度2.71 g/cm^3,0 ℃时水溶解度31.3 g/L;氢氧化铝[$Al(OH)_3$]的熔点300 ℃、密度2.42 g/cm^3。

水体中铝物质的主要来源是岩石侵蚀、土壤渗漏、灰尘沉降、降雨以及工业废水等。不同的水体含铝量不同,一般酸性水含铝量较高,铝加工厂附近水体含铝量往往超过10 mg/L。在水处理过程中,常用铝盐[Al_2O_3、$Al_2(SO_4)_3$或$Al(OH)_3$等]作混凝剂以去除水中的矿物质和有机物,混凝后的铝盐呈不溶性而沉淀或被滤去,此过程不可避免地会有铝物质残留于水体中,有调查显示处理后的水体含铝量为0.01~2 mg/L。同时,在输水过程中,也可能有一部分铝沉积在管网中(尤其是水流缓慢时),与水中的铁、锰、二氧化硅、有机物及微生物等结合而生成沉淀,尤其是与铁的结合极易导致水色度升高(无铝情况下,水中含有低浓度的铁不会引起水色度变化),使水变得不能饮用。

3.6.2 对人体健康的影响

铝的毒性不大,并非是人体的基本组成成分,以往曾被列为无毒微量元素并能拮抗铅的毒害作用。后经研究表明,经口摄入100~1 000 mg铝/kg体重,仍具有微弱毒性,可能干扰磷的代谢,对胃蛋白酶活性起到一定抑制作用,导致厌食、虚弱、骨痛。铝一旦被吸收,就会与血清蛋白相结合,然后通过肾排出体外,当遇有肾功能不全的患者则就无法进行正常排泄而只能在体内积聚,天长日久会引起慢性中毒。国外有研究表明,铝可以进入大脑神经细胞的细胞核,诱发阿尔茨海默氏症和透析早老性痴呆症,这类疾病的初始症状多表现为记忆力下降、丧失方向感、精神错乱和时常抑郁,严重的可出现痴呆、语言障碍、肌肉抽搐、惊厥直至死亡。因此,世界卫生组织对饮用水中铝含量的控制值定为0.2 mg/L,我国现行《生活饮用水卫生标准》也规定铝含量不得超过0.2 mg/L。

3.6.3 检测方法

铝的测定方法有分光光度法、原子吸收法和电感耦合等离子发射光谱法(ICP-AES)等。不过,分光光度法易受共存成分铁及碱金属、碱土金属等元素干扰;火焰原子吸收法则由于铝在空气-乙炔火焰中易形成耐高温氧化物而降低灵敏度,所以目前应用较多的还是电感耦合等离子发射光谱法及间接火焰原子吸收法。

3.6.3.1 电感耦合等离子发射光谱法

这种检测方法的原理是:当氩气通过等离子体火炬时,经射频发生器所产生的交变电磁场可使其电离、加速并与其他氩原子碰撞。这种连锁反应会使更多的氩原子电离,形成原子、离子、电子的离子混合气体，即等离子体。等离子体火炬可达6 000～8 000 K高温。经过滤或消解处理过的样品，进入雾化器被雾化并由氩载气带入等离子体火炬中，气化的样品分子在等离子体火炬的高温下被原子化、电离、激发。不同元素的原子在激发或电离时可发射出特征光谱，从而可定性测出样品中存在的元素，然后根据特征光谱强弱与样品中原子浓度相关的关系，进一步定量测出样品中元素的含量。

应用ICP－AES法测定水中铝浓度时应注意以下几点：饮用水中铝含量太低时，可先浓缩后再测定；离子发射光谱仪要预热1 h，以防波长漂移；所有容器清洗干净后，再用10%的热硝酸荡洗一遍，然后用自来水冲洗和去离子水反复冲洗，以尽量降低空白背景。

3.6.3.2 间接火焰原子吸收法

这种检测方法的原理是：在pH值为4.0～5.0的乙酸－乙酸钠缓冲溶液及在1－(2－吡啶偶氮)－2－萘酚(PAN)存在的条件下，Al^{3+}与Cu(Ⅱ)－EDTA发生定量交换，反应式如下：

$$Cu(II)-EDTA+PAN+Al^{3+} \rightarrow Cu(II)-PAN+Al(III)-EDTA$$

生成物可被氯仿萃取，用空气乙炔火焰测定水相中剩余的铜，从而间接测定铝的含量。按下式计算铝的含量(mg/L)。

$$\text{铝的含量} = \frac{m}{V} \qquad (3\text{-}3)$$

式中，m为从铜的吸光度－铝含量校准曲线上查得样品中铝的质量，μg；V为取样的体积，mL。

3.6.4 处理技术

通常处理含铝废水的方法是中和、平流沉淀和过滤等。这里仅介绍应用最为广泛的平流沉淀法。

平流沉淀法是依据混凝后的铝盐不溶于水而自然沉淀的特性设计的。通常设计平流沉淀池为矩形状，深2.5～3.5 m，长深比大于10(8～12)，长宽比大于4，以保证断面水流均匀，池中水平流速一般为10～25 mm/s，水力停留时间为1.5～3 h。平流沉淀池一般设计为平底(纵向污泥斗坡度一般设计为0.01～0.02，刮泥机行进速度0.6～0.9 m/min)，可采用机械刮泥或吸泥，如往复运动的刮泥车或吸泥车、链带传动的刮泥板等(对于采用刮泥方式的需在进水侧池底设置泥斗)。平流沉淀法处理效果稳定，运行管理简便，易于施工，不足之处是占地面积较大。

3.7 铁

大约在6 000年前，我们的祖先便从铁陨石中认识了铁，在人类历史上青铜器时代之后就进入了铁器时代，开始利用铁制造各种生产和生活用具。在现代社会，铁的用途十分广泛，常见于建筑材料(尤其是水管)，氧化铁可用做颜料和塑料工业中的色素，其他铁化合物可用于食品色素以治疗人体的铁缺乏症，多种铁盐可用于水处理的絮凝剂。

3.7.1 性质

铁(Fe)是地壳中排在铝之后的第二丰富金属,元素丰度(克拉克值)4.7%,熔点为1 535 ℃,密度7.86 g/cm^3(25 ℃)。自然界中的铁很少有元素态的,而多见于二价铁、三价铁的化合物。天然水中的铁离子有亚铁(Fe^{2+})和高铁离子(Fe^{3+})两种形态,并可以在其溶液中以简单的水合离子及复杂的无机、有机络合物形式存在,也可以存在于胶体及悬浮物的颗粒中。常见的亚铁盐溶解度较大而水解度却较小,因此Fe^{2+}不易形成沉淀物析出,同时Fe^{2+}是不稳定的,当水样暴露于空气时就极易被迅速氧化为不溶性的氢氧化铁(三价)而水解沉淀(pH 值大于3.5)。只有在缺氧的地下水中,Fe^{2+}才得以存在,有时甚至含量高达10 mg/L 以上。我国含铁含锰地下水比较集中的地区是松花江流域和长江中下游地区以及黄河流域、珠江流域的部分地区。

铁及其化合物均为低毒和微毒性,含铁量高的水往往带黄色并具有铁腥味,对水的外观有直接的影响。一般水中含铁量小于0.3 mg/L 时是难以察觉其味道的,超过0.3 mg/L则会使衣服和器皿着色,达到0.5 mg/L 时色度就可大于30 度,达1 mg/L 时便有明显的金属味。另外,铁能促进管网中铁细菌的生长,在管网内壁形成黏膜,进入锅炉后生成铁垢而影响传热,如用离子交换树脂作水处理,还会形成高铁化合物沉积而堵塞交换通道,增加树脂层的水流阻力。印染、纺织、造纸等工业用水含铁量高时,会在产品上形成黄斑而影响质量,因此这些行业用水的含铁量一般都要求控制在0.1 mg/L 以下。

3.7.2 对人体健康的影响

铁是人体的必需元素,据报道,成人每日从食物中的摄入量为10 ~ 14 mg、从饮水中的摄入量为0.6 mg、从空气中的摄入量为25 μg,大多数铁以离子状态在小肠被吸收,主要存在于血红蛋白、球蛋白、含铁酶、肝、脾、骨髓等处。成年男性体内平均含铁4 g,约占体重的0.005 7%,成年女性约含3 g。铁在体内分为储存铁和功能铁两部分,其中储存铁只占全身总铁量的不足20%,其余80%以上都为功能铁。人体每日失铁一般不超过1 mg,主要是随消化道及表皮细胞的脱落而丢失,也有少量随尿及汗液的排泄而流出,但成年女性每月经期可失铁15 ~70 mg。

铁是人体血液中运输和交换氧所必需的成分,参与血红蛋白、细胞色素及各种酶的合成,能够激发辅酶A 等多种酶的活性,主要起促进造血、能量代谢、平衡营养、生长发育的作用。人体缺铁或利用不良将导致发生贫血、免疫功能障碍和新陈代谢紊乱等。人体一旦缺铁就会引起铁缺乏症。这种病症的出现及发展一般分为三个阶段:①铁减少期。体内储存铁减少,血清铁含量正常,无贫血现象。②红细胞生成缺铁期。体内储存铁缺乏,血清铁含量减少,红细胞内游离原卟啉增加,但无贫血现象。③缺铁性贫血期。除具有红细胞生成缺铁期特征外,血红蛋白浓度降至正常值以下,出现低血素小细胞性贫血。铁能引起贫血的原因是,红细胞的主要成分是血红素,血红素又是由原卟啉铁与铁结合而成的,当铁摄入不足或吸收环节出现障碍时就会影响血红素的合成而造成贫血。所以,当发生原因不明的头晕、耳鸣、易疲倦时,就应该检测一下血色素,如果血色素值经常低于规定标准,就要警惕是否患上了铁缺乏症。

当然,体内之铁也是一把“双刃剑”,决非越多越好。研究表明,铁一旦被肌体吸收,除了部分随失血流出外,少有其他排泄渠道。体内多余之铁会储存于蛋白质上,结合成铁蛋白,促使不稳定的自由基破坏肌体组织而损害心脏,同时血液中的铁蛋白也会与胆固醇相互作用而促使心脏病恶化。据报道,高铁蛋白者的心脏病发病率是低铁蛋白者的2倍;若高铁蛋白合并高低密度脂蛋白、高胆固醇,则心脏病发病率就会进一步增至4倍。体内过多的铁还会促使胰腺功能紊乱。另外,长期用含 Fe^{3+} 的水洗脸,还会氧化皮肤,加速女性衰老(《大河报》,2009年6月20日,定用“微型净水厂”进入我市)。

为控制好饮用水中的铁离子浓度含量,我国《生活饮用水卫生标准》(GB 5749—2006)规定限值为0.3 mg/L,农村饮用水放宽到0.5 mg/L。

3.7.3 检测方法

3.7.3.1 火焰原子吸收分光光度法(参见 GB 11911—89)

测定原理是:消解后的样品进入火焰后原子化,铁原子在248.3 nm处对其空心阴极灯有特征辐射吸收,在一定条件下,吸光度与待测样品中的铁浓度成正比。

测定方法是:先在试样中加入硝酸,加热消解,以确保全部的铁都能转化为三价铁。然后配置铁、锰混合标准溶液系列,测定其吸光度,绘制校准曲线。用同样的方法测定样品吸光度,从校准曲线上求得样品溶液中的铁含量,也可同时测得锰含量:

$$铁含量 = \frac{m_1}{V_1} \tag{3-4}$$

$$锰含量 = \frac{m_2}{V_2} \tag{3-5}$$

式中,m_1、m_2 为由铁、锰含量—吸光度校准曲线查得铁、锰的含量,μg;V_1、V_2 为水样体积,mL。

影响此方法准确度的主要是化学干扰,即当硅的浓度大于20 mg/L时会对铁的测定产生负干扰、大于50 mg/L时会对锰的测定产生负干扰。但一般干扰不严重,只有当遇到高矿化度水样时,才需采取校正措施或将水样适当稀释后再进行测定。

3.7.3.2 邻菲啰啉分光光度法

在pH值为3~9的溶液中,亚铁离子可与邻菲啰啉生成稳定的橙红色络合物,这种络合物可在避光时稳定半年以上,其测量波长为510 nm,摩尔吸光系数为 1.1×10^4 L/(mol·cm)。若用还原剂(如盐酸羟胺)将高铁离子还原,该法还可用于测定高铁离子及总铁含量。具体方法步骤是:

(1)绘制邻菲啰啉亚铁吸收曲线。取铁标准溶液加入一定量的盐酸羟胺溶液、HAc-NaAc缓冲溶液和0.1%邻菲啰啉溶液混匀,以显色剂作参比溶液,在分光光度计中测量波长600~440 nm的光密度。以波长为横坐标、吸光度为纵坐标,绘制邻菲啰啉的吸收曲线,求出最大吸收峰的波长。

(2)绘制标准曲线。配制一定浓度的铁标准溶液系列,按照上一步中的方法在最大吸收波长处分别测定标准溶液的光密度。以光密度为纵坐标、铁含量为横坐标,绘制标准曲线。

(3)测定试样中铁含量。准确称取试样若干置于小烧杯中,加少量蒸馏水使之润湿,滴加 3 mol/L 盐酸至试样完全溶解,用与步骤(1)中同样的方法测定其光密度。然后由标准曲线示出相应的铁含量,计算可得试样中的总铁含量。

测定水中的亚铁含量时,不需要滴加盐酸和盐酸羟胺溶液,只需要加入缓冲溶液和邻菲啰啉溶液显色测定即可;测定水中可过滤铁的含量时,可先将水样用 0.45 μm 的滤膜过滤,然后用测定总铁含量的方法测定。本方法对不超过 Fe^{2+} 含量 40 倍的 Sn^{2+}、Al^{3+}、Ga^{2+}、Mg^{2+}、Zn^{2+}、SiO_3^{2-} 以及 20 倍的 Cr^{3+}、Mn^{2+}、PO_4^{3-} 和 5 倍的 Co^{2+}、Cu^{2+} 等均不干扰测定。

3.7.4 处理技术

铁和锰的化学性质相近,常共存于地下水中,因此去铁除锰一般都利用同一原理及同一方法,即先将溶解状态下的铁、锰氧化成不溶解的 Fe^{3+} 或 Mn^{4+} 化合物,再经过滤而达到去除目的。常用处理工艺主要有自然氧化法、接触氧化法、氯氧化法、高锰酸钾氧化法、臭氧氧化法及生物法、膜技术等。

3.7.4.1 自然氧化法

新中国成立初期,国内地下水除铁、锰大多采用这种工艺,其基本原理是曝气充氧后将二价铁氧化为三价铁,经反应沉淀之后,过滤将其去除。自然氧化法的流程包括曝气、氧化反应、沉淀、过滤等环节,使用氧化剂主要有氧气、氯和高锰酸钾等,实际应用中多因空气中的氧经济、方便而被首选,当利用氧气作为氧化剂时的反应如式(3-6)、式(3-7)所示:

$$4Fe^{2+} + O_2 + 10H_2O \longrightarrow 4Fe(OH)_3 + 8H^+ \tag{3-6}$$

$$2Mn^{2+} + O_2 + 2H_2O \longrightarrow 2MnO_2 + 4H^+ \tag{3-7}$$

根据反应式推算,氧化 1 mg/L 的 Fe^{2+} 理论上需要 0.14 mg/L 的溶解氧,然而生产中由于水中其他杂质的影响,实际用量通常为理论值的 3 ~ 5 倍,一般 1 m^3 水去除 1 mg/L 的 Fe^{2+} 所需空气量约为 1 L,空气与含 Fe^{2+} 水的接触时间为 2 ~ 3 h。

当地下水碱度较低和存在溶解性硅酸时将会影响除铁效果。

国外一些地区在应用自然氧化法除铁工艺时也有直接在含水层中进行的,即地层除铁法。这种方法是直接把含氧水灌入地层,从而在井下含水层中形成半径为 10 ~ 20 m 的氧化区,在此区内使铁被氧化而沉淀。例如瑞士、芬兰等国家都是通过取水井周围的专用灌水井而将含氧水灌入地下含水层的,而俄罗斯等国则是将含氧水直接从取水井注入地层。

3.7.4.2 接触氧化法

含 Fe^{2+}、Mn^{2+} 地下水经过简单曝气后不需要絮凝、沉淀而直接进入滤池中,能使高价铁、锰的氢氧化物逐渐被附着在滤料表面,形成深褐色的氢氧化铁覆盖膜和黑褐色的高价铁锰混合氧化物,这种自然形成的活性滤膜具有接触催化作用。接触氧化法除铁锰的工艺流程一般为:原水→曝气→催化氧化过滤。

过滤可以采用各种形式的滤池。实际工艺中按原水水质及处理后的水质要求来决定。当原水中铁锰含量不高时,可以在同一滤层中同时除去铁和锰。但如果铁锰含量较大,则一般应在流程中建造两个滤池并实行两次曝气,此种情况的工艺流程如下:原水→一级曝气→催化过滤除铁→二级曝气→催化过滤除锰。

对介于上述两情况之间的含铁量高而含锰量不高的情况,可实行一次曝气、两次过滤工艺,一般流程可设计为:原水→曝气→过滤→复过滤。

需要指出的是,滤料、铁锰含量、pH 值、曝气、滤速等因素对接触氧化去铁除锰效率是有影响的。

试验表明,优质锰砂滤料(软锰矿砂)的去铁除锰效果最好;河砂、石英砂、纤维球、无烟煤也都具有不同程度的去铁除锰的能力,只是除锰作用相对较差。但据学者研究,尽管不同的滤料在初始阶段吸附能力有差异,当经过大致相同时间的除铁运行后(一般为 4 ~ 20 d),却都能够在其表面形成具有催化作用的铁质活性滤膜,使除锰过程产生自催化反应,从而提高除锰效率。

当原水中含铁量小于 2.0 mg/L、含锰量小于 1.5 mg/L 时,可在同一滤池中同时完成去铁除锰。如铁锰浓度较大,则应建造前后两个滤池(压力式快滤池)或上下两级滤层(重力式快滤池)分别去除,前池(上层)用于除铁,后池(下层)用于除锰。压力式快滤池滤层厚度一般为 1 ~ 1.5 m、重力式快滤池滤层厚度一般为 0.7 ~ 1.0 m。除铁滤池的滤料宜采用天然锰砂(粒径 d_{min} = 0.6 mm、d_{max} = 1.2 ~ 2.0 mm)或石英砂(d_{min} = 0.5 mm、d_{max} = 1.2 mm),滤速一般控制为 6 ~ 10 m/h,工作周期可为 8 ~ 24 h。

适宜 pH 值为 6.5 ~ 7.5,低于 6.0 时除铁效果不明显。我国绝大多数地下水的 pH 值都是高于 6.0 的,所以 Fe^{2+} 的氧化均能迅速完成。

增加溶解氧的浓度会加快二价铁的氧化,因此曝气装置及其曝气效率是影响去除效果的重要因素之一。曝气装置有多种形式,如跌水、喷淋、射流曝气、压缩空气曝气、叶轮式表面曝气、板条式曝气塔或焦炭接触式曝气塔等。当采用跌水装置时,一般应实行 2 ~ 3 级跌水,每级跌落高度 0.5 ~ 1.0 m,单宽流量 20 ~ 50 m^3/(h · m);当采用淋水装置(穿孔管或莲蓬头)时,穿孔眼直径可为 4 ~ 8 mm,孔眼流速 1.5 ~ 5 m/s,距水面安装高度 1.5 ~ 2.5m(莲蓬头则为每个服务面积 1.0 ~ 1.5 m^2)。当采用压缩空气曝气时,每立方米的需气量(以 L 计)宜为原水中 Fe^{2+} 含量(以 mg/L 计)的 2 ~ 5 倍;当采用板条式曝气塔时,板条层数可为 4 ~ 6 层,层间净距为 400 ~ 600 mm。当采用接触式曝气塔时,填料可采用粒径为 30 ~ 50 mm 的焦炭块或矿渣,填料层数可为 1 ~ 3 层,每层填料厚度 300 ~ 400 mm,层间净距不小于 600 mm。以上淋水装置、板条式曝气塔和接触式曝气塔的淋水密度可选择 5 ~ 10 m^3/(h · m^2),其中淋水装置接触水池容积按 30 ~ 40 min 处理水量推算,接触式曝气塔底部集水池容积按 15 ~ 20 min 处理水量推算。当采用叶轮式表面曝气装置时,曝气池容积可按 20 ~ 40 min 处理水量推算,叶轮直径与池长边或池直径之比可为 1:6 ~ 1:8,叶轮外缘线速度可设定为 4 ~ 6 m/s。在选择曝气方式时,一般的小型水厂且地下水pH > 6.0而无需去除 CO_2 时可选用射流曝气法,即应用水射器将高压水流吸入空气(高压水可用压力滤池的出水回流),然后直接打入深井泵的吸水管中,这种形式结构简单,运行方便,成本自然较低。

3.7.4.3　**氯氧化法**

氯是比氧更强的氧化剂,当 pH > 5 时,氯能迅速地将地下水中的二价铁氧化为三价铁：

$$2Fe^{2+} + Cl_2 \rightleftharpoons 2Fe^{3+} + 2Cl^- \quad (3\text{-}8)$$

按此反应式计算，每氧化 1 mg/L 的二价铁，理论上约需 0.64 mg/L 的 Cl_2，但实际上所需的投氯量要比理论值高一些，一般为每氧化 1 mg/L 的二价铁约需 1 mg/L 的氯。氯氧化法除铁流程如图 3-1 所示。

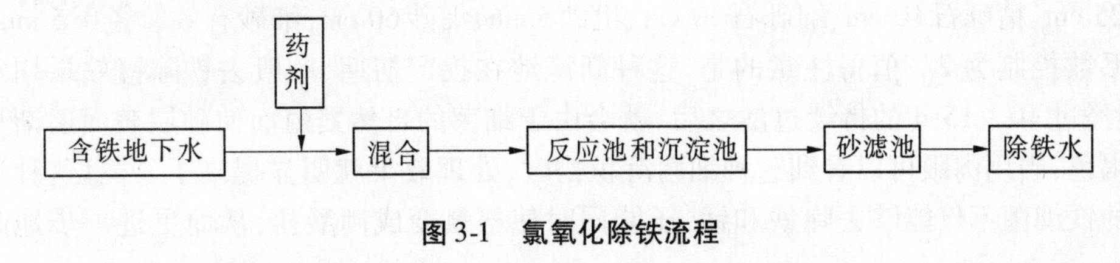

图 3-1　氯氧化除铁流程

药剂一般为液氯或漂白粉，投入后迅速与水混合，然后进行一定时间（一般 15 ~ 20 min）的氧化反应和絮凝，最后经石英砂滤池过滤，即去除生成的氢氧化铁悬浮物，从而完成除铁过程。

3.7.4.4　高锰酸钾氧化法

高锰酸钾是比氧和氯更强的氧化剂，它能迅速地将二价铁氧化为三价铁：

$$3Fe^{2+} + MnO_4^- + 2H_2O \rightleftharpoons 3Fe^{3+} + MnO_2 + 4OH^- \quad (3\text{-}9)$$

按照这个反应式进行计算：

$$\frac{KMnO_4}{3Fe^{2+}} = \frac{158}{3 \times 55.85} = 0.94$$

即每氧化 1 mg/L 的 Fe^{2+}，理论上需要 0.94 mg/L 的 $KMnO_4$，但实际上发现不需要这么多的高锰酸钾投药量，这也可能是由于反应生成的二氧化锰具有接触催化作用。

需要注意的是，此法能生成密实的絮凝体，并易于为砂滤池所截留，所以含铁地下水在投加 $KMnO_4$ 后可立即进行过滤。此法对于硬度较大的含铁地下水效果较好。但是 Reh 指出，有机铁、锰并不能被 O_2、Cl_2 和高锰酸钾氧化去除，当水中存在这类物质时，他建议先用明矾混凝后再进行沉淀过滤。

3.7.4.5　臭氧氧化法

臭氧是一种极强的氧化剂，不仅能迅速地氧化水中的二价铁，而且能在比较低的 pH 值（6.5）和无催化剂的情况下使二价锰完全氧化。

$$2Fe^{2+} + O_3 + 5H_2O \rightleftharpoons 2Fe(OH)_3 + O_2 + 4H^+ \quad (3\text{-}10)$$

$$2Mn^{2+} + 2O_3 + 4H_2O \rightleftharpoons 2MnO(OH)_2 + 2O_2 + 4H^+ \quad (3\text{-}11)$$

按反应式计算，每氧化 1 mg/L Fe（Ⅱ）理论上需要 0.43 mg/L 臭氧，每氧化 1 mg/L Mn（Ⅱ）理论上需要 0.87 mg/L 臭氧，但实际使用量往往要高出数倍，一般所需的最佳剂量应由试验确定。

臭氧与锰的反应时间很短，通常只需 30 s。如果臭氧投加过量，出水会略呈粉红色，这时可采取无烟煤层（单层或双层滤料池）或通过活性炭去色。

3.7.4.6　生物法

生物法也称微生物处理法，就是把溶解于水中的低价铁锰离子通过铁细菌的吸附氧化而去除的方法。铁细菌之所以能够去铁除锰，是因为其具有生物氧化即酶氧化性能。铁细菌的种类很多，常见的有嘉氏铁柄杆菌（高效除铁菌）、缠绕纤发菌（高效除锰菌）和亚铁杆菌等。生物法除铁锰的工艺与接触氧化法相似，都涉及曝气和过滤。一般简单的曝气方法是将原水通过球阀经 20～30 cm 落差而流入池内。滤池构造与接触氧化池（可称快滤池）一样，但其滤速要慢一些，一般应控制为 1 m/h 左右，滤层自下而上分别填装卵石 25 cm、精砾石 10 cm、细砾石 10 cm、粗砂 5 cm、细砂 60 cm，细砂有效粒径 0.5 mm，不均匀系数控制为 2。值得注意的是，这种新滤池在投产初期，一般去铁除锰效果均不理想，但经过 10～15 d 的持续过滤之后，就会由于细菌的自然繁殖而使砂层表面逐渐呈现出赤褐色，当用肉眼可以看到这种细菌沉积物时，处理效果就明显提高了，并且这种逐渐形成的铁细菌不仅能够去除铁和锰，还能同时使氨氮变成硝酸盐，从而更进一步地改善水质。

3.7.4.7 膜技术

地下水膜分离除铁锰的方法可分为直接膜分离和氧化结合膜分离两种。

（1）直接膜分离技术。直接膜分离技术中最常用到的是反渗透和纳滤去除地下水中铁锰。处理过程中需要调节进水 pH 值以确保水中之铁为溶解态以避免膜污染。膜清洗过程中，简单地用水清洗很难除掉膜上沉积的锰，但是用稀的弱碱性氨水则可以防止锰的沉积。这种方法除铁锰的出水中有时 Mn^{2+} 仍会超过 0.1 mg/L。

（2）氧化结合膜分离技术。氧化结合膜分离技术中的氧化剂大多仍采用 Cl_2、$KMnO_4$、H_2O_2 等。Fe^{2+}、Mn^{2+} 被氧化形成不溶的 $Fe(OH)_3$ 和 MnO_2 悬浮颗粒物，然后被微滤膜或超滤膜分离去除。Choo 使用 Cl_2 氧化与超滤联合的工艺处理去除湖水中的 Fe^{2+}、Mn^{2+}，发现当 Fe^{2+} 浓度为 1.0 mg/L 和 Mn^{2+} 浓度为 0.5 mg/L 时，仅靠溶解氧的氧化而不加氯，之后采用超滤即可分离去除水中的铁，但只能去除很少量的锰，而当加氧量为 3 mg/L 时，除锰效率显著提高，去除率可达 80% 以上。

3.7.4.8 其他除铁锰方法

除了前述除铁锰方法外，以下一些手段也可以单独或联合使用以去除水中的铁和锰。

（1）用石灰软化法来去除水中的有机铁、有机锰及其他一些产生硬度的金属。

（2）利用钠型离子交换法可以去除地下水中的二价铁离子和二价锰离子，同时还可兼收到软化水质的效果。不过，需要注意的是，使用这种方法时通过离子交换树脂的水是不能被氧化的，因此要防止 $Fe(OH)_3$ 和 MnO_2 沉淀堵塞吸附床，就应尽可能地避免含铁地下水在离子交换前遭曝气，特别是要注意不使深井泵吸入空气。

（3）锰沸石法去铁除锰。用高锰酸钾或二价锰盐把纳绿砂沸石转变成锰沸石，锰沸石对铁锰的吸附容量为 1.44 kg/m^3。可以用 2.88 kg/m^3 的高锰酸钾使锰沸石得到再生。

目前，地下水去铁除锰工艺相对比较成熟，一般情况下足以能够保障出水水质的安全，所以迄今为止最常用的方法仍然是将地下水充空气后自然沉淀过滤。

3.8 锰

锰主要用于制造铁、钢和其他合金。二氧化锰及其他锰化合物也用于电池、玻璃及火焰生产中。高锰酸钾常作为氧化剂用于清洁、漂白和消毒。

3.8.1 性质

锰(Mn)在地壳中的元素丰度为0.08%(克拉克值),常与铁共存,主要有二价、三价、四价、六价、七价的锰化合物,其中二价和四价锰较不稳定。Mn 的熔点 1 244 ℃、沸点 1 962 ℃、密度 7.2 g/cm^3、不溶于水,$MnCl_2$ 的熔点 650 ℃、沸点 1 190 ℃、密度 2.97 g/cm^3、水溶解度 723 g/L,Mn_3O_4 的熔点 1 564 ℃、密度 4.86 g/cm^3、不溶于水,MnO_2 的密度 5.03 g/cm^3、不溶于水,$KMnO_4$ 的密度 2.7 g/cm^3、水溶解度 63.8 g/L。锰在环境中是无处不在的。单质锰和无机锰常以悬浮微粒的形式存在于大气中;天然地表水中含有溶解氧,铁锰主要以不溶解的 $Fe(OH)_3$ 和 MnO_2 状态存在,所以含量通常都不高,很少有超过1 mg/L 的;地下水、湖泊和水库深层水体由于缺少溶解氧,因此锰主要以二价态的形式存在。二价锰被水中溶解氧氧化的速度非常缓慢,所以一般不会使水迅速变浑,但其产生沉淀后能使水的色度增大,其着色能力比铁高数倍。当锰的质量浓度超过 0.02 mg/L 时,就会在水管内壁形成一层被覆物,并随水流出,形成黑色沉淀;当锰的质量浓度超过 0.1 mg/L 时,还会使饮用水发出令人不愉快的味道,并能使器皿和洗涤的衣服着色。水中含有微量的铁和锰,一般认为对人体无害,但如果长期摄入过量的锰,则会导致慢性中毒。

3.8.2 对人体健康的影响

锰是一种人体必需的微量元素,成人体内含锰量 10 ~ 20 mg,锰主要储存于肝和肾中,在细胞内则主要集中于线粒体中,每日需要量为 3 ~ 5 mg(婴儿每日安全摄入量 0.3 ~ 0.6 mg/L)。锰在肠道中吸收与铁吸收机理类似,吸收率较低,吸收后与血浆 β_1 微球蛋白、运锰蛋白结合送输,主要由胆汁和尿液排出。锰参与一些酶的构成,如线粒体中丙酮酸羧化酶、精氨酸酶等,不仅参加糖和脂类代谢,而且在蛋白质、DNA 和 RNA 合成中发挥作用,还在胚胎的早期发挥作用,具有促生长发育、强壮骨骼、防治心血管病的功能,因此摄入不足肯定对健康有害。锰缺乏的症状主要是生长发育迟缓,脂、糖类代谢障碍,以及贫血、儿童骨骼异常、红斑狼疮、动脉硬化、癌肿等。但是,过量摄入锰则会危害人体中枢神经系统,引起锥体外系功能障碍,出现虚弱、颓废、四肢笨拙、眼球集合能力减弱、眼球震颤、睑裂扩张、肌肉张力减退等症状,慢性锰中毒还会引起生殖功能的退化。虽然有一些动物试验表明,适量的锰具有一定抗癌作用,但过量摄入还会增加肿瘤的发生率。

饮用水中锰基于健康的质量浓度限值为 0.4 mg/L,但在该限值时会使水体出现浑浊,因此我国现行《生活饮用水卫生标准》规定锰含量应低于 0.1 mg/L、农村安全饮水应低于 0.3 mg/L。

3.8.3 检测方法

锰的测定方法有原子吸收法、等离子发射光谱法、高碘酸钾氧化光度法等,其中前两种方法同 3.6.3 和 3.7.3 分别关于铝、铁的测定方法,这里不再赘述,仅介绍高碘酸钾氧化光度法。

高碘酸钾氧化光度法的原理是,用高碘酸钾氧化低价锰为紫红色的高锰酸盐,于波长

525 nm 处进行光度测定。在酸性介质中本法需要经过长时间的加热煮沸才能完成；但在中性（pH 值为 7.0 ~ 8.6）溶液中，有焦磷酸钾 – 乙酸钠存在时，高碘酸钾可于室温下瞬间将低价锰氧化为高锰酸盐，且色泽稳定 16 h 以上。饮用水中常见的金属离子和阴离子均不干扰锰的测定。

水样中锰含量（mg/L）由式（3-12）计算：

$$锰含量 = \frac{m}{V} \tag{3-12}$$

式中，m 为由锰含量 – 吸光度校准曲线查得或用回归方程计算锰的含量，μg；V 为水样体积，mL。

采用本方法时，酸度是氧化发色完全与否的关键条件，一般应将 pH 值控制在 7.0 ~ 8.6，最好为 7.3 ~ 7.8。若 pH 值大于 6.5，则发色速度减慢，影响测定结果。加入的焦磷酸钾 – 乙酸钠溶液具有一定的缓冲容量，一般在酸性条件下保存的样品无需调节酸度，可直接发色。

3.8.4 处理技术

如 3.7.4 所述，除锰方法与除铁方法基本一样，即凡适用于除铁的技术工艺也基本适用于除锰，所以可参考 3.7.4 所述方法进行除锰，这里仅就一些方法中的不同之处予以补充介绍。

3.8.4.1 接触氧化法

接触氧化法除锰原理与除铁类似，含锰地下水曝气后经滤层过滤，能使高价锰的氢氧化物逐渐附着在滤料表面上，形成锰质滤膜，使滤料成黑色或暗褐色的“锰质热砂”。这种自然形成的熟砂具有接触催化作用，能大大加快氧化速度，使水中二价锰在比较低的 pH 值条件下就能被溶解氧氧化为高价锰而由水中除去。这种在熟砂接触催化作用下进行的氧化除锰过程，称为曝气接触氧化法除锰。在滤料表面逐渐形成的具有催化活性的氢氧化锰滤膜，称为锰质活性滤膜（对于锰质活性滤膜的认识，目前存在几种不同的观点：李圭白认为接触催化物为 MnO_2，范懋功经过红外光谱测定认为接触氧化物应该是 Mn_3O_4，还有一种观点则认为是一种结构为六方晶系的待定复合物 $Mn_xFeO_2 \cdot xH_2O$）。形成滤膜的过程，称为滤料的成熟过程。形成滤膜的时间，称为滤层的成熟期。

我国的含铁锰地下水一般分三种类型：一种是低铁低锰型（铁浓度 < 5 mg/L，锰浓度 < 1.5 mg/L），另一种是高铁高锰型（铁浓度 > 10 mg/L，锰浓度 > 3 mg/L），再一种是介于上二者之间的高铁低锰型。对前一种类型，一般采用曝气单级生物接触工艺即可；对第二种类型，则往往需采取两级曝气、两级生物接触过滤工艺，才能达到经济技术合理和净化效果良好的目的；而对第三种类型，一般则采取一级曝气、两级过滤工艺。

地下水去铁除锰过程中所形成的活性滤膜的成熟期长短，随水质中铁锰含量高低而异，浓度高者成熟期较短，浓度低者成熟期较长，一般前者需 60 ~ 70 d，后者则需 90 ~ 120 d。除此，成熟期还与滤料的品种等有关。另外，值得注意的是，锰的去除较之铁更为困难，因此滤速要比除铁时慢一些，一般应控制为 8 ~ 10 m/h，且当铁锰共存时，最好使 Fe^{2+} 的质量浓度在 2 mg/L 以下并先行完成去除而后再进行除锰。

除锰滤池形式的选择应主要以水中含锰浓度的高低为依据，一般对含锰量高的水质应采用天然锰砂生物接触滤池，粒径为0.6~2.0 mm的粗滤料，滤层厚度以1.0~1.5 m为好；对含锰量低的水质，所用滤料品种及滤层厚度可适当降低要求，一般采用双层滤料（无烟煤和石英砂）或单层石英砂滤料也可达到除锰目的。

3.8.4.2 氯氧化法

氯氧化法除锰有氯自然氧化法除锰和氯接触氧化法除锰两种形式，其中氯自然氧化法流程比较复杂，制水成本也相对较高，目前已很少应用。

含锰地下水投氯后，经石英砂滤层长期过滤，能在砂表面形成一层具有催化活性的锰质滤膜。滤膜物质的化学组成为 $MnO_2 \cdot H_2O$（李圭白观点），它首先吸附交换水中的二价锰离子：

$$Mn^{2+} + MnO_2 \cdot H_2O + H_2O \rightleftharpoons MnO_2 \cdot MnO_2 \cdot H_2O + 2H^+ \quad (3\text{-}13)$$

被吸附的二价锰进一步被氯氧化为四价锰，从而使催化剂得到再生：

$$MnO_2 \cdot MnO_2 \cdot H_2O + Cl_2 + 2H_2O \rightleftharpoons 2MnO_2 \cdot H_2O + 2H^+ + 2Cl^- \quad (3\text{-}14)$$

生成的 $MnO_2 \cdot H_2O$ 作为新的催化剂参加反应，所以上述反应又是一个自动催化反应过程。由于二价锰是在催化剂作用下被氧化的，氧化速度已大大加快。其工艺流程如图3-2所示。

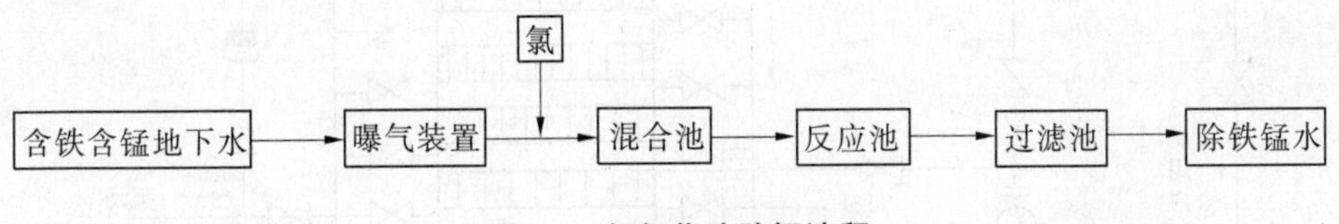

图3-2　氯氧化法除锰流程

除锰所需投氯量不仅要满足氧化水中二价锰以及其他易于氧化的物质要求，而且应保障滤后水中的残余氯量达到0.5~1 mg/L，投氯后的反应时间一般需0.5~1 h。

当地下水含铁浓度高时，砂表面能被铁质覆盖而致使滤料的接触催化活性降低或丧失。所以，氯接触氧化法除锰适用于地下水含铁量不高的情况。

3.8.4.3 高锰酸钾氧化法

高锰酸钾可以在中性和微酸性条件下迅速将水中二价锰氧化为四价锰：

$$3Mn^{2+} + 2KMnO_4 + 2H_2O \rightleftharpoons 5MnO_2 + 2K^+ + 4H^+ \quad (3\text{-}15)$$

按反应式计算，每氧化1 mg二价锰理论上需要1.9 mg高锰酸钾，但实际用量低于理论值，这主要是因为反应生成物——二氧化锰是一种吸附剂，能直接吸附水中的二价锰，从而无形中替代了一部分高锰酸钾用量。当水中含有其他易于氧化的物质时，则高锰酸钾用量会相应增大。

若高锰酸钾投加量超过需求量，则处理后的水会显粉红色，这是需要避免的。一般能使水显色的极限高锰酸钾投加量约为水中二价锰浓度的2.3~3倍。

高锰酸钾氧化水中二价锰的反应很快，一般可在数分钟内完成。当水中同时含有二价铁时，可先曝气使大部分二价铁氧化。当水中二价铁、有机物等含量较多时，可先投氯氧化之。

除锰时，若除投加高锰酸钾外还投加其他药剂，投药顺序和间隔时间对处理过程有很大影响，宜用试验来确定。一般使用高锰酸钾和氯时，宜先投氯后投高锰酸钾，或两者同时投加；如还投加硫酸铝和石灰，投加顺序为先投氯，经 5 ~ 10 min 反应后，再投加硫酸铝、石灰和高锰酸钾。

3.8.4.4　多层纤维处理法

采用多层纤维去铁除锰是宋金璞等对哈尔滨市供水七厂进行设计时所研制的新工艺。这项工艺的独特之处是：多层纤维对 Fe^{2+} 具有接触氧化作用，且纤维滤料的比表面积比一般锰砂大 1 ~ 2 个数量级，正因为此（比表面积大则接触氧化的速率就自然也高），其除铁率达到了惊人的 99% ~ 99.9%；然而，多层纤维却对 Mn^{2+} 具有良好的生物氧化作用，它能在良好的通风和充氧条件下使铁锰细菌在滤料上大量繁殖，从而将 Mn^{2+} 氧化为 MnO_2 和 Mn_3O_4 后除去，除锰率达到 70% ~ 80%。最终出水的铁浓度 < 0.05 mg/L、锰浓度 < 0.1 mg/L，均低于国家饮用水标准。

多层纤维去铁除锰的工艺流程如图 3-3 所示。

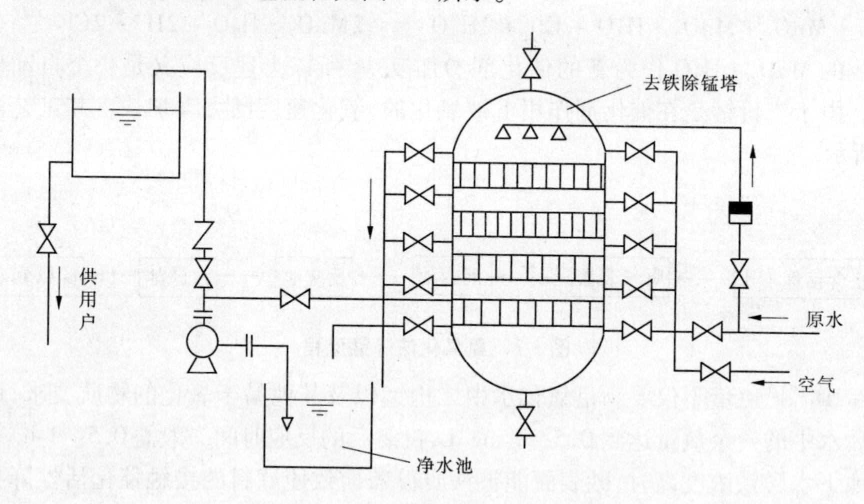

图 3-3　多层纤维去铁除锰的工艺流程

在上述工艺设计中，核心设备是去铁除锰塔。该工程的去铁除锰塔设计为直径 1 m、高 3 m、处理量 4 ~ 5 m^3/h，塔内分 4 层，每层用纤维填充。运行时原水从塔顶部喷淋而下，流经 4 层纤维滤料后由下部排入净水池；同时用鼓风机将空气从塔的底层吹入，再从上部排出。通过调节给水阀门可控制流量。反冲洗时水从下部进入，可逐层进行反冲洗。滤料成熟期约 30 d，到 60 d 左右可将锰浓度降到 0.1 mg/L 以下。

该工艺与常规去铁除锰工艺相比较，可减少占地 1/2、减少设备投资 1/3 ~ 1/4、节约用电量 0.1 ~ 0.15 kWh/m^3。

3.8.4.5　地层处理法

地层去铁除锰工艺，是将含氧水周期性地灌入井周围的地层中，使之由还原状态转变为氧化状态，并形成封闭性的氧化性地层。当由井中抽水时，地下水必须先流经氧化性地层然后才能流入井中，这时水中的二价铁和二价锰被氧化性地层吸附除去，由井中抽出来的水便不再含有铁和锰，从而达到除铁除锰目的，如图 3-4 所示。

地层去铁除锰的回灌方式有井内回灌和井外回灌两种：井内回灌方式就是利用抽水

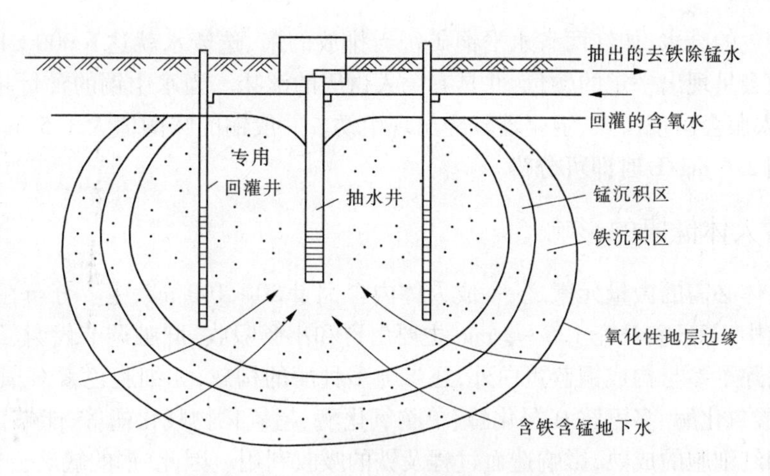

图 3-4　地层去铁除锰原理示意

井本身作为回灌井，周期性地向地层灌入含氧水，从而在井周围形成封闭性氧化性地层；井外回灌方式则是在抽水井四周布置数口专用回灌井，周期性地向地层灌入含氧水，从而在抽水井周围形成封闭性氧化性地层。地层去铁除锰早期多采用井外回灌方式，后来开始采用井内回灌和井内、井外结合的回灌方式。

地层去铁除锰是一种全新的地下水去铁除锰工艺，与传统的地面去铁除锰工艺相比，可大大减少建设费用，减少占地面积，运行管理也比较方便，是具有很大技术经济价值的新技术，它的推广应用必将带来重大经济效益。该技术是 20 世纪 60 年代芬兰首创的，以后在北欧诸国得到推广应用，近年来已为许多国家所重视。

3.9　铜

铜是淡红色有光泽的金属（在有 CO_2 的湿空中表面可变绿色），为一种重要的导热导电介质，可用以制造水管、家庭用具、化工设备、艺术品和合金（如黄铜和青铜）。铜的氧化物、氯化物、硫酸盐、溴化物和碳酸盐被广泛用做抑菌剂、无机染色剂、食品添加剂、杀真菌剂和灭藻剂（如 $CuSO_4$ 在农业和林业上可防治病虫害、抑制水体中藻类的大量繁殖），也可用于摄影和电镀。

3.9.1　性质

在水溶液中一价铜是不稳定的，只有难溶的一价铜化合物（Cu_2O、Cu_2S）和某些一价铜络合物在水中是稳定的。二价铜可与无机和有机配位体如铵、氯离子及腐殖酸形成络合物，常见的铜化合物有 $CuCl_2 \cdot 2H_2O$（0 ℃时的水溶解度为 710 g/L、100 ℃时的水溶解度为 1 080 g/L）、$Cu(NO_3)_2 \cdot 3H_2O$（0 ℃时的水溶解度为 1 380 g/L、100 ℃时的水溶解度为 1 270 g/L）、$CuSO_4 \cdot 5H_2O$（0 ℃时的水溶解度为 320 g/L、100 ℃时的水溶解度为 203 g/L）。

铜在天然水中含量很低，淡水的平均铜含量只有 3 μg/L，海水也只有 0.25 μg/L，一般水体中的过量铜浓度主要来源于岩石风化及电镀、采矿、冶炼、五金、石油化工、化学工业等企业排放的废水,如江西省永平铜矿每天排放的采、选废水就达6 000 t以上。溶解在水中的铜会呈现出一定的颜色,并具有令人讨厌的涩味。当水中铜的含量超过1 mg/L时,洗涤的衣服会出现污点、卫生器具会出现生锈。一般铜的味阈值大于5 mg/L,而在蒸馏水中达到2.6 mg/L时即可分辨。

3.9.2 对人体健康的影响

铜是人体必需的微量元素之一,成人体内含铜量50~100 mg,主要分布在肝、肾、心、毛发及大脑中,每日需补充1.5~2 mg,主要由胃和小肠吸收、肝脏调节代谢、经胆汁而排出。体内铜除了参与构成铜蓝蛋白外,还参与多种酶的构成,如细胞色素C氧化酶、酪氨酸酶、赖氨酸氧化酶、多巴胺β羟化酶、单胺氧化酶、超氧化物歧化酶等,能够促进血红蛋白的生成和红细胞的成熟,影响造血过程及铁的吸收利用。因此,铜的缺乏会导致结缔组织中胶原交联障碍以及贫血、白细胞减少、动脉壁弹性减弱和神经系统症状等,引起心脏增大、血管变弱、心肌变性和肥厚,以及主动脉弹性组织变性进而导致动脉病变、诱发胆固醇增高和冠心病发生等。另外,体内铜代谢异常的遗传病目前除Wilson病(肝豆状核变性)外,还发现有Menke病,表现为铜的吸收障碍而导致肝、脑中铜含量降低,组织中含铜活力下降,机体代谢紊乱。体内铜缺乏还会导致头发颜色改变或变淡。但是,过量摄入铜的危害也十分大。根据(联合国粮农组织和世界卫生组织食品添加剂合作专家委员会JECFA)1982年研究的每日最大耐受摄入量(PMTDI)推算,饮用水中铜阈值为2 mg/L(当然考虑到感官性状的要求,现行饮用水标准规定的限值为1 mg/L),摄入超量时(胃肠道受刺激反应的最低剂量为530 mg/d)会出现呕吐、腹泻、恶心等急性症状,长期铜过剩则会引起肝炎、畸胎、心血管病、大骨节病及食管癌等。人的口服致死量约为10 g。另外,水中铜浓度达到0.01 mg/L时,会对水体自净产生明显抑制作用,并对鱼类等水生生物产生很强的毒性,当铜浓度升至0.1~0.2 mg/L时可致鱼类死亡(一般水产用水要求铜的质量浓度小于0.01 mg/L),与锌共存时毒性更大。对于农作物,铜是重金属中毒性最大者,植物通过灌溉水吸收到铜离子后可固定于根部皮层而影响对其他养分的吸收,最终导致农作物枯死。灌溉水中硫酸铜对水稻的临界毒害浓度为0.6 mg/L。

3.9.3 检测方法

测定水中铜含量的方法主要有原子吸收分光光度法、示波极谱法、阳极溶出伏安法、二乙基二硫代氨基甲酸钠分光光度法和新亚铜灵光度法以及铜检测管法。前三种方法可参见本书2.6.3.2、2.6.3.4、2.6.3.5内容。

3.9.3.1 二乙基二硫代氨基甲酸钠分光光度法

这种检测方法的原理是:在pH值为9~10的氨性溶液中,铜离子与二乙基二硫代氨基甲酸钠(铜试剂,简写为DDTC)作用,生成摩尔比为1:2的黄棕色胶体络合物,此络合物可被四氯化碳或氯仿萃取,在440 nm波长处进行比色测定。需要注意的是,当水中含有铁、锰、镍、钴和铋离子时,也会与DDTC生成有色络合物,从而干扰铜的测定。不过除铋以外,其他均可以用EDTA和柠檬酸铵掩蔽消除,铋干扰也可以通过加入氰化钠而予以消除。这种方法的最低检测浓度为0.01 mg/L,测定上限则可达2.0 mg/L。

3.9.3.2 新亚铜灵光度法

这种检测方法的原理是：用盐酸羟胺把二价铜离子还原为亚铜离子，在中性或微酸性溶液中，亚铜离子和新亚铜灵（又名2,9－二甲基－1,10－菲啰啉）反应生成摩尔比为1∶2的黄色络合物，此络合物在波长457 nm处有一吸收峰，可用标准曲线法进行定量测定。具体方法还可分为常用的新亚铜灵萃取光度法和新亚铜灵直接光度法两种，前者使用三氯甲烷－甲醇混合液作萃取剂（可稳定数日），最低检出浓度为0.06 mg/L（上限为3 mg/L）。后者则替换用乙酸钠－乙酸作缓冲液（可稳定24 h），最低检出浓度为0.03 mg/L。此两种方法都具有选择性好、显色稳定、精密度与准确度均较好的优点，不同之处是前者的灵敏度更高，而后者的操作由于不使用有机萃取剂而突显简便快捷。

3.9.3.3 铜检测管法

铜检测管是一种快速检测水、工业废水中铜含量的新方法、新技术。它的工作原理是：当水样通过铜检测管内时，水样中的铜离子与管内指示剂发生作用并产生一鲜艳的色柱，色柱长度与水样中铜离子的浓度相关，由此可以从浓度标尺上直接读出其数值。这种方法的适应水样为pH＝3～8、铜浓度含量0.2～10 mg/kg，准确度及精密度均小于10%，并具有现场快速检测、无需用电、操作简单的明显优点。铜检测管为一次性使用产品，用后废弃，价格便宜。

3.9.4 处理技术

3.9.4.1 铁粉置换——石灰中和法

该项技术的试验成果表明，一般酸性含铜废水（pH＝2～3）经调整pH值后，再经沉淀、过滤，能达到出水含Cu^{2+}小于0.5 mg/L。处理工艺是：将来自矿井和废石堆场的含铜废水用泵加压后，送入装有铸铁粉的流化态置换塔，利用水流的动力使铁粉膨胀。由于铁粉的流动摩擦，不断有足够的新鲜表面进行置换反应。置换后的出水采用石灰中和处理。出水经两次石灰中和后，再送至投加聚丙烯酰胺（即3号）的反应槽，然后经沉淀池澄清。澄清水可达到除铜标准。对于沉淀的泥渣部分，可回流至碱化槽，经投加石灰乳后回流至一次中和槽。泥渣回流的目的是减少石灰用量、缩小泥渣体积和改善污泥脱水性能。中和法处理含铜废水流程如图3-5所示。

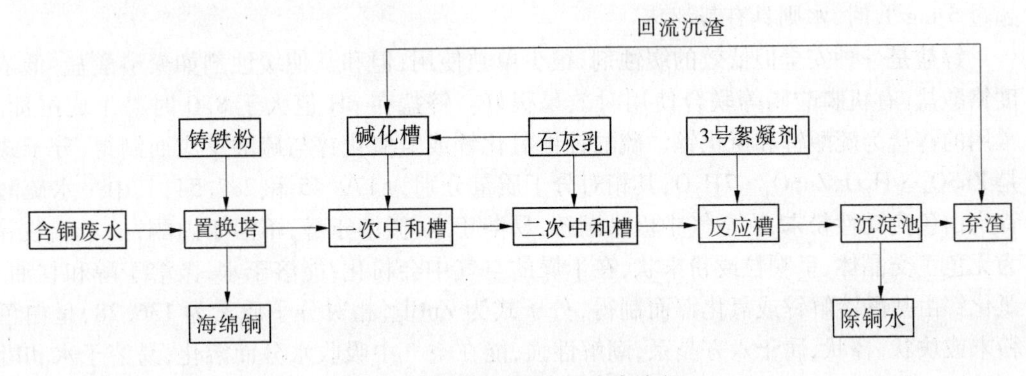

图3-5 中和法处理含铜废水流程

这种处理技术的主要工艺参数为：置换塔反应时间 2 ~ 3.5 min；污泥回流比 1∶3 ~ 1∶4；碱化槽 pH > 10，反应时间 10 ~ 15 min；一次中和槽 pH 值为 5.5 ~ 6.5，反应时间 15 min，二次中和槽 pH 值为 7 ~ 8，反应时间 2 min；石灰耗量为理论量的 1.07 ~ 1.44 倍；铁粉耗量为理论量的 1.1 倍。效果良好，铜置换率达到 90% ~ 96%，海绵铜品位大于 60%。也有试验表明，当 pH 值为 2 的 100 mg/L 含铜原水在二次中和槽时投加 $Ca(OH)_2$ 将 pH 调节至 9，可将 Cu^{2+} 全部除去。

3.9.4.2 离子交换法

当镀铜废水污染水体造成水中含有焦磷酸根等阴离子时，可选用碱性阴离子交换树脂去除。采用硫酸盐型 D－231 树脂时发生如下反应：

$$\left.\begin{array}{l} 3(R \equiv N)_2SO_4 + Cu(P_2O_7)_2^{6-} \rightleftharpoons (R \equiv N)_6Cu(P_2O_7)_2 + 3SO_4^{2-} \\ 2(R \equiv N)_2SO_4 + P_2O_7^{4-} \rightleftharpoons (R \equiv N)_4(P_2O_7) + 2SO_4^{2-} \end{array}\right\} \quad (3\text{-}16)$$

采用 15% 硫酸铵与 3% 氢氧化钾混合液作再生剂，可以取得满意的树脂再生效果。该种方法能使进水含 Cu^{2+} 为 20 mg/L（相当于含 $Cu(P_2O_7)_2^{6-}$ 130 mg/L）的中性原水经 D－231 阴离子交换树脂处理后，使出水达到无色透明的标准。

3.10 锌

锌是白色柔软而有光泽的金属，主要用于合金防腐和铜的生产，以及钢和铁的镀锌产品。氧化锌可用做橡胶中的白色染料，可食用锌有时用于缺锌病人的治疗，锌的氨基甲酸盐用做杀虫剂，硫酸锌和氯化锌是常用的水处理剂。

3.10.1 性质

几乎所有的火山岩中都会含有锌（Zn）。在自然环境中，土壤中锌的含量一般为 1 ~ 300 mg/kg。锌的物理状态为略呈蓝色的白色金属，熔点 419.58 ℃，沸点 907 ℃，20 ℃条件下的密度 7.14 g/cm³。天然地表水中锌的污染主要来源于电镀、冶金、颜料及化工等部门排放的废水，当水中锌含量达到 1 mg/L 时，会对水体中生物氧化过程产生轻微抑制作用；含锌量达到 3 ~ 5 mg/L 时，水会呈现乳白色并在煮沸时出现一层油脂状薄膜；含锌量超过 5 mg/L 时，水则具有苦涩味。

锌盐是一种安全但低效的缓蚀剂，很少单独使用，但和其他缓蚀剂如聚磷酸盐、低浓度铬酸盐、有机膦酸脂等联合使用时效果很好。锌盐在 pH 值大于 8.0 时易生成沉淀。常用的锌盐为硫酸锌和氯化锌。硫酸锌由氧化锌或氢氧化锌与硫酸反应而制得，分子式是 $ZnSO_4 \cdot H_2O$、$ZnSO_4 \cdot 7H_2O$，其相对分子质量分别为 179.45 和 287.54，其中一水硫酸锌为白色流动性粉末，在空气中极易潮解，易溶于水，微溶于醇，不溶于丙酮；七水硫酸锌为无色正交晶体，呈颗粒或粉末状，在干燥的空气中会粉化，能溶于水，微溶于醇和甘油。氯化锌由盐酸溶解锌或氧化锌而制得，分子式为 $ZnCl_2$，相对分子质量为 136.28，呈白色粉末或块状、棒状，属于六方晶系，潮解性强，能在空气中吸收水分而溶化，易溶于水和吡啶、苯胺等含氮溶剂，极易溶于甲醇、乙醇、甘油、丙酮、乙醚等含氧有机溶剂。氯化锌有毒，应密闭贮存。

3.10.2 对人体健康的影响

锌是所有生物体必需的一种元素,具有近200种含锌酶,包括许多脱氢酶、醛缩酶、肽酶、聚合酶和磷酸酯酶,能促使细胞生长、蛋白质合成和免疫力增强。成人体内正常含锌1.5~3.0 g(男性每天需锌15 mg、女性每天需锌12 mg、儿童每天需锌4~6 mg),其丰度仅次于铁(约为铁的1/2)而居体内第二位(主要分布于眼球色素层和前列腺),因而作用十分广泛:锌是睾丸维持正常生理作用所必需的阳离子,男性长期缺锌会导致精子数量明显减少、睾丸萎缩、阳痿以及脸上生长痤疮;锌对生长发育旺盛的婴儿、儿童更为重要,缺锌地区的青少年多见有生长缓慢、侏儒、性器管发育不良现象;成人缺锌会造成食欲减退、味嗅觉丧失、妊娠畸胎、闭经和心血管病。另外,锌还能增强创伤组织的再生能力,加速溃疡、痤疮、外伤愈合,所以人们在受伤时补充一点锌是必要的。除此,还有报告指出,以谷物为主的国家,尤其是落后地区,人群缺锌相当普遍,如能开发出含锌矿泉水(我国较少),则极有利于解决缺锌问题。更有研究报告举证,患有食管癌、肺癌的病人血液中含锌水平都比较低,锌对接触化学致癌物的大鼠具有明显的抑制细胞生长的作用。癌症免疫学家罗勃脱·古德也指出,锌对T细胞是绝对必要的,而T细胞是杀伤癌细胞的主要力量,锌能保持胸腺健康发育,从而培育和繁殖出足够数量和活力的T细胞,一个健康的、平衡的T细胞免疫功能要依赖于锌的催生。当然,摄锌过量(锌的毒性较小,口服1 g硫酸锌才会产生中毒)也会抑制巨噬细胞的作用,并会产生恶心、呕吐、腹泻等急性症状或伴有出血、腹部痉挛、发育不良等慢性症状。过量的锌还会影响对其他微量元素(如铁、铜)的吸收。需要注意的是,锌对鱼类和水生生物的毒性比对人的毒性大,如锌对白鲢鱼的安全浓度就仅为0.1 mg/L。水中锌浓度达到4 mg/L时还会产生异味并明显抑制水体生物氧化作用,达到10 mg/L时可出现浑浊现象。锌还是植物生长发育过程中必需的微量元素之一,但过量则会导致植物中毒并间接影响植物对铁的吸收,造成植物生长障碍,严重的甚至使植物死亡。综合以上各方面的考虑,我国现行《生活饮用水卫生标准》规定饮用水中锌浓度限值为1.0 mg/L(主要是基于感管考虑,若据近期的研究成果,则似乎没有必要制定一个基于锌毒性的含量限值)。

3.10.3 检测方法

锌的测定方法主要有原子吸收分光光度法、示波极谱法、阳极溶出伏安法和双硫腙分光光度法及锌试剂-环己酮分光光度法。前三种方法可参见本书2.6.3.2、2.6.3.4、2.6.3.5内容。

3.10.3.1 双硫腙分光光度法

该方法的原理是:在pH值为4.0~5.5的乙酸缓冲介质中,锌离子与双硫腙反应生成红色螯合物,用四氯化碳或氯仿萃取后,于其最大吸收波长535 nm处以四氯化碳作参比,测其经空白校正后的吸光度,最后用标准曲线法定量。若水中具有少许的铋、镉、钴、铜、铅、汞、镍、亚锡等离子会产生干扰,可用硫代硫酸钠掩蔽和控制溶液的pH值来消除。此法适用于一般遭受轻度重金属污染的水体。

3.10.3.2　**锌试剂－环己酮分光光度法**

锌与锌试剂在 pH 值为 9.0 的条件下能够生成蓝色络合物。其他重金属也能与锌试剂生成有色络合物，加入氰化物后可络合锌及其他重金属，但加入环己酮却能使锌有选择性地从氰化络合物中游离出来，并与锌试剂发生显色反应。若水中还存在其他金属离子，如 Cu^{2+}、Pb^{2+}、Fe^{3+} 和 Mn^{2+}，只要其质量浓度分别不超过 30 mg/L、50 mg/L、7 mg/L 和 5 mg/L，则都对锌的测定没有干扰（加入抗坏血酸钠可降低锰的干扰）。本方法的最低测锌浓度为 0.25 mg/L。

3.10.4　处理技术

3.10.4.1　化学法

技术原理是：锌为两性元素，其氢氧化物分子式有碱式 $Zn(OH)_2$ 和酸式 H_2ZnO_2 两种。锌的氢氧化物不溶于水，但可溶于强酸或强碱，反应式如下：

$$\left.\begin{aligned} Zn(OH)_2 + 2OH^- &\longrightarrow ZnO_2^{2-} + 2H_2O \\ Zn(OH)_2 + H_2SO_4 &\longrightarrow ZnSO_4 + 2H_2O \end{aligned}\right\} \quad (3\text{-}17)$$

化学法处理含锌废水工艺流程如图 3-6 所示。

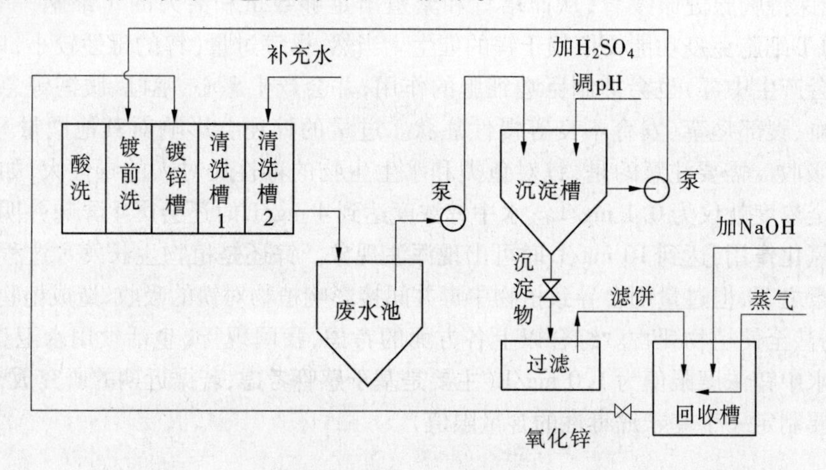

图 3-6　化学法处理含锌废水工艺流程

在碱性镀锌废水中可用酸调节 pH 至 8.5～9，反应 20 min，使氢氧化锌沉淀下来，对沉淀物可加碱溶解，回收氧化锌返回镀槽继续使用；在酸性镀锌废水中，可回收硫酸锌返回镀槽应用。

3.10.4.2　天然斜发沸石—活性炭联合处理法

技术原理是：斜发沸石是一种铝硅酸矿物，它具有良好的离子交换吸附性能。斜发沸石的孔道体系是二维的，一套平行于 A 轴，自由窗口为 0.40 nm×0.55 nm 的八元环结构；另一套平行于 C 轴，自由窗口为 0.41 nm×0.55 nm、0.44 nm×0.72 nm 的八元环和十元环构造。骨架中的阳离子有四种不同的位置，能够配置不同的可交换阳离子，选择性吸附能力依次是 $Pb^{2+} > Cu^{2+} > Zn^{2+} > Cd^{2+}$。经过改型处理的斜发沸石在 Zn^{2+}、Fe^{2+}、Cr^{3+} 存在的情况下，能选择性地吸附 Zn^{2+}、Fe^{2+}、Cr^{3+} 而把 Cr^{6+} 分离出去。

工艺流程是:应用粒径为 20 ~ 30 目的斜发沸石,用饱和食盐水在室温条件下浸泡 4 h,或用 1 mol/L 的碳酸氢铵(NH_4HCO_3)于室温条件下浸泡 24 h,水洗后晾干即可待用。一般应优选饱和食盐水浸泡,因为在吸附饱和后可用饱和食盐水洗脱 Zn^{2+},从而将洗脱和再生两个过程合为一步。转型好的斜发沸石可以装柱,也可以装在槽子里进行吸附锌的工作。一般多见于吸附槽,滤层厚度 600 mm。中间调节槽主要用于对含 Cr^{6+} 溶液进行 pH 值和浓度调整。其工艺流程如图 3-7 所示,处理后出水进入活性炭吸附柱以进一步去除 Cr^{6+} 等。

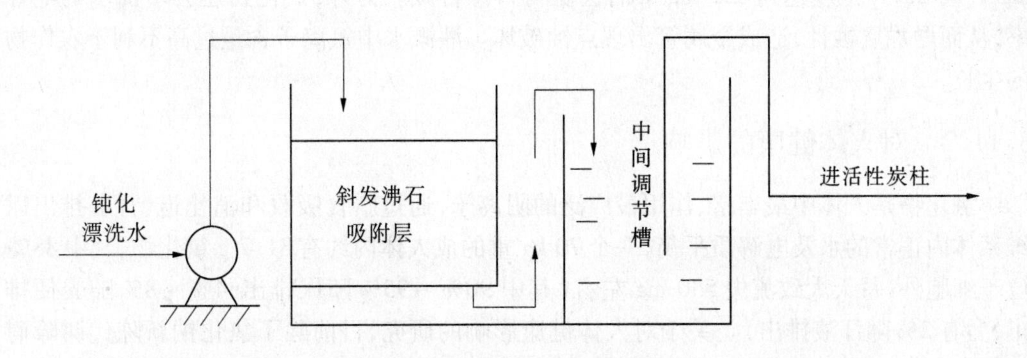

图 3-7　斜发沸石—活性炭联合处理镀锌钝化废水工艺流程

用斜发沸石吸附除去 Zn^{2+}、Cr^{3+} 的流程中,过滤速度为 5 ~ 7 m/h,Zn^{2+} 的浓度小于 200 mg/L,pH 值为 7 ~ 8,工作吸附容量为 13 ~ 20 g/kg,对 Zn^{2+} 的去除效率大于 90%。

3.10.4.3　两段中和法

该项技术主要适用于铅、锌、镉等的冶炼废水处理。其原理和方法是:一次沉淀投加石灰乳时 pH 值应控制在 11.5 左右,同时为不使絮花遭到破坏,投加的石灰乳应采用虹吸的方法,这样可造成锌、镉生成的氢氧化物安全沉淀并达到排放标准;二次中和用硫酸亚铁($FeSO_4$),一般用量 250 g/m^3 并加聚丙烯酰胺(PAM)1.5 mg/L(为节约 $FeSO_4$ 用量,可适当投加部分 H_2SO_4 以达到降低 pH 值至 10.5 的目的),当 pH 值为 10.5 时则可以使铅形成 $Pb(OH)_2$ 沉淀。经过以上分段投加石灰乳和硫酸亚铁,在控制不同的 pH 条件下可以分割达到除去铅、锌、镉等重金属离子的目的。

3.11　氯化物

氯化物以氯化钠、氯化钾和氯化钙盐的形式广泛分布于自然界,其中氯化钠可广泛应用于工业化学药品的生产如氢氧化钠、氯、亚氯酸钠和次氯酸钠,氯化钠、氯化钙可广泛用于冰雪防护,氯化钾用于制造肥料。

3.11.1　性质

氯化钠(NaCl)在冷水中的溶解度为 357 g/L、在热水中的溶解度为 391 g/L,氯化钾(KCl)在冷水中的溶解度为 344 g/L、在热水中的溶解度为 567 g/L,氯化钙($CaCl_2$)在冷水中的溶解度为745 g/L、在热水中的溶解度为1 590 g/L。水体中氯离子的含量随水中矿物质的增加而增多，一般未受污染的天然淡水中氯离子含量仅有几毫克每升（通常由岩层和土壤层渗入，岩石层中约存在氯化物含量0.05%），山泉溪流一般为几毫克每升至几十毫克每升，河水和地下水为几十毫克每升至几百毫克每升，苦咸水中则更高，达2 000～5 000 mg/L，海水中氯离子含量最高可达15 000～20 000 mg/L。水体中氯化物的主要来源是道路除冰盐的排流、无机化肥的使用、垃圾沥出液、化粪池污物排放、化工厂废水、污水灌溉、海水倒灌等。当饮用水中NaCl浓度达到210 mg/L或KCl浓度达到310 mg/L或$CaCl_2$浓度达到222 mg/L时会觉得口感苦咸。另外，氯化物还会增加水的电导率，从而增加腐蚀性，造成金属管出现点蚀破坏。灌溉水中氯离子含量过高不利于农作物的生长。

3.11.2 对人体健康的影响

氯化物是人体中最丰富、作用最广泛的阴离子，通过膳食吸收和消化道、肾脏排出以维系体内正常的水及电解质平衡，一个70 kg重的成人体内约有81.7 g氯化物，其中88%位于细胞外，每天大致流失530 mg左右（其中90%～95%随尿排出，4%～8%随粪便排出，另有2%随汗液排出）。关于对人体健康影响的研究，目前除了氯化钠新陈代谢障碍的特殊情况如充血性心力衰竭外，还没有观察到氯化物对人体的毒性（也有报道只有氯离子含量达到4 000 mg/L时才开始对人体健康造成危害），但从感官性状上考虑，我国现行《生活饮用水卫生标准》仍然规定氯化物的限值为250 mg/L、农村安全饮水限值则为300 mg/L。

3.11.3 检测方法

测定氯化物的方法较多，其中离子色谱法是目前国内外最为通用的方法；硝酸银滴定法、硝酸汞滴定法所需仪器设备简单，适合于饮用水等清洁水中氯化物的测定；电位滴定法适用于测定带色或污染的水样，饮用水水质监测中使用不多。

3.11.3.1 硝酸银滴定法

该方法的原理是：在中性或弱碱性范围内（pH = 6.5～10.5），以铬酸钾为指示剂，用硝酸银标准溶液来滴定氯离子，由于氯化银的溶解度小于铬酸银的溶解度，故先生成白色的氯化银沉淀，当水中氯离子被滴定完毕后，稍过量的硝酸银即与铬酸钾生成稳定的砖红色铬酸银沉淀，指示滴定终点的到达。

该方法适用于天然水中氯化物的测定，也适用于经过适当稀释的高矿化度水（如咸水、海水等），以及经过预处理除去干扰物的生活污水或工业废水中氯化物的测定。需要注意的是，溴化物、碘化物和氰化物能与氯化物一起被滴定，正磷酸盐及聚磷酸盐含量分别超过250 mg/L及25 mg/L时会产生干扰，铁含量超过10 mg/L时终点不明显。

3.11.3.2 硝酸汞滴定法

该方法是用二苯卡巴腙作为指示剂，用硝酸汞标准溶液滴定酸化了的样品（pH = 3.0～3.5），会生成难离解的氯化汞。滴定终点时，过量的汞离子与二苯卡巴腙生成蓝紫色的二苯卡巴腙的汞络合物指示终点。二苯卡巴腙指示剂十分灵敏，滴定终点颜色变化明显,因此可不作空白滴定。该方法适用于天然水或经过预处理的其他水样中氯的测定,不足之处是使用汞盐较多,故一般不做推荐。

3.11.3.3 电位滴定法

该方法是以氯电极为指示电极,以玻璃电极或双液电极为参比电极,用硝酸银标准溶液滴定,并用伏特计测定两电极之间的电位变化。在恒定地加入少量硝酸银的过程中,电位变化最大时仪器的读数即为滴定终点。该方法适用于颜色较深或浑浊度较大的水样。需要注意的是,温度影响电极电位和电离平衡,故需要设温度补偿装置。

3.11.3.4 离子色谱法

离子色谱法可对多种阴、阳离子进行定性和定量的分析。具体原理和测定方法参见本书 3.12.3.4 内容。

3.11.4 处理技术

脱盐淡化的方法有很多种,一般多采用电渗析法、反渗透法等膜处理技术以及离子交换法、蒸馏法等。

3.11.4.1 电渗析法

电渗析(ED)是在直流电场作用下,以电位差为推动力,利用离子交换膜的选择透过特性使溶液中的阴、阳离子做定向移动以达到溶质与水相分离的一种物化过程。ED 的透过组分为 0.000 4 ~ 0.1 μm 的小离子,截留组分为水和非电解质大分子。其电极反应式可表示为:

$$\left.\begin{array}{ll}\text{阳极} & 2Cl^- - 2e \longrightarrow Cl_2 \\ & H_2O - 2e \longrightarrow \frac{1}{2}O_2 + 2H^+ \\ \text{阴极} & 2H_2O + 2e \longrightarrow H_2 + 2OH^-\end{array}\right\} \tag{3-18}$$

因此,在阳极室内就产生了 Cl_2、O_2 和酸,在阴极室内则产生了 H_2 和碱,当水中含有 K^+、Na^+、Ca^{2+}、Mg^{2+} 时,就会生成 NaOH 和 $Ca(OH)_2$ 等沉淀物。典型的电渗析脱盐工艺流程是:

苦咸水 → 预处理 → 电渗析器 → 清水池(← 消毒剂)→ 管网 → 用户

其他有关电渗析脱盐的装置及工艺设计可参见 7.4.2.5 及 3.14.4.3 相关内容。

电渗析法用做苦咸水淡化,电耗为 2 ~ 3 kWh/m^3,原水含盐量越高,则电耗越大,当仅用于低含盐量水的除盐预处理时电耗大约只有 1 kWh/m^3。有资料介绍,当进水含盐量在 500 ~ 4 000 mg/L 时,采用电渗析法是技术可行、经济合理的,当淡水含盐量低于 10 ~ 50 mg/L 时就不宜选用电渗析法。山东省长岛县大钦岛苦咸水淡化工程采用电渗析技术,总除盐率稳定保持为 80.8%。

3.11.4.2 反渗透法

反渗透(RO)是以压力为驱动力,利用反渗透膜只能透过水而不能透过溶质的选择透过性从水体中提取纯水的物质分离过程。反渗透系统通常由预处理设备(一般采用粒径0.4 ~0.8 mm的石英砂过滤器或孔径2 ~20 μm的微孔过滤器进行预处理)和反渗透器组成,其中反渗透膜(非对称膜或复合膜)是实现反渗透的关键,其压力差为1 ~10 MPa淡化海水时所需操作压力高达5 ~10 MPa,一般苦咸水淡化则只需1.4 ~4 MPa(称低压反渗透),自来水脱盐仅需0.5 ~1.4 MPa(称超低压反渗透)。反渗透透过组分为0.000 4 ~0.06 μm的水,截留组分为盐、溶质和悬浮固体物。据资料介绍,反渗透脱盐技术的脱盐率可达99.6%、水回收率为50% ~80%、产水量为0.4 ~1.8 $m^3/(m^2 \cdot d)$。新疆石西油田采用一套30 m^3/h的反渗透装置处理饮用苦咸水,使水体中的氯化物含量由1 726 mg/L降为42 mg/L、硫酸盐含量由604 mg/L降为46 mg/L、总硬度由690 mg/L降为35 mg/L、矿化度由2 242 mg/L降为100 mg/L,综合脱盐率≥97%,制水成本约2.1元/m^3;咸阳国际机场以6眼70 ~300 m深的水井供水,原水硫酸盐含量408 mg/L、总溶解固体含量1 278 mg/L,选用一套进水50 t/h、产水25 t/h的反渗透设施进行处理,使各项产水指标分别达到了饮用水水质标准(脱盐率98%,回收率65%)。典型的反渗透法脱盐工艺流程为:

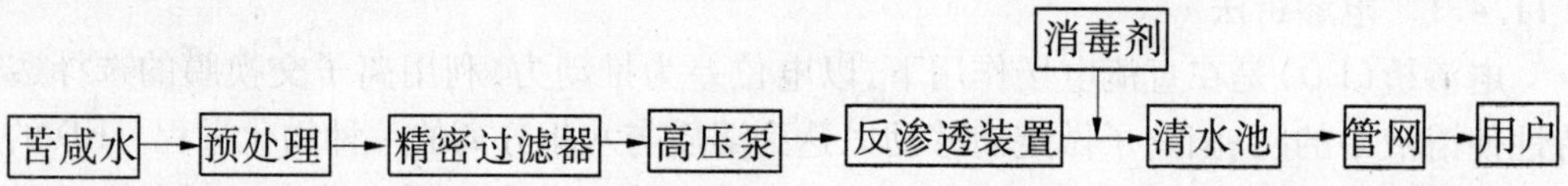

苦咸水→预处理→精密过滤器→高压泵→反渗透装置→清水池→管网→用户
（消毒剂加入清水池前）

3.11.4.3 离子交换法

离子交换法又称化学水处理法,是利用离子交换树脂上的H^+型阳离子和OH^-型阴离子分别交换水中的杂质离子,以达到用水水质的要求。离子交换法与其他脱盐处理技术如电渗法、反渗透、蒸馏法相比,其主要优点是脱盐比较彻底,可使出水的含盐量接近于零。但是当原水中含盐量过高时,采用这种方法则会使耗药量大大增加,导致制水成本过高,还可能造成对环境的污染。离子交换法通常适用于原水含盐量低于500 mg/L的情况。

离子交换的原理和工艺可参见7.2相关内容。

3.11.4.4 蒸馏法

蒸馏是一种发生相变的制水方法,其原理是利用水体中各种物质组分具有不同的沸点而使其彼此分离。即先使含盐的水蒸发,然后将蒸汽冷凝而成蒸馏水,溶解于水中的盐类则被留在蒸馏器中。当水的纯度要求较高时,可以进行多次蒸馏,以取得纯度更高的脱盐水。经石英容器的三级蒸馏出水,其电导率可小于1 μS/cm。用蒸馏法制取除盐水存在三个问题:一是成本较高;二是由于蒸发过程易带走挥发性离子杂质(如氨),在冷却过程中易带入二氧化碳,所以蒸馏水水质往往不高;三是出力小。这些缺陷也就限制了蒸馏法的推广应用。但所幸之事是,近年研发了减压蒸馏,其效率可大为提高,并使能耗明显降低,这种减压蒸馏又称闪蒸。闪蒸是蒸馏法的重大改进,目前已被许多国家所采用。我国于1975年开始闪蒸装置研制,其类型分单级闪蒸、多级闪蒸、多效多级闪蒸和太阳能蒸馏等,目前主要应用于实验室和医药领域,饮用水处理方面尚未得以推广。

3.12　硫酸盐

硫酸盐和硫酸产品主要应用于肥料、化工、印染、玻璃、造纸、肥皂、纺织品、杀真菌剂、收敛剂和催吐剂的生产。自来水生产过程中还使用硫酸铝作为混凝剂。在天然水体和公共水库中添加硫酸铜可抑制藻类生长。

3.12.1　性质

硫酸盐(SO_4^{2-})存在于许多天然矿物中,包括重晶石($BaSO_4$)、泻利盐($MgSO_4 \cdot 7H_2O$)和石膏($CaSO_4 \cdot 2H_2O$)。硫酸盐是硫在水中存在的主要形式,也是生物从水中获取硫的主要方式(除此之外,硫在水中还可以亚硫酸盐 SO_3^{2-}、硫化物和有机硫化物的形式存在)。排放到水中的硫酸盐主要来源于矿物、冶炼、牛皮纸浆、造纸厂、纺织厂和制革厂。天然水中的硫酸根离子主要来自于石膏和硫酸钠等矿岩的淋溶、硫铁矿的氧化、含硫有机物的氧化分解以及某些工业废水的污染,浓度可从每升几毫克到几千毫克不等。不同的硫酸盐化合物其水溶性差异很大,钠、钾、镁的硫酸盐全溶于水,而硫酸钙、硫酸钡和许多重金属硫酸盐则难溶于水。矿物燃料燃烧和冶金烧制过程中排放到大气中的二氧化硫,会增加地表水中的硫酸盐含量。二氧化硫通过光解作用或氧化接触反应生成的三氧化硫会与大气中的水蒸气结合形成稀硫酸,此乃就是人们通常所说的酸雨。

一般地表水和雨水硫酸盐的浓度与人类活动中产生的二氧化硫的量有关。每升海水可含硫酸盐近 2 700 mg,而每升新鲜淡水则只有 20 mg 左右。饮用水中不同的硫酸盐味阈值是不同的,硫酸钠为 250 ~ 500 mg/L(中值 350 mg/L)、硫酸钙为 250 ~ 1 000 mg/L(中值 525 mg/L)、硫酸镁为 400 ~ 600 mg/L(中值 525 mg/L),当水中硫酸钙和硫酸镁的质量浓度分别达到 1 000 mg/L 和 850 mg/L 时,有 50% 的被调查对象认为水的味道令人讨厌且不能接受。不过,人们也发现在蒸馏水中添加硫酸钙和硫酸镁会改善水的口感,其最佳添加比例是 270 mg/L 的硫酸钙和 90 mg/L 的硫酸镁。

3.12.2　对人体健康的影响

硫酸盐是毒性很低的阴离子之一,硫酸钾或硫酸锌对成人的致死剂量为 45 g。水中存有少量硫酸盐对人体健康没有影响,但如果饮用浓度超过 600 mg/L 的水则会出现腹泻,有报道称脱水就是由于大量摄入硫酸镁或硫酸钠所造成的(反过来,也有医生把硫酸镁含量超过 600 mg/L 的水用做导泻剂)。另外,水体的硫酸盐含量过高还会造成锅炉及热交换器内结垢,在厌氧条件下 SO_4^{2-} 还会因细菌的生物还原作用而变成硫化物 H_2S,使水变成黑色并产生臭味,同时腐蚀下水道。

目前,饮用水标准中还没有一个基于硫酸盐毒性的限值。在考虑了硫酸盐对口感和胃肠道造成的负面影响后,我国现行《生活饮用水卫生标准》规定硫酸盐的标准限值应低于 250 mg/L,农村安全饮水也应低于 300 mg/L。

3.12.3 检测方法

硫酸盐的测定方法主要有硫酸钡重量法、铬酸钡光度法、铬酸钡间接原子吸收法和离子色谱法等。硫酸钡重量法是一种经典方法，准确度高，但操作较烦琐；离子色谱法是一项新技术，可同时测定清洁水样中包括 SO_4^{2-} 在内的多种阴离子；其他两种方法优点相似，都主要适用于清洁水样的分析，具体选择时应根据实际情况而定。

3.12.3.1 硫酸钡重量法（参见 GB 11899—89）

在水样中加入氯化钡和盐酸，使硫酸根离子沉淀为硫酸钡（$BaSO_4$）。注意，使沉淀在接近沸点时进行，经 20 min 沉化后滤出沉淀物，用水洗到不含氯化物为止，然后经烘干或者 800 ℃高温灼烧，冷却后称其硫酸钡的质量 m，按下式换算为硫酸盐含量（mg/L）：

$$[SO_4^{2-}] = \frac{m \times 0.411\,5 \times 1\,000}{V} \tag{3-19}$$

式中，V 为水样体积，mL。

此方法可以准确测定硫酸盐含量在 10 mg/L（以 SO_4^{2-} 计）以上的水样，测定上限为 5 000 mg/L。

3.12.3.2 铬酸钡光度法

在酸性溶液中，铬酸钡与硫酸盐反应生成硫酸钡沉淀，并释放出铬酸根离子，经过滤除去沉淀后，在碱性条件下铬酸根离子呈现黄色，可用原子吸收法在 359.3 nm 波长处测定铬酸根离子的吸光度并换算得到硫酸盐的含量（mg/L）。

$$[SO_4^{2-}] = \frac{m}{V} \times 1\,000 \tag{3-20}$$

式中，m 为由校准曲线查得的 SO_4^{2-} 的含量，mg；V 为取水样体积，mL。

采用这种方法时应注意，水样中碳酸根也会与钡离子形成沉淀，故在加入铬酸钡之前，应先将样品酸化并加热以除去碳酸盐。

3.12.3.3 铬酸钡间接原子吸收法（参见 GB 13196—91）

在弱酸性介质中，硫酸根与铬酸钡反应，释放出铬酸根离子，随之向试液中加氨水和乙醇，进一步降低硫酸钡的溶解度，然后用 0.45 μm 的微孔滤膜过滤，取其滤液用火焰原子吸收法测定铬离子的含量，从而间接推求出硫酸根的含量（mg/L）：

$$[SO_4^{2-}] = \frac{m}{V} \tag{3-21}$$

式中，m 为由吸光度－硫酸根量的校准曲线查得 SO_4^{2-} 的含量，μg；V 为取水样的体积，mL。

3.12.3.4 离子色谱法

将水样注入碳酸盐－碳酸氢盐缓冲溶液流动相中，并随流动相流经系列的离子交换树脂，基于待测阴离子对强碱性阴离子树脂（分离柱）的相对亲和力不同而彼此分离。利用电导检测器可测定依次流出的酸性阴离子，并根据其保留时间进行定性，然后依据峰高或峰面积来进行相应阴离子的定量测定。离子色谱法可一次进样而连续测定多种无机阴离子如 SO_4^{2-}、F^-、Cl^-、NO_2^-、PO_4^{3-} 和 NO_3^- 等。

3.12.4 处理技术

硫酸盐的脱盐淡化技术与氯化物类似,可参见 3.11.4 等相关内容,这里不再赘述。

3.13 溶解性总固体

水中的固体是指在一定的温度下将水样蒸发至干时所残余的那部分物质,因此也曾被称为蒸发残渣。严格来讲,水中固体应当包括水中除溶解的气体外的其他一切杂质,即有机性化合物、无机性化合物和各种生物体。

水中固体有各种分类。将水样置于容器中蒸发至近干,再放在烘箱中在一定温度下烘干至恒重,如此所得的固体称为总固体。根据溶解性的不同可分为溶解性总固体和悬浮性总固体。一般来讲,将能够通过 2.0 μm 或更小孔径滤纸或滤膜的那部分固体称做溶解性总固体(TDS),不能通过的称做悬浮性总固体(SS)。TDS 是溶解在水中的除溶解气体以外的其他一切无机盐和有机盐的总称,其主要成分有钙、镁、钠、钾离子和碳酸离子、碳酸氢离子、氯离子、硫酸离子和硝酸离子。

3.13.1 性质

水中的 TDS 主要来源于自然界、下水道、城市和农业污水以及工业废水。自然来源的 TDS 受不同地区矿石含盐量的影响差异十分巨大,可从 300 mg/L 到 6 000 mg/L,一般是矿物质含量越高,TDS 也越高,水的硬度也随 TDS 相应增高。水中 TDS 含量与饮用水味道直接相关:TDS < 300 mg/L 时口感较好,TDS = 300 ~ 600 mg/L 时口感良好,TDS = 600 ~ 900 mg/L 时口感一般,TDS = 900 ~ 1 200 mg/L 时口感较差,TDS > 1 200 mg/L 时无法饮用,同样饮用水中 TDS 过低也会使人感到平淡无味而不受欢迎。另外,TDS 的特定成分如氯化物、硫酸盐、镁、钙和碳酸盐还会腐蚀管网系统或在其中结垢,当 TDS > 500 mg/L 时会减少水管、热水器、热水壶、蒸汽熨斗等家用器具的使用寿命。

3.13.2 对人体健康的影响

关于饮用水硬度与健康之间的关系虽然进行了大量研究,但截至目前尚缺乏有力的成果资料。以往的资料也十分有限,澳大利亚在 1975 年曾有一项研究成果介绍,含有高水平溶解性固体、钙、镁、硫酸盐、氯化物、氟化物、碱度、总硬度和高 pH 值的地区,与其他各种物质含量较低的地区相比,各种缺血性心脏病和急性心肌梗塞的死亡率增加了;苏联流行病学 1968 年研究结果显示,5 年间随着地下水中干渣水平的升高,胆囊炎和胆结石病例的平均数量增加了。这些资料显然论据不足,各地情况也不尽相同,但总归说明了饮用水中低含量的 TDS 可能是有益的。综合前述的各种成果资料,我国现行《生活饮用水卫生标准》规定饮用水中的溶解性固体含量限值为 1 000 mg/L、农村安全饮水限值为 1 500 mg/L。

3.13.3 检测方法

GB 11901—89 推荐的溶解性总固体检测方法为重量法，即将一定体积经过滤后的水样放在称至恒重的蒸发皿内蒸干，然后在(180 ±2) ℃条件下烘至恒重。蒸发皿两次恒重后，称量所增加的质量即为 180 ℃烘干的溶解性总固体。

$$溶解性总固体 = \frac{(A - B) \times 1\,000}{V} \tag{3-22}$$

式中，A 为溶解性总固体加蒸发皿质量，mg；B 为蒸发皿质量，mg；V 为水样体积，mL。

量取水体时应当注意，所取水样体积以估计其中能含 10 ~ 200 mg 固体为宜，若量太少称量误差可能较大，量太多则又易影响吸着水蒸发。另外，若水样中含有较高浓度的钙、镁、氯化物和硫酸盐等易吸水的化合物时，可能要延长烘干所需时间，并且要注意干燥和迅速称量。采集水样时，还要注意排除巨大的漂浮物和成团的非均匀物，并撇开表面漂浮的油和脂。

当水体中溶解性总固体含量低于 10 mg/L 时，可选用特定电导率的电极测定水中离子含量，即根据不同类型水固有的系数将电导测试转化为溶解性总固体便可测定。

3.13.4 处理技术

降低水的总硬度亦即降低水的总固体，因此可用降低总硬度的方法降低 TDS，具体处理技术参见 3.14.4 内容。

3.14 总硬度

传统水的硬度是以水与肥皂反应的能力来衡量的，硬水需要更多的肥皂才能产生泡沫。事实上，水的硬度是由多种溶解性多价金属阳离子造成的，这些离子能与肥皂生成沉淀，并与部分阴离子形成水垢：

$$Ca^{2+} + 2Na(C_{17}H_{35}COO) \longrightarrow 2Na^{+} + Ca(C_{17}H_{35}COO)_2 \tag{3-23}$$

造成硬度的阳离子主要是二价金属，如 Ca^{2+}、Mg^{2+}、Sr^{2+}、Fe^{2+}、Mn^{2+} 等，与它们易结合形成水垢的阴离子主要是 HCO_3^-、SO_4^{2-}、Cl^-、NO_3^- 和 SiO_3^- 等。在天然水中，Sr^{2+}、Fe^{2+}、Mn^{2+} 等离子的含量一般不高，对硬度的贡献不大；Al^{3+} 和 Fe^{3+} 也会造成水的硬度，但在天然水中它们的溶解度很小，可以忽略不计。所以，由地球上丰度排序第五位的 Ca 和排序第八位的 Mg 便成为水体硬度的主要组分。

3.14.1 性质

水的硬度按阳离子可分为钙硬度和镁硬度，按相关的阴离子可分为碳酸盐硬度和非碳酸盐硬度。其中碳酸盐硬度主要是由与重碳酸盐结合的钙、镁所形成的硬度，可经过加热而产生沉淀并从水中析出，所以也称暂时硬度。

$$\left.\begin{aligned} Ca(HCO_3)_2 &\xrightarrow{\triangle} CaCO_3\downarrow + CO_2\uparrow + H_2O \\ Mg(HCO_3)_2 &\xrightarrow{\triangle} MgCO_3\downarrow + CO_2\uparrow + H_2O \end{aligned}\right\} \tag{3-24}$$

非碳酸盐硬度是由钙、镁与水中的硫酸根、氯离子以及硝酸根等结合而形成的(硫酸盐、氯化物等)硬度,这部分硬度不会因加热而去除,所以又被称为永久硬度。碳酸盐硬度(暂时硬度)与非碳酸盐硬度(永久硬度)之和称为总硬度,钙硬度与镁硬度之和也称为总硬度。

水硬度的自然来源主要是沉积岩及土壤中溶解性多价金属离子的渗出。沉积岩中含有钙、镁离子,尤以石灰岩中为多。水的硬度因地而异,在土层较厚和石灰岩存在的地区水较硬,在土层较薄和石灰岩稀少的地区水较软。这是因为土壤中细菌的活动会释放出 CO_2,然后与水结合生成碳酸导致 pH 值下降,从而将石灰岩溶解形成重碳酸盐,造成水的硬度增大。如:

$$CaCO_3 + H_2O + CO_2 \longrightarrow Ca^{2+} + 2HCO_3^- \tag{3-25}$$

基于上述原因,一般情况下,同一地区地下水的硬度要比地表水高,雨水的硬度极低。不过,天然水中含钙量超过 200 mg/L 及含镁量超过 100 mg/L 的情况都是十分少见的,常见的都是含钙量为 100 mg/L 左右及含镁量不超过 10 mg/L 的情况。当然,如果出现碳酸钙硬度大于 200 mg/L 的情况,则就会在管网中产生沉淀,相反,小于 100 mg/L 时则产生沉淀的可能性就大为降低。碳酸钙硬度低的水易导致镉、铜、铅、锌等金属离子溶入而腐蚀供水管道。

硬度的单位很多,各国使用并不统一。一般以 $CaCO_3$ 计,以 mg/L 为单位。德国、法国和英国等国以度作为硬度的单位。各国的度都有各自的定义。我国习惯上使用的和世界其他不少国家流行的是德国度(简称度)。1 度相当于每升水中含有 10 mg CaO 或 17.9 mg $CaCO_3$ 所引起的硬度。此外,1 法国度 = 10 mg/L(以 $CaCO_3$ 计),1 英国度 = 14.3 mg/L(以 $CaCO_3$ 计)。

对水质的分类有两种方法,一种是根据度量分级,将水质分为:很软水(0 ~ 4 度)、软水(4 ~ 8 度)、中等硬水(8 ~ 16 度)、硬水(16 ~ 30 度)和很硬水(30 度以上)五类;另一种是国际上通用的以 $CaCO_3$ 计进行分类:软水(硬度 0 ~ 50 mg/L)、中等软水(硬度 50 ~ 100 mg/L)、微硬水(硬度 100 ~ 150 mg/L)、中等硬水(硬度 150 ~ 200 mg/L)和硬水(硬度大于 200 mg/L)。

3.14.2 对人体健康的影响

一般来说,水的硬度对于卫生而言并无妨害,适当饮用硬水反而有益健康。有研究表明,人饮用有一定硬度的水有助于抑制有害成分(如铅、镉、氯、氟)的吸收,其死于心脏病、癌症和慢性病的概率要比软水区的人低 10% ~ 15%。长期饮用硬度过低的水还会造成骨骼发育不健全。但硬度过高会引起肠胃不适,尤其是非碳酸盐硬度过高时,会有苦涩味,就仿佛感觉口中有许多渣子一样,口感明显不适。大量调查表明,水中钙离子的味阈值为 100 ~ 300 mg/L,大于 500 mg/L 的水难以让人接受。

在日常生活中,用硬水洗涤时常需消耗大量肥皂,且煮沸时易发生水垢而带来不便。在工业领域,硬度高的水会在锅炉内生成水垢而降低导热能力,浪费燃料,据试验 1 mm 厚的水垢可使燃料消耗增加 1.5% ~ 2%。水垢还会使锅炉受热不均,严重时可能引起爆炸。在冷却水系统中,水垢会堵塞设备管路。此外,硬水还会影响某些工业产品的质量,如饮料、酿酒工业、纺织、印染工业、造纸工业等。

综合各方面的情况，我国现行《生活饮用水卫生标准》规定饮用水硬度的限值为 450 mg/L、农村安全饮水限值为 550 mg/L。

3.14.3 检测方法

总硬度的各种测定方法中，以计算法最为准确、EDTA 络合滴定法（参见 GB 7477—87）最为快速，这里就对此两种方法予以介绍。

3.14.3.1 计算法

计算法根据水中所含钙、镁等致硬离子的含量来进行总硬度的计算。

用原子吸收光谱法分别测出水中的 Ca 和 Mg 的含量，然后用公式计算总硬度（mg/L，以 $CaCO_3$ 计），计算公式如下（Ca^{2+} 和 Mg^{2+} 的浓度以 mg/L 计）：

$$总硬度 = 2.497[Ca^{2+}] + 4.118[Mg^{2+}] \tag{3-26}$$

由于一般的水质分析常不作水中钙、镁等个别离子的全面测定，所以计算法在实际工作中并不多用。

3.14.3.2 EDTA 络合滴定法

这种方法的原理是：蓝色的铬黑 T（Eriochrome Black T，简写为 EBT）能与水中的致硬离子形成葡萄酒红色的络合物，而 EDTA（乙二胺四乙酸）可与水中的致硬离子形成无色的络合物。具体测定步骤如下：

（1）缓冲溶液配制。称取 20 g 氯化铵溶于少量水中，加入 100 mL 浓氨水，移入 1 000 mL 容量瓶中后，用水稀释至标线。缓冲溶液的作用是将被测水样的 pH 值调整到 10 左右，因为这是有效地进行络合滴定的重要条件之一。

（2）EBT 指示剂干粉的配制。称取 0.5 gEBT 和 100 g 氯化钠，充分混匀后，研细，盛放于综色瓶中。

（3）钙标准溶液的配制。将碳酸钙在 150 ℃的烘箱内干燥 2 h，取出后在干燥器中冷却。准确称取 1 g，置于 500 mL 锥形瓶中，加少量水润湿后，逐滴加入盐酸至碳酸钙完全溶解，将此溶液移入容量瓶中，加蒸馏水定容至 1 000 mL。此溶液中 $CaCO_3$ 浓度为 0.01 mol/L。

（4）EDTA 标准溶液的标定。准确称取 3.7 g（精确至 0.1 mg）二水合 EDTA 二钠，溶于少量水中，然后移入 1 000 mL 容量瓶内，稀释至标线。用移液管准确吸取钙标准溶液 10 mL 于 25 mL 锥形瓶中，加缓冲溶液 5 mL，再加入 50 mg 铬黑 T 指示剂干粉，用 EDTA 溶液滴定至刚出现蓝色为止，记录消耗的 EDTA 溶液体积，根据下式计算 EDTA 的标准浓度 c_1：

$$c_1 = \frac{c_2 V_2}{V_1} = \frac{0.01 V_2}{V_1} \tag{3-27}$$

式中，c_2 为钙标准溶液浓度，mol/L；V_2 为钙标准溶液体积，mL；V_1 为消耗的 EDTA 溶液的体积，mL。

（5）水样硬度的测定。移取 100 mL 水样于锥形瓶中，加入缓冲溶液 5 mL，再加 50% 的三乙醇胺 5 mL、EBT 100 mg，用 EDTA 标准溶液滴定，当溶液由紫色或紫红色变为亮蓝色时即为终点，记录 EDTA 用量。根据下式计算水样中 Ca^{2+}、Mg^{2+} 的浓度和水的硬度：

$$c_4 = \frac{c_1 V_3}{V_4} \tag{3-28}$$

$$水体硬度(度) = \frac{c_4 \times 1\,000 \times 56}{10} \tag{3-29}$$

式中，c_4 为水体中 Ca^{2+}、Mg^{2+} 总浓度，mol/L；c_1 为 EDTA 标准溶液浓度，mol/L；V_3 为消耗的 EDTA 体积，mL；V_4 为水样体积，mL。

3.14.4 处理技术

目前水的软化处理主要有沉淀软化法（药剂软化法）、离子交换软化法，以及电渗析法、反渗透法、蒸馏法等。

3.14.4.1 药剂软化法

该方法是基于溶度积原理，加入化学药剂，使水中钙、镁离子生成难溶化合物而沉淀析出。投加的药剂一般为石灰和苏打，生成的沉淀物为 $CaCO_3$ 和 $Mg(OH)_2$，碳酸钙在 0 ℃的情况下溶解度仅为 15 mg/L、100 ℃时为 13 mg/L，碳酸镁在 0 ℃时的溶解度仅为 101 mg/L、100 ℃时为 75 mg/L（沉淀前的重碳酸钙在 0 ℃时溶解度为 1 620 mg/L，重碳酸镁在 0 ℃时溶解度为 37 100 mg/L，二者在 100 ℃时均发生分解）。

单纯石灰软化法主要是除去水中的碳酸盐硬度，并同时降低水的碱度。若将石灰软化与混凝同时应用，则可产生共沉淀效果。常用的混凝剂为铁盐。经石灰处理后，水的剩余碳酸盐硬度可降低到 0.25～0.5 mmol/L，剩余碱度 0.8～1.2 mmol/L，硅化物可去除 30%～35%，有机物可去除 25%，铁残留量约为 0.1 mg/L。

石灰－纯碱（苏打）软化法则可同时去除水中碳酸盐硬度和非碳酸盐硬度，使水的剩余硬度降低到 0.15～0.2 mmol/L。这种方法适用于硬度大于碱度的水。

化学药剂石灰 $Ca(OH)_2$ 和纯碱（苏打）Na_2CO_3 的用量一般可根据以下情况由计算确定。

去除水中游离 CO_2：

$$H_2CO_3 + Ca(OH)_2 \rightleftharpoons CaCO_3\downarrow + 2H_2O \tag{3-30}$$

去除钙的碳酸盐硬度：

$$Ca^{2+} + 2HCO_3^- + Ca(OH)_2 \rightleftharpoons 2CaCO_3\downarrow + 2H_2O \tag{3-31}$$

去除镁的碳酸盐硬度：

$$Mg^{2+} + 2HCO_3^- + 2Ca(OH)_2 \rightleftharpoons 2CaCO_3\downarrow + Mg(OH)_2\downarrow + 2H_2O \tag{3-32}$$

去除钙的非碳酸盐硬度：

$$Ca^{2+} + SO_4^{2-} + Na_2CO_3 \rightleftharpoons CaCO_3\downarrow + Na_2SO_4 \tag{3-33}$$

去除镁的非碳酸盐硬度：

$$Mg^{2+} + SO_4^{2-} + Ca(OH)_2 + Na_2CO_3 \rightleftharpoons CaCO_3\downarrow + Mg(OH)_2 + Na_2SO_4 \tag{3-34}$$

以上当水中碱度大于等于硬度时，药剂用量由式（3-30）、式（3-31）、式（3-32）计算确定；当水中碱度小于硬度时，药剂用量由式（3-30）、式（3-31）、式（3-33）、式（3-34）计算确定。

北京郊区一水厂采取石灰软化法的工艺流程如图3-8所示。

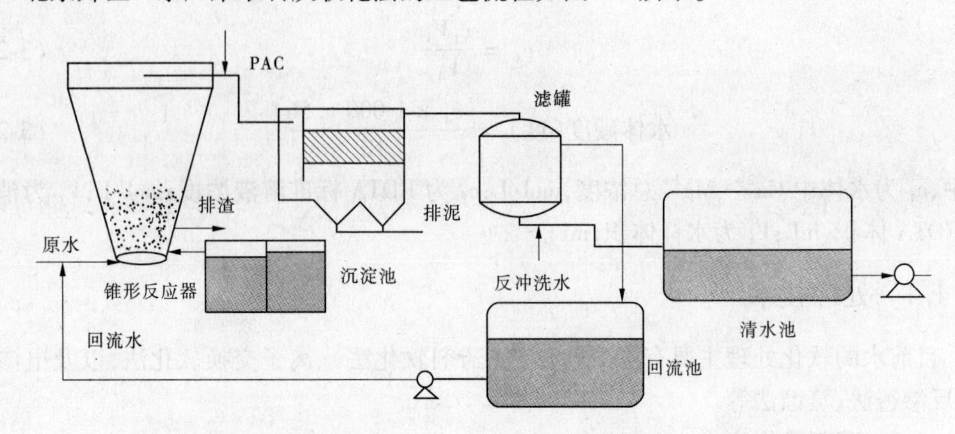

图3-8 北京效区一水厂采取石灰软化法的工艺流程

在这一工艺流程中，软化设备采用锥形反应器（其作用是将混合、反应、沉淀三个单元整合一体而完成），使原水和石灰乳（浓度10%、注入量400 mg/L）都得以从锥底沿切线方向而进入此反应器，之后使水和石灰乳充分混合（16.6 min），并使水流以螺旋式上升，通过一层悬浮的渣层，使软化反应产生的碳酸钙结晶在这些颗粒的表面，逐渐增大（同时使水得到了软化）以至于不能继续悬浮而相继下沉，最后通过排泥口而排掉。

该工程的主要设备参数是：①水泵流量140 m^3/h；②锥形反应器高6.8 m、底口直径0.8 m、锥角30°；③滤罐4个，内径2.4 m，分别填充均质无烟煤（粒径0.95 mm）和石英砂（粒径0.7~0.9 mm）双层滤料，厚度皆为0.4 m，罐内滤速4.69~4.97 m/h；④清水池尺寸8 m×6 m×3.5 m，池内配水泵及反冲泵各1台；⑤回流池（过滤罐反冲水进入回流池）尺寸5 m×4 m×2.5 m，池内设回流泵1台；⑥加药池2个，单个尺寸3 m×3 m×3.2 m（有效深2.5m），每池设搅拌机1台、超声波液位计1台、加药泵1台，每池药液可用2~3 d；⑦沉淀池面积11.9 m^2、斜板长度1 m、沉淀区高1.2 m、清水区高度1.03 m、上升流速3 mm/s；⑧控制室面积20 m^2，内设配电和自控设备。

该工程的运行效果是将原水硬度由530 mg/L软化到230~320 mg/L，从而达到了饮用水标准。

3.14.4.2 离子交换软化法

离子交换软化法是用离子交换树脂中的阳离子（Na^+、H^+）去把水中的Ca^{2+}、Mg^{2+}置换出来以达到水质软化目的的方法。关于这方面的内容可参见7.2论述，此处从略。

3.14.4.3 其他方法

其他方法主要是电渗析法、反渗透法和蒸馏法。运用这些方法，可以在结合脱盐、淡化的同时，去除水中的硬度，达到软化水质的目的。具体工作原理和技术工艺参见3.11.4及7.4.2.4、7.4.2.5相关内容。

这里仅介绍电渗析法软化硬水的设计实例。

塔里木石油勘探开发指挥部（简称塔指）位于新疆库尔勒市东南部，塔指基地小区占地1.2 km^2，居住人口1.1万人，饮用水源（孔雀河）原水浑浊度400 NTU、色度50度、溶解性总固体含量1 134 mg/L、总硬度($CaCO_3$)650 mg/L、硫酸盐含量377 mg/L,需降低水的浊度、色度、硬度、溶解性总固体含量及硫酸盐指标。设计日处理规模近期为3 000 m^3、远期为5 000 m^3,以电渗析脱盐软化为核心的处理工艺流程如图3-9所示。

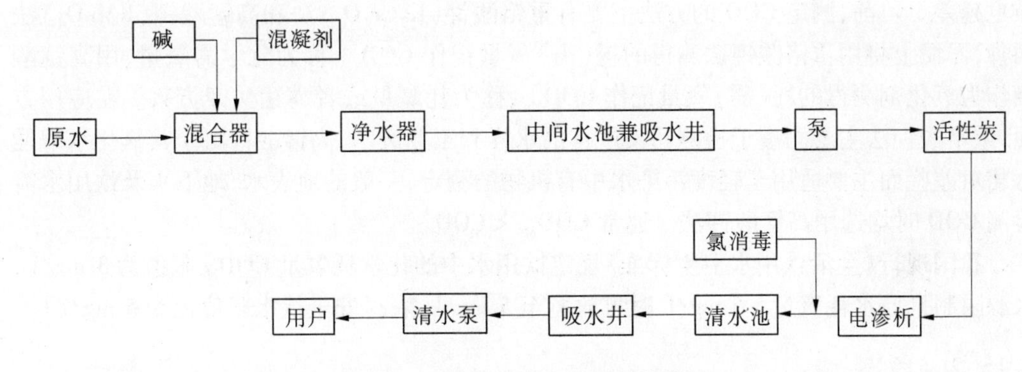

图3-9 塔指净水站水处理工艺流程

在该工艺流程中,原水首先进入混合器中进行混凝、沉淀、过滤等预处理,以率先降低水的浑浊度和色度,使出水在感官指标上达到饮用水标准的要求,同时满足后续脱盐处理在此方面的水质要求,以减少膜的污染。混凝剂选用碱式氯化铝,利用YTB-Ⅱ型粉体加药搅拌机将药剂配制成5%的溶液,由计量泵投加;预软化剂选用苛性钠,在碱液池中将其配制成5%的溶液,亦由计量泵投加。两种药剂均加至混合器,并采用先碱后矾的药剂投加顺序。净水器选用3台KG-L2400型,设计滤速10 m/h,出水浑浊度可低于3 NTU。活性炭过滤器选用3台GH-300型(每台过滤面积7 m^2),旨在降低水中的有机物含量。电渗析器是软化水质的主设备,共设计4台JXD-1型(1极1段)并联使用,每台处理水量60 m^3/h,总产水量5 760 m^3/d,运行时采取浓水循环、极水排放的工作方式,浓水系统设2台IHC150-125-315型号泵(1用1备),浓水池设在室外。另外,为防止电渗析膜上的结垢,电渗析设定为频繁倒极的自动工作方式,同时设计了酸水系统定时对电渗析进行防垢的酸液清洗,酸水系统设2台IHC100-80-160型号泵(1用1备),酸水箱容积10 m^3,酸水箱内配制1%~2%的盐酸溶液。加氯点设在电渗析与清水池之间,氯源为瓶装液氯,用V-100型加氯机实施。泵房内主要布置清水泵、中间加压泵和反冲洗水泵:中间加压泵采用2台IS150-125-315型(1用1备),净水器处理后的水流入中间水池,由中间加压泵送入活性炭过滤器;反冲洗泵选用2台S250-24型(1用1备),为净水器和活性炭提供冲洗用水;清水泵选用3台IS150-125-400A型,每台供水流量220 m^3/h、出水压力0.35 MPa,将清水池中的清水送入小区。清水池总容积2 000 m^3,吸水井有效容积198 m^3。

3.15 耗氧量(COD_{Mn})

3.15.1 概述

耗氧量(化学需氧量)是指在一定条件下,水中有机物被化学氧化剂氧化过程中所消耗的氧化剂的氧量，记作COD，以氧(O)的含量(mg/L)表示。水中有机物较为主要的有酚类化合物、苯类化合物、卤烃类化合物、碳水化合物以及各种油类，这些有机物主要来自于生活污水、工业废水以及地表径流等。COD越高，说明水中耗(需)氧的有机物越多，水质也越差。目前，测定COD的方法主要有重铬酸钾($K_2Cr_2O_7$)法和高锰酸钾($KMnO_4$)法两种，习惯上将用重铬酸钾法测得的耗(需)氧量记作COD_{Cr}，称为化学需氧量；用高锰酸钾作为氧化剂测得的耗(需)氧量记作COD_{Mn}，称为耗氧量或者高锰酸钾指数。在应用方面，重铬酸钾法主要侧重于检测污染严重的水样和工业废水，高锰酸钾由于其氧化水解能力相对差些而主要适用于轻度污染水中有机物的测定，一般的地表水、地下水及饮用水需检测COD时均选用高锰酸钾法。通常$COD_{Mn} < COD_{Cr}$。

我国现行《生活饮用水卫生标准》规定饮用水中的化学耗氧量COD_{Mn}限值为3 mg/L，水源限制且原水耗氧量>6 mg/L时可放宽至5 mg/L，农村安全饮水限值也为5 mg/L。

3.15.2 危害

碳水化合物、蛋白质、油脂、氨基酸、脂肪酸、酯类等需氧有机物对水体造成的危害主要是通过耗氧过程来实现的。一般天然水体的COD含量均小于1 mg/L(生化需氧量BOD_5在1~2 mg/L)，但我国城市生活污水的COD含量却高达111~162 mg/L，混入工业废水的更是高达395~828 mg/L。被污染的水体，受害最直接的无疑是水生生物，青鱼、草鱼、鳙鱼要求水体中的溶解氧为5 mg/L以上，鲤鱼要求6~8 mg/L，绝大多数鱼类都要求达到3~12 mg/L。当水中溶解氧不足时，鱼类就会逃离，低于1 mg/L时则会发生窒息死亡。当水中溶解氧耗尽时，嫌气细菌就会大量繁殖，形成嫌气分解，使水体变黑发臭，并分解出CH_4、H_2S、NH_3等有毒害气体，进一步危害周边环境。另外，耗氧有机物还能为病原微生物提供生存营养，从而使许多病毒借助于耗氧水体得以传播、蔓延，危害人体健康。

3.15.3 检测方法

耗氧量的测定方法有两种，即酸性高锰酸钾指数法和碱性高锰酸钾指数法。

3.15.3.1 酸性高锰酸钾指数法

原理是：取100 mL水样，加入(1+3)硫酸使其呈酸性，再加入10 mL浓度为0.01 mol/L的高锰酸钾溶液，在沸水浴中加热反应30 min，剩余的高锰酸钾用10 mL浓度为0.01 mol/L的草酸钠溶液还原，然后用高锰酸钾溶液回滴过量的草酸钠，滴定至溶液由无色变为微红色即为滴定反应终点，记录高锰酸钾溶液的消耗量，其化学反应如下。

高锰酸钾与有机物反应：

$$4KMnO_4 + 6H_2SO_4 + 5C \rightarrow 2K_2SO_4 + 4MnSO_4 + 6H_2O + 5CO_2 \quad (3\text{-}35)$$

高锰酸钾与草酸反应：

$$2KMnO_4 + 5H_2C_2O_4 + 3H_2SO_4 \rightarrow K_2SO_4 + 2MnSO_4 + 8H_2O + 10CO_2 \quad (3\text{-}36)$$

根据高锰酸钾标准溶液和草酸钠标准溶液分别消耗的体积和浓度，可以计算出高锰酸钾的消耗量，并通过下式求得高锰酸钾指数(mg/L)：

$$COD_{Mn} = \frac{[(10 + V_1) \cdot K - 10] \times c \times 8 \times 1\,000}{100} \quad (3\text{-}37)$$

式中，V_1 为回滴时所消耗高锰酸钾溶液的体积，mL；K 为高锰酸钾校正系数；c 为草酸钠标准溶液的当量浓度，mol/L；8 为氧的摩尔质量，g/mol。

由于高锰酸钾溶液不是很稳定，该标准溶液应该保存在棕色瓶中，并要求每次使用前进行重新标定，即准确移取 10 mL 浓度为 0.01 mol/L 的草酸钠溶液，立即用高锰酸钾溶液滴定至微红色，记录消耗的高锰酸钾溶液体积(V_2)，即可计算 K：

$$K = \frac{10}{V_2} \tag{3-38}$$

若水样测定前用蒸馏水稀释过，则需同时做空白试验，COD_{Mn}(mg/L)计算公式为：

$$COD_{Mn} = \frac{[(10 + V_1) \cdot K - 10] - [(10 + V_0) \cdot K - 10] \cdot f}{V_2} \times c \times 8 \times 1\,000 \tag{3-39}$$

式中，V_0 为空白试验中回滴所消耗高锰酸钾溶液的量，mL；V_2 为原水样体积，mL；f 为蒸馏水在稀释水样中所占比例；其他符号同不稀释水样的公式。

当水中含有的氯离子 <300 mg/L 时，基本不干扰 COD_{Mn} 的测定；当水中含有大量氯离子(>300 mg/L)时，在酸性条件下，氯离子可与硫酸反应生成盐酸，再被高锰酸钾氧化，从而消耗过多的氧化剂，影响测定结果。此时，需采用碱性法测定高锰酸盐指数，在碱性条件下高锰酸钾不能氧化水中的氯离子，也就不存在对测试结果的干扰问题了。

氯离子的干扰反应为：

$$\left.\begin{aligned} &2NaCl + H_2SO_4 \longrightarrow Na_2SO_4 + 2HCl \\ &2KMnO_4 + 16HCl \xrightarrow{\text{酸性条件下}} 2KCl + 2MnCl_2 + 5Cl_2 + 8H_2O \end{aligned}\right\} \tag{3-40}$$

3.15.3.2 碱性高锰酸钾指数法

测定步骤与酸性高锰酸钾法基本一样，只不过在加热反应之前将溶液用氢氧化钠溶液调至碱性，在加热反应结束之后先将水样加入硫酸酸化，随后的测试步骤和 COD_{Mn} 计算方法与酸性高锰酸钾法完全相同。

水中如含有亚硝酸盐、亚铁化合物、硫化物或其他还原性无机化合物，为避免这些物质与高锰酸钾作用而消耗其用量，可先在室温条件下用高锰酸钾标准溶液滴定水样至微红色，然后从高锰酸钾总消耗体积中扣除这部分还原性物质的消耗，以保证 COD_{Mn} 测定结果的准确性。

3.15.4 处理技术

一般给水系统处理 COD 的工艺多采用氧化法、吸附法及化学混凝法(污废水系统多采用好氧或厌氧生物处理法)。

3.15.4.1 氧化法

氧化法是利用强氧化剂氧化与分解水体中的污染物以达到净化目的的一种化学处理方法。强氧化剂能把被污染水体中的有机物逐步降解成为简单无机物，也能把溶解于水中的污染物氧化为不溶物水且易于从水中分离的物质。氧化进行的方式有空气氧化、化学氧化和电解氧化三种。空气氧化法是将被污染水体在空气中曝气，利用空气中的氧氧化污染物的方法；电解氧化法是在被污染水体中插入电极接上直流电后，在阴阳极板之间的电场力作用下，原水溶液中的负离子移向阳极并失去电子而被氧化，如处理含氰废水，氰化物在阴极被氧化去除；化学氧化法是在被污染水体中加入氧化剂，依靠其氧化能力分解破坏水体中污染物的结构，使其全部或部分地发生氧化、耦合或聚合，形成分子量较小的中间产物，进而改变它们的可生物降解性、溶解性及混凝沉淀性，然后通过混凝沉淀法将其去除。这种将氧化工艺与常规处理技术相结合的组合水净化方案尤其适合于原水藻类与有机物含量俱高的情况，一般工艺流程如下所示：

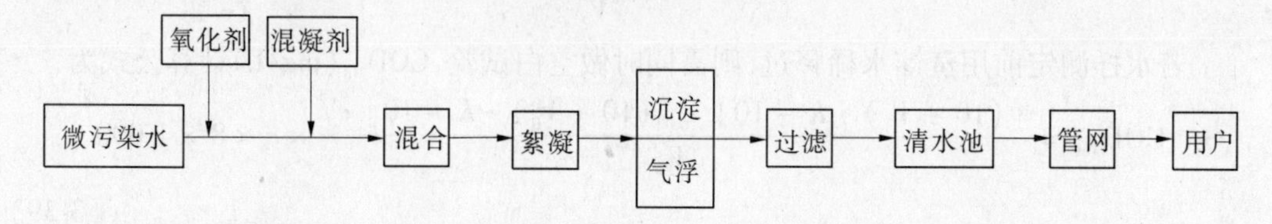

目前化学氧化法在给水处理中应用较多。化学氧化法包括氯气氧化法、高锰酸钾氧化法、臭氧氧化法、过氧化氢氧化法和紫外线氧化法。

1）氯气氧化法

氯气氧化法是应用最早和目前应用最广泛的化学预处理技术。它是指在水源水输送过程中或进入常规处理工艺构筑物之前，投加一定量的氯气或液氯进行预氧化。其目的是：一方面可以氧化水源水中的一些有机物，另一方面可以有效地控制水源水中的微生物和藻类在管道内或构筑物内的生长，同时也可提高后续的混凝效果，减少混凝剂使用量。有关氯的去污机理及工艺可参见本书4.1相关内容，这里不再赘述。

2）高锰酸钾氧化法

高锰酸钾（$KMnO_4$）是一种暗紫色并具有金属光泽的棱状晶体，堆密度约为1 600 kg/m^3，溶解度为6.4 kg/L，溶液呈紫红色，具有性质稳定、耐贮存、使用方便的特点。$KMnO_4$是一种强氧化剂，从20世纪60年代开始就被用于去除水中的铁、锰、臭味、色度等，到1986年李圭白院士提出用$KMnO_4$去除饮用水中的微量有机污染物，并于之后研发了高锰酸钾复合剂（PPC），形成了独具特色的高效除微污染集成技术（马军，2001）。高锰酸钾氧化降解水中有机物的机理是，$KMnO_4$能对有机化合物的不饱和键及特征官能团产生氧化降解作用，其中以烯烃类化合物最易氧化，因而去除率最高；苯酚及苯胺类化合物也能大部氧化降解，基本消除其毒性；对某些醇类化合物也能部分地有效降解。有检测显示，采用$KMnO_4$可将水体中的有机污染物平均去除93.9%、将有害污染物浓度去除90.4%，去除效果明显优于单独投加氯化铝或预氯化工艺。

值得注意的是，$KMnO_4$的氧化能力是随原水的pH值升高而降低的，即理论上在酸性介质中的氧化性最强。但是，试验结果显示，其在中性条件下对有机物和致突变物的去除效果要明显优于酸性和碱性条件下的去除效果，这主要是由于$KMnO_4$的还原产物水合MnO_2对去除水中污染物产生了催化作用。

试验研究还证明，$KMnO_4$及PPC不仅具有极强的氧化性，同时还具有一定的吸附功能，能够破坏呈双键和芳香环的成色官能基团，因而亦具有优异的脱色能力，可以有效去除由于高腐殖质所引起的色度；$KMnO_4$及PPC还能有效破坏无机胶体颗粒表面的有机涂层，使水中胶体颗粒脱稳，从而达到除藻除浊的目的。更为难得的是，截至目前，尚未发现

$KMnO_4$ 氧化有机物会产生“三致性”的氧化副产物。

采用 $KMnO_4$ 预氧化时，宜将投加点设在水厂取水口。若在水处理流程中投加，则应先于其他水处理药剂（混凝剂）的投加时间不少于 3 min，其投加量一般为 0.5 ~ 2.5 mg/L。

$KMnO_4$ 对一些异味物质如 2－甲基异莰醇（MIB）的去除效果不明显。

3）臭氧氧化法

由于 O_3 比 Cl_2 和 $KMnO_4$ 具有更强的氧化能力，故可有效杀灭藻类、细菌、病毒等，同时能够快速氧化大分子难降解物，有较强的脱色、除臭能力。采用臭氧进行预氧化处理可使水源水 COD_{Mn} 有一定程度的下降，同时对三卤甲烷前驱物也有较好的去除效果。但应注意的是，由于投加 O_3 成本相对较高，故在实际应用当中一般都采用低剂量的投加。在这种情况下，低剂量的 O_3 只能把大分子有机物氧化为小分子有机物（如酮、醛、酸等），而不能把有机物彻底降解，因此实际处理时一般都多将臭氧氧化法与生物法结合起来，从而收到优势互补的效果。有关 O_3 的去污机理及工艺可参见本书 4.4 及 7.3 相关内容。

4）过氧化氢氧化法

过氧化氢（H_2O_2）最初主要是用于高浓度的有机废水处理，近年来随着天然水源中有机物污染的日益增多，已有不少研究和工程实践被用到给水处理。目前 H_2O_2 预氧化常用于水中藻类、天然有机物及地下水中铁锰的去除。

H_2O_2 的标准氧化还原电位仅次于 O_3，它能直接氧化水中有机污染物和构成微生物的有机物质，使一些复杂的芳香族有机物发生开环和断链，分解为简单的含氧链状有机物，从而改变原来有机物的可混凝性，进而为后续的常规混凝、沉淀处理提供方便。同时，由于其本身仅含有 H 和 O 两种元素，分解后生成水和氧气，因而使用时不会在反应体系中引入任何杂质。据研究，将 H_2O_2 与 O_3 联用（H_2O_2/O_3），可以有效控制由溴化引起的致癌副产物溴酸盐的生成；将 H_2O_2 与 UV 联用（H_2O_2/UV），可以有效氧化卤代脂肪烃、乙酸盐、有机酸及炸药等，同时还可有效减少水中氯仿和 TOC 的含量，有利于进一步改善水质。表 3-10 列出 H_2O_2 氧化部分有机物效果（同时含 Fe^{2+} 50 mg/L 和接触 24 h 条件下）。

表 3-10　H_2O_2 氧化部分有机物效果

化合物	初始浓度（mg/L）	出水浓度（mg/L）	COD 去除率（%）	TOC 去除率（%）
硝基苯	615.50	<2	72.40	37.25
苯甲酸	610.50	<1	75.77	48.36
苯胺	465.50	<1	76.49	43.37
酚	470.55	<2	76.06	44.14
甲酚	540.50	<2	71.82 ~ 74.96	38.24 ~ 55.64
氯酚	624.80	<2	75 ~ 75.69	21.74 ~ 47.87
二氯酚	815.00	1 ~ 3	61.07 ~ 74.24	32.51 ~ 52.63
二硝基酚	920.55	<1	72.52 ~ 80.07	50.65 ~ 51.0

5)紫外线氧化法

紫外线氧化法是一种快速、经济、高效的消毒技术,经特殊设计的高效率、高强度和长寿命的消毒波段紫外线发生装置所产生的紫外辐射不仅能够破坏生物细胞的DNA结构,起到杀菌灭藻作用,而且能够在一定程度上降低氯化消毒过程中所产生的三卤甲烷副产物(DBPs)的生成势,有研究指出平均降幅在30%左右。

3.15.4.2 化学混凝法

当原水中含有胶体物质,采用物理方法处理达不到目的时,常采用化学混凝法进行处理,即在水体中投加混凝剂如明矾、铁盐以及有机合成的高分子混凝剂等,使胶体脱稳,变成絮体而迅速地沉降以达到净化的目的。

混凝技术的对象是水中的悬浮物和胶体物质,其关键技术是选择和投加适当的凝药剂。常用的凝药剂一般有铝盐(Al^{3+})絮凝剂、铁盐(Fe^{3+})絮凝剂、人工合成的有机聚合物以及镁絮凝剂等,其具体用量不能通过计算得到,而只能通过试验确定,有人经过大量的试验总结出了四大类絮凝剂的选用经验列于表3-11,可供借鉴参考。

表3-11 各种絮凝剂的比较

水的类型	明矾	铁盐	聚合物	镁
高浑浊度 高碱度 (极易絮凝) (类型1)	pH值5~7时有效,不需要投加碱性物和助凝剂	pH值6~7时有效,通常不需投加碱性物和助凝剂	阳离子聚合物非常有效,阴离子和非离子聚合物也可能有效,高分子量的物质是最好的	因$Mg(OH)_2$的沉淀而有效
高浑浊度 低碱度 (类型2)	pH值5~7时有效。如果在处理期间pH值下降,可能需要加入碱性物	在处理期间如果pH值下降,为保持一定的pH值,可能需加入碱性物	阳离子聚合物非常有效,阴离子和非离子聚合物也可能有效,高分子量的物质是最好的	有效,并且加入碱性物质可以使水更加稳定
低浑浊度 高碱度 (类型3)	在相对大剂量时有效,大剂量时可促进$Al(OH)_3$沉淀的生成。可能需要加助凝剂加重絮凝物和改善沉淀情况	在相对大剂量时有效,大剂量时可促进$Fe(OH)_3$沉淀的生成。应加助凝剂加重絮凝物和改善沉淀效果	由于低浑浊度不能使用,像黏土这类助凝剂应在聚合物前加入	由于生成$Mg(OH)_2$沉淀而有效
低浑浊度 低碱度 (最难絮凝) (类型4)	只能生成沉底絮凝物,但结果用量将耗掉碱性物。必须加碱性物到生成类型3的水中或加黏土到生成类型2的水中	只有网捕絮凝有效,但药剂投加会破坏碱度,必须加入碱度物质以生成3型或加入黏土形成2型水	低浑浊度无效,像黏土这类助凝剂应在聚合物前加入	增加碱性物可使水更易稳定

注:低浑浊度<10 JTU;低碱度<50 mg/L($CaCO_3$计)。高浑浊度>100 JTU;高碱度>250 mg/L($CaCO_3$计)。

当原水中有机物、氨氮含量较高时,一般还应在投加混凝剂之前增加生物预氧化处理工艺，常见流程如下所示：

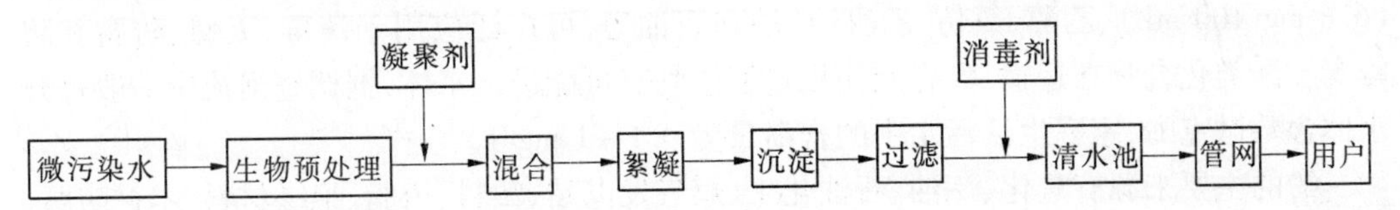

流程中的生物预处理单元一般在生物滤池或生物接触氧化池中完成。生物滤池内通常装填惰性颗粒填料，如陶粒、石英砂、沸石、麦饭石、褐煤、炉渣、焦炭等，粒径为 2～5 mm，滤料厚度 2 m，由上部进水、下部曝气，滤速 4～6 m/h。

3.15.4.3 **吸附法**

吸附法是采用多孔物质如活性炭、焦炭、磺化煤、活性硅石、腐殖酸、树脂等做吸附剂，对原水中呈分子态或离子态的污染物进行吸附分离的方法。吸附剂具有巨大的表面积，依靠分子引力（范德华力）、化学键力和静电引力对水中污染物进行吸附分离。常用吸附剂可分为两类：一类为天然吸附剂，如硅藻土、黏土、白土、天然沸石等，特点是吸附能力小，选择性差，但价廉易得，所以通常不回收利用；另一类为人工吸附剂，包括活性炭、硅胶、活性氧化铝、合成沸石和吸附树脂等。水处理过程中最常用的是活性炭吸附技术。

活性炭具有去除水中色度、臭味、有机物、酚、苯、烷基苯磺酸盐（ABS）、石油及其产品、胺类化合物、杀虫剂、洗涤剂、合成染料、消毒副产物、重金属离子以及其他微量有害物质的能力，因此不仅被广泛地用于生活饮用水及食品工业、化工、电力等工业用水的净化、脱氯、除油和去臭等，而且在各种废水的处理中也被大量使用。给水中使用活性炭去除有机污染物的典型工艺流程如下：

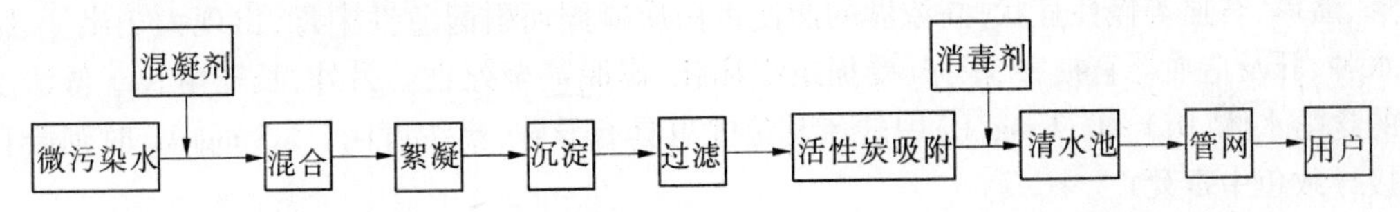

此流程中的活性炭吸附滤池的进水浑浊度一般应小于 3 NTU，活性炭柱直径 1.55 mm、长度 1～2.5 mm，炭层厚度 1.5～2.5 m，水与炭床的空床接触时间宜选用 10～20 min，滤速掌握为 8～10 m/h。

3.16 挥发酚类

3.16.1 性质

酚（C_6H_5OH）为无色结晶固体，熔点 43 ℃，在空气中极易被氧化而变成红色。酚类化合物是指芳香烃中苯环上的氢原子被羟基取代所生成的化合物。根据苯环上的羟基数目多少，可分为一元酚、二元酚、三元酚等。含两个以上羟基的酚类称为多元酚。自然界中存在的酚类化合物有 2 000 多种,该类化合物均有特殊臭味,且易被氧化、易溶于水(6.6 mg/100 mL)、乙醇、氯仿、乙醚、甘油和石油等,可广泛应用于消毒、灭螺、防腐和防霉等。酚类化合物在运输、贮存及使用过程中均有可能进入水体,据调查河流中一般每升水体含数微克酚,家庭生活污水中的含酚量为 0.1 ~ 1 mg/L。

酚的主要来源有焦化、炼油、石油化工、煤气发电站、塑料、树脂、绝缘材料、木材防腐、农药、造纸、合成纤维等工业企业所排出的废水。工业废水中的含酚量可高达 1 500 ~ 5 000 mg/L(一般焦化废水含挥发酚 1 600 ~ 3 200 mg/L、煤气站烟煤废水含挥发酚 1 000 ~ 3 200 mg/L),未经处理的含酚废水通过明渠进行灌溉可使酚挥发到大气中或渗入到地下而污染空气、地下水和农作物。苯酚是工业上排出的主要酚类物质。苯酚连同甲酚、甲氧酚、氯酚及其钠盐等对人类健康与生态环境影响较大,一般酚污染水体后可引起饮用水感官性态的恶化,产生异臭和异味,如苯酚的嗅阈浓度为 15 ~ 20 mg/L,邻、间、对甲酚介于 0.002 ~ 0.005 mg/L,与水中游离氯结合成氯酚臭的嗅阈浓度则为 0.01 mg/L,高浓度的酚特别是多元酚能抑制水中微生物的生长和繁殖,影响水体的自净作用。

3.16.2 对人体健康的影响

从卫生学角度讲,影响饮用水安全的主要是挥发性酚类化合物,即通常认为的沸点在 230 ℃以下的一元酚(沸点在 230 ℃以上的称为不挥发酚)。酚及其化合物具有中等以上毒性,可经皮肤、黏膜、呼吸道和口腔等多种途径进入人体。酚物质还属于细胞原浆毒,在体内的毒性作用是与细胞原浆中的蛋白质发生化学反应,形成变性蛋白质,使细胞失去活性。酚及其化合物所引起的病理变化主要取决于浓度,低浓度的能导致细胞变性,产生不同程度的头昏、头痛、精神不安等神经症状以及食欲不振、吞咽困难、流涎、呕吐、腹泻、出疹、瘙痒、贫血等慢性症状;高浓度的能使蛋白质凝固而引起急性中毒,出现大量出汗、肺水肿、肝及造血器官损害、黑尿、受损组织坏死、虚脱甚至死亡。另外,长期生长于低浓度的含酚水体(0.1 ~ 0.2 mg/L)中的鱼及鱼肉也具有异味,高浓度时(>5 mg/L)时则会直接导致鱼中毒死亡。

最新研究表明,酚还是一种促癌剂,达到一定剂量后会显示出弱的致癌作用。据在动物(大鼠)皮肤上所做的致癌试验中发现,5% 的酚已发挥出弱的促癌作用,20% 的酚发挥出了弱致癌性。

根据以上感官和安全的综合考虑,我国现行《生活饮用水卫生标准》规定饮用水中挥发酚的限值为 0.002 mg/L。

3.16.3 检测方法

挥发酚的测定方法主要有 4 - 氨基安替比林分光光度法和溴化容量法两种,后者适用于测定高浓度的含酚废水。

无论是分光光度法还是溴化容量法,当水样中存在氧化剂、硫化物、油类及某些金属离子时,均应设法消除并进行预蒸馏。对于氧化剂,可加入过量硫酸亚铁还原;对于硫化物,可用磷酸把水样 pH 值调至 4.0 后再加入硫酸铜使之沉淀,或者在酸性条件下使其以硫化氢的形式逸出;对于油类可采用四氯化碳有机溶剂萃取除去。蒸馏主要有两个作用,一是分离出挥发酚，二是消除颜色、浑浊和金属离子等的干扰。

3.16.3.1　4－氨基安替比林分光光度法

其原理是：预蒸馏后的酚类化合物于 pH 值为 10.0 ±0.2 的介质中，在铁氰化钾的存在下，与 4－氨基安替比林（4－AAP）反应，生成橙红色的吲哚酚安替比林染料，其颜色深浅与酚类化合物浓度成正比，在特定波长处测定吸光度，即可定量分析。

该方法又可分为萃取法和直接法两种。前者是用氯仿将生成的染料从水溶液中萃取出来后，在 460 nm 波长处测定吸光度；后者是将反应后水样在 510 nm 波长处直接测定吸光度。

显色反应受酚环上取代基的种类、位置、数目等影响，如对位被烷基、芳香基、酯、硝基、苯酰、亚硝基或醛基取代，而邻位未被取代的酚类，与 4－氨基安替比林不产生显色反应，这是因为上述基团阻止酚类氧化成醌型结构。对位被卤素、磺酸、羟基或甲氧基所取代的酚类与 4－安基安替比林发生显色反应。邻位硝基酚和间位硝基酚与 4－氨基安替比林发生的反应又不相同，前者反应无色，后者反应有色。所以，本法测定的酚类不是总酚，而仅仅是 4－氨基安替比林显色的酚，并以苯酚为标准，结果以苯酚的浓度（mg/L）表示。

3.16.3.2　溴化容量法

其原理是：在含过量溴（由溴酸钾和溴化钾产生）的溶液中，酚与溴反应生成三溴酚，并进一步生成溴代三溴酚，剩余的溴与碘化钾作用释放出游离碘。与此同时，溴代三溴酚也与碘化钾反应置换出游离碘。用硫代硫酸钠标准液滴定释出的游离碘，并根据其消耗量，计算出以苯酚计的挥发酚含量。该方法适用于含高浓度挥发酚的工业废水。

3.16.4　处理技术

含酚废水由于来源不同，处理时常分为三类，即按照酚浓度的高低，分为高浓度、中等浓度和低浓度含酚废水三种情况。

3.16.4.1　高浓度含酚废水的处理

高浓度含酚废水常用溶剂萃取法和蒸汽吹脱法进行处理，同时兼获回收副产品酚钠盐。

1）溶剂萃取法

萃取脱酚常用的萃取剂是苯、重苯、重溶剂油、取代乙酰胺 N_{503}、醋酸乙酯、异丙醚、苯乙酮、磷酸三甲酚等，其中 N_{503} 萃取剂具有效率高、损耗低、无毒、水溶性小、长期运转不易老化等优点，它可使含酚量为几千毫克每升的工业废水降至几百毫克每升或几十毫克每升，因此目前国内一般均采用萃取加生化或萃取加吸附等多级回收治理方法，使高浓度含酚废水降到允许的排放浓度。

2）蒸汽吹脱法

根据挥发性酚类能与水蒸气一起蒸出的性质，可以采用蒸汽吹脱法回收挥发性酚类。回收时要注意将废水 pH 值调到 4 左右，以使废水中的酚盐转化为酚，在此基础上加药剂（如硫酸铜）沉淀硫化物，以不让硫化氢混入挥发酚。回收设备可选用水蒸气蒸馏装置。

3.16.4.2　中等浓度含酚废水的处理

中等浓度含酚废水一般是指含酚 5～500 mg/L 的废水，对这种浓度的酚已没有回收的必要，处理方法主要有生物法（如氧化塘、氧化沟、滴滤池和活性污泥法）和活性炭吸附法。除此，也有采用氯化加石灰的方法，据报道酚的去除率几近100%。

3.16.4.3 低浓度含酚废水的处理

低浓度含酚废水一般也采用生物化学法。生物化学处理法有活性污泥法、生物膜法和生物塘法三类。在一般情况下，常用活性污泥法和生物膜法进行处理，只有在有低洼可利用时才考虑生物塘法。当处理要求较高时，可采用两级曝气池、两级生物滤池或曝气池与生物滤池串联处理，或以生物塘作补充处理，而在必要时再用其他方法（如活性炭吸附法、臭氧氧化法、离子交换法、混凝沉淀法等）作深度处理。需要说明的是，若将化学氧化法或活性炭吸附法直接用于高、中浓度的含酚废水处理，从经济方面看显然是不合理的，但用做生物脱酚后的末级处理却十分经济且效果良好。生物处理通常能把酚类浓度降低到0.5～1 mg/L；经生物法处理后出水为0.16～0.35 mg/L的炼油厂废水再用臭氧作进一步处理可使酚浓度降至0.03 mg/L；活性炭吸附作为第三级处理工艺能使痕量酚得以脱除，据报道100 kg活性炭可脱除酚类0.5～25 kg。

3.17 阴离子合成洗涤剂

合成洗涤剂又称表面活性剂，分阳离子合成洗涤剂、非离子合成洗涤剂和阴离子合成洗涤剂三种类型。其中阳离子合成洗涤剂具有很强的灭菌作用，非离子合成洗涤剂具有亲水性而易于降解，只有阴离子合成洗涤剂的负面影响较大：它能在水面产生泡沫而阻碍水中氧气的传输，严重的还会产生大量磷酸盐（日常家用洗涤剂中磷酸盐约占30%）而导致水体出现富营养化。特别是早期生产的十二烷基苯磺酸盐阴离子合成洗涤剂被普遍认为是“硬”性洗涤剂，不仅具有毒性（沾在皮肤上可有0.5%渗入体内，若遇伤口其渗透力更会提高10倍以上，从而酸化血液、致人疲倦，长期积累还会造成免疫力降低而导致贫血、肝功能下降，有研究认为其患白血病的风险比常人高2倍），而且不能被生物所降解消除，从而给水处理带来了很大麻烦。近年来，一代新开发的可以降解的“软”性阴离子合成洗涤剂（用硅酸钠或碳酸钠以取代三聚磷酸钠、焦磷酸盐、磷酸盐等含磷盐类）投放到市场，有效弱化了阴离子合成洗涤剂所造成的危害。毒性试验表明，现行“软”性的阴离子合成洗涤剂毒性很低，一般表现不出中毒症状，成人每天口服100 mg纯烷基苯磺酸盐4个月（相当于每天饮用含纯烷基苯磺酸50 mg/L的水2 L），未见到明显的不能耐受迹象。当然，阴离子合成洗涤剂对饮用水的影响并不单单在于其毒性的大小，它还具有令人十分讨厌的异味，试验表明当由于洗涤剂生产的工业废水排放以及洗衣厂、居民生活污水侵入而造成饮用水中阴离子合成洗涤剂质量浓度超过0.5 mg/L时（很容易出现这种情况）即能使水起泡沫和具有异味，严重的还会出现乳化和微粒悬浮（这种情况就会隔断水体中氧气的正常交换）。所以，我国现行《生活饮用水卫生标准》就以不起泡、不具有异味为原则而规定饮用水中阴离子合成洗涤剂的限值为0.3 mg/L。

测定水中阴离子合成洗涤剂的方法有亚甲蓝分光光度法和结晶紫－聚合物泡沫吸附比色法两种。前者的原理和方法是，阳离子染料亚甲蓝与阴离子表面活性剂作用可生成蓝色的盐类，统称为亚甲蓝活性物质，再用三氯甲烷、二氯乙烷或苯等有机溶液萃取（有机相色度与其浓度成正比），最后用分光光度计在652 nm波长处测其吸光度即可求出水中阴离子合成洗涤剂的浓度;后者的原理和方法是,聚氯基甲酸乙酯的泡沫物能选择性地吸附烷苯磺酸-结晶紫(ABS-KV)或烷基苯磺酸-亚甲蓝(ABS-MB)的缔合物,因此可直接用泡沫目视比色求出烷基苯磺酸的含量,或用甲醇洗脱,以分光光度法测定。

3.18 总α放射线

3.18.1 性质

放射性物质是指含有能自发放射出穿透力很强射线的元素构成的物质,其可从很多来源(天然的和人为的)进入人类生活环境。天然方面包括由宇宙射线产生的宇生放射性核素(可随雨水和径流进入水中)和岩石、土壤中存在的天然放射性核素(如铀238、镭226、氡222、钍232、钾40等);人为方面主要来自于核武器试验的落下灰、核电站、医学等应用领域的放射性物质。

联合国原子辐射效应科学委员会(UNSCEAR)估计人类所受辐射剂量的98%以上来源于天然辐射,核电站和核试验所致剂量仅占很小一部分。我国水中所含总α放射线(或总α射线)的来源以铀238的贡献为主。根据我国进行的水中天然放射性核素水平调查,我国30%地区水源水中总α射线放射性核素铀的平均水平高于0.1 Bq/L,主要分布在甘肃、陕西、宁夏、内蒙古等省区。在我国进行的水中总α射线放射性检测中,50%地下水源(尤其是花岗岩地带的温泉、矿泉等)水样总α射线放射性比活度超过0.1 Bq/L,20%地表水源水样总α射线放射性比活度超过0.1 Bq/L。

铀是一种重要的放射性元素,它位于周期表中第92位,是地球上所存在元素中最"重"的一个。铀在地壳中的元素丰度居第51位(1.8 mg/kg),在海洋中居第27位(3.3 μg/L)。含铀的主要矿物有沥青铀矿、晶质铀矿、钒钾铀矿、钙铀云母矿、铜铀云母矿等(皆属贫铀矿)。天然铀有三种同位素,即^{238}U、^{235}U和^{234}U,它们的原子核内部都同样地含有92个质子,并还分别含有(238-92)、(235-92)和(234-92)个中子,天然铀矿物中3种同位素的平均分配比率是^{238}U占99.27%、^{235}U占0.72%、^{234}U占0.005 6%。在铀的应用领域,少量的金属铀被用于电子管制造业中的除氧剂以及用于提纯惰性气体,主要是作为核原料用于制造原子弹,或者是利用核燃料发电。1 kg铀用于战事相当于2万t TNT炸药的爆炸力、用于发电则相当于3 000 t优质燃煤发出的热量,目前世界上已有核电站约450座,核发电量占世界总发电量的17%。

3.18.2 对人体健康的影响

除非是战事或突发性职业事故,在日常生活中经人体摄入多量铀的事故是极为罕见的。人体一旦摄入难溶性的颗粒物铀,欲想再从体内排出就非常困难,进入人体后的铀主要蓄积在骨骼、肾脏和肝脏,其所发射的α射线会在体内引起高度累积性辐射损伤。据报道,铀在骨及肾中的生物半衰期达300 d,其显示的化学毒性与汞相似,会产生肝障碍和慢性肾障碍,还会破坏免疫系统(低剂量辐射可引起免疫系统功能抑制兴奋反应)和损伤生殖系统(辐照可使精子数量减少、精子畸数增加、睾丸质量下降),并产生致癌、致畸、致突变作用（有研究表明，母亲在怀孕初期腹部受过X光照射，日后生下的孩子与母亲未受X光照射的孩子相比，死于白血病的概率要大50%。受放射性污染的人在数年或数十年后，可能出现癌症、白内障、失明、生长迟缓、生育力降低等远期效应，还可能出现胎儿畸形、流产、死胎等现象）。海湾战争（使用了贫铀弹）之后的10年间，伊拉克战区居民的癌症患者比战前增加了约10倍；1996年科索沃战争中投放的3.1万枚贫铀炸弹不仅祸及当地，造成了大量平民伤亡，而且"殃及池鱼"，邻国保加利亚的一个边境小镇莱赫切瓦镇有50%的新生儿出现畸变；1986年4月26日乌克兰切尔诺贝利核电站发生爆炸造成核泄露事件，不仅造成约4 000人遇难，而且遗祸后代，例如一个名叫伊戈列克的男孩一生下来就没有右手，两腿弯曲变形，被父母丢弃在了托儿所。

基于铀及其发射的α射线对人类所造成的严重危害，世界卫生组织提出饮用水中总α射线指标推荐控制值为0.5 Bq/L；美国国家环保局规定饮用水中总α放射线的最大污染水平为15 pCi/L（约折合0.56 Bq/L）；我国现行《生活饮用水卫生标准》（GB 5749—2006）则规定总α放射性指标指导控制值为0.5 Bq/L。

3.18.3 检测方法

总α放射性是指天然水中除氡以外的所有α辐射体，包括天然和人工核素的总放射性溶液。地表水中总α放射性一般低于0.01 Bq/L，地下水中相对较高些。

对于生活饮用水中总α放射性体积活度的检验，有四种方法可供选择：一是用电镀源测定测量系统的仪器计数效率，再用试验测定有效厚度的有效厚度法；二是通过待测样品源与含有已知量标准物质的标准源在相同条件下制样测量的比较测量法；三是用已知质量活度的标准物质粉末制备成一系列不同质量厚度的标准源，测量给出标准源的计数效率与标准源质量厚度的关系，绘制 Q 计数效率曲线的标准曲线法；四是用硫酸钙为模拟载体制成标准源，令它的质量厚度与样品源的厚度相同且它们的放射性活度也相近，然后用这样的标准源对测量仪器进行刻度，从而求出总放射性浓度的厚源法。具体测定方法及步骤要求非常烦琐和精密，可参见有关的专业监测规范，这里不再作详细的介绍。

3.18.4 处理技术

当饮用水中总α射线的比活度超过0.5 Bq/L或总β射线比活度超过1 Bq/L时，就应该由放射防护专家根据水源水文地质情况进行调查，进行进一步的放射性核素分析。一般来说，即使这种情况下的核素所致总剂量也大多不超过0.1 mSv/a。若突破了年限值0.1 mSv/a，则就应该会同有关部门研究制订处理方案。该决策程序如图3-10所示。

放射性废水一般可按其放射性水平分为高、中、低浓度放射性废水三种类型。可供选择的处理方法包括稀释法、放置衰减法、反渗透浓缩低放射性法、蒸发法、超滤法、混凝沉淀法、离子交换法、固化法等。对于较为常见的低浓度放射性废水，一般应首先进行酸碱中和处理，然后通过活性污泥池、生物滤池、氧化塘等生物处理设施，利用微生物的激烈活动使废水得到净化。有关具体工艺措施可参见有关废水处理资料。这里顺便介绍一项环保、实用的防治放射性污染措施，就是在放射性污染的矿区营造林带（常绿阔林叶比针叶林效果好），有试验表明杜鹃花科的乔木在中子－γ（其穿透力比α、β射线更强）混合

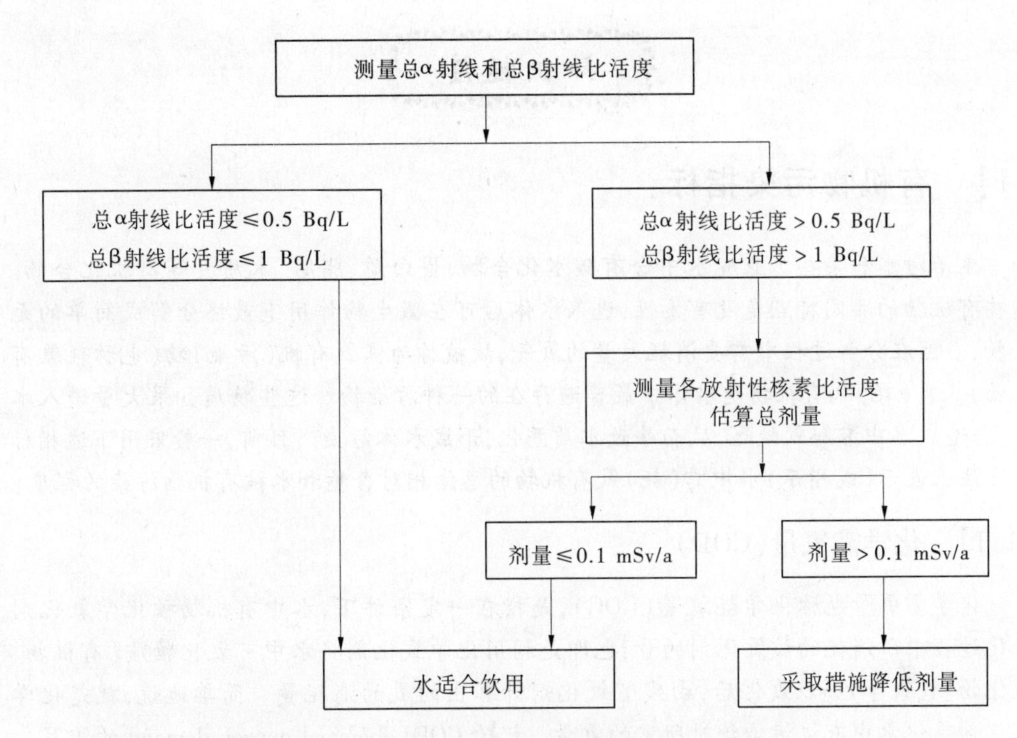

图 3-10 饮用水中放射性物质监测与处理决策程序

辐射剂量超过 150 Gy(15 000 rad)时仍能正常生长。

3.19 总β放射线

β放射线(或β射线)是放射性核素在核衰变过程中自发放出的一种属于内辐照类型的负电子电磁波,只不过这种电磁波的品质因数(反映致电离粒子初始动能的因素)只相当于α放射线的1/10。在所有能够产生β放射线的核素中,钾40(^{40}K)是其中的主要贡献者。据研究资料介绍,钾 40 主要存在于火成岩(平均含量约 2.5×10^{-3} pCi/g,1 pCi = 3.7×10^{-2} Bq)和土壤(平均含量约 1.3×10^{-3}pCi/g)中,土壤中的^{40}K 主要是施用钾肥而造成的,当降雨径流通过这些岩石和土壤时就不可避免地将其带入到了水体中间。

据我国进行的水中天然放射性核素水平调查,地表江河水的总β射线放射性比活度范围为0.009~0.59 Bq/L、湖库水为0.023~0.82 Bq/L、地下泉水为0.021~0.49 Bq/L、井水为0.009~2.4 Bq/L,其中井水中比活度>1 Bq/L的比例也仅有7.7%。我国及世界卫生组织都推荐总β射线的放射性比活度限值为1 Bq/L,超过此值时再进行核素所致的总剂量分析,只有当人均有效剂量超过0.1 mSv/a时才有必要进行专项的水质处理。而据研究资料,我国居民饮用天然水所致的人均放射性核素有效剂量仅为15 μSv/a,饮用自来水所致的人均放射性核素有效剂量更低至2.6 μSv/a,都远远低于现行饮用水卫生标准对此项指标所制定的指导值,故一般无需再进行专项的监测和水质处理。

知识链接

【1】 有机物污染指标

生活污水和某些工业废水中含有碳水化合物、蛋白质、脂肪、木质素等有机化合物。这些有机物的共同特点是没有毒性,进入水体后可在微生物作用下最终分解成简单的无机物,当然在分解过程中需要消耗大量的氧气,故被称为需氧有机(污染)物(也称耗氧有机物)。需(耗)氧有机物是水体中最普遍存在的一种污染物。这些物质如果大量进入水体,将造成水中溶解氧缺乏,从而导致水质恶化,形成水体污染。目前,一般采用下述指标和方法来表示(或指示)水中需(耗)氧有机物的总体相对含量和水被有机物污染的程度。

【1.1】 化学需氧量(COD)

化学需氧量也称化学耗氧量(COC),是指在一定条件下,水中有机物被化学氧化剂氧化过程中所消耗的该氧化剂的量,也即是利用化学氧化剂将水中可氧化物质(有机物、硫化物、氨氮等)加以氧化后,由残留氧化剂计算出的氧的消耗量。简单地说,就是化学氧化剂氧化水中有机污染物时所需的氧量。记为 COD(chemical oxygen demand 的缩写),以氧的浓度(mg/L)表示。由于水中各种有机物进行化学氧化的难易程度不同,COD 值只表示在一定条件下(或规定条件下)水中耗(需)氧量的总和,它是表示有机污染物浓度的相对指标。COD 越高,表明水中耗(需)氧有机物越多,水体污染越严重。一般,COD = 1 mg/L 时,相当于耗(需)氧有机物含量为 21 mg/L。COD 反映或指示水体受有机物污染的程度。目前,测定 COD 的方法主要有重铬酸钾($K_2Cr_2O_7$)法和高锰酸钾($KMnO_4$)法两种,由于两种方法使用的氧化剂对有机物的氧化程度不同(一般 $K_2Cr_2O_7$ 的氧化率可达 90%、$KMnO_4$ 的氧化率则约 50% 左右),所测结果也有差异,故其测定结果必须注明测定方法。习惯上,将用重铬酸钾法测得的耗氧量记为 COD_{Cr},称为化学需氧量;用高锰酸盐作氧化剂测得的耗氧量记为 COD_{Mn}(也有记为 OC 的),称为高锰酸盐指数或者化学需氧量。重铬酸钾法主要用于测定污染严重的水样和工业废水,一般在强酸性条件下用重铬酸钾作氧化剂,绝大多数有机化合物能被消解,但也有部分直链脂肪族和芳香烃仍不易消解。高锰酸钾法消解能力比重铬酸钾法差一些,适用于天然水、饮用水以及各类轻度污染水中有机物的测定。由于高锰酸钾的氧化性较弱,有一部分有机物未被氧化,所以测定的 $COD_{Mn} < COD_{Cr}$,如淮河干流王家坝断面 2003 年的关系式 $y(COD_{cr}) = 3.1918x(COD_{Mn}) + 1.9708$、颍河界首至颍上段 2002 ~ 2003 年关系式为 $y = 2.5554x + 33.522$(此关系式不具有空间与时间的外延性)。

化学需氧量的优点是能较精确地表示污水中有机物的含量,并且测定的时间短,也不受水质的限制,缺点是不能表示出微生物氧化的有机物含量,因而不能直接从卫生学方面阐明水质的污染情况。此外,由于污水中存在的还原性物质也能被氧化而消耗一部分氧,因此 COD 值存在一定误差。

【1.2】 生化需氧量(BOD)

生化需氧量是指水中有机物被微生物分解的生物化学过程中所消耗的溶解氧量。可理解为,当水中所含有机物与空气接触时,由于需氧微生物的作用而分解,在整个分解过程中所需要的氧量,就称之为生化需氧量。简单地说,就是在一定条件下水中有机污染物经微生物分解所需要的氧量,记为BOD(bio - chemical oxygen demand 的缩写),以氧的浓度(mg/L)表示。BOD可反映水中能被微生物分解的有机物的含量,同时它也是水体通过微生物作用发生自然净化的能力标度。BOD越大,水中可被生物降解的需(耗)氧有机污染物越多,故BOD是表示或指示有机物污染程度的综合指标,从卫生学意义上说,BOD值能直接说明水体的有机物污染情况。

污水中有机物的生物氧化分解过程可分为两个阶段:第一阶段叫碳氧化阶段,也就是有机物中碳氧化为二氧化碳的过程。用简单的化学方程式表示为

$$\text{有机物} + O_2 \xrightarrow{\text{微生物}} CO_2 + H_2O + NH_3 \qquad (3\text{-}41)$$

在自然条件下(温度为20 ℃),一般有机物第一阶段的氧化分解可在20 d内完成。该阶段的生化需氧量记作BOD_{20}(或BOD_u)。

第二阶段的氧化分解叫硝化阶段,主要是将NH_3氧化为亚硝酸盐和硝酸盐:

$$2NH_3 + 3O_2 \longrightarrow 2HNO_2 + 2H_2O + 620kJ \qquad (3\text{-}42)$$

$$2HNO_2 + O_2 \longrightarrow 2HNO_3 + 201kJ \qquad (3\text{-}43)$$

在20 ℃的自然条件下,第二阶段的氧化分解需百日才能最终完成。

由此可见,微生物(主要是细菌)分解有机物的速度与温度和时间有关,完全分解后再测定生化需氧量BOD值,需要时间太长(对指导生产不利,实际操作也不方便)。为了使测定的BOD值有可比性,通常采用20 ℃培养5 d所消耗的氧量,即五日生化需氧量,记为BOD_5。对生活污水来说,BOD_5约为BOD_{20}的70%。生活污水的BOD_5值相差很大。对天然水体而言,通常$BOD_5 < 1$ mg/L时为清洁水,$BOD_5 > 3$ mg/L时表示水已受到有机物污染。

生化需氧量(BOD_5)指标的缺点是:测试时间长,当污水中难生物降解的物质含量过高时,测定出的BOD_5与实际的有机污染物含量误差较大。另外,对毒性大的污水因微生物活动受到抑制,往往难以准确测定。

COD与BOD比较,COD的测定不受水质条件限制,测定时间短。但是COD不能表示出微生物所能氧化的有机物含量,而且化学氧化剂不仅不能氧化全部有机物,反而把某些还原性的无机物也氧化了,所以采用BOD作为有机物污染程度的指标较为合适。在水质条件限制不能做BOD测定时,可用COD代替。在水质相对稳定的条件下,COD与BOD之间有如下关系:$COD_{Cr} > BOD_5 > COD_{Mn}$。

COD_{Cr}值一般大于BOD_{20}。两者的差值大致等于难以生物降解的有机物含量。成分较稳定的污水,BOD_5值与COD_{Cr}值之间保持着一定的相关关系。对生活污水来说,BOD_5/COD_{Cr}的比值大致为0.4~0.8。

BOD_5/COD_{Cr}可作为污水是否适宜于采用生物化学处理法的一个衡量指标,故把

BOD_5/COD_{Cr}的比值叫做可生化性指标。比值越大说明越容易用生物化学法进行处理。一般认为 BOD_5/COD_{Cr} 值大于0.3的污水才适于采用该法处理。

【1.3】 溶解氧(DO)

溶解于水中的分子态氧(O_2)称为溶解氧,记为DO(dissolved oxygen 的缩写),以水中氧的浓度(mg/L)表示。天然水中的溶解氧主要来自于大气,也有来自于水中藻类等水生生物通过光合作用产生的氧。DO是水生生物维持生命的基础,水中DO的多少直接影响着水生生物的生存、繁殖和水中物质的分解与化合,是维系水生态系统的重要因素,也是水质的重要标志。如果耗氧有机物(主要是还原性有机物)在水体中分解时的耗氧速度超过了氧由空气中进入水体内及水生植物光合作用产生氧的复合速度,水中的DO就会不断减少,甚至被耗尽,这时水中就会繁殖大量厌氧微生物(细菌),使有机物腐烂而致水发臭。因此,水中DO的大小是反映自然水体是否受到有机物污染的一个重要间接指标。DO越大,说明越适于好氧微生物生长,水体的自净能力也越强;反之,DO越小,说明水中耗氧有机物越多,水的污染程度也越大。一般在较清洁的河流中 $DO > 7.5$ mg/L,只要DO保持在5 mg/L以上就能有利于浮游生物生长,$DO < 3$ mg/L 则不足以维持鱼群的良好生长,一般4 mg/L的DO浓度是保障一个多鱼种鱼群生存的最低浓度。

【1.4】 总需氧量(TOD)

总需氧量是指水中能被氧化的有机和无机物质燃烧变成稳定的氧化物(如 CO_2、H_2O、NO_2、SO_2)所需的氧量,记为TOD(total oxygen demand 的缩写),以需氧的浓度(mg/L)表示,它包括难以分解的有机物含量,也包括一些无机硫、磷等元素全部氧化所需的氧量。

TOD的测定采用仪器分析法,其原理是化学燃烧氧化反应。TOD的测定迅速简捷,仅需几分钟,通过TOD的测定,可以实现快速反映有机污染程度的目的。用燃烧法测定TOD,其结果相当于理论值的90%~100%。一般,同一水样 $TOD > COD_{Cr} > BOD$。

【1.5】 总有机碳(TOC)

有机物都含有碳(C)。总有机碳是采用测定水中碳的含量来表示水中有机污染物的指标(它包含了水中所有有机物的含碳量),记为TOC(total organic carbon 的缩写),测定结果以碳的浓度(mg/L)表示,它能较全面地反映出水中有机物的污染程度。

TOC的测定用燃烧法(TOC分析仪),因此能够将有机物全部氧化,比COD、BOD更能充分表达水中有机物的总量。生活污水中的 $TOC = 100 \sim 350$ mg/L,一般略高于 BOD_5 值。

TOD和TOC的测定都是化学燃烧氧化反应,前者为污水中有机物的含量用消耗的氧量表示,后者测定结果用碳的含量表示。

以上TOD、TOC、COD、BOD以及DO都属于需(耗)氧有机物污染指标,且它们之间还具有一定的相关性,一般同一水样存在 $TOD > TOC > COD_{Cr} > BOD_5 > COD_{Mn}$ 的关系,比如丙烯腈的 COD_{Cr} 为44%(用氧化率表示,下同)、TOC为82%、TOD为92.4%。

需氧有机物由于造成水体缺氧，进而会“导致损坏健康、产生疾病”（F. M. 尤金·布拉斯博士）。当然，目前受水体缺氧之危害最大的还当属直接生活其中的鱼类资源，因为充足的溶解氧是鱼类生存的必要条件，一般鲤鱼要求水中DO含量为6～8 mg/L，青鱼、草鱼、鳙鱼等要求DO含量为5 mg/L以上。当DO不足时鱼类就会力图逃离，当DO降至1 mg/L时就会出现大量的鱼类窒息死亡。当DO消失时，还会发生嫌气细菌繁殖，进而形成嫌气分解而发生恶臭，并分解出CH_4、H_2S、NH_3等有毒害气体，进一步恶化生态环境。一般认为，天然水体中BOD_5为1～2 mg/L、COD＜1 mg/L，当BOD_5＜3 mg/L时为水质较好、达到7.5 mg/L时为水质不好、达到10 mg/L以上时为水质很差（此时溶解氧已极少）。

【1.6】 可降解溶解性有机碳（BDOC）

BDOC指水体有机物中能被异养菌无机化的部分和细菌合成细胞体的部分，是水中细菌和其他微生物新陈代谢的物质和能量的来源，包括其同化作用和异化作用的消耗。BDOC越低，细菌等微生物越不容易生长繁殖。一般用BDOC来衡量水处理单元（特别是生物处理单元）对有机物的去除效率，同时也可用BDOC来预测需氯量和消毒副产物产生量。当然，BDOC与管网内细菌的生长量关系密切，因此研究水中BDOC对改善水质具有重要意义：BDOC越低，水的生物稳定性就越好；反之，水的生物稳定性就越差（即越易引起细菌等微生物的生长繁殖）。Joret等研究指出，BDOC＜0.1 mg/L时，大肠杆菌在水中不能生长。Dukan等通过动态模型计算得出，管网中BDOC不超过0.2～0.25 mg/L时，水质能达到生物稳定。可见，通过BDOC可判定或预测饮用水的生物稳定性。

【1.7】 可同化有机碳（AOC）

AOC指生物可降解性有机碳（BDOC）中易被细菌吸收利用并直接同化合成细菌体的那部分有机物，可用碳浓度表示。研究水中的AOC，有助于鉴定饮用水的生物稳定性，以便确定细菌等微生物是否会在水的输送过程中生长繁殖。AOC越低，说明水的生物稳定性越好；反之就越差（易引起细菌等微生物的生长繁殖）。一般认为，在不加氯时，AOC为10～20 μg乙酸碳/L的饮用水是生物稳定水；在加氯时，AOC为50～100 μg乙酸碳/L的饮用水是生物稳定水。

以上AOC和BDOC均为表征饮用水中可生物降解和可为生物利用的溶解性有机物的替代参数，但二者的意义又有所不同：AOC只是BDOC的一部分，它是生物可降解有机物中可转化成细胞体的这部分有机物，一般作为管网中细菌生长繁殖潜力的评价指标；而BDOC是水中有机物中能被异养菌无机化的部分，可作为水中细菌和其他微生物新陈代谢的物质和能量的来源（包括同化作用和异化作用的消耗），一般作为水中可生物降解有机物总量的评价指标。也有少数研究者将BDOC作为评价异养细菌生长潜力的评价指标。Bios等通过模拟管网和计算机模型计算得出，BDOC中有8%～18%的有机物可转化为细胞体，由此可以大致认为AOC占BDOC的比例为8%～18%。但国内外实测结果表明，在不同水样中AOC占BDOC的比例变化比较大，其中包括水源水、出厂水、管网水、管网末梢水中 AOC/BDOC 比例都变化较大,通常从百分之几到百分之八十几。不过,从上述统计的平均值来看,AOC/BDOC 基本为 30% ~40%,因此清华大学研究指出,AOC 浓度约占 BDOC 的 1/3,并强调 BDOC 也可以作为管网中异养细菌生长潜力的评价指标。

【1.8】 饮用水中不同性质有机物之间的相互关系

天然有机物(NOM)对水的处理和配水管网中的水质有很大影响,如氧化剂用量、微污染去除率、消毒副产物浓度、臭味和色度、剩余消毒剂稳定性、细菌再生长、腐蚀等。有机物可以分为两类,即可生物降解有机物(BOM,可作为生物膜细菌的能源和碳源)与不可生物降解(难降解)有机物。这些有机物种类繁多,其形态、大小和化学性质复杂,要想测定其中每一种有机物是非常困难的,因此就常用测定总有机碳(TOC)来作为总有机物含量的替代参数,并由此推算出其他相关指标值。

按有机物形态大小,可将 TOC 大致分为颗粒态有机碳(POC)、胶体态有机碳(COC)和溶解性有机碳(DOC)。按有机物能否被微生物利用,可将 DOC 分为生物可降解溶解性有机碳(BDOC)和生物难降解溶解性有机碳(NBDOC)。BDOC 中易被细菌利用合成细胞体的有机物称为生物可同化有机碳(AOC),即 AOC 是 BDOC 的一部分。图 3-11 为水中不同性质有机物之间的相互关系,其中 BDOC 和 AOC 与饮用水的生物稳定性密切相关。因此,有一些水处理工作者试图建立 BDOC 与 DOC 或 AOC 与 DOC 之间的定量关系,但迄今尚未发现其规律性。不过,Pierre Servais 等研究认为,BDOC/DOC 值为 11% ~59%;Vander Kooij 研究认为,AOC/DOC 为 0.03% ~2.7%。可见,随原水水质不同,BDOC/DOC 或 AOC/DOC 值变化较大。

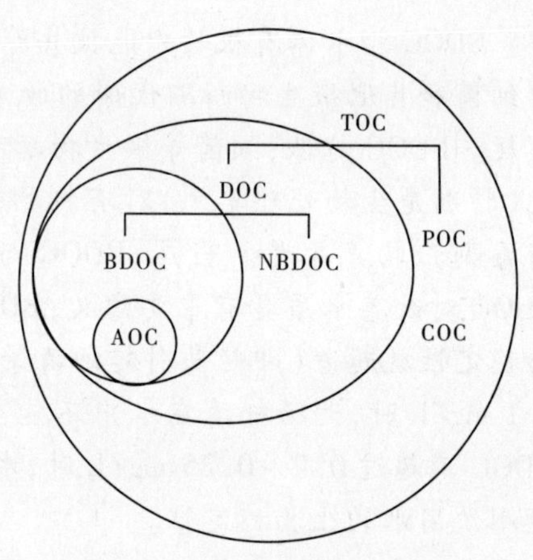

图 3-11 水中不同性质有机物之间的相互关系

需要注意的是,Vander Kooij 研究指出,在加氯情况下,AOC 临界值为 60 μg 乙酸碳/L时,饮用水水质能达到生物稳定,而且此时 AOC/DOC 为 0.03% ~2.7%。有人测定了纳滤出水中 TOC 为 0.23 ~0.34 mg/L,若根据上述的 AOC/DOC 为 0.03% ~2.7%,可推算出该纳滤出水中 AOC 应不超过 7.5 ~91.8 μg 乙酸碳/L,根据 Vander Kooij 观点(即 AOC <60 μg/L 时为生物稳定水),则该纳滤出水可能不是生物稳定水。可见,通过测定 AOC、BDOC 或 AOC/DOC、BDOC/DOC,可判定或预测饮用水的生物稳定性。

【2】 水质监测的基本方法与常用仪器

【2.1】 基本方法

水质监测是通过一系列手段对水体质量作出判断的过程。在此过程中,所采用的手段和方法有多种，其中最重要的基础是水质分析。

水质分析按其任务不同，可分为定性分析和定量分析。定性分析的任务是鉴定水中所含有的化学成分；定量分析的任务是测定水中各成分的含量。由于水质监测中被分析物质通常都是指定的，因此除特殊情况外，一般情况下的水质分析都是定量分析。

水质定量分析的常用方法主要有以下几种（见图 3-12）。

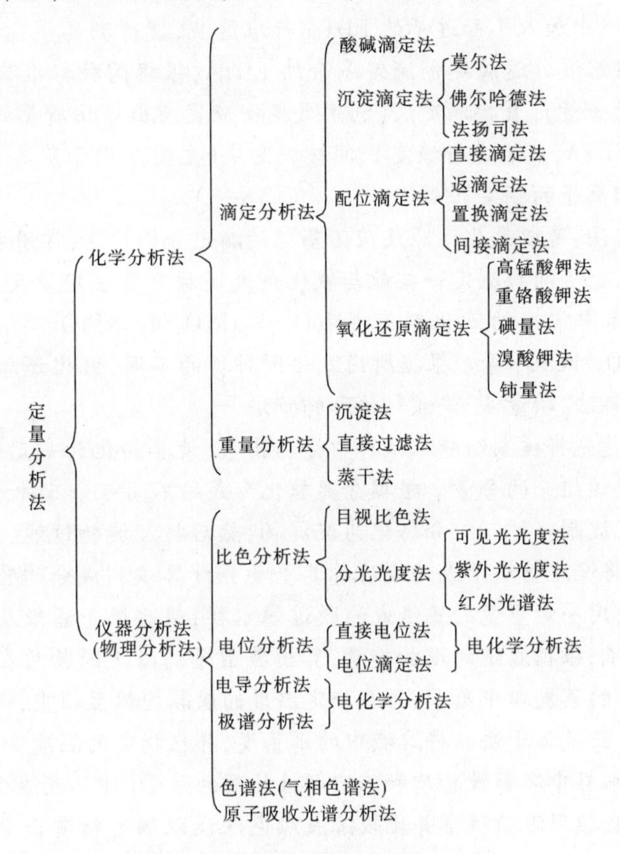

图 3-12　水质定量分析的常用方法

滴定分析法：滴定分析法又称容量分析法，这种方法是将一种已知准确浓度的试剂溶液（标准溶液）滴加到被测水样中，直到所加试剂与被测水样中物质按化学计量关系定量反应完为止，然后根据试剂溶液的浓度和用量计算出被测水样中物质的含量。

酸碱滴定法：利用酸标准液或碱标准溶液以中和反应为基础的滴定分析法称为酸碱滴定法，又称中和法。在水质分析中，主要用该法测定水的酸度、碱度和 pH 值等重要水质指标。

沉淀滴定法：是以沉淀反应为基础的一种滴定分析方法。目前应用较广泛的是生成难溶性的银盐，故也可称为银量法。其中，根据所用指示剂的不同又进一步分为：以铬酸钾（K_2CrO_4）作指示剂（$AgNO_3$ 作标准溶液）的莫尔法，以铁铵矾[$NH_4Fe(SO_4)_2 \cdot 12H_2O$]作指示剂（$NH_4SCN$ 或 KSCN 作标准溶液）的佛尔哈德法，以吸附指示剂（如荧气黄 HFI）指示滴定终点的法扬司法。使用银量法可以测定水中的 Cl^-、Br^-、I^-、CN^- 及 Ag^+ 等离子。

配位滴定法：即利用配位剂（无机配位剂如氰量法的CN^-、汞量法的Hg^{2+}，有机配位剂如含乙二胺四乙酸EDTA的氨羧配位剂等）进行反应以形成配合物的滴定方法。常用这种方法测定水的硬度以及Ca^{2+}、Mg^{2+}、Al^{3+}等几十种金属离子，也可用于测定水中的SO_4^{2-}、PO_4^{3-}等阴离子。配位滴定的方式有直接滴定法（将试样溶液调至所需要的酸度，加上必要的其他试剂和指示剂，用EDTA标准溶液直接滴定被测离子）、返滴定法（在适当酸度下，先向试液中加入已知过量的EDTA标准溶液，使待测离子完全配位，然后用另一种金属离子标准溶液作返滴定剂滴定剩余的EDTA，根据两种标准溶液的浓度和用量计算出被测离子的含量）、置换滴定法（利用置换反应置换出等物质量的另一种金属离子或置换出等量的EDTA，然后进行滴定）、间接滴定法（主要应用于阴离子和某些同EDTA配位不够稳定的阳离子的测定）。

氧化还原滴定法：是以氧化还原反应为基础的滴定分析方法，常用来直接测定一些氧化性、还原性物质，也可间接测定一些能与氧化剂或还原剂发生定量反应的物质，因而应用较为广泛。实际中常用的氧化剂有$KMnO_4$、$K_2Cr_2O_7$、I_2、$KBrO_3$等，常用的还原剂有$Na_2S_2O_3$、KI、$H_2C_2O_4$、$FeSO_4$等。根据所用氧化剂种类的不同，氧化还原滴定法可分为高锰酸钾法、重铬酸钾法、碘量法、溴酸钾法和铈量法等。

重量分析法：是先将被测组分从试样中分离出来，使其转化为一定的称量形式，然后利用称量方法测定该组分的含量。根据分离转化形式的不同可分三种方法：一是沉淀法。这种方法是利用沉淀剂将被测组分转化为沉淀物，然后将沉淀物过滤、洗涤，使其与其他组分相分离，最后将沉淀物烘干或灼烧后称其重量并计算被测成分的含量。二是直接过滤法。这种方法是用一定重量的滤纸或滤膜过滤水样，然后烘干滤纸及残留于滤纸上的固体，再次称量滤纸，根据滤纸的增加重量，算出截留于滤纸上的物质在水中的含量。若把滤液置于已恒重的蒸发皿中蒸干，再在指定温度的烘箱内烘至恒重，还可测得水样中溶解性物质的含量。三是蒸干法。将溶液中的水蒸发，并在指定的温度下干燥，最后称量剩余物质，便可得到水样中溶解性物质和不溶解性物质的总量（即总残渣含量）。

目视比色法：直接用眼睛观察并比较溶液颜色深浅以确定物质含量的方法叫目视比色法。这种方法是最早用于水的色度测定的方法。水的色度的测定常用铂钴比色法，即每升水中含有1 mg铂和0.5 mg钴时所具有的颜色为1度，以此作为标准色度单位，配制出不同度数的一系列标准溶液，放入相同规格的比色管中。测试时取一定量的水样，放入与标准系列相同的比色管中，与标准系列进行目视比色，自管垂直向下观察，与水样颜色相同的铂钴标准色列的色度，即为水样的色度。

分光光度法：分光光度法是基于物质对光具有选择性吸收而建立起来的分析方法。选择性是指不同的物质吸收不同波长的光，吸收量与该物质的量之间具有定量关系。这种方法是采用被待测溶液吸收的单色光作入射光源，用仪器代替人眼来测量溶液吸光度的一种分析方法。测定时需要用到一种叫分光光度计的电子仪器，常用的分光光度计有721型分光光度计和751型分光光度计两种。分光光度计法包括可见光光度法、紫外光光度法、红外光谱法和比色法等，目前水质分析中常用的是可见光光度法，如双硫腙分光光度法测定水中的镉、铅、汞，二乙氨基二硫代甲酸钠萃取分光光度法和新亚铜灵分光光度法测定水中的铜，苯碳酰二肼分光光度法测定水中的铬，新银盐分光光度法测定水中的砷。

电化学分析法:是应用电化学原理和试验技术建立起来的一类分析方法的总称。它是将待测试样溶液和两支电极构成电化学电池,利用试样溶液的化学组成和浓度随电学参数变化的性质,通过测量电池的某些参数或参数的变化,从而确定试样的化学组成或浓度。电化学分析法包括电位分析法、电导分析法、极谱分析法、库仑分析法。

电位分析法:是利用电极电位测定物质活度(浓度)的电化学分析法。应用时通过测量电池的电动势,即零电流条件下化学电池中两电极(指示电极和参比电极)的电位差,而得到溶液中有关化学成分的分析信息。电位分析法可分为直接电位法和电位滴定法。

直接电位法:是通过测量原电池的电动势而直接测定待测离子活度的方法,如 pH 的电位测定和离子选择性电极法等。

电位滴定法:又称间接电位分析法,是根据滴定过程中原电池电动势的变化而确定滴定反应终点,并由滴定剂的用量来求出被测物质含量的方法。该法可用于酸碱、络合、沉淀和氧化还原等各类滴定反应。

电导分析法:是将被测溶液放在由固定面积、固定距离的两个铂电极所构成的电导池中,通过测定溶液的电导率来确定被测物质含量的分析方法。不同水质的电导率不同,如天然水中电导率为 50~500 μS/cm,清洁河水为 100 μS/cm,饮用水为 50~1 500 μS/cm,矿化水为 500~1 000 μS/cm 或更高,海水为 30 000 μS/cm,某些工业废水为10 000 μS/cm 以上,而超纯水的电导率为 0.01~0.1 μS/cm,新蒸馏水为 0.5~2 μS/cm,实验室用去离子水为 1 μS/cm 等。

极谱分析法:极谱分析法是建立在电解过程中电流-电压特性曲线上,使用滴示电极的电化学分析法。经典的极谱分析法是将可氧化还原的物质在滴示电极上进行电解,通过测定电解过程中电流-电压的变化绘制出曲线,然后根据曲线的性质进行定性和定量分析。随着极谱分析法在理论研究和实际应用中的发展,除经典极谱法外,还出现了示波极谱、方波极谱、脉冲极谱、交流极谱、催化极谱、溶出伏安法等。这些新的极谱分析法灵敏度明显提高,如溶出伏安法、脉冲极谱法、催化极谱法等的检测限一般可达到 10^{-8}~10^{-10} mol/L,可广泛应用于痕量无机物质的测定和有机物质的分析,如测定水中的 Ca^{2+}、Cu^{2+}、Zn^{2+}、Pb^{2+}、Ni^{2+} 等。

色谱法:是一种物理及物理化学的分离分析方法。1906 年俄国化学家茨维特在一根用碳酸钙颗粒填充的玻璃柱管中,通过石油醚淋洗成功地分离了植物色素,在管内形成了具有不同颜色的色带,每个色带表示了不同的色素,并由此创造了一个新词“色谱”。无论哪种色谱法,其共同的基本特点都是具备两个相:不动的一相称为固定相,另一相是挟带混合物样品流过固定相的流动体,称为流动相。一般按流动相所处的状态可分为气相色谱法、液相色谱法、超临界流体色谱法,目前水质分析中常用的是气相色谱法。

气相色谱法:气相色谱法是利用固定液(或固体吸附剂)作固定相、气体作流动相的一种分析方法。分析所用的主要仪器是气相色谱仪,该仪器能够将那些性质极为相近的多组分复杂混合物(如同位素、同系物、烃类异构体等)进行分离,因此该法可用于分析气体、易挥发或可转化为易挥发物质的液体或固体。一般地说,只要沸点在 500 ℃以下、热稳定性良好、相对分子量在 400 以下的物质,原则上都可以采用气相色谱法进行分析。

原子吸收光谱分析法:又称原子吸收分光光度法,它是基于物质所产生的气态原子对其特征谱成的吸收作用、即基态原子对特征波长光的吸收而测定试样中待测元素含量的一种分析方法。所用主要仪器是原子吸收光谱仪(又称原子吸收分光光度计),可以测定几乎全部的金属元素及一些半金属元素,且灵敏度高、检测限低、准确度高,如火焰原子吸收光谱法的检出限每毫升可达 10^{-6} g 级、相对误差率小于1%,无火焰原子吸收光谱法的检出限可达 10^{-10} ~ 10^{-14} g/mL,石墨炉原子吸收光谱法的相对误差为3% ~5%。

除以上物理-化学分析法外,国家环境保护总局还于1995年公布了一种发光菌检测水体毒性的方法标准,称发光细菌法。发光细菌指能够发出可见光的细菌(夏天的夜晚萤火虫一明一暗地发光是人们最熟知的生物现象。除了萤火虫外,在自然界还有不下十余种此类生物,人们通常把这些天然存在、能够发出可见光的细菌统称为发光细菌)。发光细菌法在水质监测应用中具有非常独特的作用。以前,如果有某一条河流受到污染,或出现某种化学物质的突然泄漏事故,只能用前述物理-化学分析法测定其污染来源和主要成分,但却无法判断对流经区域周围的生物和人类有无毒性或有多大的毒性。如要进行毒性监测,则只能引用医学毒理学的方法,即对小鼠或鱼类、藻类等进行批量试验,从而以受试生物的死亡数来判断其毒性的大小,这种试验通常需要几天时间才能得出结果,并且成本一般都比较高。应用发光细菌法则可以克服这些弊端。该法是将发光细菌先期培养好,制成冻干粉,保存于-10 ℃以下的冰箱中,使用前仅需加入复苏液,几分种后冻干粉便会恢复活力,可直接投加到被检测水体之中,此过程就像使用化学试剂那样简单、方便。目前,已有发光细菌冻干粉的商品供应市场,这样一来,检测者就无需事先培养发光细菌,也无需配备细菌培养方面的设备及人员,只要从市场“拿来”就可以进行检测试验了,因而也就更有利于在现场进行即时的监测或抽检。通常进行一次这样的检测需0.25 ~1 h时间。另外,近年还研发出利用发光细菌的发光基因——Lux基因进行“三致”(致癌、致畸、致突变)试验,以取代常规的平板计数试验,不仅使操作变得更为简单,试验时间由过去的48 h缩减至12 h,而且试验成本也大大降低。

【2.2】 常用仪器

水质监测的常用仪器有以下几种。

常规五参数分析仪:也称多参数测定仪,主要监测水温、pH值、DO、电导率、浊度,以及盐度、氧化还原电位、铵和氨等,美国产的 Hydrolab 多参数测定仪还能测定深度、叶绿素a、蓝绿藻、氨、硝酸根离子(硝酸盐氮)、氯离子、环境光、若丹明WT等指标。多参数测定仪依测量方式的不同可分为流通池式传感器测量和多参数探头式测量,前者比较适用于具备采水单元的情况,后者则可直接在待测水体中测量。目前比较有影响的生产厂家有美国的YSI、Hydrolab和德国的STIP等公司。

化学需氧量(COD)测定仪:COD在线自动分析仪的主要技术原理有6种:①重铬酸钾消解-光度测量法;②重铬酸钾消解-库仑滴定法;③重铬酸钾消解-氧化还原滴定法;④UV法或紫外可见光连续光谱法;⑤氢氧基及臭氧(混合氧化剂)氧化-电化学测量法;⑥臭氧氧化-电化学测量法。其中重铬酸钾消解-氧化还原滴定法(光度法或库仑滴定法)均有铬、汞的二次污染问题,废液需要进行特别处理,而电化学法(不包括库仑滴定法)及紫外可见光法不存在二次污染问题。各类COD仪的测量范围为10 ~2 000

mg/L,因此多用于污染源的在线自动监测,而较少适用于地表水的自动监测。

高锰酸盐指数测定仪:依原理不同可大致分为氧化还原滴定法和 UV 吸收法两种类型的仪器。属于氧化还原滴定法的仪器有:①湖南力合科技公司生产的力合科技LFKM－D2001,测定过程为先在一定体积的水样中加入一定量高锰酸钾和硫酸溶液,在 95 ℃条件下加热回流反应数分钟后,剩余的高锰酸钾用过量的草酸钠溶液还原,再用高锰酸钾溶液回滴过量的草酸钠,以回滴的高锰酸钾体积计算出高锰酸钾指数值,即 COD_{Mn}。该仪器的适用测定范围为 0.5 ~20 mg/L,测量周期为 30 ~45 min/次,准确度为 ±10%。②法国产 SERES2000 型 COD_{Mn}自动监测仪,测定原理同实验室高锰酸盐指数法(GB11892－89),检出限 0.1 mg/L,测量周期 <33 min,精确度为 ±2% FS。③美国产 HACH COD－203 在线 COD_{Mn}分析仪,采用氧化还原电位滴定法测定地表水、饮用水原水的 COD_{Mn},适用范围 0 ~20 mg/L,测量周期 1 h、2 h、…、6 h 一次,稳定性为 ±3% FS。④南京德林环保仪器公司生产的 DL－2006 型高锰酸盐指数全自动在线分析仪,测定范围 0 ~100 mg/L,检出限 0.1 mg/L,最短测量周期 15 min,准确度为 ±5% FS,可用于饮用水、水源水和地面水的高锰酸盐指数测定。属于 UV 吸收法的常用仪器是法国产的 AWACX700B 在线 COD_{Mn}监测仪,其测定原理是不饱和有机物对波长 254 nm 的紫外线具有最大吸收效应,通过检测透射光的光强,再利用郎伯－比尔定律(COD_{UV}与 COD_{Mn} 的相关系数可达 $R^2=0.98$)推测出水体中的 COD_{Mn} 含量。这种仪器的主要技术指标为:量程 0 ~100 mg/L,准确度 ±5%,可兼测 pH、DO、浊度、电导率、温度等参数,主要适用于水源水、河流水以及污水的连续监测。

总有机碳测定仪:依测定对象的不同分有低温湿化学法和高温燃烧法,前者主要适用于水中有悬浮固体的地表水监测,后者适用于水中有长链有机物的废水监测。采用低温化学法的常用仪器有意大利产的 SYSTEA M－C TOC 和 μ MAC C TOC NDIR,其监测范围都是 0 ~1 000 mg/L,检测限 0.2 mg/L,在线分析周期 3 ~10 min,精确度(±2 ~ ±3)满量程。采用高温燃烧法的常用仪器有日本产的岛津 TOC－4100(检测范围 0 ~5 mg/L 至 0 ~20 000 mg/L可变)和德国产的 GIMATCARBONO－LAB/FIX HT 型 TOC 分析仪。

五日生化需氧量测定仪:在线 BOD 分析仪的原理有:①动态稀释生物反应器法;②串联式反应器活性污泥法;③生物膜电极法。常用仪器有北京中仪远大科技公司生产的中仪远大 Bio/00 型测定仪,主要应用于地表水、工业及市政污水的监测,测量范围为 0 ~50 mg/L 至 0 ~200 000 mg/L 任意量程,测量时间 3 ~4 min,测量精度 +5%。

氨氮测定仪:氨氮在线自动分析仪的技术原理有 3 种:①氨气敏电极法;②分光光度法;③傅里叶变换光谱法。应用电极法原理的仪器目前主要有瑞士万通公司生产的 ALERT2003氨氮仪(测量范围 0 ~100 mg/L,还有更多量程可选)及德国产 GIMAT AMMONO－LAB200(测量范围 0 ~200 mg/L NH_4^+－N 任选);应用光度法原理的仪器目前主要有法国产 Tethys UV400(低量程 0 ~100 mg/L NH_4^+－N,高量程 0 ~5 000 mg/L NH_4^+－N)和美国产 HACH Amtax TM Compact(测量范围 0.2 ~12 mg/L NH_4^+－N、2 ~120 mg/L NH_4^+－N、20 ~1 200 mg/L NH_4^+－N)以及我国湖南力合科技公司生产的力合科技 LFNH－DW2001(测量范围0 ~300 mg/L)。以上几种氨氮测定仪均适用于地表水、简单污染源以及污水处理的在线检测。

总氮测定仪：依测定原理和方法的不同有以下3种类型的仪器：①采用紫外消解－光度法的有意大利产SYSTEA μ MAC CT，比色计525 nm，测量范围为（0～5/10/20/50/100/200/1 000）mg/L，测量时间40 min；德国产CIMAT NITRO－LAB100，测量范围0～10 mg/L；湖南产力合科技LFTN－DW2001，测量范围0～100 mg/L，测量周期45 min/次，检出限0.05 mg/L，准确度±10%。②采用分解碱性过硫酸钾－紫外吸光光度法的有日本产岛津TNP－4110型测定仪（总磷总氮一体机），测定量程TN（0～2/5/10/20/50/100/200）mg/L，检出限0.06 mg/L，测定周期1 h。③采用燃烧氧化－化学发光法的有日本产岛津TN－4110型测定仪，测定量程0～1 mg/L至0～200 mg/L，测定周期最短4 min。以上均适用于地表水、自来水及排污水的测定。

总磷和正磷酸盐测定仪：总磷的分析由两个步骤组成：首先通过氧化剂将水样中不同形态的磷转化为正磷酸盐，然后测定正磷酸盐的浓度，从而计算总磷的含量。根据具体的检测方法主要有以下几种不同型号的仪器：①采用紫外消解－光度法的有意大利产SYSTEAμ MAC，比色计660 nm或880 nm，检测范围（0～3/5/10/20/50/100/200）mg/L，测量时间45 min；德国产GIAT PHOSPHO－LAB10，检测范围0～10 mg/L，测量精度±5%。②采用过硫酸钾－钼酸铵蓝色吸光光度法的有日本产岛津TNP－4110（总磷总氮一体机），可控测总氮（TN）、总磷（TP），测定量程0～0.5/1/2/5/10/20/50/100 mg/L，检测下限0.02 mg/L，测定周期1 h；美国产HACH PHOSPHAX™ ∑sigma，测定总磷范围为0.01～5.0 mg/L，测量准确度±2%，测量周期约10 min；湖南力合科技LFTP－DW2001测量范围0～100 g/L，检出限0.005 mg/L，准确度±10%，测量周期为30 min/样。

重金属测定仪：根据检测方法及原理的不同分两种类型：①运用离子选择电极法，意大利产SYSTEA μ MAC E Heavg Metal可检测水中的铅（40～400 μg/L）、镉（50～500 μg/L）、铜（6～600 μg/L），一般测量时间约15 min，适用于地表水、简单污染源及污水的在线监测。②运用阳极溶出伏安法，澳大利亚产MTI OVA5000可检测出水中的锌（0.5 μg/L～32 mg/L）、铅（0.5 μg/L～30 mg/L）、镉（0.5 μg/L～30 mg/L）、铜（0.5 μg/L～32 mg/L）、汞（1 μg/L～6 000 mg/L）、砷（5 μg/L～8 mg/L）、铊（1 μg/L～6 mg/L）、铬（1 μg/L～8 mg/L）、镍（0.58 μg/L～8 mg/L），检测精度为±5%或100 μg/L，适用于地表水、简单污染源及污水处理的在线监测。③MTI公司的产品PDV6000重金属测定仪同样可检测铬、镉、铜、砷、汞、铅、锌、锑、铁等多种金属离子浓度，检测范围为4 μg/L～300 mg/L，检测时间20～300 s，比传统方法更快捷而且精确。

石油类测定仪：主要用荧光法测定，具体运用的仪器有5种：①法国产Tethys UV 400－BT1的检测范围0～100 mg/L；②美国产ISI BA－200型水中油分析仪的检测范围2～500 mg/L；③加拿大产HS200在线光纤探头紫外荧光油浓度分析仪的检测范围0.01～30 mg/L（可设置）；④加拿大产HS－3420水中油监测仪可监测10^{-6} mg/L级的油浓度；⑤北京华夏科创仪器技术有限公司生产的OIL 608型油类水质在线自动监测仪可检测0.5～100 mg/L的油类污染水体。

藻类测定仪：主要用荧光法测定，常用的仪器有3种：①德国产Bbe藻类在线分析仪，通过用不同颜色的发光二极管作为激励光源，检测荧光强度变化，得到不同类藻贡献的叶绿素a的浓度，从而确定藻的总浓度、叶绿素a的总浓度，以及各类藻的浓度和各类藻贡献的叶绿素浓度,该种仪器的检测范围为藻浓度 0 ~ 200 000 个/mL、叶绿素浓度 0 ~ 200 mg/L;②法国产 AWA HX1000 的原理是,当特定波长的光线照射叶绿素 a 时,叶绿素 a 受激发后会发射出一种波长更长的荧光,通过监测荧光的光强可以准确地测定叶绿素 a 的含量,该种仪器的检测量程为 0 ~ 300 μg/L;③法国产 Tethys UV400 - BT3 叶绿素 a 测定仪的检测量程为 0 ~ 300 μg/L。

光谱分析仪:常用的检测仪器有 3 种:①德国产 MIQ/CarboVis COD 700/5 IQ 通过 40 mm 直径的传感器组件,可在紫外可见波段内精确地分析出待测水样的 COD 浓度,以及兼测到的 pH、DO、电导率、浊度、悬浮固体浓度和氨氮浓度等;②哈希 SAC UV - 254 有机物分析仪采用一种新颖的紫外吸收技术,可连续、在线、准确地测量出水中的 COD、BOD、TOC 值;③奥地利产 UV - VIS 紫外 - 可见光光谱分析仪可检测的有机物指标包括 COD、BOD、TOC、DOC、BTX、UV - 254,可检测的含氮物质包括 NO_3^- - N、NO_2^- - N、NH_4^+ - N,另外还可检测颗粒/浊度(FTU/NTU)、吸光度 SAC、O2 等,因而可广泛应用于饮用水、纯净水、工业循环水、市政污水、化工行业废水等水质监测和过程控制,以及各种污水排放口、水源地的水质安全预报警。

生物监测仪器:根据检测对象和方法的不同可分为 4 种类型:①通过使用一种叫做费希尔弧菌(Vibrio fischeri)的发光细菌,荷兰产的 micro LAN Toxcontrol 在线水质毒性测定仪可以检测出水中 5 000 种化学物质,美国产 Microtox 毒性测定仪可快速展现饮用水中毒性的任何变化,SDI 台式 Microtox 则可以检测出水样中的生物、化学、重金属等综合毒性;②以水蚤为探测生物的综合毒性分析仪;③以鱼为探测生物的综合毒性分析仪;④以鱼和水蚤为联合探测生物的综合毒性分析仪。

自动水质采样器:自动水质采样器从原理上可分为蠕动泵法和真空泵法两种,从型式上可分为移动便携式、自动固定冷藏式、移动冷藏式等。

第4章　饮用水中消毒剂常规指标

饮用水消毒的目的是杀灭水中对人体健康有害的绝大部分病原微生物,包括病菌、病毒、原生动物的胞囊等,以防止通过饮用水传播疾病。饮用水水质标准中微生物学的有关指标是:细菌总数≤100 CUF/mL,总大肠菌群和粪大肠菌群、大肠埃希氏菌每100 mL水样中不得检出。但是,消毒处理并不能杀灭水中所有微生物(杀灭所有微生物的处理称为灭菌),特别是对于个别承受能力极强的微生物,如某些病毒和原生动物(例如隐孢子虫等)很难去除。因此,消毒处理只能是在达到上述规定的饮用水水质微生物学标准的条件下,把饮水导致的水致疾病的风险降到极低,低至人类完全可以接受的水平。为了这一追求,人类在消毒技术的研究方面进行了近200年的探索,走出了一条发现—改进—发展之路,取得了丰硕的研究成果。

饮用水消毒技术诞生于19世纪初期,1820年漂白粉问世后,人们将其应用到饮用水的消毒处理上,取得了良好效果;1881年,著名科学家科赫在实验室发现了消毒剂氯,并于1886年在路易斯维尔市得到了首次应用。之后于1902年在比利时Middelkerke镇、1905年在英国伦敦(用于控制伤寒病暴发)、1908年在美国芝加哥等相继成功应用。至1917~1919年基本上建立起了氯消毒的科学理论。近一个世纪以来,氯消毒技术经过不断的改进和完善,应用领域得到了进一步拓展,同时又催生了氯胺、二氧化氯、臭氧、紫外线、碘等多种新的消毒技术,从而推动了饮用水消毒技术领域的空前发展,并由此也确立了消毒技术在水处理学科上的重要地位。本章根据《生活饮用水卫生标准》(GB 5749—2006)规定的消毒剂常规指标要求,分别对氯气及游离氯制剂、一氯胺、臭氧和二氧化氯4项常规消毒剂的消毒机理、消毒工艺及消毒副产物予以介绍。

4.1　氯气及游离氯制剂

通常所说的氯消毒主要指的是氯气,也可包括次氯酸钠、次氯酸钙、漂白粉等。

4.1.1　消毒机理

氯气是一种具有刺激性味道的黄色有毒气体,人在氯气浓度为30 μL/L的环境中即能引起咳嗽、达到40~60 μL/L并呼吸30 min时即会有生命危险、达到100 μL/L时即可导致立即死亡。氯气的理化性质是:常温常压下呈气态,当温度低于33.6 ℃或常温下加压到6~8个大气压时可变成琥珀色油状液体,液态氯体积缩小为气态氯体积的1/457(因此可液化后灌入钢瓶内存运),液氯遇热(吸热2 900 J/kg)易气化,1 kg液氯可气化成0.31 m^3 氯气。氯气的质量是空气的2.5倍,它易溶于水和碱(20 ℃和103.3 kPa时溶解度为7.3 g/L,高于100 ℃时不溶于水,低于9.6 ℃时会与水结合形成黄色晶体"氯冰",因此氯液的适宜保存温度为10~27 ℃),通入0 ℃的水中后不到1 s就能发生化学反应生成盐酸 HCl 和次氯酸 HOCl，消毒灭活微生物的作用主要是依靠具有强氧化能力的次氯酸。

$$Cl_2 + H_2O \rightarrow HOCl + HCl \tag{4-1}$$

其中 HCl 能通过下述反应快速电离成 H^+ 和 Cl^-：

$$HCl \rightarrow H^+ + Cl^- \tag{4-2}$$

HOCl 是弱酸，在水中存在如下反应平衡关系：

$$HOCl \rightleftharpoons H^+ + OCl^- \tag{4-3}$$

次氯酸 HOCl 和次氯酸根 OCl^- 都具有氧化能力，因此也都被称为有效氯，但前者的杀菌消毒能力是后者的 20 倍以上，对大肠埃希氏菌的杀灭效果更是可高出 80～100 倍。其原因主要是，HOCl 为中性分子，易于扩散到带负电荷的细菌表面，并渗入到细菌体内，借助氯原子的氧化作用破坏菌体内的酶，从而杀灭细菌；而 OCl^- 带电荷，难以靠近同样也带负电荷的细菌，因此也就难以起到直接杀菌的作用。但是由于水中存在着 HOCl 与 OCl^- 的平衡关系，当 HOCl 被消耗后，OCl^- 就会自行转化为 HOCl 而继续进行消毒反应，所以通常在计算水中的消毒剂含量及存在形式时都把二者一并计入并统称为游离性氯或自由性氯。一般而言，只要反应 30 min 就可灭活水中 99% 的大肠杆菌（2～5 ℃），如能保持 0.5～1 mg/L 的余氯量就可使水体中的微生物得到有效控制。

当然，水中的 HOCl 和 OCl^- 的比例关系与消毒效果是直接相关的，含 HOCl 的比例越高，其消毒杀菌能力就越强，反之则越弱。而 HOCl 和 OCl^- 的比例是与水的 pH 值及温度有关系的。水体 pH 值越高，OCl^- 所占比例就越大；水温越高，OCl^- 所占比例也越大。两者之间相比较，pH 值的影响比水温的影响要大得多。根据试验和实践，一般 pH 值位于 6.5～9.0 范围内时就可发生强烈电离；当 pH 值小于 6.5 时游离氯几乎完全以 HOCl 的形式存在；当 pH 值大于 9 时杀菌效果则极差。总之，氯的杀菌消毒作用是随着 pH 值的升高而降低的。所以，从酸碱度方面看，氯消毒无疑比较适合于酸性水的处理，而不适宜于碱性水的处理。

氯对病毒的灭活能力相对于细菌来说要差一些，其原因可能是病毒缺乏一系列的代谢酶。氯能够轻而易举地破坏菌体的 S－H 键，但却较难使病毒的衣壳蛋白变性。

4.1.2 消毒工艺

由于氯气能够在 608～810 kPa 下变成较易运输和保管的液氯，所以当今水厂使用氯气消毒的均采用这种瓶装液氯，在使用前进行加热和减压挥发待其变回气态氯后由加氯设备进行冲击式投加。加氯设备包括加氯机、氯瓶、加氯检测与自控设备等。加氯机的功能是将氯瓶送来的氯气在机内流过转子流量计，然后通过压力水的水射器使氯气与水混合并溶于水中，最后输送至加氯点处进行投加。加氯机分转子加氯机、真空加氯机、水力引射加氯机（水射器加氯机）等类型并还可分为手动和自动两大类；瓶装液氯使用前一般应先放置到磅秤上称量其实有重量，使用时再用自来水热量补充氯瓶吸热（氯瓶上通常设有淋水设施）以使液氯气化，然后通过氯气管道输送给加氯机；加氯检测与自控设备通常由余氯检测仪和加氯机构成，其作用是根据处理水量及所检测到的余氯量对加氯量进行适时调整。以上设施均应设置在加氯操作间，加氯间和放置备用氯瓶的氯库可以合建也可以分建，并应注意落实好相应的通风（氯库应设在水厂主导风向的下方）及安全报警和氯气泄露后的应急处置措施。

在水质一定的情况下,氯消毒效果的关键技术就是如何设计好加氯点与加氯量。

加氯量包括需氯量和余氯量两部分。需氯量是指用于杀死细菌和氧化水中还原性物质(如 H_2S、SO_3^{2-}、NO_2^-、Fe^{2+}、Mn^{2+}、NH^{4+}、CN^- 和胺等)及有机物所需的氯量;余氯量是指为维持水中的消毒效果,即不出现细菌的再繁殖所多加的氯量,也即是饮用水经过氯化消毒接触一定时间后尚残留在水中的氯量。当水中余氯为游离性余氯时,消毒过程迅速,并能同时除臭和脱色,但水中带氯味;当水中余氯为化合性余氯时,消毒作用缓慢但持久,水的氯味也较轻。具体的加氯量应经过试验确定。唐受印、戴友芝推荐的测试方法是:取一组水样,加入不同剂量的氯或漂白粉,搅拌,经过一定接触时间后测定水中大肠菌群数(发酵法或滤膜法见 2.1.2 内容)和余氯含量,选择既能满足所要求的大肠菌群去除率(GB 5749—2006 标准规定为不得检出),又同时满足余氯量要求的最小加氯量,即为设计加氯量。若无实测资料,可参考使用下列数据:①饮用水消毒方面,一般的地表水混凝前加氯量为 1 ~ 2 mg/L、经常规混凝澄清过滤或洁净的地下水为 0.5 ~ 2(宜为 1 ~ 1.5) mg/L、澄清地表水未过滤为 1.5 ~ 2.5 mg/L;②废水处理方面,一级处理后的废水为 20 ~ 30 mg/L、不完全人工二级处理后的废水为 10 ~ 15 mg/L、完全人工二级处理后的废水为 5 ~ 10 mg/L。另外,针对不同的杀菌目标,投氯量(当水中没有其他耗氧物质时,就等于余氯量)也不尽相同,一般认为,水中保持自由性余氯浓度 0.3 ~ 0.4 mg/L 30 min 或 0.5 mg/L 15 min 是可以杀灭肠道致病菌和钩端螺旋体菌的,但对于杀灭病毒则就需要增加剂量了。一般为灭菌剂量的 2 ~ 20 倍,对需要杀灭孢囊的甚至要高达 50 mg/L 以上。当然,消毒毕竟是以杀菌为主要目的的,若靠大幅度增加剂量来杀灭原生动物(如隐孢子虫等)和孢囊,则不仅会显著增加消毒副产物(当水中含有有机物时,就极易生成氯胺、氯酚,前者是有毒物质,后者则具有强烈臭味),而且会使用水户口感不适,所以采用大肠杆菌指标来对病毒及病原虫进行控制是不合适的(因为病毒和病原虫对大肠杆菌或其他肠道菌具有更强的抵抗力)。因此,综合考虑,我国生活饮用水标准规定氯消毒中与水接触 30 min 后的水中游离性余氯浓度为不低于 0.3 mg/L,同时管网末梢水中自由性余氯浓度亦不应低于 0.05 mg/L。测定水中余氯的常用方法有:①碘量法。在酸性条件下用次氯酸将碘离子氧化成元素碘,对析出的元素碘用硫代硫酸钠还原滴定,最后用淀粉指示滴定终点,本法测定氯浓度限值 0.04 mg/L。②邻联甲苯胺比色法(OT 法)。邻联甲苯胺可在酸性条件下被氯、氯胺和其他氧化剂氧化成黄色化合物,本法适用于日常测定余氯量为 0.01 ~ 10 mg/L 的情况(测定自由性余氯时间为 5 ~ 15 min、氯胺为 10 ~ 30 min。③邻联甲苯胺 - 亚砷酸盐法(OTA 法)。本法利用亚砷酸盐的还原性可测定自由性和化合性余氯,并可排除能与邻联甲苯胺反应的物质的干扰。④电位滴定法。用亚砷酸基苯的标准液在 pH 值为 6 ~ 7.5 时定量还原自由性余氯(化合性余氯在此 pH 值范围不反应,而亚砷酸基苯能在有碘化钾和 pH 值为 3.5 ~ 4.5 的条件下定量还原化合性余氯)。该法精确完全,但技术要求高,不适合现场测定。⑤DPD 法。DPD 指的是 N,N - 二乙基对苯二胺试剂,也是一种能够比较准确地区分自由性余氯和结合性余氯的氯测定方法。

加氯点应根据水质特点和处理要求进行设计,一般有 5 种方案可供选择:①预氯化。这种方案是在水厂取水口或入厂处(混凝工艺之前)进行投加,其主要作用是控制水体中的微生物（尤其是藻类），以防止微生物在水源水的长距离输送过程中过度繁殖。同时，由于氯消毒剂也属于氧化剂，可对部分有机物及产生色臭味的物质产生分解作用，因而也能兼顾地起到初步的净化水质作用。但吴一繁等提出对于受有机物污染的水源，由于大量投氯且作用时间较长会产生更多的卤代有机物而不宜再推荐进行预氯化。②过滤之前加氯或与混凝剂同时加氯。此法加氯可氧化水中有机物，特别是对于污染严重的水或色度较高的水，可提高混凝效果，降低色度和去除铁、锰等杂质（尤其在用硫酸亚铁作混凝剂时，同时加氯可促使二价铁氧化为三价铁，这样不仅有利于杀菌和去除有机物，而且可以将氯化的适宜 pH 值范围扩大到 4 ~ 11）。此法加氯还可改善净水构筑物的工作条件，均化滤池的细菌和藻类负荷，控制黏膜和泥球形成，防止沉淀池底部污泥腐烂发臭和微生物在滤层中生长繁殖，从而延长滤池的工作周期。对于污染严重的水，加氯点放在滤池之前为好，也可以采用二次加氯，即滤前一次和滤后一次，这样既可节省加氯量，又能确保水中有余氯。③滤后出水加氯。即将加氯点设在过滤水到清水池之间的管道上或在清水池的进口处，以确保氯与水的充分混合，这样可有效地节省加氯量，同时也能获取较好的消毒效果。饮用水处理工艺中大多采用这种形式，村镇供水工程也宜采用这种形式（原水中有机物和藻类较多时可采用方案①）。④出厂水加氯。对出厂水进行加氯是为了保障配水系统中的余氯量，一般设在二级提升泵之前或出厂水管上。⑤补氯。对于拥有超大型的自来水管网和长距离的自来水配水系统，往往需要在管网中途进行补充加氯，以维持管网中剩余消毒剂的浓度。这种加氯点一般设在中途的加压水泵站内。

需要指出的是，当出现加氯过量或其他原因造成水中余氯过量时，还需要进行脱氯。常用的脱氯方法有 8 种：一是二氧化硫（SO_2）及其衍生物脱氯，理论上去除单位质量的氯需要 0.9 倍质量的 SO_2；二是亚硫酸氢钠（$NaHSO_3$）和亚硫酸钠（Na_2SO_3）脱氯，一般去除单位质量的氯需要 1.48 倍质量的 $NaHSO_3$ 或 1.77 倍质量的 Na_2SO_3；三是硫代硫酸钠（$Na_2S_2O_3$ 溶液或晶体）和焦亚硫酸钠（$Na_2S_2O_5$）脱氯，一般去除单位质量的氯需要 0.7 倍质量的 $Na_2S_2O_3$；四是木炭、褐煤和活性炭脱氯，理论上单位质量的活性炭可吸附 12 倍质量的氯，而实际上仅能达到 1.5 ~6 倍；五是曝气脱氯，曝气能释放出水中的余氯但效果较差；六是氨化法脱氯，本法实际上是将自由性氯先转化成氯氨，然后使氯氨被氯所氧化，因此本法不能脱去水中原有的一氯胺；七是离子交换脱氯，如采用可以凝结氨的表面活性树脂如亚氨基仲氨二亚苯基甲醛凝结物进行小规模脱氯；八是其他脱氯法，如维生素 C 能去除水中的氯味、臭味或碘味，长期储存或日照也能脱氯等。

4.1.3　消毒副产物及其控制方法

1974 年荷兰人 Rook 和美国人 Beller 首次在鹿特丹自来水厂发现预氯化和氯消毒的水中存在三卤甲烷（THMs）、氯酚等消毒副产物（DBPs），而且具有致癌、致突变作用。20 世纪 80 年代中期，人们又发现另一类 DBPs 卤乙酸（HAAs），致癌风险更大，例如二氯乙酸（DCA）和三氯乙酸（TCA）的致癌风险分别是三氯甲烷（即氯仿）的 50 倍和 100 倍。迄今为止，人们已在水源水中检测出 2 221 种有机污染物（NOM），其中饮用水中就占 765 种。当然，三卤甲烷（THMs）仍然是研究最多的消毒副产物（DBPs），因为这种有机污染物（NOM）在天然水体中并不存在，只是在氯化消毒的过程中，由于氯与天然有机物（NOM）

腐殖酸和富里酸等 THMs 的前驱体进行了化学反应才得以产生。

$$HOCl + Br^{-} + NOM \longrightarrow THMs + 其他卤仿\ DBPs \tag{4-4}$$

一般来说,影响氯化消毒副产物形成的因素主要有:温度和季节;水源中的 NOM 浓度和性质;氯的投加量和余氯浓度;溴化物浓度等。

为了控制饮用水消毒副产物,各国都制定了严格的标准。世界卫生组织 1998 年制定的《饮用水水质准则》规定的消毒剂及其副产物有 18 种;根据美国《消毒剂与消毒副产物法》,美国国家环保署(EPA)2001 年起实施的饮用水控制限值中规定卤代乙酸和三卤甲烷的最大含量分别为 60 μg/L 和 80 μg/L,并建议采用活性炭吸附控制卤乙酸。我国现行《生活饮用水卫生标准》(GB 5749—2006)也增加了一些新的消毒副产物规定,其中氯化消毒副产物限值与 WHO 准则相同,如三卤甲烷中每种化合物的实测浓度与其各自限值的比值之和不得超过 1,单一指标分别为溴仿 0.1 mg/L、一氯二溴甲烷 0.1 mg/L、一溴二氯甲烷 0.06 mg/L、二氯乙酸 0.05 mg/L、三氯乙酸 0.1 mg/L、三氯乙醛(水合氯醛)0.01 mg/L 等,表明了我国对消毒副产物(DBPs)问题和饮用水安全问题的高度重视。

为了切实执行上述标准,各国都开展了大量的技术研究,迄今为止仅 SCI 收录的研究论文就达数千篇,概括起来主要有以下几种方法:①在投加消毒剂之前强化去除 DBPs 前驱物。此不仅包括强化混凝与沉淀、强化过滤、强化软化、吸附、膜分离、离子交换等(未发生电子转移的非氧化还原反应)能促进 DBPs 前驱物从体系中分离与去除的工艺方法,而且包括采用氧化方法(包括化学氧化和生物氧化)促进 DBPs 前驱物形态、结构与性质的变化(发生电子转移的氧化还原反应),从而降低其 DBPs 生成势的方法。②采用某些方式抑制或阻断生成 DBPs 的途径,通过反应过程调控抑制 DBPs 的生成,从而降低 DBPs 的生成量。这通常是通过改变水质条件(如 pH、碱度等)或引入某些控制反应历程的物质等方式而得以实现的。例如通过加酸以降低 pH 值、通过投加氨氮或 H_2O_2 以降低溴酸盐的生成量等。③采用替代消毒剂或组合工艺,从而避免和控制某些类型 DBPs 的生成。关于这方面的经验,目前以美国 EPA 的研究成果最为完善和被广泛认同,在此予以摘要并同时引用国内部分研究成果列于表 4-1、表 4-2,供参考。

表 4-1 饮用水中常见的组合消毒工艺

预消毒剂/后消毒剂	适用情况与条件	说明
氯/氯	原水 THMsFP 低;TOC 低;适用于采用优化混凝的常规工艺	最为常见的消毒工艺
氯/氯胺	THMs 生成量中等;尤其适用于常规处理工艺	氯用于消毒,氯胺降低 DBPs 生成
二氧化氯/二氧化氯	DBPs 生成量高;要求过滤单元去除贾第虫的情况;处理水 ClO_2 需求量低	ClO_2 投量不能过高,控制剩余 ClO_3^-/ClO_2^- 浓度
二氧化氯/氯胺	DBPs 生成量高;要求过滤单元去除贾第虫的情况	ClO_2 投量不能过高,以控制剩余 ClO_3^-/ClO_2^- 浓度;二级消毒剂稳定、反应活性弱
臭氧/氯	DBPs 生成量中等;可用于直接过滤工艺或无过滤工艺;THMsFP 低	消毒能力很强;THMsFP(三卤甲烷前驱物)低,可采用氯消毒

续表 4-1

预消毒剂/后消毒剂	适用情况与条件	说明
臭氧/氯胺	DBPs 生成量中等；直接过滤工艺或无过滤工艺；THMsFP 较高	消毒能力很强；采用氯胺消毒 THMsFP 低
UV/氯	具有膜分离工艺，能保证贾第虫、隐孢子虫有效去除；UV 仅用于病毒的灭活；地下水消毒；THMsFP 低	很少采用，但在某些情况下可以使用；贾第虫灭活率低，隐孢子虫不能灭活
UV/氯胺	具有膜分离工艺，能保证贾第虫、隐孢子虫有效去除；UV 仅用于病毒的灭活；地下水消毒；THMsFP 中等	很少采用，但在某些情况下可以使用；贾第虫与隐孢子虫均不能灭活
氯（或化合氯）/氧化碘（或溴盐）	提高消毒效率，节省加氯量，减少 THMs	注意产生转型的 THMs（如一溴二氯甲烷）
碘化钾/氯胺	杀灭大肠杆菌和粪链球菌的效果比单独使用氯胺高 5 ~ 10 倍且不受 pH 的影响	可生成新生态的 HOCl、HOI 和 I_2 等杀菌剂
氯化铜/氯胺	强化灭活大肠杆菌和 MS－2 噬菌体	

表 4-2　各种组合氧化/消毒工艺的 DBPs 生成情况

可选择的消毒剂形式			潜在的 DBPs	说明
预氧化剂	预消毒剂	二级消毒剂		
氯	氯	氯	卤代消毒副产物（X－DBPs）	与其他工艺比较，X－DBPs 生成量最高；DBPs 主要成分为 TTHMs 和 HAAs
			醛	生成量相对较低
氯	氯	氯胺	X－DBPs、氯代氰、溴代氰	与 $Cl_2/Cl_2/Cl_2$ 工艺相比，X－DBPs（主要为 TTHMs 和 HAAs）生成量显著降低
			醛	生成量相对较低
采用 ClO_2 作预氧化（消毒）剂、氯作二级消毒剂，投加方式为先投 ClO_2 1 mg/L，作用 2 h 后再加 Cl_2 2 mg/L 或 ClO_2 2.5 ~ 3 mg/L、Cl_2 1 ~ 1.5 mg/L，使 ClO_2 在混合消毒剂中的质量分数大于 90%、在出厂水的剩余浓度达 0.3 mg/L（Cl_2 剩余浓度同时达 0.8 mg/L）			X－DBPs	由于氯的投加点被延缓，X－DBPs 生成量降低
			醛、乙酸、马来酸	生成量相对较低，并避免单纯氯消毒产生的氯酚臭味
			氯酸盐、亚氯酸盐	ClO_2^- 是 ClO_2 的主要产物
二氧化氯	二氧化氯	氯胺	X－DBPs	由于避免了氯的投加，X－DBPs（尤其是 TTHMs 和 HAAs）的生成量显著降低
			醛、乙酸、马来酸	生成量相对较低
			氯酸盐、亚氯酸盐	ClO_2^- 是 ClO_2 的主要产物

续表 4-2

<table>
<tr><th colspan="3">可选择的消毒剂形式</th><th rowspan="2">潜在的 DBPs</th><th rowspan="2">说明</th></tr>
<tr><th>预氧化剂</th><th>预消毒剂</th><th>二级消毒剂</th></tr>
<tr><td rowspan="2">高锰酸钾</td><td rowspan="2">氯</td><td rowspan="2">氯</td><td>X－DBPs</td><td>由于氯的投加点被延缓,X－DBPs 生成量降低</td></tr>
<tr><td>醛</td><td>生成量相对较低</td></tr>
<tr><td rowspan="2">高锰酸钾</td><td rowspan="2">氯</td><td rowspan="2">氯胺</td><td>X－DBPs、氯代氰、溴代氰</td><td>与 $KMnO_4/Cl_2/Cl_2$ 工艺比较,X－DBPs 生成量进一步降低</td></tr>
<tr><td>醛</td><td>生成量相对较低</td></tr>
<tr><td rowspan="2">臭氧</td><td rowspan="2">臭氧</td><td rowspan="2">氯</td><td>X－DBPs</td><td>与 $Cl_2/Cl_2/Cl_2$ 工艺相比,某些 X－DBPs 生成量可能升高,也可能降低;当水中存在 Br^- 时,应关注溴代副产物生成量</td></tr>
<tr><td>溴酸盐、醛、乙酸</td><td>尽管可能生成较高浓度的 BOM,但能通过生物过滤去除</td></tr>
<tr><td rowspan="2">臭氧</td><td rowspan="2">臭氧</td><td rowspan="2">氯胺</td><td>X－DBPs、氯代氰、溴代氰</td><td>由于避免了氯的投加,X－DBPs(尤其是 TTHMs)的生成量显著降低</td></tr>
<tr><td>溴酸盐、醛、乙酸</td><td>尽管可能生成较高浓度的 BOM,但能通过生物过滤去除</td></tr>
<tr><td rowspan="2">O_3/H_2O_2</td><td rowspan="2">氯或臭氧</td><td rowspan="2">氯</td><td>X－DBPs</td><td>与 $Cl_2/Cl_2/Cl_2$ 工艺相比,某些 X－DBPs 生成量可能升高,也可能降低</td></tr>
<tr><td>溴酸盐、醛、乙酸</td><td>尽管可能生成较高浓度的 BOM,但能通过生物过滤去除;此外,由于采用 O_3/H_2O_2 工艺,溴酸盐生成量增大</td></tr>
<tr><td rowspan="2">O_3/H_2O_2</td><td rowspan="2">氯或臭氧</td><td rowspan="2">氯胺</td><td>X－DBPs、氯代氰、溴代氰</td><td>与 $O_3/H_2O_2/Cl_2/Cl_2$ 工艺相比,X－DBPs 生成量降低</td></tr>
<tr><td>溴酸盐、醛、乙酸</td><td>尽管可能生成较高浓度的 BOM,但能通过生物过滤去除;此外,由于采用 O_3/H_2O_2 工艺,溴酸盐生成量增大</td></tr>
<tr><td rowspan="2">氯</td><td rowspan="2">UV</td><td rowspan="2">氯胺</td><td>X－DBPs、氯代氰、溴代氰</td><td>预氧化过程中将生成 X－DBPs</td></tr>
<tr><td>醛</td><td>生成量很低</td></tr>
<tr><td rowspan="2">高锰酸钾</td><td rowspan="2">UV</td><td rowspan="2">氯胺</td><td>X－DBPs</td><td>由于采用低活性的氧化剂,X－DBPs 生成量非常低</td></tr>
<tr><td>醛、乙酸</td><td>由于采用低活性的氧化剂生成量极低</td></tr>
</table>

以上是基于控制饮用水的消毒副产物(DBPs),亦即去除DBPs前驱物的工艺方法,但倘若在水处理过程中已经生成了DBPs,则就只有通过在后续单元中采取去除措施。可用方法有超声、膜分离、果壳活性炭吸附等,对于挥发性的DBPs(如THMs)而言还可采用空气吹脱法进行清除。但是这些措施目前大多只是在技术上可行,而在经济实用方面以及具体操作方面还存在诸多的问题,所以从工程角度看还是千方百计地控制DBPs的生成才是关键中的关键。

4.1.4 漂白粉等氯制品

漂白粉和次氯酸钠一般用于小型水厂、农村饮水安全工程或临时性给水的消毒,其消毒原理与氯气相同,成本高于氯消毒而低于二氧化氯消毒,消毒过程中需要配置较大容积的附属设施,但投加、运输、储存比液氯安全得多。

氯化石灰[$CaCl(ClO)\cdot 4H_2O$]是由氯气通入熟石灰中而制成的混合物。漂白粉是不含结晶水的氯化石灰,主要成分为次氯酸钙占70%左右、氢氧化钙占20%左右,还有一些碳酸盐杂质。据称其有效氯成分可达36%左右,但通常由于漂白粉性质不稳定,在空气中易吸潮和CO_2而分解成次氯酸和氯气,遇无机酸、还原剂及受热、日晒也容易分解,因此实际使用时的有效氯成分一般只有20%~35%。漂白粉在与有机物和易燃液体(如油类等)混合时能发生自燃,其水溶液为碱性。漂粉精是将氯化石灰乳经过结晶分离、再溶解喷雾干燥而成的漂白粉精,其密度为2.35 g/cm^{3}左右、名义上有效氯含量为60%~70%,在室温下每年仅分解1%~4%,但受热仍容易再分解。漂粉精水溶较慢,能在18~24 h内提供相对稳定的有效氯浓度。漂白粉和漂粉精两者均为白色粉末,有氯臭味,加入水后可反应生成HOCl。

$$2CaOCl_2 + 2H_2O \longrightarrow 2HOCl + Ca(OH)_2 + CaCl_2 \qquad (4\text{-}5)$$

漂白粉需配成溶液加注,溶解时先调成10%~15%的原液,然后加水稀释成1%~2%的有效氯澄清液(澄清时间一般为4~24 h),最后可用大汤匙(约15 mL)按145 L水加30 mL氯液(即2大汤匙)或1 L水加3滴氯液的标准进行投加。投加漂粉精一般也采用类似的特制小型浸润溶解装置。投加漂白粉、漂粉精后一般会同时增加水的硬度和碱度并可能产生结垢现象,所以通常应设计多个溶解池和溶液池以便切换使用。池体可用钢筋混凝土建造,内壁衬瓷砖或耐腐材料,池底留大于2%的坡度和不小于ϕ 50 mm的排渣管,并考虑约15%的有效容积和15 cm的超高以容纳沉渣。管道可采用塑料或橡胶管,并定期进行冲洗以避免沉积管垢。

固态次氯酸钠(NaOCl)是很容易分解和潮解的白色粉末,其稳定性不如漂白粉。液态NaOCl呈无色或淡黄绿色,密度为1.075~1.205 kg/L,含有效氯5%~15%,在气温低于25 ℃时每天仅损失有效氯0.1~0.15 mg/L,但气温超过30 ℃时每天就要损失有效氯0.3~0.7 mg/L,所以要求其储存的温度为不超过29.4 ℃,且通常要生产数周后及时用掉。制取次氯酸钠的方法有两种,大规模生产时采用氯气与氢氧化钠(苛性钠)反应,反应式如下:

$$Cl_2 + 2NaOH \longrightarrow NaCl + NaOCl + H_2O \qquad (4\text{-}6)$$

氢氧化钠浓度通常低于30%,反应温度低于35 ℃。

而中小型水厂多采用电解食盐水的办法,反应式如下:

$$NaCl + H_2O \longrightarrow NaOCl + H_2 \uparrow \tag{4-7}$$

次氯酸钠的消毒作用也是依靠 HOCl,反应式如下:

$$NaOCl + H_2O \longrightarrow HOCl + NaOH \tag{4-8}$$

由于次氯酸钠易分解,故通常采用次氯酸钠发生器现场制取,就地投加,生产成本主要是食盐和电耗费用。根据国内的生产情况,一般每生产 1 kg 次氯酸钠需耗电 5 ~ 10 kWh(有厂家生产含 8% 有效氯的 NaOCl 电耗为 3. 74 kWh,生产含 12% 有效氯的 NaOCl 电耗为 4. 63 kWh)、耗食盐 3 ~ 8 kg,相应生产的 NaOCl 消毒液含氯浓度为 4 ~ 11 g/L。

对用水量小的用户也可以采取高温消毒法,即用做饭的大锅或铁桶煮沸原水 2 ~ 3 min 就可杀灭水中病原微生物,从而满足 20 人的饮水安全问题。

无机的次氯酸盐消毒效果虽好,但一般均不够稳定,容易分解失效,次氯酸钙系列的氯化合物还有很多溶解残渣,给使用上带来一些不便。为此,人们合成了一些有机氯化合物消毒剂,其共同特点是性质稳定,没有溶解残渣,消毒剂本身的分解产物毒害作用小,便于携带。当然不足之处就是价格一般较贵,通常适用于小规模、临时的和野外的饮用水消毒。常见的有机氯化合物消毒剂有:①对砜二氯胺苯酸。它是美国军用的水消毒剂,存放期长,在相当高的浓度(4 ~ 5 mg/L)时仍不引起臭味。②氯化异氰脲酸。包括两种产品,即二氯异氰脲酸钠 DCCNa 和三氯异氰脲酸 TCCA,均为白色结晶粉末,前者又称"优氯净",理论上含有效氯约 64. 5%,实际上含有效氯不低于 50% ~ 56%,后者又称"强氯精",理论上含有效氯 91. 54%、实际上含有效氯不低于 85% ~ 90%,通常每天只需补充投药 3 mg/L 就可使水中余氯量保持到 1 mg/L 以上,据试验投药量 1 mg/L 后 1 h 可使水中大肠杆菌由 2 380 个/mL 降至 3 个/mL 以下,投药量 1 ~ 2 mg/L 后 15 min 内可把水中 10 000 个/mL的乙型伤寒和福氏痢疾杆菌全部杀死。③N – 氯胺。杀菌效果类似于次氯酸钙 $Ca(OCl)_2$,但三卤甲烷的产量要比次氯酸钙低 10 倍,可在 pH 值为 9. 5 和 4 ~ 5 ℃时 100% 杀灭金黄色葡萄球菌、绿脓杆菌、痢疾杆菌的 CT 值分别为 563 min · mg/L、142 min · mg/L、12 min · mg/L。④氯胺 T。又称氯亚明,为白色或淡黄色稳定结晶,刺激性和腐蚀性较小,有效氯含量 24% ~ 35%,密闭保存 1 年仅丧失有效氯约 0. 1%。⑤哈拉宗。又称净水龙,为白色稳定晶状粉末,有氯臭味,有效氯含量 48% ~ 52. 8%,可溶于乙醚(1∶2 000)和乙醇(1∶140),微溶于水(1∶1 000),杀菌能力强且作用持久,1 粒 4 mg 的片剂在 30 ~ 60 min 内可消毒 1 000 mL 水,其溶液还可用于手、伤口的消毒以及清洗器械消毒等。

对于农村生活饮用水的消毒处理,可以主要选择安全可靠、价廉方便的漂白粉及漂粉精等系列产品,其投加方法及用量可大致掌握为:漂粉精每吨水加 5 ~ 10 g(1 ~ 2 勺)、漂白精片每桶水(约 25 L)投 1 ~ 2 片,漂白粉的用量是漂粉精的 1 倍。除此,可用的净化剂还有明矾、聚合氯化铝、硫化铝等,这些净化剂的用量可掌握为:聚合氯化铝每桶水(约 25 L)加 0. 75 ~ 1. 5 g、硫酸铝每桶水 1. 25 ~ 2. 5 g、明矾每桶水 2. 5 ~ 3. 75 g,加后搅和并静置澄清 1 h 左右,即可用无毒的吸水管将其吸入水缸内备用。

氯及其氯制品作为饮用水的一种消毒剂,由于其价格低廉(指无机物)、操作简单、监控容易,目前使用范围很广,尤其是对主要受粪便污染的水体消毒后,可大大降低疾病传染的危险性。当然,氯消毒对于灭活隐孢子虫以及附着于絮状物和颗粒物上的病原体方面的效果还是有限的,并会产生氯化有机副产物(DBPs),此乃氯及氯制品消毒剂的局限所在。

漂白粉和次氯酸钠还常用于环境卫生消毒。如配制 1:5的漂白粉消毒液可用于粪便、脓液、痰液的消毒,配制 0.25%有效氯含量的次氯酸钠消毒液可用于餐具的消毒。

4.2 氯胺消毒

4.2.1 消毒机理

氯胺是氯与氨反应生成的产物,主要包括一氯胺、二氯胺、三氯胺等三种形式。当体系 pH 值为 7.0~8.5 时,活性氯 HOCl 将迅速与水中的胺发生如下反应:

$$\left.\begin{array}{l} NH_3 + HOCl \rightarrow NH_2Cl(\text{一氯胺}) + H_2O \\ NH_2Cl + HOCl \rightarrow NHCl_2(\text{二氯胺}) + H_2O \\ NHCl_2 + HOCl \rightarrow NCl_3(\text{三氯胺}) + H_2O \end{array}\right\} \qquad (4\text{-}9)$$

式(4-9)中 NH_2Cl、$NHCl_2$、NCl_3 之和称为化合氯,而 HClO 和 OCl^- 之和为自由氯,化合氯与自由氯之和称为总氯。化合氯内部的三种氯胺之间在反应过程中存在着竞争与平衡转化的关系,据试验研究氯氨质量比(Cl_2/N)和 pH 值对三态氯胺之比重有主要影响,当氯氨质量比小于 5:1和 pH 值超过 7~8 时主要生成一氯胺($Cl_2/N = 7.6$ 时为折点,此折点处为生成无消毒作用的 NCl_3,pH = 8.3 时为生成 NH_2Cl 的峰量值)。一氯胺消毒效果比较持久,其他两种氯胺则不够稳定且有明显臭味,所以通常情况下都是将氯氨比控制在 3:1以内、最大比例也不超过 4:1,pH 值调至 7 以上,从而主要获取一氯胺而作为氯胺消毒剂。

氯胺灭活细菌的机理类似于氯,它也能够破坏膜的完整性,因而也就会影响膜的渗透性和细菌的呼吸,并能对细胞的重要代谢功能造成不可逆的损害。一氯胺和次氯酸均能将各种细菌体内的亚铁血红素不可逆地转变成氯化高铁血红素,同时损害菌体内核酸,使枯草杆菌 DNA 发生断裂而降低活性,此为一氯胺灭活细菌的主要原因。氯胺消毒与游离氯消毒相比较具三个明显优点:一是可减少消毒过程中 THMs、HAAs、AOC(生物可同化有机炭)等消毒副产物的产量,据报道可降低 THMs 50%~75%;二是可以维持较长的时间,据研究氯胺在 25 ℃时的半衰期为自由氯的 70~100 倍,在河水中可达 255 h 左右,在一般供水系统中的剩余氯氨可维持一周以上,从而也就能够有效地控制水中残余细菌的繁殖;三是避免了游离性氯过高时产生的臭味。当然,氯胺消毒也存在四个明显缺点:一是需要较长的接触时间,我国要求接触时间应大于 120 min;二是与 Cl_2、O_3 和 ClO_2 相比较,氯胺对细菌、原生动物和病毒的杀灭能力弱,仅为氯的 1/50~1/100,故一般不将氯胺作为饮用水的主消毒剂单独使用;三是对余氯量要求大,通常认为应达到 1~2 mg/L 的水平,但也有试验显示剩余氯氨浓度达到 0.2~0.6 mg/L 时就可接近于氯的效果;四是除产生硝酸盐类副产物外,还有国外研究者根据动物试验提出一氯胺是可疑致突变物质,可能对遗传基因产生毒副作用,氨还会对透析的病人产生不良反应;五是氯和氨的实际最佳投加比与水质有很大关系，如果水质有波动，则投加控制比较困难。

4.2.2 消毒工艺

氯胺消毒适用于水厂出厂水的管线较长、供水区域较大、水流到用户所需时间大于12 h、希望在管道中维持较长时间余氯，特别是滤后加氯以控制藻类和细菌的后繁殖的情况。具体投加方式主要有两种：一是先氯后氨，即先在清水池前加氯（清水池设计水力停留时间应大于30 min），后在出厂水处加氨，亦即相当于游离性氯消毒和氨消毒的叠加。一般认为这种方式的杀菌效果稍好，可以使氯先氧化水中的还原性物质并使自由氯发挥部分消毒作用，氨待加氯5～10 min后投加，可用液氨、硫酸铵、氯化铵等，当用硫酸铵或氯化铵时，应先配成溶液，然后投到水中，投加方法与投氯相同。至于投加量，则应随水质的不同而不同，最好通过试验来确定，一般氯氨比为3:1～6:1。在生产实践中，以防止氯臭为主要目的时，氯氨比应小些，比如小于1时就可避免产生氯酚臭；以杀菌和维持余氯为主要目的时，氯氨比应大些，但总的要求是出厂水中总氯的余量浓度应大于0.3 mg/L、管网末梢水中总氯的余量浓度应大于0.05 mg/L。另外，为降低硝化而生成的硝酸盐与亚硝酸盐含量，应注意使水在配水系统中的停留时间尽可能地缩短并使氯氨综合浓度保持在2 mg/L以上。二是先氨后氯，可以减少氯与水中有机物生成的消毒副产物，因而比较适用于水中有机物含量较高（如酚等）的情况。采用这种投加方式要注意使加氯点与加氨点保持足够的距离，以便在加氯前使氨与水能够得以充分的混合。过早加氯则会生成氯酚等有害物质，而氨是不会与已经生成的氯化产物反应的。当然还必须注意，无论是哪种方式，第二种药剂均应在第一种药剂与水充分混合以后再投加，以免产生不必要的副反应，如生成NCl_3产物（也有个别水厂采用氯、氨同时投加而以化合物氯胺的形式进行消毒的，这种方式生成的消毒副产物相对上述的先氯后氨方式稍少一些，但消毒效果却往往较差，因而实际应用得极少）。

4.2.3 消毒副产物

采用氯胺消毒法所产生的副产物主要是亚硝酸盐和硝酸盐。因为只要水中存在过量的氨，就随时有可能产生亚硝酸盐与硝酸盐。此外，只要储、配水系统的环境条件有助于硝化细菌的繁殖，也能够生成亚硝酸盐。有关硝酸盐与亚硝酸盐的性质、致病风险以及处理技术可参阅2.13相关内容。

4.3 二氧化氯消毒

二氧化氯（ClO_2）是汉弗莱·戴维于1811年发现的。它作为广谱、高效、安全、无二次污染的杀菌消毒剂和漂白剂已广泛应用于消毒、杀菌、防腐防臭、保鲜及环境治理等过程中，成为风靡欧、美、日等发达国家和地区的新一代消毒杀菌剂。与传统的氯制消毒剂（Cl_2、漂白粉、次氯酸钠等）相比，ClO_2综合性能好，能够迅速杀灭细菌、芽孢、病毒、藻类、真菌、孢子等。世界卫生组织已将其列为A1级高效、安全的消毒杀菌剂，被称为第四代消毒剂。现在欧洲有数百家水厂使用ClO_2作为消毒剂。我国城市供水2000年技术进步

发展规划将 ClO_2 列入替代氯消毒剂的推广应用研究之列,国家卫生部近年更是提出要逐步在饮用水方面用 ClO_2 取代氯气消毒。除此,国家环保局也制定了 ClO_2 在污水处理方面的标准,可见推广 ClO_2 消毒已成大势所趋。

4.3.1 消毒机理

ClO_2 为浅黄绿色的气体,其味比氯更大,遇光和热极易分解,与空气混合易发生燃烧和爆炸。ClO_2 易溶于水,溶解度是氯气的 5~10 倍,在 4 ℃时 1 体积水可溶解 20 体积 ClO_2,在 25 ℃条件下溶解度为 81.06 g/L、40 ℃条件下溶解度为 51.4 g/L,属强氧化剂,其杀菌作用几乎不受 pH 值影响。ClO_2 的作用机理及优点主要表现在四个方面:一是杀菌方面。ClO_2 分子外层的键域存在着一对未成对的活泼自由电子,能对微生物的细胞壁产生吸附与渗透作用,从而氧化细胞内含巯基(-SH)的酶,使蛋白质中的氨基酸发生分解,进而导致氨基酸链断裂,蛋白质失去功能,最终造成微生物死亡。据试验,在 ClO_2 浓度 0.5 mg/L 条件下作用 5 min 可杀灭水中 99% 以上的异氧菌、2.0 mg/L 条件下作用 30 s 可杀死 100% 的微生物,对地表水中大肠杆菌的杀灭效果比 Cl_2 高 5 倍以上,其杀菌能力与臭氧接近,大致是氯的 1.3~10 倍、次氯酸钠的 2 倍,可杀灭大肠杆菌、类炭疽杆菌、葡萄球菌、绿脓杆菌、霍乱菌、沙门氏菌、痢疾杆菌、异养细菌、铁细菌、军团菌、亚硫酸盐还原菌等。另外,其抑制病毒的能力也一般比氯高 3 倍,甚至比臭氧还要高 1.9 倍,通常能够杀灭一般的肠病毒和腺病毒等,除此,二氧化氯还可以杀灭蠕虫、微生物甲壳类中的虱类等动物和控制藻类等。二是消毒方面。ClO_2 的氧化能力约为 Cl_2 的 2.5 倍,可以将水体中的有毒物转化为无毒物,常见的有毒物转化方式是 $S^{2-} \rightarrow SO_4^{2-}$、$CN^- \rightarrow CO_2 + N_2$、$-NH_2 \rightarrow N_2 + H_2O$、苯酚→对苯醌,但却很少生成 THMs 类有毒副产物(原因是 ClO_2 与水中腐殖酸和富里酸等有机物反应时是以氧化方式进行的,而不像氯是以亲电取代方式进行的),据研究其 THMs 生成量仅为氯化处理的 11%~25%,并且还不易产生抗药性。三是除臭方面。ClO_2 能与异味物质(如 H_2S、$-SH$、$-NH_2$ 等)发生脱水反应,使其迅速氧化为其他物质,还能阻止蛋氨酸分解成乙烯,也能破坏已形成的乙烯,从而延缓腐烂,且不与脂肪反应,能够保持食品结构不发生变化。四是漂白方面。ClO_2 的漂白作用是通过释放原子氧和产生次氯酸盐而达到分解色素的目的,并能保持纤维的强度,同时还具有除藻、剥泥等作用,据试验其漂白能力约为氯的 2.63 倍、漂白精的 3.29 倍。

4.3.2 消毒工艺

ClO_2 作为一种性能优越的水处理剂现已广泛应用于饮用水消毒、脱色、除臭和工业废水的杀菌灭藻等领域。然而由于其常温下为气态且压缩条件下容易发生爆炸,因此不能够进行储存与运输,而需要现场发生和在线投加,目前现场制取 ClO_2 的方法主要有以下几种:一是电解法。这种方法是以不锈钢作阳极、石墨作阴极,两极室用离子膜隔开,电解质为氯酸钠或氯化钠(NaCl),通电后在阳极可得到含氯、过氧化氢和臭氧的 ClO_2 气体。二是氯酸盐还原法。该法根据还原剂的不同又分为甲醇还原剂法、氯化钠还原剂法、盐酸还原剂法和二氧化硫还原剂法。三是亚氯酸盐氧化法,即用氯气、盐酸、亚氯酸盐进行氧化反应,该法因亚氯酸盐成本较高(约为氯价格的 10 倍)而在工程上很少应用。以

上由电解法制取的 ClO_2 气体或化学法制取的 ClO_2 溶液一般均采用发生器的方式进行投加。现在,除了电解法二氧化氯发生器和化学法二氧化氯发生器外,市场上还有稳定性二氧化氯溶液和固体二氧化氯产品,也可用于水的消毒与杀菌。稳定性二氧化氯是采用过碳酸钠溶液吸收,从而使 ClO_2 能够得以保存与运输的一种液体产品,使用时须用酸性溶液进行活化。固体形态的二氧化氯产品大致包括二氧化氯粉剂、二氧化氯缓释剂、二氧化氯消毒粉剂或片剂等,其成分大都是以亚氯酸钠($NaClO_2$)为主要原料,使用时需先将一定量的粉剂投入到一定量的水中而配制成一定浓度的 ClO_2 溶液,然后按液剂的方法使用。在上述几种 ClO_2 的制取与应用中,一般的小型供水企业及广大农村的饮水安全工程上使用较为普遍的还是电解法二氧化氯发生器(尽管 ClO_2 产率较低且制取成本相对较高,但 NaCl 原料来源却十分容易),使用二氧化氯发生器投加时应注意配套计量与监控装置,以始终保持出厂水的 ClO_2 余量不低于 0.1 mg/L、管网末梢水的 ClO_2 余量不低于 0.02 mg/L,同时也使管网末梢水的亚氯酸盐含量不超过 0.7 mg/L。下面对电解法二氧化氯发生器进行专门介绍。

电解法二氧化氯发生器是中国预防医学科学院环境卫生与卫生工程研究所 1987 年引进美国 Tetravalent 公司的专利技术,这种发生器是以食盐(NaCl)溶液为电解液而产生二氧化氯和氯气等混合气体的,原理如图 4-1 所示。

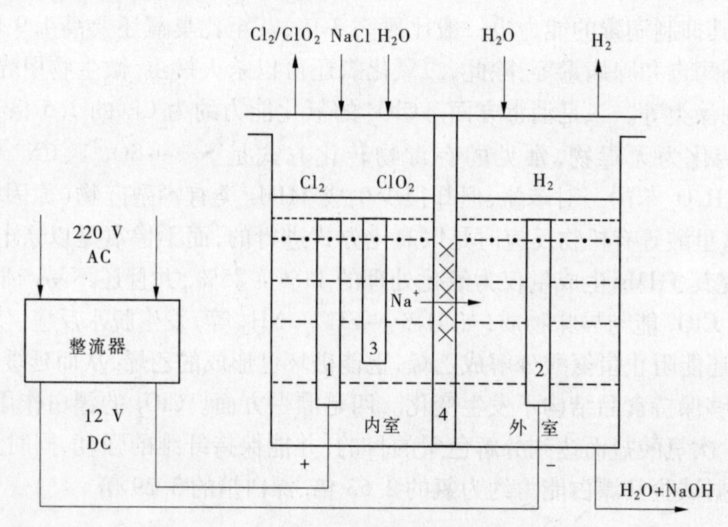

1—金属阳极;2—石墨阴极;3—中性电极;4—隔膜

图 4-1 电解法二氧化氯发生器工作原理示意图

其工作原理是,在电场作用下阳极室内 NaCl 溶液电离成 Cl^- 及 Na^+,同时生成 Cl_2 和在中性电极作用下生成 ClO_2、O_3、H_2O_2 等,Na^+ 则通过阳离子半透膜迁移到阴极室与 OH^- 结合生成 NaOH 并逸出 H_2。这种发生器由电解槽、电源、泵和文丘里管组成。电解槽由不锈钢圆筒和塑料圆筒组成,不锈钢内壁与塑料筒体之间的部分称为外室(阴极室),塑料筒体内的部分称为内室(阳极室)。阳极室内有阳极和中性电极,金属阳极的涂覆材料是一种比钌、铑更活泼的金属氧化物,具有较低的放氧电位,强化试验证实阳极寿命长达8年以上；中性电极为高密度石墨电极；不锈钢筒为阴极，阴极室与阳极室之间设有离子隔膜，离子隔膜多采用美国杜邦公司专利产品全氯磺酸阳离子隔膜；电源采用硅全波整流技术，输出电压为6 V和12 V，最大电流仅20 A并可进行微调。这种发生器结构简单（无冷却水及盐水配套系统），易于携带安装，且不需要任何附加设备，使用时只需将内室放入200 g/L的盐水、外室充满水并接好阴阳极及电源，同时将本设备自备的文丘里管接在供水管线上，即可将新生态的多种强氧化气体吸入水中而进行消毒（见图4-2）。该发生器体积小、占地少，土建投资非常低，并且运行费用也很低，通常每产生1 kg消毒气体（以总有效氯计）只约需1.6 kg食盐和1.5 kWh的电量。

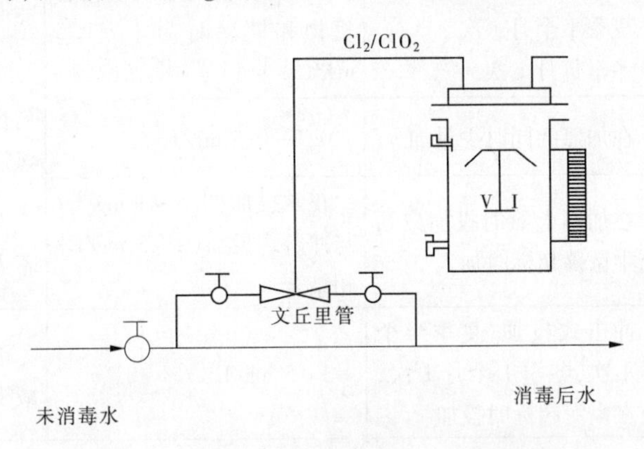

图4-2　电解法二氧化氯发生器安装示意图

这种低耗、便捷式的电解法二氧化氯发生器投入市场20余年来深受中小型供用水户的青睐。据中国预防医学科学院流行病研究所消毒室灭菌试验，选用抗性最强的枯草杆菌芽孢黑色变种ATCC9372进行试验，当没有有机物影响时，200 mg/L浓度的ClO_2消毒剂作用5 min即可将其完全杀灭；在10%有机物影响下，同样浓度作用10 min仍可将其全部杀灭。当消毒剂浓度为10 mg/L时，作用5 min可完全杀灭金黄色葡萄球菌ATCC6538；有10%有机物影响时，同样浓度作用时间增至10 min也可全部杀灭。对乙型肝炎表面抗原（HBsAg）的灭活试验表明，30 mg/L的ClO_2消毒剂作用5 min可以灭活阳性血清中的HBsAg的活性。该所试验还证实该种消毒剂可以杀灭伤寒杆菌和痢疾杆菌以及绿脓杆菌、霍乱弧菌、沙门氏菌、军团菌等，甚至还可以有效杀死令人生畏的艾滋病毒。

二氧化氯纯液的测定可用任一种氯测定的方法，但与次氯酸、氯酸共存时会产生干扰，可采取以下办法分离出ClO_2：①吹脱－吸收处理，即用惰性气体将ClO_2从溶液中提取出来，再用溶剂吸收测定，常用的有氮吹脱－水吸收法、氮吹脱－四氯化碳吸收法、氮吹脱－碘化钠与磷酸盐缓冲液吸收法等。②膜分离法，即用微孔聚四氟乙烯膜使ClO_2分子得以通过（其他离子和胶体颗粒不能通过）而加以分离。③掩蔽剂预处理法，常用的掩蔽剂有草酸、硫代乙酰胺、邻联甲苯胺、氨基磺酸、二甲亚砜、丙二酸、甘氨酸、氨缓冲液等，然后用吸收光谱法、示差光度法、容量法、电流滴定法、流动注射分析（FIA）法、离子交换色谱法等进行测定。

在使用ClO_2作消毒剂时，还要注意根据不同的消毒要求而采取不同的投加方式，并适时掌控好投加的浓度，只有这样才能够达到预期的目的。表4-3列出 ClO_2 消毒剂在水处理中的几种用法可供选用时参考。

表4-3　二氧化氯消毒剂的几种用法

应用方法	投加方式	投加浓度	作用及优点
作主体杀菌剂（取代氯等）	正常投加： 夏季1次/2～3 d 冬季1次/3～5 d 冲击式投加： 夏季半个月1次 冬季每月1次	正常投加0.5～1 mg/L（冲击式投加2～3 mg/L）。兼作除臭时为0.6～1.3 mg/L，兼作前处理及氧化有机物和铁锰时为1～1.5 mg/L	消毒和有效控制细菌
与氯协同杀菌	在加氯的同时少量加入	0.1～0.5 mg/L	提高杀菌效果，降低液氯用量
作氯的辅助杀菌剂	在加不上氯时投加或系统中菌藻超标时加入	正常投加(0.5～1 mg/L)与冲击式投加(2～3 mg/L)相结合	在系统泄露或氯杀菌不力时，可有效控制细菌
作黏泥剥离剂	冲击式投加，夏季半个月1次，冬季1个月1次，或在黏泥超标时投加	3～5 mg/L	杀菌、剥离系统黏泥，减少水体黏泥含量
作灭藻剂	在系统藻类繁茂时，冲击喷淋式投加3～5次	冲击式3～5 mg/L	迅速杀死藻类，控制藻类生长
作清洗剥离剂	在停车或开车前冲击式投加2～3次	冲击式3～5 mg/L	剥离系统黏泥，减少检修量，提高预膜效果

4.3.3　消毒副产物

采取 ClO_2 消毒虽然不会产生THMs类有机副产物，但会与水中的还原性物质反应产生亚氯酸盐（ClO_2^-）和氯酸盐（ClO_3^-）等无机副产物。而 ClO_2^- 的毒性可以氧化损伤、破坏血液中的红细胞，低剂量摄入就会引起溶血性贫血，高剂量摄入则会引起高铁血红蛋白的增加，同时还可能影响婴幼儿的神经系统健康，因此应予特别的关注。一旦水体中出现 ClO_2^- 浓度或 ClO_3^- 浓度超标（限值都为0.7 mg/L），就应及时采取措施（包括调整消毒方案）加以控制，或参照2.18.4和2.19.4工艺进行处理。

4.4　臭氧消毒

臭氧是氧的同素异形体，分子式 O_3，相对分子质量48，是一种比氧气化学性质还要活泼的游离态氧单质。自然界中的臭氧90%分布在距地面15～50 km的大气平流层中，并在距地面15～30 km的同温层底部形成臭氧层，吸收了99%来自太阳的高强度紫外线，从而保护了地球生物的生存。

臭氧在饮用水处理中应用的历史可以追溯到1893年,但真正得到广泛应用的则是近20年来的时间。截至2000年,美国拥有的应用臭氧处理的水厂有300余家,加拿大有超过100家,法国有近700家,德国则有大约70%的水厂装备了臭氧系统,我国目前主要是在纯净水的生产过程中采用臭氧作为消毒剂。

4.4.1 消毒机理

臭氧是已知最强的氧化剂,常温常压下为淡蓝色的具有特殊臭味的气体,密度是空气的1.658倍,经低温压缩处理可呈液态,在水中的溶解度比氧大13倍,0 ℃时纯臭氧的水溶解度可达1.371 g/L,而20 ℃时普通臭氧气体(臭氧所占比例通常只有0.6%~1.2%)的水溶解度仅有0.003~0.007 g/L,臭氧的沸点为-112.4 ℃。臭氧的消毒机理主要是通过氧化作用破坏微生物膜的结构来实现的,即臭氧首先作用于微生物细胞膜,继而渗透穿透膜组织而破坏膜内脂蛋白和脂多糖,促使细胞发生通透性畸变,导致细胞溶解、死亡,从而将菌体内的遗传基因、寄生菌种、寄生病毒粒子、噬菌体、支原体及热原(内毒素)等予以去除。臭氧还能直接破坏病毒的核糖核酸(RNA)或脱氧核糖核酸(DNA),其消毒能力为氯气的600~3 000倍(另一说是300~6 000倍),杀菌速度较氯快100~1 000倍(另一说是300~600倍),当投加量达到3 mg/L、接触时间为5~10 min、保持浓度维持为0.1~0.2 mg/L时即可满足杀菌消毒(如灭活肠道病毒)要求,当臭氧保持浓度为0.4 mg/L以上时还可灭活常规氯消毒所难以彻底去除的病原性大肠杆菌及传染性肝炎等病毒。正因为臭氧具有如此强大的杀菌消毒(氧化)能力,近年来在采取其他方法难以奏效时臭氧被越来越多地用于去除THMs前驱物等方面。除此,经臭氧消毒处理的水还可以有效地消除水中原有的异味,特别是酚、藻类(如在原水蓝藻含量为38.9万个/L情况下,投加3.2 mg/L、5.0 mg/L、7.6 mg/L臭氧预氧化时的除藻率可分别达到39%、58%、90%)或腐殖质污染物产生的臭味;臭氧可以去除、降解水中的多种污染物,包括一些有毒污染物,如有机磷农药、烷基苯磺酸盐、木质素、硝基化合物、硫化物、氰化物等;可以与化学元素周期表中除金、铂、铱、氟以外的几乎所有元素发生反应,达到去除铁、锰、汞、砷和其他无机污染物的目的;臭氧还可用于废水的氧化处理,使超标的BOD、COD、TOC得到有效改善。当然,臭氧本身也具有很强的毒性,接受浓度为4~6 g/L的O_3可产生出血变化,大于6 g/L时可发生出血或水肿现象,达到20 g/L时可使试验动物的死亡率上升至50%,长时间接触(1年以上)浓度为1 g/L的O_3可引起肺炎、促生肺肿瘤和衰老。我国卫生部规定气相中臭氧的最高允许浓度为0.2 mg/m^3。

4.4.2 消毒工艺

在饮用水处理中,臭氧工艺的应用主要有三种形式:一是臭氧预处理,其主要目的是代替预氯化以有效减少氯化过程中所产生的氯消毒副产物。二是中间氧化,其主要目的是氧化分解有机污染物。三是臭氧消毒。臭氧消毒一般是水处理的最后阶段,在这一阶段中,由于之前的混凝、沉淀和过滤已经去除了大量的悬浮物和胶体,所以臭氧的用量通常较少,并容易保证完全且比较经济地消毒。目前投加臭氧所广泛使用的是管式臭氧发生器(放电电压3 000~9 000 V、放电频率800~1 000 Hz、供气压力0.21~0.23 MPa、冷却水温度低于30 ℃),具体投加位置、投加量、接触时间及典型流程等可参见7.3.1.2相关内容。除此,目前一些家庭也开始购置使用消毒柜、净菜机、空气净化器等微型的臭氧发生器,鉴于前述臭氧所具有的正、负效用的两重性,这里借此提醒注意几点:一是水体消毒时,由于缺乏剩余浓度,需配用第二消毒剂,否则有可能引起细菌后生长;二是空气消毒时,应在密闭空间、无人条件下进行,消毒后至少过30 min人才能进入;三是臭氧对衣物有漂白作用,因此应避免用于有色衣物的消毒;四是臭氧对金属输配水管有腐蚀作用,使用中应避免直接接触;五是某些有机磷农药虽然能被O_3氧化破坏,但相应的中间产物毒性较母体更高,因此用于农药残留物的降解时应先作鉴定;六是对O_3消毒或氧化后所产生的副产物要认真鉴定并妥善处理。

4.4.3 消毒副产物

臭氧消毒的副产物从其起源上可分为以下两种:一种是有机副产物,主要由水中腐殖酸类天然有机物引起,其产量一般与原水中的有机物含量成正比;另一种是无机副产物,由溴离子存在时所生成。甲醛、溴酸盐被世界卫生组织分别确定为臭氧消毒副产物的两种代表物。对此两种污染物的性质、危害、检测办法及处理技术可分别参阅本书2.16和2.17相关内容。

【1】 常用消毒方法的基本特点

【1.1】 消毒剂的强度

按照消毒方法的杀生能力,可以将其大致分为高强度、中强度和低强度三类,见表4-4。

表4-4 常用消毒方法分类

分类	杀生功能	消毒剂/方法举例
高强度	能杀灭或去除细菌繁殖体(含分枝杆菌)、芽孢、真菌、孢子、结核杆菌、亲水性病毒和亲脂性病毒等所有微生物	氯、次氯酸盐、二氧化氯、臭氧、膜过滤、γ射线、双链季铵盐、过氧乙酸、甲醛、环氧乙烷、戊二醛等
中强度	能杀灭细菌繁殖体(含分枝杆菌)、真菌、孢子、结核杆菌、亲水性病毒和亲脂性病毒等所有微生物	碘剂、溴、高锰酸钾、高铁酸钾、醇类、酚类等
低强度	仅能杀灭细菌繁殖体、真菌和亲脂性病毒,但不能杀灭芽孢、结核杆菌和亲水性病毒	加热、紫外线、微波、超声波、某些季铵盐类、洗必泰、银、铜、中草药制剂等

一些研究(Hoff、Geldreich和Akin等)表明,常用消毒剂的杀生物效率(在pH值为6~9范围内,消毒剂灭活病毒和大肠杆菌的能力)大致为以下顺序:

$$O_3 > ClO_2 > HOCl > OCl^- > NHCl_2 > NH_2Cl$$

而Gilbert提出的消毒能力顺序为

$$O_3 > HOCl > ClO_2 > HOBr > I_2 > Ag^+ > OCl^- > FeO_4^{2-} > NH_2Cl$$

注意,上述消毒剂的氧化能力(按照中性水中的标准电极电位排序)顺序为

$$O_3 \approx FeO_4^{2-} > HOBr \approx HOCl \approx OCl^- \approx ClO_2 > Ag^+ > I_2$$

显然,消毒剂的杀菌能力与其氧化能力有一定的关系。但是影响消毒效果的因素很复杂,因此并不能单纯地以消毒剂的氧化能力作为其杀菌性能的评价指标。

同时也应关注的另一个问题是,如果长期使用同一种消毒剂,则会随着时间的推移而使其功效逐渐降低,其后果往往是需要用更高浓度的药剂才能达到抵菌或杀菌的目的(有爱尔兰学者发现,消毒剂还会"训练"细菌,使其对抗生药物产生耐药性,从而形成"超级细菌")。

关于紫外线的消毒能力有不同的评价。一般认为,紫外线杀菌的直接效果显著,通常只需几秒就可彻底灭菌(而O_3与Cl_2则需10~20 min),且对几乎所有的水藻、细菌、病毒、寄生虫及其他病原体均有效果,也不会残留任何有毒物质。表4-5、表4-6分别列出了UV与Cl_2、O_3的消毒性能比较,由此可见一斑。但是,UV的消毒市场亦有很大的局限性,主要是能量一般较低、穿透力较弱、杀菌效果与水的色度和浑浊度密切相关(水中悬浮物、有机物和氨氮等会干扰UV的传播)。因此,应用UV消毒时通常都要求水层厚度不宜超过2 cm,水流必须接受90 000 μW/(s·cm^2)以上的照射量才能达到有效的消毒效果,而应根据紫外线光源的强度来确定水流速度,加之UV消毒又无剩余消毒效果(如余氯量),只能现消毒现饮用。当今的UV消毒多用于桶装或瓶装的纯净水和矿泉水,也可用于不间断流动的管道直饮水消毒,而在市政水厂中则很难得到推广应用。

表4-5　紫外线、氯气、臭氧三种消毒方法的比较

项目	紫外线	氯气	臭氧
消毒方式	物理	化学	化学
成本投资	一般	低	高
运行成本	低	中等	高
维护费用	低	中等	高
消毒性能	好	好	好
消毒时间	1~5 s	25~45 min	5~10 min
对人体危害性	低	中等	高
有毒化学成分	没有	有	有
水化学成分改变	不会	会	会
残留量影响	不会	会	会

表 4-6　紫外线对几种细菌、病毒的致死量

微生物名称	类别	疾病	UV 致死剂量 ($\mu W/(s \cdot cm^2)$)
大肠埃希菌	细菌	食物中毒	6 600
耐热大肠菌群	细菌	肠道感染	6 600
甲肝病毒	病毒	肝炎	8 000
感冒病毒	病毒	感冒	6 600
嗜肺军团菌	细菌	军团菌病	12 300
伤寒沙门氏菌	细菌	伤寒	7 000
金色葡萄状菌	细菌	食物中毒、休克综合症等	6 600
链球菌芽孢	细菌	咽喉感染	3 800
志贺氏菌芽孢	细菌	细菌性痢疾	4 200
柯萨奇病毒	病毒	肠道感染	6 300
噬菌体	病毒	—	6 600
细小芽孢菌	细菌	—	22 000

表 4-7 为常用消毒方法对水中微生物控制能力的比较。

表 4-7　常用消毒方法对水中微生物的控制能力的比较

方法	细菌	病毒	孢囊
自由氯 Cl_2	很好	很好	一般
氯氨 NH_2Cl	一般	一般	差
二氧化氯 ClO_2	很好	很好	一般
臭氧 O_3	很好	很好	很差
紫外线	好	一般	很差

【1.2】　消毒剂主要性质比较

消毒剂按照三卤甲烷和总卤化有机物的生成势的高低排序为

$$O_3 \approx ClO_2 < NH_2Cl < Cl_2$$

一般认为，紫外线消毒不会在水中引入有害的消毒副产物。

消毒剂在水中的稳定性(指消毒剂在水中存在的持久性和与包括微生物在内的其他成分的反应性)顺序为

$$NH_2Cl > ClO_2 > Cl_2 > O_3$$

消毒剂的成本比较大致为

$$O_3 > ClO_2 > NH_2Cl > Cl_2$$

以上成本排序仅就应用而言，不包括投加消毒剂后对水质的影响效果和消毒副产物对健康的影响等因素。根据近年来对消毒过程和消毒副产物处理方式投资运行费用的全

面分析,也有观点认为臭氧处理系统要比投加氯、氯氨和二氧化氯成本低。对于紫外线消毒系统的经济分析尚未作出定论,有观点认为它与臭氧系统差不多,也有分析认为它大大低于加氯消毒。

消毒后水的致突变性顺序大致为

$$Cl_2 > NH_2Cl > ClO_2 \approx O_3$$

消毒剂对 pH 值变化范围的适应程度顺序大致为

$$O_3 > ClO_2 > NH_2Cl \approx Cl_2$$

消毒剂对试验动物的亚慢性毒性顺序为

$$ClO_2 > NH_2Cl > Cl_2 > O_3$$

在实际研究中,有时采用每克消毒剂在一定的温度和一定的接触时间下能杀灭某种目标微生物所能达到的最大稀释水量来量化消毒剂的效果,该稀释水量值称杀灭常数。

为了便于比较不同消毒剂的杀灭效果,也为了使人们对新开发的消毒剂的杀灭能力有一个大致的概念,美国定义了所谓石炭酸(苯酚)系数。其定义是:某种消毒剂在 10 min 内杀灭微生物的最高稀释度与同等条件下石炭酸杀灭该微生物的最高稀释度的比值。由于各种微生物对不同的消毒剂的抵抗力各异,因此石炭酸系数应被视为是一项有针对性的和相对性的比较指标。

【1.3】 消毒方法的能耗

有关各种消毒方法的能耗数据资料较少。表 4-8 中数据是根据有关文献整理计算的结果,可供参考,其中药剂生产能耗考虑了原料的耗能,紫外线处理的能耗考虑了灯管的电效率。

表 4-8 一些消毒方法的能耗数据

消毒剂/消毒方法	药剂生产能耗(kWh/kg)	饮用水消毒能耗(J/L H_2O)	说明	消毒成本
液氯(游离氯)	4.4	16~32	投加 1~3 mg/L,未计投加耗能	0.3 分/(m^3 · $mgCl_2$/L)
氯胺			投加 1~3 mg/L	0.37 分/(m^3 · $mgNH_2Cl$/L)
二氧化氯	16.9	60~80	投加 1~1.3 mg/L,未计投加耗能	1.7~4.3 分/(m^3 · $mgClO_2$/L)
臭氧	12~27	60~180	投加 1~3 mg/L,未计投加耗能	3~5 分/(m^3 · mgO_3/L,且剂量 <1 mg/L 时)
紫外线		80~500	低压灯—中压灯	0.8~1.0 分/m^3
γ 射线		80~660	估计	
加热		24 000	热回收比较完全	
膜过滤		250~1 000	按超滤法估计	

【2】 饮用水中的 THMs 和 TOX

自 1974 年发现饮用水中含有 THMs 以来,这一问题受到了世界上绝大多数国家的广泛关注。THMs 即三卤甲烷,包括氯仿(三氯甲烷 $CHCl_3$)、溴仿(三溴甲烷 $CHBr_3$)、一氯二溴甲烷($CHBr_2Cl$)、二氯一溴甲烷($CHBrCl_2$)和二氯一碘甲烷($CHICl_2$)等。THMs 是饮用水氯化消毒过程的主要副产品,已被试验证实对老鼠具有明显的致突变和致癌作用,因而对人类也具有同样的危害。美国已确定 THMs 在自来水中的污染极限为 100 μg/L,加拿大确定为 350 μg/L,德国确定为 25 μg/L,荷兰确定为 75 μg/L,我国《生活饮用水卫生标准》(GB 5749—2006)则分别规定 $CHCl_3$ 限值为 60 μg/L、$CHBr_3$ 限值为 100 μg/L、$CHBr_2Cl$ 限值为 100 μg/L、$CHBrCl_2$ 限值为 60 μg/L。但是,近年的科学研究又发现,对天然水的氯化处理不仅会产生 THMs,而且同时产生有含量更高的不挥发有机化合物 NPTOX。THMs 只是总有机氯化合物 TOX 中易挥发的一部分物质,而另一部分 NPTOX 却可能造成与 THMs 同样严重的卫生后果。据荷兰对 13 个城市的氯化饮用水试验研究,发现NPTOX含量竟达 THMs 含量的 1.6 ~ 11.2 倍(见表 4-9),并在这些不挥发的 TOX 中检出有二氯乙酸(可致代谢紊乱、神经中毒、眼损伤、不产精子和增加肝脏的过氧化物)、三氯乙酸(可致胎儿中毒并具有肿瘤促进剂作用)、二氯乙腈(诱变基因中毒)、氯代酮以及 1,1,1 - 三氯丙酮(极具诱变作用)。

表 4-9 NPTOX 与 THMs 含量比较

被作用的物质	条件	NPTOX/THMs
各种腐殖酸、富里酸	pH7,TOC 3 mg/L	
地下水、二级处理水	$Cl_2$2 ~ 100 mg/L,100 h	3.1 ~ 4.4
各种腐殖酸、富里酸	pH7,TOC 5 mg/L,$Cl_2$20 mg/L,72 h	3.3 ~ 4.4
Black 湖(N.C)富里酸	pH7,TOC 421 mg/L,$Cl_2$2 488 mg/L,24 h	4.8
Rhine 河(FRG)腐殖酸	pH6.9,TOC 0.8 ~ 8 mg/L,$Cl_2$15 mg/L,0.5 h	7.0 ~ 11.2
叶绿素	pH9.2,TOC 4.4 mg/L,Cl_2 20 mg/L,24 h	3.0 ~ 4.6
土壤、腐殖酸	pH7,TOC 5.5 mg/L,$Cl_2$10 mg/L	1.6
Amherst(Mass)自来水		1.5 ~ 2.4

饮用水中的 THMs 和 TOX 的母体化合物是天然水中的腐殖质,氯能够同腐殖酸、富里酸结构上的羟基 -OH 及羧基 -COOH 等官能团发生取代反应而进入有机物分子,只不过原水的 pH 值以及加氯量和氯化接触时间对 THMs 与 TOX 的生成关系有一定的影响。一般地,当 pH 值减小时,THMs 的生成量会减少,但 NPTOX 的生成量则会迅速增多;加氯量低时生成物以取代产物为主,加氯量高时生成物以氧化和解离产物为主。以间苯二酚

为例，当氯碳比值较低时，主要生成物为氯代间苯二酚，当氯碳比值较高时，主要生成物为氯仿等；在时间影响方面，氯仿和 NPTOX 含量都会随着氯化接触时间的延长而增加，但氯仿与 NPTOX 的比值也会同时随着接触时间的延长而增大，即接触时间越长，氯仿的产量越大。

需要指出是的，为控制和减少 THMs 生成量，美国环境保护局等一些组织都建议采用氯胺以取代氯消毒。但有学者研究，由于氯胺是一种弱氯化剂，虽不具备氯的强氧化性，但也可与有机物发生大量取代反应而产生一定量的 TOX，据试验研究采用氯胺消毒所产生的 NPTOX 为氯消毒所产生 NPTOX 的 8% ~49%。当然，衡量水质的最根本指标是卫生效果，有研究表明，若以氯处理的卫生效果为 1，则采用氯胺处理的致突变性（枯草溶菌素）则为 0.5、致癌性（鼠）为 1.6、毒性（鱼）为 0.2 ~0.3。

自从氯化法消毒的副产品 THMs 和 TOX 被相继发现以来，人们不得不研究和改进原有的水处理方法与工艺，以消除 THMs 和 TOX 带来的严重问题。由于氯化饮用水的致突变性更多地与氯化有机物中不挥发的高分子物有关，同时由于这些物质构成了饮用水有机卤化合物的主要组成部分，所以在氯化单元的监测和水处理过程的改进中，不仅要考虑 THMs 的生成，还应同样地考虑 TOX 的生成。

第5章 水质非常规指标项目概述

我国《生活饮用水卫生标准》(GB 5749—2006)规定的水质非常规指标共64项,包括微生物指标2项、毒理指标59项、感官性状和一般化学指标3项,本章分别对其进行简要的介绍。

5.1 贾第鞭毛虫

贾第鞭毛虫简称贾第虫,是病原性原生动物,属鞭毛虫类,其原虫由相当于细菌的芽孢的孢囊形成,孢囊大小为(8~12) μm×(7~10) μm。此虫早在1681年就由Leeuwenhoek在人粪中发现,而到1915年才由Stiles命名为兰氏贾第鞭毛虫。该虫一般寄居于人体十二指肠、空肠和回肠上段,偶尔也有寄生于胆道或胆囊内,可引起腹痛、下痢、肠炎、恶心、呕吐、厌食、乏力及低热等,还会导致婴幼儿营养吸收障碍、引发脂肪性下痢及维生素A缺乏的视力障碍,在胆道和胆管寄生的还会引起胆道系炎症和胆囊炎。该虫还可寄生于狗、猫、狸等多种动物的胃肠中,因此贾第虫病属一种人兽共患的疾病。贾第虫病主要通过粪便排出的孢囊而污染饮水、食物及食具而经口感染,也可经粪—手—口途径传播。贾第虫病是人类10种主要寄生虫病之一,每年世界各地约有200万人感染此病,估计人群感染率为1%~30%。美国1965~1988年共发生104次由饮用水引起的贾第虫病暴发流行,其中最大的一次发生在纽约州罗姆城,有症状病例395人,发病率为10.6%;苏联列宁格勒1970年对1 419名旅游者调查,发现有324人感染该病。我国的该病感染率为0.16%~20%,主要发生在6~8月,尤其是旅游区等人流比较集中的场合比较突出。贾第鞭毛虫孢囊对外界的抵抗力很强,具有较强的耐氯性,并且能在水中存活1~3个月,因此即使经过常规的氯化消毒也难以去除,但由于孢囊的尺寸十分大,通常可采用过滤的方法而予以去除。我国《生活饮用水卫生标准》(GB 5749—2006)规定饮用水中贾第鞭毛虫指标的含量限值为少于1个/10 L。

5.2 隐孢子虫

隐孢子虫是一种寄生在动物体内和细胞内属于孢子虫类的原虫,由Tyzzer于1912年发现,但至1976年才证实对人体健康有害。这种寄生虫可通过其卵囊在原水和饮用水中传播,卵囊直径为4~6 μm,可在水中存活几个月,为人畜共同感染的病原体,可感染的家畜及动物是牛、羊、猪、狗、猫和鸟等。该虫通常寄生在宿主肠道内,偶尔也可在呼吸道、胰管、胆管和胆囊中发现。人感染后一般3~6 d出现症状,主要临床表现为下痢、腹痛、低烧、呕吐,有完整免疫机能的患者可在3~20 d内自愈,少数婴幼儿则会由于大量腹泻而影响发育,对一些免疫功能缺陷者,如艾滋病患者和器官移植病人甚至还会导致死亡。隐孢子虫病可通过粪便污染的食物、饮水和用具而实现粪—口途径的传播。美国威斯康星州密尔活基市1993年发生隐孢子虫病流行，感染人口40.32万人，确诊患病739人，致死50人，成为美国影响范围最广、危害最严重的一次介水传播事件。我国20世纪80年代在重庆一带也曾检出隐孢子虫病。目前的问题是，由于隐孢子虫体积小，且对常规水消毒剂具有较强的抵抗力，因此采用一般的过滤和消毒工艺难以将其去除或灭活（当然采取煮沸法可以杀灭隐孢子虫卵囊）。为预防隐孢子虫病的发生和传播，最现实的方法还应当是加强饮用水的处理和控制，尤其是严格控制孢子虫病人、家畜的粪便对水源的污染，尽量避免与可能的传染源（病人、病毒）接触，同时加强环境健康教育，养成良好的卫生习惯，做到饭前便后洗手，对在集体中生活的儿童、学生、军人以及免疫力低下的易感人群实施重点预防，从而最大限度地避免这种疫情的发生和蔓延。现行《生活饮用水卫生标准》规定饮用水中隐孢子虫指标的含量限值为少于1个/10 L。

5.3 锑

锑（Sb）主要用于半导体合金、电池、炸药、电缆护套、防火剂、陶瓷、玻璃、焊料合金等。在锑矿的开采过程中以及铅、锡、铜的合金制造过程中均含有不同形式的锑化合物进入到水体中，天然水中存在三价锑和五价锑的氧化物以及甲基锑化合物。

有报道称，急性锑中毒可引起死亡。慢性锑中毒主要为锑环境中的暴露人群，据调查，在使用三硫化锑的工厂上班的工人血压平均增高12.4%、脑电图明显改变46.7%、发生溃疡6.3%、女工出现自发流产率增高12.5%。国际癌症研究协会（IARC）还将三氧化锑列入2B组，即对人有致癌可能性。GB 5749—2006规定饮用水中的锑含量限值为0.005 mg/L。

5.4 钡

钡（Ba）是一种碱土金属，主要存在于火成岩和水成岩之中，在自然界尚未发现有游离态的钡，钡的化合物主用于塑料、橡胶、电子、纺织行业以及陶瓷、玻璃制造、造纸、制砖、药物和化妆品、石油、天然气行业等。水中的钡的主要来自于自然资源以及局部的工业废水排放（如石油和天然气钻井的浆液污染）。钡的醋酸盐、硝酸盐和卤化物都溶于水，而碳酸盐、铬酸盐、氟化物、草酸盐、磷酸盐和硫酸盐却难溶于水。钡不是人体营养必需的元素。摄入高浓度的钡可直接刺激动脉平滑肌而引起血管收缩，临床常表现为急性胃肠炎、肌无力、肌麻痹、深反射消失，长期接触重晶石（硫酸钡）粉尘的还会诱发钡尘肺。有生态流行病学研究发现，心血管病的死亡率与饮用水的钡含量有关。据美国伊利诺斯州1971～1975年对16个地区饮用水中的高浓度片（2～10 mg/L）与低浓度片（<0.2 mg/L）的调查对比，前者的心血管疾病及心脏病死亡率明显较高。同时，据对老鼠连续16个月饮用钡浓度为10 mg/L的水进行观察，还出现了明显的血压增高现象。GB 5749—2006规定饮用水中钡含量的限值为0.7 mg/L。

5.5 铍

铍(Be)是一种浅灰色的碱土金属,能耐高温,具有很高的韧性和硬度,主要用于制造导弹和火箭、飞机零部件、X 射线管、荧光灯以及电器元件等。这些工业企业排放的废水中均含有一定数量的铍,同时铍还广泛存在于空气、沉积物、土壤、食物和烟草中。铍是一种对人体有害的元素,但人们日常生活中很少能够接触到,也难以从胃肠道所吸收,对健康的危害主要来自于职业接触而诱发的呼吸系统疾病。一般短期内吸入高浓度的铍或其化合物,可引起急性肺炎;接触时间较长者,则会转化为肺部结节性病变或肺间质纤维化病变的慢性铍病。急性铍病具有明显的鼻咽部干痛、剧咳、胸骨后不适等呼吸道刺激病状,严重者可出现肺水肿、呼吸衰竭和其他脏器损害;慢性铍病可出现呼吸功能不全、肝大、肝功能或转氨酶异常。另外,IARC 依据动物试验资料,把铍及其化合物放入到 2A 组,即定性为对人类有可能致癌性。GB 5749—2006 规定饮用水中的铍含量限值为 0.002 mg/L。

5.6 硼

硼(B)广泛存在于自然界。硼酸及硼酸盐主要用于玻璃制造业及肥皂、洗涤剂、阻燃剂和制药、化妆品、农药、化肥等。硼在水果、蔬菜、豆类中含量较高,而在乳制品、肉类、谷类、鱼中含量较低,地下水中的硼含量范围为 0.3 ~ 100 mg/L。硼在水体内所起的作用目前尚不完全清楚,但自研究以来可以肯定它是一种潜在的具有重要营养价值的元素。有研究成果表明,硼能影响与能量代谢有关的某些酶的调节抑制作用,还能影响维生素 D_3 的代谢和胰岛素的作用,当人体缺硼时,体内的氨基酸或蛋白质代谢就会发生不利的变化。研究还发现,硼有酷似雌激素的作用,缺硼可影响成人的脑功能和认知能力,但摄入过量的硼也会造成中毒,其中毒症状为恶心、呕吐、胃部不适和循环衰竭等。GB 5749—2006 规定饮用水中硼含量的限值为 0.5 mg/L。

5.7 钼

钼(Mo)用于生产特种钢、电接触器、火花插座、X 射线管、灯丝、荧光屏、收录机,还可用于生产钨丝、玻璃 - 金属焊接、非铁合金等。钼在豆类、谷类、动物脏器中含量较多,而在水果、蔬菜、动物肌肉中含量较少。饮用水中的钼浓度通常都不超过 10 μg/L,但在钼矿区可高达 200 μg/L,甚至还有过 580 μg/L 的报道。钼是人体黄嘌呤氧化酶、醛氧化酶的重要成分,能够参与细胞内的电子传递,从而影响肿瘤的发生,具有防癌抗癌的作用。人体缺乏钼时,会阻止体内亚硝酸还原成氧,使亚硝酸在体内富集,逐渐导致癌变。吴沈春学者提出,80% ~90% 的癌症是由环境因素引起的,根据对 29 个省、市、自治区 787 080 例癌症死亡的调查资料和中国土壤中钼元素背景值的对比分析,并采用等级相关法进行相关性研究,表明各类癌症中的胃癌、食管癌、宫颈癌的发生、发展及死亡率与土壤中的钼含量呈显著负相关(如钼元素含量较高的广东、天津、广西、北京等地这三种癌症的发病率均较低,而钼元素含量较低的江苏、内蒙古、山西等地这三种癌症的发病率则均较高。其他类型癌症的发病率则与钼含量无明显关系)。另外,钼缺乏还会诱发克山病,过剩则会造成腹泻和心血管病。GB 5749—2006 规定饮用水中钼含量限值为 0.07 mg/L。

5.8 镍

镍(Mi)是一种银白色带特殊光泽的金属,具有磁性,它的主要化合物有硫酸镍、氯化镍、硝酸镍和羰基镍等。镍在地壳中的平均含量为 8.1%,自然界中以硫化铜镍矿、氧化矽酸盐矿及亚砷酸矿形式存在。镍的主要用途是生产不锈钢、制作合金以及用于电镀、镍-镉电池、硬币、电器产品、仪器仪表、医疗器械、家常用具、铅版、汽车、自行车、防腐涂料、催化剂等。这些工业生产的废水中均含有镍。金属镍是人体内的微量元素之一,一般含量为 0.3 ~2.3 μg/kg 体重。对人体危害较大的是镍化合物,尤其是羰基镍(用于镍精炼、石油工业、自动控制和电子工业的材料),吸入人体后有 2/3 会进入血液,激活或抑制一系列的酶(如精氨酸酶、羧化酶等)而诱发毒性,使人产生头晕、头痛、恶心、呕吐以及口腔炎、牙龈炎,严重的还会出现气急、胸闷、咳嗽甚至昏迷。有研究还发现,长期吸入过量的镍可对心肌和肝脏产生损伤并可能诱发肺癌。另外,在日常生活中经常触摸镀镍物品,如眼镜框、戒指、表盖、别针、镍币、厨房器皿以及含镍的消毒剂与洗涤剂等还会出现接触性皮炎。GB 5749—2006 规定饮用水中镍含量的限值为 0.02 mg/L。

5.9 银

银(Ag)具有良好的电和热传导性,能与铜、汞和其他金属形成重要合金,可以盐类、氧化物和卤化物等形式用于摄影物质、碱电池、电器、镜子、消毒剂和硬币等方面。银,自古以来就是财富的象征,常用做货币、饰物、器皿,也有用它作信物、宗教标志物、验毒工具等,举行隆重宴会招待贵宾时使用银质餐具,既可显出对客人的尊重,也能炫耀主人的富有,同时还能检测出饮食是否有毒,因为银与许多毒素会产生化学反应而使银器变黑,从而易于使肉眼得以鉴别。有关银在医学上的使用可以追溯到公元前,古人就知道银有加速创口愈合、防治感染、净化水质和保鲜防腐的作用,用银器存放食物,能够防止细菌生长而延长储存期。银是人体必需的微量元素之一,我国明代医药学家李时珍在《本草纲目》中记载银屑有安五脏、定心神、止惊悸、除邪气等作用,久服能轻身延年,生银味辛寒、无毒,中医常用来诊治有关疾病。然而,银或银盐被摄入后,会在人的皮肤、眼睛及黏膜沉着,使这些部位产生永久性的、可怕的蓝灰色色变。由于银及其盐类具有很强的杀菌性,其痕量也足以阻止细菌的生长,且毒性较汞弱,故一直被看成是水的一种消毒剂。如果大量咽下可溶性银盐,在口腔内会产生刺激、疼痛感,甚至出现呕吐、强烈胃痛、出血性胃炎等症状,严重的还会导致急性死亡。据试验,浓度为 0.4 ~1 mg/L 的银能够使老鼠的肾、肝、脾发生病变。银的主要污染来源是感光材料生产、胶片洗印、印刷制版、冶炼、金属及玻璃银等行业排放的废水。GB 5749—2006 规定饮用水中银含量的限值为 0.05 mg/L。

5.10 铊

铊(Tl)是一种软的带蓝光的白色金属,具有延展性,化合价有 +1 和 +3 两种,其中 1 价盐比较稳定,如氯化铊、硫酸铊、碳酸铊、乙酸铊等;3 价盐不稳定,易被还原剂还原为 1 价盐。铊在工农业生产中用量较小,工业上主要用于生产特种玻璃、电子仪器或设备、电光源、合金、有机合成的催化剂和放射性同位素,也可用于皮革和木材防腐等;农业上可用于制作杀虫剂或杀鼠剂;医药上可用做脱发剂治疗头癣(一种真菌病)。铊在自然界分布很广,但含量甚微,估计地壳中的含铊量为 0.3 ~ 0.6 mg/kg。海水中铊的质量浓度约为 0.01 μg/L,淡水中的质量浓度则与流经地层的地质条件有关,一般为 0.01 ~ 1.4 μg/L。我国贵州兴义地区某铊汞矿附近井水中的含铊量高达 0.017 ~ 0.04 mg/L、渠水中的含铊量则达 0.006 ~ 0.096 mg/L,受其污染,附近酸性土壤中种植的白菜含铊量也达 41.7 mg/kg。除了这种自然的铊污染外,燃煤、工业生产、农药制造等还会造成严重的人为铊污染,如煤中的铊含量为 0.5 ~ 3 mg/kg,在燃烧过程中约有一半排入到了大气中,因此燃煤是环境铊污染的最大污染源。除此,还有锌冶炼排出的粉尘中含铊量可达 0.38 ~ 3.7 mg/g,火电厂烟道气中铊浓度为 0.7 mg/m^3,水泥厂排出的含尘气体中铊浓度为 2.5 mg/m^3(空气),这些随烟尘排入大气中的含铊物质主要是水溶性的氯化铊。铊不是人体必需的微量元素,但因其在环境中存在,正常人体内仍可测得。铊的污染可导致人体中毒(其中 1 价铊盐的毒性比 3 价铊盐大),有研究证明对人的致死剂量为 8 ~ 12 mg/kg、绝对致死剂量为 14 mg/kg。慢性铊中毒可见于某些使用铊盐作为生产原料或生产过程中有铊逸散的生产环境,工人可以通过呼吸道、皮肤或手污染后经口摄入铊,从而导致慢性铊中毒,其症状多表现为胃肠道炎、多发性神经病变和脱发,晚期严重的还会出现肌肉萎缩,甚至瘫痪和失明。此外,还会造成肝肾损伤、高血压以及不规则的发热等症状。贵州兴义地区 1960 ~ 1977 年曾出现 189 例慢性铊中毒患者。我国现行《生活饮用水卫生标准》规定铊含量的质量浓度限值为 0.000 1 mg/L。

5.11 氯化氰

氯化氰(CNCl)主要用做催泪瓦斯和熏蒸剂,也可用做合成其他化合物的试剂。氯化氰也是氯胺和氯化消毒的副产物之一,据研究其在氯化消毒后的饮用水中含量为 0.4 ~ 1 μg/L、在氯胺消毒后的水中含量为 1.6 ~ 2 μg/L。氯化氰极易溶于水,沸点为 12.7 ℃,熔点为 -6 ℃,在 20 ℃条件下的密度为 1.186 g/cm^3。氯化氰在体内可很快代谢为氰化物,对人的致死剂量为 120 mg/m^3。氯化氰的主要中毒症状有呼吸道刺激、气管和支气管出血以及肺气肿。GB 5749—2006 规定饮用水中 CNCl 的含量限值(以 CN^- 计)为 0.07 mg/L。

5.12 一氯二溴甲烷

一氯二溴甲烷（DBCM，分子式 $CHClBr_2$）是饮用水氯化消毒过程中的主要副产物之一（属三卤甲烷其中之一）。美国几个城市的监测表明，大气中 DBCM 的平均质量浓度为 32 ng/m^3、最高为 230 ng/m^3。原水中一般不含 DBCM，而经过氯化消毒处理后的水中则往往都含有或多或少的 DBCM。美国 105 处地表水源供水工程中有 70 处检出了 DBCM，其含量为 0.5～45 μg/L；315 处地下水源供水工程中有 107 处检出 DBCM，其含量为 0.5～32 μg/L。据对老鼠灌胃溶入玉米油的 DBCM 试验，其肝细胞腺瘤和腺癌的发生率明显增加，还会造成体重降低和胎儿毒性，国际癌症研究协会（IARC）将一氯二溴甲烷（DBCM）列为第 3 组致癌物。GB 5749—2006 规定饮用水中 DBCM 的含量限值为 0.1 mg/L。

5.13 二氯一溴甲烷

二氯一溴甲烷（BDCM，分子式 $CHCl_2Br$）是饮水氯化消毒过程中的主要副产物之一（属三卤甲烷其中之一）。美国几个城市的监测表明，大气中 BDCM 的平均质量浓度为 7.4 ng/m^3、最高为 1 300 ng/m^3。原水中一般不含 BDCM，而经过氯化消毒处理的水中则往往都含有或多或少的 BDCM，我国 1984 年对 24 个城市自来水进行检测时发现大部分水样中都检出了 BDCM，其浓度范围为 0～10.5 μg/L。据分别对老鼠腹腔内注射 BDCM 和灌胃 BDCM 试验，发现达到一定剂量时，其肺部肿瘤、肾小管细胞腺瘤和腺癌、肝细胞腺瘤和肝细胞癌的发生率明显增高，并有时还伴生有大肠腺肉瘤和腺瘤样息肉。多项试验都表明，BDCM 是具有基因毒性的，因此国际癌症研究协会（IARC）将二氯一溴甲烷（BDCM）列为 2B 组致癌物。GB 5749—2006 规定饮用水中 BDCM 的含量限值为 0.06 mg/L。

5.14 二氯乙酸

二氯乙酸（DCA，分子式 $Cl_2CHCOOH$）主要用做合成有机物的中间体、药物中的组分、局部收敛剂或真菌剂。二氯乙酸是在水的氯化过程中由有机物（如动、植物降解产生的腐殖酸、棕黄酸）与氯发生反应而生成的重要副产物之一。美国对 6 家供水公司的供水管网检测发现，其二氯乙酸的浓度含量为 8～79 μg/L；我国某地供水管网中水的二氯乙酸质量浓度为 1.36～9.87 μg/L。据一些生物试验研究，二氯乙酸能诱导小鼠肝肿瘤的产生，并可引起鼠细胞 DNA 的断裂，还疑似具有生殖和发育毒性（会引起田鼠和狗的性器管受损或萎缩）。GB 5749—2006 规定饮用水中二氯乙酸的含量限值为 0.05 mg/L。

5.15 1,2-二氯乙烷

1,2-二氯乙烷又名二氯乙烯,分子式 $C_2H_4Cl_2$,是一种无色透明的液体,具有类似氯仿的气味和甜味。可用于制造乙二醇、乙二胺、聚氯乙烯、尼龙、粘胶人造纤维、苯乙烯-丁二烯橡胶和各种塑料、香料、肥皂、黏合剂、润肤剂、药物,也可用做树脂、沥青、橡胶、醋酸纤维素、纤维树脂、油漆、豆油和咖啡因的提取剂、浸渍剂和熏蒸剂,还可用于照相、静电复印和水软化等。

排放到环境中的二氯乙烯大部分挥发到大气中。在大气中它可存在4个月之久,最后被光氧化分解。城市大气中检测到的二氯乙烯质量浓度范围为0.04~38 μg/m^3,靠近工厂的地区浓度会高一些。二氯乙烯在空气中的嗅阈值浓度为356 mg/m^3。

二氯乙烯在水环境中的生物降解并不显著,尤其地下水中不易挥发,二氯乙烯可保持较长的时间。据美国对80个城市供水管网的水质检测,有26个被检出含有二氯乙烯,其最高质量浓度为6 μg/L。欧洲个别地区自来水中检测到二氯乙烯含量达61 μg/L。二氯乙烯在水中的嗅阈值浓度为7 mg/L。

1,2-二氯乙烷即二氯乙烯很容易通过消化道、呼吸道和皮肤吸收而进入人体和动物体内。摄入或吸入的二氯乙烯主要蓄积于肝脏和肾脏,在肝脏内可与谷胱甘肽结合生成一些代谢产物,如S-羟甲基半胱氨酸及硫代乙酰乙酸等。大多数细菌和哺乳动物试验表明,二氯乙烯具有致突变性,尤其代谢活化后其致突变作用更强;动物试验还表明,田鼠和小白鼠的管饲法给药可诱发胃、乳腺和肺部的癌变,并同时提示具有潜在的遗传毒性。国际癌症研究协会(IARC)已将二氯乙烯归为2B组致癌物质。GB 5749—2006规定饮用水中二氯乙烯(即1,2-二氯乙烷)的浓度限值为0.03 mg/L。

5.16 二氯甲烷

二氯甲烷又名亚甲氯、甲叉二氯或亚甲基氯化物,分子式 CH_2Cl_2,是一种无色透明有芳香味的液体。其主要作为有机溶剂而广泛应用于油漆、杀虫剂、脱脂剂、清洗剂及其他产品中。制氯工业废水中含有二氯甲烷,可随废水排放而污染地面水和土壤。排放到水中和土壤中的二氯甲烷会很快蒸发。二氯甲烷在大气中可保持500 d,但在水中会迅速降解。在土壤中的二氯甲烷会缓慢降解但迁移很快,可渗漏到地下水中。厌氧土壤中的二氯甲烷可持久存在。

二氯甲烷在大气中的本底值为0.1 mg/m^3,在城市大气中的平均质量浓度为1~7 mg/m^3。二氯甲烷在空气中的嗅阈值浓度为530~2 120 mg/m^3。地面水中二氯甲烷的质量浓度范围为0.1~743 μg/L。在地下水中由于难挥发,二氯甲烷含量通常较高,有报道称可高达3 600 μg/L。我国某污灌区的调查显示,污泥水中的二氯甲烷质量浓度为520~600 μg/L、灌区地下水则为72~560 μg/L。饮用水中二氯甲烷的平均质量浓度低于1 μg/L。二氯甲烷在水中的嗅阈值浓度为9.1 mg/L。

经呼吸道吸入是环境中二氯甲烷暴露的主要途径,估计每人每天平均从城市空气中吸入的二氯甲烷为33～307 μg,而通过食物和饮用水摄入的二氯甲烷很少。进入人体的二氯甲烷可通过胃肠道吸收后而分布至肝脏内,然后通过细胞色素P450和谷胱甘肽硫转移酶系统而代谢为一氧化碳或二氧化碳。动物试验表明其代谢产物主要通过肺脏排泄,排泄产物与染毒剂量有关。二氯甲烷的急性毒性很低,但小鼠吸入染毒试验表明二氯甲烷具有致癌性,通过饮用水染毒的试验也提示其可能具有致癌作用,国际癌症研究协会(IARC)亦将二氯甲烷归为第2B组物质,即可能的人类致癌物。GB 5749—2006规定饮用水中二氯甲烷的浓度限值为0.02 mg/L。

5.17　三卤甲烷

三卤甲烷(THMs)包括三氯甲烷($CHCl_3$)、三溴甲烷($CHBr_3$)、一氯二溴甲烷($CHClBr_2$)、二氯一溴甲烷($CHBrCl_2$)。它们都是挥发性卤代烃的主要成分,其共同特点为沸点均较低(200 ℃以下)且易挥发,微溶于水而易溶于醇、苯、醚及石油醚等有机溶剂。一般认为,饮用水在加氯消毒的过程中,氯化了水体中天然存在的以腐殖酸为主的各种有机物,产生了消毒的副产物——卤代烃。各种三卤甲烷均有特殊气味且具有毒性和致癌、致突变性,可通过呼吸、饮水和皮肤而进入人体,侵蚀中枢神经,并作用于肺、心、肝、肾上腺和胃肠等内脏器官而引起中毒。

目前,以THMs为代表的卤代烃污染作为一个重要的环境问题,已引起了普遍的关注。例如日本大阪湾周边水域中曾有过浓度为12～927 μg/L的THMs检测记录。水体所含THMs中通常以氯仿所占比例为最大(一般可达80%)。美国环境保护局(EPA)所列的129种环境优先控制污染物中就有20多种属于卤代烃;1989年由中国环境监测总站等单位立题研究提出的“中国水环境优先控制污染物黑名单”68种中有10种是挥发性卤代烃;我国现行《生活饮用水卫生标准》中,除了三氯甲烷、四氯化碳两个必测指标外,在非常规检测项目中还列出了二氯甲烷、氯乙烯等10多项挥发性卤代烃指标。我国现行《生活饮用水卫生标准》中规定三氯甲烷限值为0.06 mg/L、四氯化碳限值为0.002 mg/L、三溴甲烷限值为0.1 mg/L、一氯二溴甲烷限值为0.1 mg/L、二氯一溴甲烷限值为0.06 mg/L,并且还规定它们之中各种化合物的实测浓度与其各自限值的比值之和不能超过1。

为减轻环境受THMs的污染,主要措施应当是着力减少有关生产和应用单位的废物排放,同时考虑如何处理业已形成的THMs污染问题。目前常用的氯仿废水净化方法可参见本书2.14.4内容。

5.18　1,1,1－三氯乙烷

1,1,1－三氯乙烷又名甲基氯仿,分子式$C_2H_3Cl_3$,主要用于清洗电器、发动机、电子设备、家具,也可用于溶解黏附剂及织物染料,还可作为金属切割油中的减热润滑剂,同时又是墨水和干洗液的重要组成部分。环境中的1,1,1－三氯乙烷主要存在于大气中(也有从土壤中而迁移至地下水中),具有类似氯仿的气味,半衰期达2～6年,可被化学反应形成的羟自由基降解,1,1,1－三氯乙烷的水溶性中等,但可挥发到空气中。据英、美等国调查,肉类、油、茶、水果、蔬菜中含有1~10 μg/kg的1,1,1-三氯乙烷,脂肪类食品及水产品中则含量高达19 μg/kg和45 μg/kg,井水中质量浓度为9~24 μg/L、普通饮用水中质量浓度为0.02~0.6 μg/L。1,1,1-三氯乙烷一般通过呼吸道而进入人体,急性吸入可引起神经系统症状,当剂量达到945 mg/m^3 以上时可测出神经功能出现异常、达到2.7 g/m^3 以上时可出现眩晕头痛和运动失调等、达到54 g/m^3 以上时可出现麻醉,高浓度的1,1,1-三氯乙烷暴露可导致呼吸衰竭和心率失常,并伴随肝脏中出现脂肪空泡,严重的则引起肺阻塞和水肿而导致死亡。GB 5749—2006规定饮用水中1,1,1-三氯乙烷的浓度限值为2 mg/L。

5.19 三氯乙酸

三氯乙酸(TCA,分子式 Cl_3CCOOH)主要用做合成有机物的中间物、试验试剂、除草剂、土壤消毒剂或杀虫剂。三氯乙酸是在水的氯化过程中由有机物(如动植物降解产生的腐殖酸、棕黄酸)与氯发生化学反应而生成的重要副产物之一。美国对6家供水公司的配水管网检测发现,其三氯乙酸的浓度含量达15~103 μg/L;我国某地供水管网中水的三氯乙酸质量浓度为0.96~11.6 μg/L。据生物试验研究,三氯乙酸能引起小鼠单链DNA断裂,造成骨髓染色体异常和精子畸变,同时还会诱发产生肝肿瘤。GB 5749—2006规定饮用水中三氯乙酸的含量限值为0.1 mg/L。

5.20 三氯乙醛

三氯乙醛(CH,分子式 Cl_3CCHO)主要通过工业废水而污染水体,同时也是饮水氯化消毒的副产物之一。三氯乙醛溶于水后便形成水合三氯乙醛(简称水合氯醛,分子式 $Cl_3CCH(OH)_2$),医疗上可用做人和动物的镇静与催眠剂。水合氯醛在人体内能够被胃肠快速吸收,并大部分被氧化为三氯乙酸或还原为三氯乙醇。一项调查表明,三氯乙醛在饮水中的质量浓度为0.01~5 μg/L;而另一项调查则显示,饮水中的三氯乙醛质量浓度为10~100 μg/L。据生物试验,水合氯醛在小鼠中会诱发肝肿瘤,体外试验还表明具有弱致突变性和真菌染色体畸变(会导致精子形成时中断染色体重排),但不会与DNA结合。GB5749—2006规定饮用水中三氯乙醛的含量限值为0.01 mg/L。

5.21 2,4,6-三氯酚

2,4,6-三氯酚(分子式 $Cl_3C_6H_2OH$)主要用于生产2,3,4,6-四氯酚和五氯酚,还可用做杀菌剂、防霉剂和胶水、木材防腐剂。在氯化消毒过程中,氯与水中的酚类、次氯酸根作用均会形成2,4,6-三氯酚。有报道,饮用水中2,4,6-三氯酚的质量浓度一般为1 ng/L左右,最大的达719 ng/L。据对大鼠(田鼠)和小白鼠喂饲含2,4,6-三氯酚的饮料两年的试验观察，染毒组雄性大鼠淋巴肉瘤和白血病发生率增加、小鼠则出现肝细胞肉瘤和肝细胞癌。IARC 将 2,4,6－三氯酚列为第 2B 组致癌物。GB 5749—2006 规定饮用水中 2,4,6－三氯酚的含量限值为 0.2 mg/L。

5.22 三溴甲烷

三溴甲烷也称溴仿（$CHBr_3$），属三卤甲烷中的一种主要成分，也是饮水氯化消毒过程中的主要副产品之一。可用做化学试剂、有机物合成的中间体、矿石分离溶液以及镇静剂和止咳剂等。溴仿的水溶解度为 3 190 mg/L（30 ℃），在水中的味阈值为 0.3 mg/L。原水中一般不含溴仿，但经过氯化消毒处理后的水中则往往含有少量的溴仿。加拿大对 70 座水厂的检测表明，其溴仿的平均质量浓度为 0.1 μg/L。美国 105 座饮用地表水源的水厂中有 14 座被检出溴仿，其含量为 1～5.7 μg/L；315 座饮用地下水源的水厂中有 81 座被检出溴仿，其含量为 1～110 μg/L。对动物体内和体外的试验表明，溴仿可引起中国仓鼠卵巢细胞、小鼠骨髓细胞以及人淋巴细胞染色体畸变和姊妹染色单体交换的增高，也会引起大鼠和小鼠的肾、肝与血清酶水平的变化并造成体重降低。试验还发现，口服含有溴仿的玉米油会使大鼠的结肠和直肠的腺瘤样息肉及腺癌发生率明显增加。IARC 将溴仿列为第 3 组致癌物。GB 5749—2006 规定饮用水中溴仿的浓度限值为 0.1 mg/L。

5.23 七氯

七氯的化学名称为 1,4,5,6,7,8,8－七氯－3a,4,7,7a－四氢－4,7－甲撑－1H－茚，分子式 $C_{10}H_5Cl_7$，纯净的七氯是具有樟脑味的白色晶状固体，主要是作为芽前土壤杀虫剂而用于土壤、种子的处理，或稀释后直接喷洒到植物上，以防治已耕或未耕土壤中的蚂蚁、毛虫、蛆、白蚁、牧草虫、象鼻虫、线虫、夜盗蛾等，也可用于防治室内昆虫、人体与家养动物身上的害虫。七氯可被迅速氧化为环氧七氯而在土壤中存在相当长时间。一些调查表明，某些地区的饮用水中可检测到七氯及环氧七氯。根据七氯对大鼠、小鼠、豚鼠、仓鼠、兔、鸡、狗的多组多次剂量试验，都充分支持七氯的致癌性，并同时观察到动物体内（除低剂量组）出现肝细胞肿大和空泡。研究表明，七氯可诱导人体纤维细胞的非程序 DNA 合成，抑制啮齿类动物细胞的细胞间通讯，但其致突变性的证据尚不充分。GB 5749—2006规定饮用水中七氯的浓度限值为 0.000 4 mg/L。

5.24 马拉硫磷

马拉硫磷即 O,O－二甲基－S－（1,2－二乙氧基羰基乙基）二硫代磷酸酯，是一种高效低毒的有机磷杀虫剂。马拉硫磷具有强烈的硫醇臭，嗅阈值为 0.25 mg/L。根据亚慢性毒性试验，马拉硫磷能引起大鼠睾丸生精管退行性改变。除此，给大鼠腹腔注射 900 mg/kg 的马拉硫磷并没有观察到其他的致畸效果，对鸡进行的急、慢性毒性试验也没有发现迟发性中毒作用。因此，GB 5749—2006 实际上是按照感官影响将饮用水中的马拉硫磷限值定为 0.25 mg/L。

5.25 五氯酚

五氯酚作为一种高效、价廉的广谱杀虫剂、防腐剂、除草剂曾长期在世界范围内使用，我国从 20 世纪 60 年代初开始在血吸虫病流行区大量使用，用于杀灭血吸虫的中间宿主钉螺。目前，五氯酚主要用做木材的防腐剂。五氯酚很容易从被处理的木材表面蒸发而进入大气中，但现今缺乏有关大气中五氯酚浓度的观测资料。一般水中五氯酚的质量浓度在 10 μg/L 以下，但有些河流中可检测到高达 10 500 μg/L 的五氯酚。芬兰一锯木厂附近的地表水中五氯酚含量为 70 ~ 140 μg/L，而地下水中则高至难以想象的 56 000 ~ 190 000 μg/L。与地表水相比，一般底泥中往往含有较高浓度的五氯酚。加拿大的一项调查显示，地表水中的五氯酚质量浓度为 0 ~ 7.3 μg/L，而相应底泥中则高达 590 μg/L。我国 1991 ~ 1992 年的调查显示，某五氯酚施用地区地表水中五氯酚的中位数范围为 0.025 ~ 0.091 μg/L，而底泥中则为 0.60 ~ 3.42 μg/g（干重质量分数）。一项在洞庭湖的调查显示，湖水中五氯酚的含量为 0.005 ~ 103.7 μg/L，而底泥中为 0.18 ~ 48.3 μg/g（干重质量分数）。饮用水中的五氯酚质量浓度通常在 0.01 ~ 0.1 μg/L。研究表明，五氯酚对 DNA 没有损伤作用，也没有致突变性。一些体外和体内试验证明，五氯酚对染色体有弱的损伤作用。给小鼠喂饲含五氯酚的饲料，剂量为 18 mg/(kg · d)、35 mg/(kg · d) 和 116 mg/(kg · d)，经过连续两年观察，结果发现小鼠肝细胞腺瘤和腺癌、色素细胞瘤和血管肉瘤的发生率明显增加。人群流行病学研究显示五氯酚的长期暴露可能与免疫抑制、肿瘤的发生有关，一般五氯酚中毒的临床表现为体温升高、口渴、食欲不振、心动过速、呼吸困难、指甲脆弱和脱落等。现 IARC 已将五氯酚列为第 2B 组致癌物质。GB 5749—2006 规定饮用水中的五氯酚的浓度限值为 0.009 mg/L。

5.26 六六六

六六六为有机氯农药，是四种异构体的粗混合物，目前已被禁止使用。六六六在水中稳定，具有强烈的异臭，嗅阈值为 0.02 mg/L。我国调查表明，地表水中六六六的平均质量浓度一般低于 1 μg/L；美国的调查显示，饮用水中六六六的最高含量为 0.1 μg/L。1996 年我国西安的调查显示，饮用水中六六六质量浓度为 0.02 ~ 1.35 μg/L。通过对家兔和小鼠试验，3 mg/kg 的六六六可引起家兔糖耐量曲线改变，达到 30 mg/kg 时可使家兔血液网织红细胞大量增加并出现糖耐曲线明显异常，工业品六六六可诱发小鼠肝脏出现肿瘤。由于六六六的蓄积性较强，对小鼠具有致癌性，故 GB 5749—2006 规定饮用水中六六六的总量限值为 0.005 mg/L。

5.27 六氯苯

六氯苯（HCB，分子式 C_6Cl_6）是一种选择性的抗真菌剂（杀菌剂），主要用于小麦的腥黑穗病、杆黑粉病以及大麦、燕麦、高粱的坚黑穗病，现许多国家已停止生产，但其仍可作为某些化学药品生产过程中的副产物或有些农药的杂质而存在。据 1970 ~ 1983 年对莱茵河的检测，发现河水中六氯苯的浓度仍高达 0. 12 μg/L。据研究人员给小鼠、大鼠和叙利亚金黄地鼠喂含 HCB 的饲料(100 ~ 400 mg/kg)90 d 后观测，发现动物出现了淋巴造血组织的过度增生、肝脏和肾脏淋巴细胞浸润以及肝脾的含铁血黄素沉着，在大鼠和地鼠体内还清晰可见肝脏损伤(包括严重的退行性趋变、紫癜、坏死)，最后发展成为中毒性肝炎和肝硬化，同时染毒组动物的肾脏还出现了中毒性肾小管炎症。其他研究表明，六氯苯还会增加甲状旁腺瘤、肾上腺瘤、肝细胞瘤、肝血管内皮瘤、胆管腺瘤和肝细胞癌的发生率。IARC 将六氯苯列为第 2B 组致癌物。GB 5749—2006 规定饮用水中六氯苯的浓度限值为 0. 001 mg/L。

5. 28　乐果

乐果的化学名称是 O,O - 二甲基 - S - (甲氨基甲酰甲基)二硫代磷酸酯。它是一种高效中等毒性的农药，对昆虫有较强的触杀作用。乐果具有强烈的异臭，嗅阈值浓度为 0. 077 mg/L。动物试验表明，乐果可诱导小鼠骨髓细胞微核率增高，让家兔摄入 0. 2 mg/kg 剂量 5 ~ 6 个月可出现血中胆碱酯酶活性下降以及糖耐量曲线改变。动物试验未见乐果具有致畸作用。GB 5749—2006 规定饮用水中乐果的质量浓度限值为 0. 08 mg/L。

5. 29　对硫磷(1605)

对硫磷即 O,O - 二乙基 - O - (4 - 硝基苯基)硫代磷酸脂，又称 1605，是一种广谱杀虫剂和杀螨剂，其工业品一般含 95% ~ 97% 的对硫磷和 5% 以下的对硝基酚，呈黄褐色，有大蒜气味。对硫磷可溶于水，在 25 ℃条件下的溶解度为 24 mg/L。目前的研究表明，对硫磷不可能在食物链或食物网中产生生物蓄积和生物放大。对硫磷在水中较为稳定，但具有强烈臭味，嗅阈值浓度为 0. 003 mg/L。对硫磷属于高毒的有机磷农药，成人的经口致死量估计为 15 ~ 30 mg，儿童则为数毫克。对硫磷可在肝内代谢为对氧磷，抑制体内胆碱酯酶引起乙酰胆碱蓄积而造成中毒，中毒症状主要表现为头痛、乏力、食欲不振、肌束振颤和瞳孔收缩。GB 5749—2006 规定饮用水中对硫磷(1605)的质量浓度限值为 0. 003 mg/L。

5. 30　灭草松

灭草松是一种触杀性兼有内吸性的除草剂，主要用于水旱田多种作物的防除阔叶杂草及莎草科杂草。灭草松在土壤中的半减期为 15 d ~ 5 周不等。灭草松为低毒或中等毒性，目前尚没有人服用灭草松而中毒的报道。一些研究显示，灭草松具有胚胎毒性和致畸性，例如给予怀孕大鼠 200 mg/(kg · d)的灭草松可引起胚胎吸收、胎鼠四肢发育不全、胎鼠全身水肿等。另一研究显示，给予狗 75 mg/(kg · d)的灭草松 13 周，可使其出现体重减少、血红蛋白降低、心肌和肝脏脂肪变性，试验结束时有1/3的雄犬和2/3的雌犬死掉。现有研究还没有表明灭草松具有致癌性。GB 5749—2006规定饮用水中灭草松的质量浓度限值为0.3 mg/L。

5.31 甲基对硫磷

甲基对硫磷的化学名称为0,0-二甲基-0-(对硝基苯基)硫代磷酸脂，也称甲基1605。它的用途与对硫磷(1605)相似，但其残效期较对硫磷短。甲基对硫磷在水中极为稳定，嗅阈值为0.02 mg/L。甲基对硫磷对人畜的经口毒性约为对硫磷的1/3、经皮毒性约为对硫磷的1/5，甲基对硫磷的急、慢性中毒表现与对硫磷相似。试验表明，甲基对硫磷对大鼠骨髓细胞染色体有诱变作用和对大鼠胚胎有致畸作用。GB 5749—2006主要根据感官影响而定出饮用水中甲基对硫磷的浓度限值为0.02 mg/L。

5.32 百菌清

百菌清是一种新型杀菌剂，其化学名称为2,4,5,6-四氯-1,3苯二腈。生物试验表明，百菌清具有致突变作用，100 mg/kg和10 000 mg/kg组大鼠喂养54周后其肾小管上皮细胞质中散有大小不等的空泡和线粒体轻度肿胀。除此，10 000 mg/kg组人鼠肾脏的相对重量也显著高于对照组，并同时还发现前胃黏膜上皮增厚、乳头样增生及乳头状瘤。另外，百菌清对皮肤和眼还有轻度的原发刺激作用。又据对豚鼠的皮肤致敏性试验，百菌清是强致敏性物质，可诱发迟发型变态反应。GB 5749—2006规定饮用水中百菌清的浓度限值为0.01 mg/L。

5.33 呋喃丹

呋喃丹是2,3-二氢-2,2-二甲基苯并呋喃-7-撑-甲基氨基甲酸盐的通用名，分子式$C_{12}H_{15}NO_3$，熔点153~154 ℃，水中溶解度320 mg/L(25 ℃)，属于内吸性杀螨剂、杀虫剂、杀线虫剂，主要用于谷类、玉米、稻子、大豆、土豆、棉花、烟草、甜菜、蔬菜、水果、柑橘、糖甘蔗、葡萄、咖啡、果树和紫花苜蓿的灭虫。呋喃丹在土壤中具有广泛的迁移性，半衰期为1~37周，其化学和微生物降解主要通过水解和羟基化来实现。在美国，有7个州的地下水中被检出含有呋喃丹，5 100个地下水样中有30%被检出含有呋喃丹。据对人的受控制试验，在0.1 mg/kg体重每天剂量下，24 h后可出现分泌唾液、发汗、腹部疼痛、嗜睡、头昏、焦虑和呕吐等症状，而在剂量0.05 mg/kg体重时未发现这些症状。另外，呋喃丹还对鸟类资源危害很大，试验表明，一粒呋喃丹(我国现行使用的呋喃丹主要以3%的颗粒剂和3%~5%的混合种衣剂为主)颗粒剂就足以致死一只较小的鸣禽，现在东北地区的86种(或亚种)国家一、二级重点保护鸟类中已有85%可能面临呋喃丹农药的危害。综合各种研究成果，我国现行《生活饮用水卫生标准》规定饮用水中呋喃丹的浓度限值定为0.007 mg/L。

5.34 林丹

在六氯环乙烷的生产中，将形成以α-、β-、γ-异构体为主的混合物，林丹则是指纯度为99%的γ-六氯环乙烷(γ-HCH)，即林丹为六六六的丙体异构体，分子式$C_6H_6Cl_6$，林丹的水溶解度为7~17 mg/L(20 ℃)，具有强胃毒性、高触杀性和一些熏蒸活性，主要用于水稻、小麦、大豆、玉米、蔬菜、果树、烟草、森林、粮仓等各种虫害的防治，也可用做治疗性杀虫剂，如疥疮的治疗等。现一些国家已限制林丹的使用。调查显示，一般地表水中林丹的质量浓度在0.01~0.1 μg/L，受污染的河水中则可检出高达12 μg/L的林丹。生物试验表明，大鼠和家兔吸入足够剂量的林丹后可出现肝脏肿大、肝脏酶诱导、肾小管改变以及肾脏出现透明滴状物。另有研究指出，林丹可引起细胞有丝分裂紊乱、多倍性和染色体畸变，并在小鼠体内诱发肝脏肿瘤。IARC将林丹列为第2B组致癌物。我国现行《生活饮用水卫生标准》规定饮用水中林丹的浓度限值为0.002 mg/L。

5.35 毒死蜱

毒死蜱又名乐斯本，化学名称为0,0-二乙基-0-3,5,6-三氯-2-吡啶基硫逐磷酸酯，分子式$CaH_{11}C_{13}NO_3PS$，分子量350.5。其纯品为白色结晶固体，25 ℃时水溶解度为2 mg/L，具有煤油或松节油味，属中等杀虫剂，具有触杀、胃毒和熏蒸作用，可适用于水稻、小麦、棉花、果树、蔬菜、茶树上多种咀嚼式和刺吸式口器害虫，也可用于防治城市卫生害虫，如1%神农灭蟑螂饵剂。毒死蜱对眼睛有轻度刺激作用，对皮肤有明显刺激作用，长时间接触会产生灼伤，误入体内(吸入、食入或经皮肤透入)可产生头晕、头痛、无力、视力模糊、恶心呕吐、瞳孔缩小等症状，严重者还会出现肺水肿、大小便失禁和昏迷。另外，毒死蜱还对蜜蜂、鱼虾以及其他的水生动物有毒，但在试验剂量下未见其具有致畸、致癌、致突变作用。我国现行《生活饮用水卫生标准》规定饮用水中毒死蜱的浓度限值是0.03 mg/L。

5.36 草甘膦

草甘膦又名镇草宁、农达，学名为N-(膦酰基甲基)甘氨酸，是一种有机磷除草剂。其纯品为非挥发性的白色固体，在25 ℃时水溶解度为1.2%，不溶于一般有机溶剂，不可燃，不爆炸，常温下贮存比较稳定，对中炭钢、镀锌铁皮(马口铁)有腐蚀作用，主要用于防除农田的稗、狗尾草、看麦娘、牛筋草、马唐、苍耳、藜、繁缕、猪殃殃以及车前草、小飞蓬、鸭跖草、双穗雀稗草和白茅、芦苇、香附子、水蓼、狗牙根、蛇莓、刺儿莱等。草甘膦属低毒除草剂，对兔的眼睛和皮肤有轻度刺激作用，对鱼和水生生物毒性较低，对蜜蜂和鸟类无毒害，对人畜的毒性也很低，在试验条件下未见对动物产生“三致”作用。尽管如此，GB 5749—2006仍规定饮用水中草甘膦的浓度限值为0.7 mg/L。

5.37 敌敌畏

属有机磷杀虫剂的一种,分子式 $C_4H_7O_4Cl_2P$。其纯品为无色至琥珀色液体,微带芳香味,在水中能缓慢分解,遇碱则分解加快,对热敏感而对铁具有腐蚀性,常用来防治棉蚜等农业害虫,也可用于杀死蚊、蝇等。敌敌畏具有触杀、胃毒和熏蒸作用,其触杀作用比敌百虫效果好,同时也可致人畜中毒并对鱼类的毒性较高,尤其对蜜蜂有剧毒作用。人体吸入(包括皮肤渗透吸收)或误服中毒后,可出现头晕、头痛、恶心呕吐、腹痛、腹泻、流口水、瞳孔缩小、观物模糊、大量出汗、呼吸困难等症状,严重的还会出现全身紧束、胸部压缩、肌肉跳动和动作不自主以及发音不清、瞳孔缩小如针尖大、抽搐、昏迷、大小便失禁、脉搏和呼吸减慢直至停止而死亡。敌敌畏属中等毒物,主要迁移转化途径是大气和水,经对大、小鼠进行中毒试验,证明可诱发胃、肺部产生癌变。GB 5749—2006 规定饮用水中敌敌畏的浓度限值为 0.001 mg/L。

5.38 莠去津

莠去津又名阿特拉津,化学名称是 6-氯-N-乙基-N′-异丙基-1,3,5-三嗪-2,4-二胺或 2-氯-4-乙氨基-6-异丙氨基-1,3,5-三嗪,分子式 $C_8H_{14}ClN_5$,是一种内吸选择性的出苗前和出苗后三嗪类除草剂,水溶解度 30 mg/L(20 ℃),主要用于防除玉米、高粱、甘蔗、菠萝、果树、苗圃及林地里的狗尾草、莎草、稗草、马唐、看麦娘、蓼、藜、十字花科及豆科杂草等,同时对某些多年生的杂草也具有一定的抑制作用。莠去津对人畜低毒,不具有遗传毒性,但有研究认为莠去津可导致荷尔蒙分泌的改变,从而诱导恶性肿瘤的发生,当然也有研究认为莠去津对人体致癌的证据不够充分,对试验动物致癌的证据也比较有限。我国现行《生活饮用水卫生标准》规定饮用水中莠去津的浓度限值为 0.002 mg/L。

5.39 溴氰菊酯

溴氰菊酯又名敌杀死、凯素灵、凯安保倍特、右旋顺溴腈苯醚菊酯,分子式 $C_{22}H_{19}Br_2NO_3$,分子量 505.24。其纯品为白色晶体、无味,难溶于水,而溶于多种有机溶剂(如丙酮 50%、苯 45%、环己酮 75%、二恶烷 90%),是一种广谱、快速的触杀、胃毒类杀虫剂,尤其对鳞翅目幼虫及蚜虫杀伤力很大,但对螨虫无效。溴氰菊酯可通过皮肤、呼吸道、消化道进入体内,引起神经膜钠离子通道的正常生理功能失调,使钠离子持续内流,产生先兴奋后抑制。据对染毒大鼠脑电图观察可知,大脑皮层的高级中枢神经受到了抑制,临床症状主要是头晕头痛、厌食乏力、恶心呕吐、精神萎靡,严重的还会出现阵发性抽搐和肺水肿以及意识丧失等症状。另外,眼接触者还会出现眼痛、畏光、流泪、眼睑水肿和球结膜充血水肿,皮肤接触者则出现局部刺激症状和接触性皮炎、红色斑疹或大疱。我国现行《生活饮用水卫生标准》规定饮用水中溴氰菊酯的浓度限值为 0.02 mg/L。

5.40　2,4－滴

2,4－滴是一种氯化苯氧乙酸类除草剂,也可用于植物生长的调节。其纯品为白色无臭晶体,微溶于水(25 ℃、pH值等于1时为311 mg/L),易溶于乙醇、乙醚、丙酮、苯等有机溶剂,但其钠盐、胺盐则极易溶于水。可用于小麦、水稻、玉米、甘蔗地里防除藜、苋等阔叶杂草及萌芽期禾本科杂草,也可用于防止番茄、菠萝、棉花等落花落果及形成无子果实等。2,4－滴吸附性强,对许多动物具有中等程度毒性,但没有足够的证据显示具有遗传毒性与致癌性,对人畜危害一般不大。我国现行《生活饮用水卫生标准》规定饮用水中2,4－滴的浓度限值为0.03 mg/L。

5.41　滴滴涕

滴滴涕(DDT)化学名称1,1,1－三氯－2,2－双(对氯苯基)乙烷,分子式$C_{14}H_9C1_5$,分子量354.48。为白色或淡黄色粉末,不溶于水而易溶于丙酮、苯、二氯乙烷,主要用做农用杀虫剂(属胃毒触杀类及高残留农药品种),并具有可燃、有毒和刺激性(可高热分解释放出有毒气体)。目前除了用做黄热病、疟疾、斑疹伤寒等流行病的控制外,许多国家已禁止或限制生产滴滴涕。据生物试验研究,滴滴涕可引起小鼠肝脏肿瘤,人中毒后可产生头痛、眩晕、呕吐和四肢感觉异常,严重者则体温升高、心动过速、呼吸困难以至于昏迷和死亡。我国现行《生活饮用水卫生标准》规定饮用水中滴滴涕的浓度限值为0.001 mg/L。

5.42　乙苯

乙苯是有芳香气味的无色液体,分子式C_8H_{10},分子量106.16。微溶于水(20 ℃时水溶解度152 mg/L),可混溶于乙醇、醚等多种有机溶剂,主要用做苯乙烯、苯乙酮的生产,也可作为溶剂以及沥青和石油的成分。二甲苯混合物通常含有15%～20%的乙苯,可以用于油漆工业、杀虫剂及汽油混合剂等。在西班牙有调查显示,河水中乙苯的质量浓度在1.9～15 μg/L,被点污染源污染的地下水中乙苯的质量浓度达0.03～0.3 mg/L。乙苯在水中的嗅阈值为0.002 4 mg/L。液态的乙苯很容易经皮肤和胃肠道吸收,乙苯蒸气也极易经呼吸道而吸收(人体吸收率为64%,大鼠为44%)。乙苯毒性较低但可在人体内脂肪组织中蓄积并透过胎盘屏障,本品对皮肤、黏膜具有较强的刺激性和麻醉作用,轻度中毒可表现为头晕头痛、恶心呕吐、步态蹒跚、轻度意识障碍及眼和上呼吸道刺激症状,重者可发生昏迷、抽搐、血压下降及呼吸循环衰竭并产生肝损伤。最近还有研究表明,乙苯会引起小鼠的肾和睾丸癌、大鼠的肺和肝癌,但乙苯不是致突变物。我国现行《生活饮用水卫生标准》规定饮用水中乙苯的浓度限值为0.3 mg/L。

5.43 二甲苯

二甲苯是一种无色透明液体,分子式 C_8H_{10},有邻二甲苯、间二甲苯和对二甲苯3种异构体,不溶于水,可溶于乙醇和乙醚。二甲苯多用于杀虫剂和药物的生产,也可作为清洁剂的成分以及油漆、墨水和黏合剂的溶剂,还是航空燃料和无铅汽油组分中的一种物质。二甲苯的3种异构体还是生产各种化学物质的基础材料。二甲苯属于芳香烃类的中等毒性物质。城市空气中二甲苯的平均质量浓度为3~390 μg/m^3,少数被点污染源污染的地下水中二甲苯的质量浓度高达0.3~5.4 mg/L。二甲苯对眼及上呼吸道有刺激作用,高浓度时对中枢系统还具有麻醉作用,日本学者山根靖弘等研究发现还会引起出血性肺炎。一般的临床表现为:急性中毒可引起眼结膜及咽充血、颜面潮红、头晕头痛、胸闷恶心、四肢无力、意识模糊和步态蹒跚,重者可表现为燥动、抽搐和昏迷;慢性影响主要表现为神经衰弱和植物神经功能紊乱、血压下降、白细胞和红细胞减少、女人月经异常以及肝脏和肾脏的损伤,皮肤接触可诱发皮肤干燥、皲裂和皮炎。另据小鼠经口染毒试验,二甲苯还具有胚胎毒性和致畸性(腭裂发生率增加)。我国现行《生活饮用水卫生标准》规定饮用水二甲苯的浓度限值为0.5 g/L。

5.44 1,1-二氯乙烯

1,1-二氯乙烯又称氯乙烯叉或乙烯叉二氯,分子式 $C_2H_2Cl_2$,水中溶解度2.5 g/L(25 ℃),具有轻微甜味,在空气和水中的嗅阈值分别为760 mg/m^3 和1.5 mg/L。此品多由1,1,1-三氯甲烷水解而成,常用做合成食品包装膜共聚物的中间体以及黏合剂与涂层材料。大多数释放到环境中的1,1-二氯乙烯都是通过挥发而进入到大气中的,在大气中被羟基自由基氧化。挥发是1,1-二氯乙烯从土壤和地面水中除去的主要方式,而通过厌氧生物转化成为氯乙烯则是地下水中1,1-二氯乙烯分解的主要方式。城市大气中1,1-二氯乙烯的平均质量浓度为19.6~120 ng/m^3。美国以地下水为水源的945个饮用水水样中2.3%检测到了1,1-二氯乙烯,其中位数为0.28~1.2 μg/L。1,1-二氯乙烯灌胃后能够几乎完全而迅速地被胃肠吸收,此外还能通过肺及皮肤吸收,吸收后主要蓄积于肝、肾、肺部位。不同的生物试验表明,1,1-二氯乙烯可诱发小鼠肾脏肿瘤及大鼠肝细胞肿胀与脂肪变,并还具有酶活化作用和致突变性。IARC将1,1-二氯乙烯列为第3组致癌物。GB 5749—2006规定饮用水中1,1-二氯乙烯的浓度限值为0.03 mg/L。

5.45 1,2-二氯乙烯

1,2-二氯乙烯分子式 $C_2H_2Cl_2$,有顺、反式两种异构体,均具使人愉悦的气味,在空气和水中的嗅阈值分别为68 mg/m^3 和0.26 mg/L,溶解性适中。1,2-二氯乙烯主要用做合成含氯溶剂和化合物的中间媒体,也可用做有机物质的萃取溶剂。1,2-二氯乙烯在大气中主要通过羟基自由基作用而被分解,估计顺式及反式异构体的半衰期分别为8.3 d

和3.6 d。地面水及土壤中的大部分1,2-二氯乙烯可挥发到大气中,也有从土壤中而渗入到地下水中,厌氧型生物降解可以将这两种异构体从地下水中除去,其半减期为13~48周。城市及工业区大气中1,2-二氯乙烯混合物的质量浓度可高达10.3 $\mu g/m^3$,室内空气中最高可检测到32.2 $\mu g/m^3$,地下水中则从2~120 μg/L不等。由于顺式与反式的1,2-二氯乙烯都是脂溶性的、相对低分子量的复合物,所以很容易经口或皮肤而吸收。许多体外试验表明,1,2-二氯乙烯没有致突变性,但体内试验提示,顺式1,2-二氯乙烯,可能还有反式1,2-二氯乙烯具有遗传毒性,其在宿主(鼠)介导的两项致突变试验中均呈阳性。我国现行《生活饮用水卫生标准》规定饮用水中1,2-二氯乙烯的浓度限值为0.05 mg/L。

5.46 1,2-二氯苯

1,2-二氯苯是二氯苯的异构体之一,分子式$C_6H_4Cl_2$,主要用于工业和家庭产品,如气味掩盖(除臭)剂、染料和杀虫剂。美国的检测表明,工业区、城区、郊区大气中1,2-二氯苯的平均质量浓度分别为1.2 $\mu g/m^3$、0.3 $\mu g/m^3$和0.01 $\mu g/m^3$,685处地下水送样中有20份检测出1,2-二氯苯,其最高含量达6 800 μg/L(水中味阈值和嗅阈值均为1 μg/L)。二氯苯在胃肠道几乎可以被完全吸收,吸收后能够很快分布到脂肪或脂类丰富的组织、肝脏、肾脏和肺脏。在一项为期13周的研究中,将1,2-二氯苯溶于玉米油而分别灌胃给大鼠和小鼠,五组剂量为30 mg/(kg·d)、60 mg/(kg·d)、125 mg/(kg·d)、250 mg/(kg·d)、500 mg/(kg·d),每周5 d,结果发现最高剂量组的小鼠和雌性大鼠的生存率明显下降,动物出现了肝坏死、肝细胞变性、胸腺和脾脏淋巴细胞减少等病变,IRAC将1,2-二氯苯归为第3组致癌物。GB 5749—2006规定饮用水中1,2-二氯苯的浓度限值为1 mg/L。

5.47 1,4-二氯苯

1,4-二氯苯是二氯苯的异构体之一,分子式及用途同1,2-二氯苯。据美国检测,新泽西州三个城市大气中的1,2-二氯苯和1,4-二氯苯的平均质量浓度分别为0.06~0.18 $\mu g/m^3$和0.24~0.42 $\mu g/m^3$;美国685处地下水送样中有19份检出了1,4-二氯苯,其最高含量达996 μg/L(水中味阈值和嗅阈值均为0.3 μg/L)。有动物试验表明,将1,4-二氯苯溶于玉米油而通过灌胃给大鼠,每周5 d,连续两年,染毒剂量分别是雄性150 mg/(kg·d)、雌性300 mg/(kg·d),结果发现雄性大鼠的肾小管细胞腺癌明显增加,单核细胞白血病发病率也轻微增加。IARC将1,4-二氯苯归为第2B组致癌物。GB 5749—2006规定饮用水中1,4-二氯苯的浓度限值为0.3 mg/L。

5.48 三氯乙烯

三氯乙烯为无色液体,气味近似氯仿,分子式C_2HCl_3,分子量131.39。几乎不溶于水

(20 ℃时水溶解度 1.07 g/L),可与乙醇、乙醚及氯仿混溶,并可溶于多种固定油及挥发性油,主要用于干洗、去除金属配件的油污以及溶解脂肪、蜡、树脂、油、橡胶、油漆、染料等,也用于吸入镇静剂和麻醉剂。农村和城市大气中三氯乙烯的平均质量浓度分别为 0.16 μg/m^3 和 2.5 μg/m^3。三氯乙烯可直接释放到废水中,也可从空气中进入水体或在水氯化消毒过程中作为副产物而形成。美国地下水水源调查中收集的 158 个水样中有 24% 可检测到三氯乙烯,中位值为 1 μg/L,其中的 1 个水样测定值达 130 μg/L。三氯乙烯主要经呼吸道侵入肌体,也可经消化道和皮肤吸收。三氯乙烯中毒主要危害神经系统,一般初始症状表现为酩酊感、易激动、头晕头痛和恶心呕吐,1/4 ~ 1 d 后可出现面部、颚骨、舌头渐失感觉,同时味觉、嗅觉失灵,并引起鼻、角膜反射错乱,还会出现齿龈软化、脱齿、唇痉挛、指尖震颤和糖尿病等后症状,重症者会表现出谵妄、抽搐、神志不清、昏迷、呼吸麻痹、循环衰竭或心肝肾损伤。动物试验显示具有致癌致突变作用但缺乏人体案例。IARC 将三氯乙烯归为第 3 组致癌物。GB 5749—2006 规定饮用水中三氯乙烯的浓度限值为 0.07 mg/L。

5.49 三氯苯

三氯苯通常为 1,2,3 - 三氯苯、1,2,4 - 三氯苯和 1,3,5 - 三氯苯的混合物,其中以 1,2,4 - 三氯苯为主,分子式 $C_6H_3Cl_3$。主要用做化学合成的中间体、溶剂、冷却剂、润滑剂和传热介质,也有被用于染料、杀白蚁剂和杀虫剂。在美国加利福尼亚三个点的监测表明,大气中三氯苯的平均质量浓度为 22 ~ 51 ng/m^3,三氯苯工厂周围空气中的三氯苯质量浓度达 181 ng/m^3。在废水、地面水、地下水和饮用水中都可检测到三氯苯,加拿大某自来水厂流出的水中 1,2,4 - 三氯苯的质量浓度为 2 ng/L。三氯苯经口染毒后很容易吸收,其中未代谢的三氯苯主要存在于脂肪、皮肤和肝脏,而其代谢产物(主要是三氯酚)主要分布于肾脏和肌肉。三氯苯急性毒性的靶器官主要是肝脏和肾脏,据一项为期 13 周的生动试验报告,给刚断奶的 SD 大鼠喂饲剂量为 1 mg/kg、10 mg/kg、100 mg/kg 和 1 000 mg/kg 的三氯苯饲料,结果发现最高剂量组的雄性大鼠肝、肾相对重量增加且肝脏和甲状腺出现了组织改变。GB 5749—2006 规定现行饮用水中三氯苯(总量)的浓度限值为 0.02 mg/L。

5.50 六氯丁二烯

六氯丁二烯包括氯乙烯、1,3 - 六氯环烷和 1,1,2,3,4,4 - 六氯 - 1,3 - 丁二烯三种同分异构体,分子式 C_4Cl_6,是一种无色透明的液体,难溶于水(水溶性 2.6 mg/L),常用于氯气生产时的溶剂和橡胶制造的中间体,还可用做润滑剂、杀虫剂以及葡萄园的熏蒸剂。有报道称,美国密西西比河水中六氯丁二烯质量浓度为 0.9 ~ 1.9 μg/L,欧洲莱茵河为 0.1 ~ 5 μg/L,欧洲一座化工厂排出的废水中六氯丁二烯含量为 6.4 μg/L。有调查发现,农场工人间断地暴露于六氯丁二烯四年后出现了低血压、心肌营养不良、神经功能紊乱、肝功能异常以及呼吸系统病变。IARC 将六氯丁二烯划为第 3 组致癌物。我国现行《生活饮用水卫生标准》规定饮用水中六氯丁二烯的浓度限值为0.000 6 mg/L。

5.51 丙烯酰胺

丙烯酰胺别名AM，纯品为白色晶体，分子式C_3H_5NO，分子量71.08。易溶于水、甲醇、乙醇、丙醇，稍溶于乙酸乙酯、氯仿，微溶于苯，在酸碱环境中均可水解成丙烯酸。丙烯酰胺是生产聚丙烯酰胺的原料，聚丙烯酰胺主要用于水的净化处理、纸浆的加工及管道的内涂层等。淀粉类食品在高温（>120 ℃）烹调下容易产生丙烯酰胺，2002年4月瑞典国家食品管理局和斯德哥尔摩大学研究人员率先报道在一些油炸和烧烤的淀粉类食品中，如炸薯条和炸土豆片中检出丙烯酰胺，且其含量超过饮用水中允许最大值的500多倍，之后挪威、英国、瑞士、美国等也相继报道了类似结果。研究表明，人体可通过消化道、呼吸道、皮肤黏膜等多种途径接触丙烯酰胺，其中饮水和吸烟是重要的接触方式之一。丙烯酰胺进入人体后会与DNA上的鸟嘌呤结合形成加合物，从而导致遗传物质损伤和基因突变，并对神经系统产生致毒作用，同时生物试验还表明，丙烯酰胺能导致雌性大鼠出现乳腺、甲状腺和子宫的恶性肿瘤。IARC将丙烯酰胺划为第2B组致癌物。GB 5749—2006规定饮用水中丙烯酰胺的浓度限值为0.000 5 mg/L。

5.52 四氯乙烯

四氯乙烯又名全氯乙烯（PCE），分子式C_2Cl_4，分子量165.82。是一种无色透明具有醚样气味的液体，不溶于水，可混溶于乙醇、乙醚等多种有机溶剂。主要用做干洗剂、脱脂剂、灭火剂、烟幕剂、动植物油抽提剂及热导介质等。PCE和TCE（三氯乙烯）在化学上都属于卤代烯烃，具有相似的理化性质，其共同特点都是脱脂去污能力强、不燃不爆、渗透性好且易回收，织物干洗后不变形、不褪色，也不会留下异味，且具有防霉防蛀之效，其毒性均低于四氯化碳，但PCE较之于TCE的优点在于其溶解力比较适中（TCE溶脂力太强，以至于能使被洗涤的毛纤维变脆），从而使其作为干洗剂而大有代替TCE之势。然而，PCE毕竟也是含氯的有机化学品，具有一定的毒性，即使回收利用率较高，但在干洗过程中也至少要有5%的溶剂损失而进入到环境中。进入环境中的PCE大部分存在于大气中，水中的PCE可经微生物降解为二氯乙烯、氯乙烯和乙烯。PCE属于中低等毒品，可主要通过呼吸道（蒸汽吸入）和皮肤接触而进入人体，其毒性与TCE相似，主要损害中枢神经、肺、皮肤、黏膜、消化道和肝肾等。有资料介绍，成人吸入96 mg/（kg·7 h）就会产生局部麻醉、结膜炎和幼觉，它对人的麻醉作用可表现为头痛、眩晕、颤抖、恶心和呕吐、疲劳和失去知觉等。在动物试验中，据对小鼠进行为期6周的14 mg/（kg·d）、70 mg/（kg·d）、700 mg/（kg·d）和1 400 mg/（kg·d）分组口灌试验，发现70 mg/（kg·d）组小鼠出现了肝脏甘油三酯和肝体比显著升高，更高剂量组还出现细胞DNA含量减少、血清丙氨酸氨基转移酶升高、血清6－磷酸葡萄糖降低以及肝细胞坏死、变性、多倍体化。一项比较近期的NTP（美国国立毒理学计划）试验表明，PCE会导致白血病和一种罕见的肾癌患病风险增加，一些试验还表明PCE具有致突变性。因此，IARC将四氯乙烯（PCE）归入2B组致癌物质。GB 5749—2006 规定饮用水中四氯乙烯的浓度限值为 0.04 mg/L。

5.53 甲苯

甲苯又名甲基苯、苯基甲烷,分子式 C_7H_8,相对分子量或原子量 92.14。水溶性适中(水溶解度 535 mg/L),可溶于乙醇、乙醚和丙酮。一般由分馏煤焦油的轻油部分或由催化重整轻汽油馏分而制得,是无铅汽油中芳香组分的一种,也是生产苯和其他一些化学物质的起始原料,还可用于制作糖精、染料、药物、炸药以及油漆、涂料、树胶、石油、树脂的溶剂。甲苯化学性质与苯相似,其蒸气可与空气形成爆炸性混合物,爆炸极限为 1.2% ~ 7%(体积)。城市空气中甲苯的平均质量浓度为 2 ~ 200 μg/m³,交通密集区域的浓度较高,农村一般仅有 0.2 ~ 4 μg/m³,室内则依其香烟烟雾浓度的不同可达到 17 ~ 1 000 μg/m³,美国河水中的甲苯浓度为 1 ~ 5 μg/L,被点污染源污染的地下水中甲苯质量浓度达 0.2 ~ 1.1 mg/L,加拿大调查的饮用水中甲苯质量浓度为 2 μg/L。另有报道,鱼体内甲苯含量为 1 mg/kg,一些调味品中甲苯的残留质量浓度可达 2.7 ~ 10.2 mg/L。甲苯致毒作用与苯相似,对中枢属神经作用较苯强、对造血系统作用较苯弱,短时间吸入较高浓度的甲苯可出现眼及上呼吸道刺痛、眼结膜及咽部充血、头晕头痛、恶心呕吐、胸闷、四肢无力、步态蹒跚、意识模糊、重者则躁动、抽搐、昏迷等急性症状,长期接触则可发生神经衰弱综合征、肝肿大、皮肤干燥和皲裂、皮炎以及女性月经异常等慢性症状。目前的资料表明,甲苯不是致癌起始剂,但是一项为期 13 周的 NTP(美国国立毒理学计划)试验却显示,甲苯会导致小鼠肝脏重量增加,从而说明肝脏发生了损伤。我国现行《生活饮用水卫生标准》规定饮用水中甲苯的质量浓度限值为 0.7 mg/L。

5.54 邻苯二甲酸二(2-乙基己基)酯

邻苯二甲酸二(2-乙基己基)酯(DEHP)为无臭黏稠液体,分子式 $C_{24}H_{38}O_4$,主要用于聚氯乙烯产品和氯乙烯共聚树脂的增塑剂,还可代替多氯联苯作为小蓄电池的电解质。DEHP 在水中不易溶解,主要通过工业废水污染水源。有调查资料显示,一般河流中的邻苯二甲酸二酯最高含量为 5 μg/L,而靠近工业区的地表水中其含量可高达 300 μg/L,我国某湖水表层水样中 DEHP 的质量浓度高达 8.05 ~ 22.6 mg/L。DEHP 毒性较低,经大鼠口染病毒测试,DEHP 可引起肝脏肿大、肝脏 DNA 合成改变以及大鼠、小鼠、豚鼠的睾丸萎缩、输精管退行性改变和精子生成障碍。研究资料还显示 DEHP 具有致癌作用,IARC 将其归为第 2B 组致癌物。GB 5749—2006 规定饮用水中邻苯二甲酸二(2-乙基己基)酯(DEHP)的浓度限值为 0.008 mg/L。

5.55 环氧氯丙烷

环氧氯丙烷(ECH)别名 3-氯-1,2-环氧丙烷,为无色油状液体,有氯仿刺激味,分子式 C_3H_5ClO。微溶于水(20 ℃时溶解度 66 g/L),可混溶于醇、醚、苯、四氯化碳。ECH

主要用于制造丙三醇和未改性的环氧树脂,少部分用于合成橡胶、水处理树脂、表面活性剂、离子交换树脂、染料、增塑剂、药物、润滑剂、乳化剂和胶粘剂。ECH 可通过使用含有 ECH 的絮凝剂或有环氧树脂涂层的管材渗出而进入饮用水中。人体可通过吸入、食入及皮肤吸收而进入体内,ECH 属中等毒性,反复和长时间吸入能引起肺、肝、肾损伤,蒸气对眼有强烈刺激作用,液体可致眼及皮肤灼伤,大鼠试验可诱发鼻腔鳞状细胞癌和前胃肿瘤。研究表明 ECH 是具有遗传毒性的致癌物,IARC 把 ECH 放在了 2A 组(即可能对人类致癌)。GB 5749—2006 规定饮用水中环氧氯丙烷(ECH)的浓度限值为 0.000 4 mg/L。

5.56 苯

苯是一种无色、具有特殊芳香气味的液体,分子式 C_6H_6,相对分子量或原子量 78.11。不溶于水(25 ℃时的水溶解度仅为 1.8 g/L),而溶于醇、醚、丙酮、冰醋等许多有机溶剂,可由石油精炼以及煤气和煤焦油的轻油部分提取、分馏而得,也可由环乙烷脱氢或甲苯歧化或与二甲苯加氢脱甲基和蒸气脱甲基而制取。苯是染料、塑料、合成橡胶、合成树脂、合成纤维、合成药物和农药的重要原料,也是涂料、橡胶、胶水的溶剂,还可作为燃料(美国汽油中苯的体积含量为 0.5% ~5%,苯燃烧时产生浓烟)。苯对环境的污染主要来自于煤、石油、天然气的燃烧和各种化学工业生产过程。据报道,农村地区空气中苯的质量浓度为 0.3 ~54 μg/m^3(主要源于火灾及油的泄露),一般城市空气中苯的质量浓度为 5 ~112 μg/m^3(主要来自于汽车尾气),室内苯的质量浓度为 34 ~230 μg/m^3(主要源于香烟烟雾和装饰材料),水中苯的主要来源是工业废水、空气中的苯以及含苯的汽油颗粒。有调查表明,被点污染源污染的地下水中苯含量为 0.03 ~0.3 mg/L,加拿大 30 处供水设施提供的水样中有 50% ~60% 检出了苯且最高含量达到了 48 μg/L。苯的毒性很大,急性中毒(常发生于清洗贮苯设备或大量使用苯时防护不周所致)轻者表现似酒醉、嗜睡、头昏,中度出现恶心、呕吐、昏迷,严重的可致心动过速、室性纤颤、呼吸衰竭、意识丧失以至于死亡;慢性中毒(主要为长期接触者)轻者出现皮肤干燥、发红、疱症及上呼吸道炎症,重者出现湿疹样皮疹或脱脂性皮炎以及齿龈和鼻黏膜处出血并伴随神经衰弱症,长期吸入或摄入还会造成白细胞减少和血小板减少,严重的可使骨髓造血技能发生障碍,最终导致白血病。有资料统计,饮用水中 10 μg/L 的苯浓度致癌风险为 1/100 000(恶性肿瘤增加和白血病)。另有人体和试验动物的研究还发现,苯可致染色体数量改变和造成染色体损伤,并在略低于致死剂量的情况下产生致畸阳性结果。此外,苯中毒还会引起女性月经异常和胎儿先天缺陷。因此,IARC 把苯归为第 1 组致癌物。GB 5749—2006 则要求饮用水中苯的浓度限值为 0.01 mg/L。

5.57 苯乙烯

苯乙烯又名乙烯苯、乙烯基苯、苏合香烯、斯替林,分子式 C_8H_8,分子量 104.14,是一种无色带有甜味并具有芳香气味的黏性液体,微溶于水(20 ℃时溶解度 300 mg/L),而可混溶于乙醇、乙醚等有机溶剂。苯乙烯可由乙苯催化去氢而制得,主要用做生产塑料、树脂和绝缘材料,还可用于造漆、制药和香料等。由于苯乙烯易于臭氧和羟基自由基反应,所以一般空气中苯乙烯的浓度很低,而美国五大湖水中苯乙烯的质量浓度为0.1~0.5 μg/L,同时几乎所有的末梢饮用水及市售纯净水中均可检测到苯乙烯。另外,用聚苯乙烯材料包装的食品中也常检测到苯乙烯,例如酸奶中的含量就大致为2.5~34.6 μg/kg。苯乙烯对健康的影响主要包括:急性中毒可引起眼及上呼吸道黏膜刺激,出现眼痛、流泪、流涕、咽痛、咳嗽,继而出现头痛、恶心、呕吐、全身乏力,严重时可眩晕、步态蹒跚;慢性中毒可引起神经衰弱综合征;也有研究资料提示暴露苯乙烯与白血病和淋巴瘤的发生有关。IRAC 把苯乙烯列入了第2B组致癌物质。GB 5749—2006 规定生活饮用水中苯乙烯的浓度限值为0.02 mg/L。

5.58 苯并[a]芘

苯并芘的化学式为$C_{16}H_{10}$,有两种同分异构体苯并[a]芘和苯并[e]芘,其中苯并[a]芘的危害更大,和N-亚硝胺、黄曲霉素并称为世界公认的三大强致癌物质之一。苯并[a]芘常温下为黄色固体,当温度高于66 ℃时呈结晶状、低于66 ℃时呈菱晶状,不溶于水而溶于苯、甲苯、丙硐、环乙烷等有机溶剂,熔点为178.1 ℃,沸点为496 ℃,相对密度为1.351,水溶解度为3.8 μg/L(25 ℃),在碱性条件下较为稳定,遇酸则易起化学反应。苯并[a]芘的致癌机理是,首先在7a,8位上发生氧化,再水解生成7a,8-二氢二醇(A),最终形成致癌物7a,8-二氢二醇-9,10环氧化物(B),从而诱发多种脏器和组织产生恶性肿瘤(如肺癌、胃癌等)。环境中的苯并[a]芘主要由各种有机物的不完全燃烧而产生,如森林火灾、火山爆发以及燃料燃烧、铝冶炼和汽车尾气等。美国的调查表明,饮水中苯并[a]芘的质量浓度约为0.55 ng/L,我国饮用水中苯并[a]芘的含量一般低于0.01 μg/L,但也有灌区的污水中含量高达52~58 μg/L。食品中苯并[a]芘的质量浓度通常与其种类及制作方式有关,国内外的大量研究均证实,食物经熏、烤、煎、炸等烹调后可产生苯并[a]芘(机理是油脂在高温加热时分解生成甘油和脂肪酸,甘油再进一步脱水变成丙烯醛,丙烯醛与脂肪酸中的共轭不饱和键通过D-A反应形成环状物,最后经进一步脱水环化而产生苯并[a]芘),如用松木熏的肉内苯并[a]芘可高达88.5 μg/kg,而用炭火烤的肉内则含2.6~11.2 μg/kg,用电烤箱烤的肉内仅含0~0.05 μg/kg。美国一家研究中心的报告显示,吃一个烤鸡腿等同于吸60支香烟的毒性,常吃烧烤的女性其患乳腺癌的危险性比不爱吃烧烤的要高出2倍。另一项研究则显示,焦糊的食品中其苯并[a]芘含量通常可比普通食物高出10~20倍;经常进食烧焦的肉,罹患胰腺癌的概率可高达60%。就食品种类而言,一般肉类制品中的苯并[a]芘含量相对较高,而淀粉类如烤红薯、面包中的含量则相对较少。目前IARC是将苯并[a]芘归为第2A组致癌物质,与亚硝胺、黄曲霉素一起被公认为三大致癌物之一(见6.5.1)。GB 5749—2006 规定饮用水中苯并[a]芘的浓度限值为0.000 01 mg/L。

5.59 氯乙烯

氯乙烯又名乙烯基氯，分子式 C_2H_3Cl，分子量 62.5，是一种无色带甜味、略有醚味的气体，微溶于水（25 ℃时水溶解度 1.1 g/L）而易溶于乙醇、乙醚、丙酮等有机溶剂。主要用于聚氯乙烯（PVC）的生产、制造合成纤维、化学品中间体或溶剂以及生产塑料树脂等，有时还可用做冷冻剂。氯乙烯在大气中的半减期为 20 h，遇空气、光或热会形成多聚体。排放到地面的氯乙烯很容易迁移到地下水中，地下水中的氯乙烯还有来自于水中三氯乙烯和四氯乙烯的分解。有资料报道，美国饮用水中检测到的氯乙烯最高含量为 10 μg/L，其中五个城市使用 PVC 管输水的其氯乙烯含量达到 1.4 μg/L。氯乙烯很容易经口或呼吸道吸收，吸收后经微粒体混合功能氧化酶代谢而生成氧化氯乙烯，然后自动重排生成氯乙醛，此两种代谢产物主要蓄积在肝、肾、脾部位并都具有高度的反应性和致突变性。动物试验表明，氯乙烯能诱发大鼠、小鼠、仓鼠出现肝血管肉瘤以及肾母细胞瘤、乳腺肿瘤、前胃乳头瘤等。职业性接触氯乙烯的还会导致睾丸素水平降低和性功能衰弱。IARC 将氯乙烯列为第 1 组致癌物质。一般人的急性中毒可出现眩晕、胸闷、嗜睡、步态蹒跚、继之发生昏迷、抽搐直至死亡；皮肤接触氯乙烯液体可致红斑、水肿或坏死；慢性中毒可表现为神经衰弱综合征、肝肿大、肝功能异常、消化功能障碍、雷诺氏现象及肢端溶骨症。GB 5749—2006 规定饮用水中氯乙烯的浓度限值为 0.005 mg/L。

5.60 氯苯

氯苯（MCB）包括一氯苯（C_6H_5Cl）、二氯苯（$C_6H_4Cl_2$）和三氯苯（$C_6H_3Cl_3$），均为无色透明液体，有芳香气味，易燃易挥发，不溶于水而易溶于乙醇、乙醚、氯仿和苯。氯苯是重要的化工原料之一，广泛用做溶剂、脱脂剂以及合成其他卤化有机物的中间体。水中氯苯主要来源于工业废水的排放以及土壤中氯苯的渗漏。氯苯不会在水生物体内蓄积。氯苯很容易经消化道和呼吸道吸收而进入脂肪组织，但其毒性较苯小，不具备苯那样的血液毒，除了在 1 000 g/L 剂量时可产生麻醉性、达到 3 700 g/L 剂量数小时可麻醉致死外，目前还缺乏足够的证据显示其具有其他的生殖毒性、胚胎毒性或致畸致癌性。但也有报道称二氯苯可对血液、肺、肾、肝产生毒性作用，人在氯苯质量浓度 34 ~ 1 280 mg/L 条件下长期工作可出现白细胞、血小板减少等中毒症状。我国现行《生活饮用水卫生标准》规定饮用水中氯苯的浓度限值是 0.3 mg/L。

5.61 微囊藻毒素 – LR

蓝藻又称为蓝绿藻或蓝细菌，因为含有光合色素而得名。蓝藻存在于地球上各个地方。淡水中蓝细菌可聚集在水表面形成水华，也可聚集在水面形成泡沫。某些种类的蓝藻会产生毒素，按作用方式可将这些毒素分为肝毒素（如微囊藻毒素）、神经毒素（如类毒素）、皮肤刺激物和其他毒素。肝毒素和神经毒素均可由地面水中普遍存在的蓝藻产生。

已知的微囊藻毒素类物质至少有 50 种,其中一些可以在形成水华时产生。不同的微囊藻毒素有不同的亲脂性和极性,可以影响它们的毒性。微囊藻毒素 - LR 是第一个被鉴定出并且存在较普遍、含量较高、毒性较大的微囊藻毒素,它是一种分子量为 1 000 道尔顿的环状肝肽,此乃诱发许多微囊藻毒素污染事件的主要原因,如 1986 年的南京玄武湖蓝藻事件、20 世纪 90 年代的云南滇池蓝藻事件、2003 年 8 月的安徽巢湖蓝藻事件和 2007 年 5 月江苏太湖蓝藻事件等。一般水源水中微囊藻毒素 - LR 的质量浓度为 0.02 ~ 35.3 μg/L,微囊藻毒素 - LR 不能穿透细胞膜,因此不可能经皮肤吸收,饮水是人体吸收其的主要途径。经静脉或腹腔给予小鼠和大鼠亚致死量的放射性标志的微囊毒素,发现毒素可在小肠和肝脏被胆汁酸载体转运,约有 70% 的毒素很快聚集于肝脏,肾脏和小肠也可聚集相当数量的微囊藻毒素 - LR。微囊藻毒素 - LR 的毒性极强,染毒后会造成肝细胞结构、肝窦结构破坏、血液动力学性休克、心衰直至死亡。一些研究还提示微囊藻毒素 - LR 具有促癌活性。江苏海门市和广西福绥县的流行病学调查也印证当地原发性肝癌发病率与当地饮用水中含有较高的微囊藻毒素 - LR 有关,当地 1993 ~ 1994 年饮用的池塘水中微囊藻毒素 - LR 质量浓度为 0.058 ~ 0.46 μg/L。我国现行《生活饮用水卫生标准》规定饮用水中微囊藻毒素 - LR 的浓度限值为 0.001 mg/L。

目前主要的除藻单元工艺有:①化学药剂法。这种方法是在藻类生长的旺盛期向水中投加一些化学杀藻药剂。具体分为氧化型杀藻剂,包括 $CuSO_4$(成本低、效率高、最常用)、O_3(质量浓度 0.5 ~ 5 mg/L,一般与活性炭联用)、ClO_2、$KMnO_4$;非氧化型杀藻剂,包括苯扎溴铵(质量分数 5%,水溶液称新洁尔灭,主用于海洋赤潮除藻)、碘伏(30 mg/L 浓度)与异噻唑啉酮(0.3 mg/L 浓度)按 1∶0.15 复配、百毒杀(DDAB)和十六烷基三甲基溴化铵(CTAB)复配 1 mg/L 浓度季铵盐除藻。②气浮法(DAF)。即向水中通入空气而产生大量微气泡,然后通过顶托、裹携、吸附等方式形成浮悬体,最后用刮渣设备予以刮除。③生物法。包括栽种水生高等植物(如水葫芦、香根草、荷花、菖蒲、芦苇)、养殖水生动物(如放养密度为 46 ~ 50 g/m^3 的链、鳙鱼类可控制蓝藻水华的发生)、投加 PSB 光合细菌、使用叶轮式增氧机定期向水中接种具有净水作用的复合微生物(PBB)、投加高效复合微生物制剂以及生物滤沟法(指结合传统的砂石过滤与湿地塘床工艺,采用多级跌水曝气方式以控制出水的藻类和臭味、氨氮、有机物)。④其他除藻方法。包括微滤(膜孔 0.5 ~ 1 μm)、砂滤池直接过滤及其他物理方法(如紫外线、电子线、各种射线、超声波、电场)。近年日本还发明了一种不用药物添加剂、每小时能处理几百吨水的除蓝灌装置。这种装置的工作原理是用水泵把含有蓝藻的水吸入,通过喷嘴以高压高速把水射向冲击板,使水中浮游生物的细胞被破坏,直接造成蓝藻被摔死、生长遭抑制、毒素被清除。

5.62 氨氮

水体中的含氮化合物包括有机氮、氨氮、亚硝酸盐氮和硝酸盐氮,其中氨氮(NH_3 - N)是水体遭受人畜粪便等含氮有机物污染后在有氧条件下经微生物分解形成的最初产物,一般以游离氨(NH_3)或铵盐(NH_4^+)的形式而存在于水中。水中 NH_3 - N 含量增高时,表示新近可能有人畜粪便污染了水源(每人每年可向生活污水中排泄含氮物质 2.5 ~ 4.5

kg)。氨氮在卫生上危害不大,但水中鱼类对其比较敏感,当 NH_3-N 含量高时可导致鱼类死亡,同时也会影响自来水厂氯的使用量和利用率。国家标准规定Ⅲ类地表水中离子氨的浓度≤0.02 mg/L。需要说明的是,氨氮还会通过水中微生物的硝化反应而转化为亚硝酸氮和硝酸氮,并在硝化过程中消耗水中的溶解氧(一般每氧化 1 g 的氨氮需要消耗 4.5 mg 的溶解氧),这样又可能导致水体转入厌氧状态而产生水体富营养化,从而对饮用和水生生物构成毒害。我国现行《生活饮用水卫生标准》规定饮用水中氨氮的浓度限值(以 N 计)为 0.5 mg/L。

5.63 硫化物

生物体中除了含碳、含氮外,还普遍含有硫元素,所以在燃烧生物质或生物质演变成为煤炭、石油等化石能源时也会同时产生 SO_2 等硫化物。环境中的有毒硫化物主要以 SO_2、SO_3 和 H_2S 三种形式存在,其中 SO_2 是大气中的主要气态污染物(全世界每年排入到大气中的 SO_2 约达 15 亿 t,特别是当其被空气中的氧进一步氧化成 SO_3 后,就很容易溶于空气中的水蒸气而变成硫酸,而 H_2SO_4 则会遇雾变成酸雾、遇雨变成酸雨,最终对人体健康,尤其是呼吸系统造成极大的刺激和伤害。地下水(特别是温泉水)及生活污水中也含有硫化物,其中一部分是在厌氧条件下通过微生物的作用使硫酸盐还原或含硫有机物分解而产生的,除此,焦化、造气、选矿、造纸、印染、制革等工业废水中亦含有硫化物。水中硫化物包括溶解性的 H_2S、HS^- 和 S^{2-} 以及酸溶性的金属硫化物和不溶性的有机硫化物。通常所测定的硫化物系指溶解性的和酸溶性的硫化物。硫化氢具有强烈的臭鸡蛋味,水中只要含有零点零几毫克每升的硫化氢就会引起不愉快味道,同时硫化氢的毒性也很大,可危害细胞色素和氧化酶,造成细胞组织缺氧甚至危及生命。另外,硫化氢在细菌作用下会氧化生成硫酸,对金属设备和管道产生腐蚀作用。含硫化物废水的处理方法有将硫化物转化为硫酸盐而进行絮凝沉淀和将硫化物转化为硫化氢而进行汽提两种。GB 5749—2006 规定饮用水中硫化物的浓度限值为 0.02 mg/L。

5.64 钠

钠(Na)是最常见的碱金属元素,原子序数 11,原子量 22.99,元素名称来源于拉丁文,原意是“天然碱”,在地壳中含量为 2.83%,居第六位,主要以钠盐的形式存在。钠金属很软,可以用小刀切割,切开外皮后,可以看到钠具有银白色的金属光泽。金属钠可以用于四乙基铅、氢化钠和钛的生产,还可以用做合成橡胶的催化剂、实验室药物、核反应堆的冷却剂、电缆、路面防反光、太阳能发电的传热媒介等。钠盐可用于水处理包括软化、消毒、防腐、调节 pH 值和絮凝,还可用于道路除冰和玻璃、肥皂、制药、造纸及食品工业。钠是人类生命的必需元素,参与体内水的代谢,维持酸和碱的平衡,是胰汁、胆汁、汗和泪水的组成成分,参与心肌肉和神经功能的调节。人体缺钠(盐)可导致细胞外的水分严重不足从而引发倦怠、淡漠、无神,甚至起立时昏倒等一系列症状,失钠达到 0.5 g/kg 体重以上时,还会出现恶心、呕吐、血压下降及痛性吉尔痉挛等;体内含钠过量时则会引起中毒,通常表现为水肿、血压上升、血浆胆固醇升高、脂肪清楚率降低、胃黏膜上皮细胞受损等。钠的适宜摄入量为成人每天2.2 g(实际上2~5 g都是安全的,5 g即相当于一“啤酒瓶盖”。而我国目前城乡居民的人均日摄入量为12 g,其中城市为10.9 g、农村为12.4 g,区间范围为8~25 g),只不过一般的摄入途径主要是食品(约占90%,食品中的盐成分一般分Na、K两类,Na盐过量会导致水钠潴留而加重心脏功能负担,K盐过量会引起高血钾而增加肾脏负担,因此心脏功能不好的人宜食用K盐而肾脏功能不好的人则宜食用Na盐),饮用水只占很小一部分(约10%)。对于饮用水中的Na含量,美国心脏协会(AHA)和世界卫生组织都建议为20 mg/L以下,但在现阶段显然是不现实和不必要的,因为如果采纳了这个建议,那么人们就都得购买含钠低的瓶装水或通过反渗透、蒸馏、去离子装置而获得的脱盐水。美国学者Martin Fox提出,如果人们想减少钠的摄入,就应该把目光转向食物,因为日常生活中摄入的钠90%是来自于所吃的食物。我国现行《生活饮用水卫生标准》规定饮用水中钠的浓度限值为200 mg/L。

知识链接

【1】“三致性”毒物

“三致性”毒物是指那些进入人体后能致癌、致畸或致突变的毒物。据统计,在已发现饮用水中存在的765种有机污染物中,有117种被认定为“三致”毒物。

【1.1】 致癌性

致癌性是环境毒物诱发人体内滋生恶性肿瘤或良性肿瘤的一种远期作用。虽然肿瘤的病因学十分复杂,其中有些问题还不十分清楚,但可以确定的是多数肿瘤的发病与不良生活环境因素有关,医学流行病学查明,80%~90%的癌症与环境因素有关(也有国外研究资料估计此项的相关比例为60%~80%)。

对环境中致癌物质的注意已有200多年的历史。1775年,英国医生Pott发现扫烟囱工人易患阴囊皮肤癌,后来找到了原因是烟灰中含有强烈致癌性的多环芳烃类化合物苯并[a]芘,从此引起人们对化学致癌物的重视。19世纪60年代,国外开始发展煤焦油化工,以煤焦油为原料的染料行业尤为兴旺发达,在开发和生产出各种苯胺类染料的过程中,不断发生染料厂工人患膀胱癌的案例,直到20世纪初才肯定在合成染料的原料中含有多种致癌性的芳香胺类。以后的研究还陆续发现了许多其他类型的致癌性化学物质和一些致癌性非化学性物质,例如,垃圾焚烧后,其主要排放物二噁英(通常指多氯二苯并呋喃之统称)被称为一级致癌物和世纪之毒,其毒性是砒霜的100倍、氰化钾的1 000倍,一旦进入人体,10年都难排出,且累计到一定程度,可直接置人于死地(广州市白云区太和镇李坑垃圾焚烧厂2005年建成投产后,毗临的永兴村4年内就有35人瘰患癌症死去、其中21人为肺癌死亡);再如目前还认定幽门螺旋杆菌可引发人体胃癌和大肠癌)。致癌化学物质遍布于人类生活环境,甚至在食品、香烟、药物、化妆品、天然植物、动物和微生物体内都可找到它们的踪迹，简直是无所不在又随时可能作祟。据1978年统计，被确认为对动物具有致癌作用的化学品达3 000种，其中对人类致癌的有20余种。

化学致癌的机理十分复杂。简而言之，乃是化学性毒物经机体吸收并活化后，与细胞内大分子（如DNA）结合引起基因突变，或与蛋白质作用而改变细胞的基因控制，此后使细胞恶变而产生最初的肿瘤细胞，这种反常的细胞可以摆脱体细胞的免疫监视而加速生长、增殖、分裂、浸润、转移，最后形成令人生畏的肿瘤。这一过程也可以大致划分为几个阶段，即PAH（多环芳烃）经单氧酶（所有的动物细胞中都存在这种活性很高的环氧化单氧酶和水解酶）催化，形成环氧化物；环氧化物经环氧水解酶催化，形成二聚水化物，二聚水化物再经单氧酶催化转变为环氧二聚水化物；这种芳基环氧化物是一种活性很高的化合物，又称终致癌物，它很容易与细胞中的氨基酸、蛋白质、核糖核酸等组分发生反应，从而对细胞的正常代谢功能产生干扰而显示出致癌性。不过有趣而又奇特的是，某些致癌性的毒物（如砒霜）还有治癌的功效，可以制成药物"以毒攻癌"。一些看似平常的食物（如蔬菜）却有防癌抗癌作用，如常食红薯可以预防结肠癌、乳腺癌，常食番茄可以预防前列腺癌、乳腺癌，常食十字花科蔬菜可以预防胃癌，常食大蒜能预防结肠癌，常食胡萝卜则能降低肺癌发病率。正因为蔬菜具有如此的奇效，因而使得国内外的众多科学家都纷纷产生了探究之兴趣。中国预防医学科学院病毒研究所的专家们用了6年的时间，终于揭开了蔬菜抗癌的奥秘——含干扰素诱生剂。干扰素诱生剂能够诱导、刺激细胞本身产生干扰素，进而促使机体增强抗病毒感染能力和抑制癌细胞增殖。试验表明，葫芦科的丝瓜、蛇瓜、瓠瓜和萝卜属的红萝卜、白萝卜、青萝卜以及伞形科的胡萝卜均含有干扰素诱生剂，多食之可预防口腔癌、食道癌、胃癌和鼻咽癌。美国科学家研究证实，十字花科蔬菜中富含一种硫酚硫酮的物质，可有效抑制苯并芘诱发的胃癌和肺癌。美国匹兹堡大学的研究人员还发现，大量补充维生素D可使试验鼠身上的转移性前列腺癌得到抑制，蔬菜中富含维生素D的有韭菜、大蒜、葱头、大豆、香菜、白萝卜、芹菜、土豆等；大量补充维生素C可降低食道癌、胃癌的发病率，含有维生素C的蔬菜有小白菜、油菜、苋菜、青蒜、苜蓿、菜花、苦瓜、辣椒、毛豆、胡萝卜、白萝卜、莴苣等。另外，维生素B_{12}和叶酸也具有一定的防癌作用，富含维生素B_{12}的蔬菜有香菇、鲜豆类，含叶酸成分的蔬菜有菠菜、芹菜、韭菜、包菜、菜花、莴苣、牛皮菜等。俄罗斯癌症科学科研中心癌抑制实验室多年来的研究成果发现，服用β－胡萝卜素制剂可使胃癌、肺癌、乳腺癌和脑肿瘤的发病率下降1/2～2/3，富含β－胡萝卜素的蔬菜有胡萝卜、大辣椒、菠菜、韭菜、油菜、小白菜、芹菜、西红柿、竹笋、苜蓿、香菜等。除此，还有国内外科研人员采用先进的SOS显色试验发现，含有叶绿素的大蒜、韭菜、韭黄、黄豆芽、西红柿的水溶性提取物可抑制SOS反应，从而提示这类蔬菜具有一定的抗突变及抗癌效能。另外，一些科学家对大豆的防癌抗癌研究也取得了可喜进展，不管是透过对荷尔蒙的影响、细胞分化、清除自由基，还是增进免疫功能，都有愈来愈多的证据（大豆甘原可以增进淋巴球的活性化，即等同于增强人体的免疫力）显示大豆及其豆制品（如豆腐、豆浆）是可以预防癌症的（杰克·查蓝、维多利亚·陶斯、琳达·尼特著，许萍译，《神奇的大豆》）。

正因为环境致癌的机理十分复杂，还存有一些科技难关尚未攻破，致使癌症的发病率与死亡率都一直居高难下。据美国癌症协会（NCI）公布的研究报告显示，全球2007年死亡的癌症人数达760万人(中国疾病预防控制中心,2007年12月28日)。在我国,癌症一直是威胁人民群众健康的顽疾,并且随着环境条件的日益严竣,其杀伤力亦日趋严重。据报道,近20年全国癌症的新发病人数由90万人/年上升到了160万人/年,死亡人数由70万人/年上升到了130万人/年,死亡率由84/10万上升到了108/10万~135/10万,全国平均每5个死亡人数中就有1个是死于癌症,其总死亡原因位列第二。但据世界卫生组织(WHO)预测,癌症近年将有望取代心脑血管病而成为人类的"第一杀手"(《深圳商报》,2006年6月14日,癌症成为"第一杀手")。

【1.2】 致畸性

致畸性是指外源性环境因素对母体内胎儿产生毒性而导致新生儿体形或器官方面畸变的现象。正常情况下,卵巢受精后可以准确地进行细胞增殖、分化、移动和器官形成,当孕卵转为胎儿期间(妊娠的第2~第8周称胚胎阶段,该阶段对外来致畸物最为敏感),如果受到了致畸物的影响,就很有可能导致染色体数目和结构出现异常,从而造成胎儿畸变。我国监测发现的出生缺陷有101种,其中占据前五位的依次是无脑和小头、脑积液、开放性脊柱裂、唇裂和唇裂合并腭裂、先天性心脏病。导致畸胎的主要外源性环境因素有病毒、药物、化学品和放射性物质(母体营养缺乏或内分泌障碍等也会引起先天性畸形)。据统计,已知的对动物致畸物约有800种、对人致畸物有25种,如安眠药、镇痛药、抗菌素、激素、维生素(不足或过量)、农药、甲基汞、硫酸隔等。国内外因外源性环境因素而致畸的实例枚不胜数,例如1961年发生在日本的一则"怪胎"事件惊煞了天下为父者和为母者,新生儿罹患了具有四肢短小外形的海狗症,后查是由于其母在妊娠初期的5~7周期间服用了安眠药"反应仃"(thalidomide)。这种病在当年日本有1 000例之多,在全球则达到上万例。我国四川省南部县永定村2001年9月10日惊现一名"双面男婴"(即婴儿头上长着两张紧挨着的脸、两张嘴、两个鼻子、四只眼睛,剖腹产后已死亡),后经调查是孕妇在怀孕期间曾因患皮肤疾病而较多服用了以中草药为主的抗真菌类药物。在被称作"矮人村"的四川省资中县阳寺村苦磁沟组经鉴定是由于村民经常食用长期存储而发霉的粮食(小麦、红薯),这种发霉变质的粮食中含有一种肉眼看不见的镰刀菌,镰刀菌中又含有T-2毒素,会造成人体慢性中毒而出现关节软骨头坏死,使人患粑子病而导致矮化致残(2009年11月12日映视10套健康之路)。在放射物致畸方面,实例和教训亦十分惊人。1945年,在美国对日本投下原子弹后,当时位距爆炸中心1 200 m处的7名孕妇因受核辐照日后全都产下了畸形婴儿;1999年南斯拉夫战事中,北约军事集团以3 000枚炸弹和1 000枚导弹连续78天轰炸南联盟国土,除造成当时的重大人员伤亡和财产损失外,弹头中所含23 t贫铀还间接地威胁到了南联盟(现塞尔维亚)及其邻国50万人的健康和生命。

【1.3】 致突变性

致突变性是指生物体中细胞的遗传性质在受到外源性化学毒物低剂量(或是慢性中毒水平)的影响和损伤时,以不连续的跳跃形式发生了突然的变异。致突变性与基因有关,可分为基因突变与染色体突变两种类型。基因突变又称点突变,是指在化学致突变物作用下DNA中碱基对的化学组分和排列顺序发生了变化(变化形式分转换、颠换、插入和缺失四种);染色体上排列着很多基因,若只改变基因,就是前述的基因突变,而若涉及整个染色体造成了染色体结构或数目的改变,就称之为染色体畸变。两类突变的作用后果与靶细胞是生殖细胞还是体细胞有关。当属于体细胞发生突变时,则只会影响接触致突变物的个体,引起个体发生肿瘤、畸胎、高血压病变;当伤及生殖细胞时,就会引起显性致死(流产、死胎)、生殖能力障碍或遗传性疾病,增加遗传负荷。

现有研究证明,环境化学物不仅能够引起机体一般的急性、亚急性、慢性毒作用,而且能引起癌变、畸变、突变等特殊毒作用,且致癌物、致畸物、致突变物三者之间还存在着密切的关联性。表5-1、表5-2分别列出了部分代表性的"三致性"毒物名单及其有关国家、国际组织对致癌物的分类标准划分,供参考。

表5-1 存在于环境介质、生物体乃至人体中的"三致性"毒物(部分)

致癌物	艾氏剂、苯、苯并[a]芘、双(2氯乙基)醚、氯乙烯单体、氯仿、四氯化碳、氯乙烯、狄氏剂和异狄氏剂、二噁英、亚硝胺、石棉、铬酸盐、砷化物、放射性核素、霉素、病毒
致畸物	2,4,5-T、二噁英,苯并[a]芘、有机汞、苯二甲酸酯、砷酸钠、硫酸镉、醋酸苯汞、亚硝胺
致突变物	DDT、2,4-D、2,4,5-T、甲醛、迷基汞、二噁英、苯并[a]芘、苯、臭氧、砷酸钠、亚硝胺和亚硝酸盐、硫酸镉、铅盐

表5-2 致癌性分类的证据权重准则

组织	类别	准 则
美国环境保护局(USEPA)	A	人的致癌物(从流行病学研究中得到足够的证据)
	B1	可能的对人致癌物(人致癌性的有限证据)
	B2	可能的对人致癌物(从动物研究中有足够的证据,但对人致癌性没有适当的证据或者没有数据)
	C	可能的对人致癌物(有限的动物研究证据,没有对人的数据)
	D	由于没有适当的证据而无法分类
	E	至少在两种不同种类的动物上或者同时在动物和流行病学研究中没有致癌性证据
国际癌症研究协会(IARC)	1	对人有致癌性(足够的流行病学证据)
	2A	人可能致癌(至少有对人致癌的有限证据)
	2B	人可能致癌(没有对人致癌的证据)
	3	在试验动物上有足够的致癌性证据
美国国家毒性计划	a	已知是致癌的(从对人的研究中得到证据)
	B	有理由预期是致癌的(有限的对人致癌的证据或在试验动物上有足够的证据)

【2】 微生物与腐殖质

【2.1】 微生物

微生物在环境中几乎无所不在。以细菌为例,在15 cm深表面土壤中的含有数为10^{13} ~ 10^{14}个/m^2,在肮脏的天然水体中约10^5个/mL,即使是洁净的空气中也可能有4 000个/m^3。微生物是一种原生性生物,它们体内不具备复杂的器官,也缺乏足够的组织分化,以至有时会难以判定其究竟是属于动物性的还是属于植物性的。微生物也能致病,人们时时刻刻与无所不在的微生物相处,其中有很多种微生物就是危险的病原体,传播疾病的介质和途径有污染的空气、洁净的水、各类昆虫及人际交往、物体触摸等。通常可将环境微生物分为以下三类。

【2.1.1】 原核细胞型微生物

主要是细菌,也包括古细菌、放线菌、衣原体、螺旋体、立克次体等类群。这类微生物仅有原始核,核膜与核仁未分化,缺乏细胞器。细菌一般可按其形态分为球菌、杆菌、螺旋菌和丝状菌。多数球菌的大小(直径)为0.5 ~2.0 μm,杆菌的大小(长×宽)为(0.5 ~1.0) μm×(1 ~5) μm,螺旋菌的大小(宽×长)为(0.25 ~1.7)μm×(2 ~60) μm。

细菌也可按营养方式的不同分为自养菌和异养菌两类:自养菌具有将无机碳化合物转化为有机物的能力,如光合细菌(绿硫细菌、紫硫细菌等)和化能合成细菌(硝化菌、铁细菌、氢细菌、硫氧化细菌等)就属于此类。大多数细菌属于化能异养型,它们合成有机物的能力弱,需要现成有机物作为自身机体的营养物。异养菌又可进一步细分为腐生菌和寄生菌。前者包括腐烂菌、放线菌等,它们从死亡的生物机体中摄取营养物;寄生菌则生活在活的机体中,一些病原性细菌就多属于此类,它们还能以进入水体的生物排泄物为媒介而传播各类疾病。

细菌还可按有机营养物质在氧化过程(即呼吸作用)中所利用的受氢体不同而分为好氧细菌(如醋酸菌、亚硝酸菌等)、厌氧细菌(如油酸菌、甲烷菌等)和兼氧细菌(如大肠菌、乳酸菌等)三种类型。

凡江、河、湖海、地下水以至温泉、下水道等几乎一切有水的地方均有细菌生存,只不过其种类和数量有所差异。水体微生物的各种生境列于表5-3中。表面漂浮层是水体细菌麇集的地方。实际上,在水体中的各种相界面大多是营养物质富集之处,这些界面都可作为良好的细菌生长繁殖的生境(细菌可通过不断呼吸而生长,又通过不断分裂的方式而繁殖,一般在适宜的环境条件下每20 ~30 min就会分裂一次)。

【2.1.2】 真核细胞型微生物

包括单细胞藻类、真菌(酵母菌、霉菌)、单细胞原生动物(肉足虫类、纤毛虫类、鞭毛虫类、吸管虫类)和微型后生动物(轮虫类、线虫类、寡毛类、枝角类、桡足类)等(其中以藻类对水质的影响最为广泛)。这类微生物体内细胞核的分化程度较高,细胞内有完整的细胞器(如叶绿体、线粒体等)。

表 5-3　微生物在水体中的生境

生境	区域	种群	生境	区域	种群
漂浮层区	气液界面中水膜一侧	漂浮类	深水区	水底沉积物表面或间隙	底栖类
悬浮区	水层	浮游类	异养区	动物消化道，粪便	大肠杆菌类
浅水区	活体生物或非生物体表面	周丛生物类			

藻类是一群有色素、能自养生活、主要生长在淡水和咸水水体中的一类低等生物，其种类繁多且体型大小差异非常悬殊，既有小至1 μm长的单细胞鞭毛藻，也有大至60 m长的大型褐藻。虽然藻类被归入植物或植物样生物，但它们没有真正的根、茎、叶，也没有维管束。藻类可由一个或数个细胞组成，也可由许多细胞聚合而成。藻类以水生为主(但几乎无处不在，某些变种可生活于土壤中且兼能耐受长期缺水的沙土条件，也可能生存于雪中或温泉之中)，水、空气、阳光是藻类生长的三要素。藻类有着生(即附着在其他生物上生长)和浮游之分。藻类有机物包括藻类分泌物(即藻类在其生长过程中随新陈代谢而从藻体内排出的残渣及细胞分解产物)和藻类尸体分解产物，大致的化学结构式为$(CH_2O)_{106}(NH_3)_{16}H_3PO_4$，其体内所含碳、氮、磷等主要营养元素间的原子数比例通常为106∶16∶1、质量比为41∶7.2∶1。一般河流中可见到的藻类有绿藻、蓝藻、黄藻、金藻、硅藻、甲藻、裸藻等几大类，具体种类和数量则常依季节和水体环境条件(底质状况、含固量、水速、水污染状况等)而有很大变化。藻类的大量繁殖不仅会不断地消耗水中的溶解氧(DO)，从而多方面地影响水体的水质(藻类是水体富营养化的重要标志，藻类有机物是消毒副产物的母体)，而且会在死亡过程中释放出次级代谢产物——藻毒素(目前已发现的藻类中约80%以上均能产生毒素)，现已发现有毒藻类100多种(如海水中的甲藻、金藻，淡水中的蓝藻等)，其中淡水中的蓝藻(又称蓝绿藻)毒素就具有50种(遇无风高温晴好天气会疯狂暴长，每升水中可达1亿个)，特别是其中的微囊藻毒素(MC)尤具代表性，对人及水生动物危害极大。有关MC的介绍可参阅第5章5.61内容。

【2.1.3】　非细胞型微生物

非细胞型微生物主要是病毒。病毒是广泛寄生在人类、动植物、微生物细胞中的一类特殊生物，自1892年伊万诺夫斯基发现以来，至今已累计发现4 000多种病毒。按专性宿主分类可划分为动物病毒、植物病毒、细菌病毒(又叫噬菌体)、藻类病毒(又叫噬藻体)、真菌病毒(噬真菌体)，按疾病名称分类可划分为脊髓灰质类病毒、肝炎病毒、腮腺类病毒、流行性感冒病毒、艾滋病病毒等。病毒的主要特征是：①非常微小。病毒体积比细菌小得多，它能通过细菌滤器，常需借助电子显微镜才能观察到，其大小以纳米(nm)表示($1\ nm = 10^{-9}\ m$)，一般为20～450 nm。②没有细胞结构。只由单一类型核酸(DNA或RNA)和蛋白质组成。③病毒只在特定的寄主细胞内利用宿主细胞的代谢系统以核酸复制的方式进行繁殖。④专性活细胞内寄生，在活体外没有生命特征。病毒的传播途径十分广泛，一般可分为经空气传播、经水传播、经食物传播、接触传播、媒介节肢动物（如蚊、蝇、蚤、虱等）传播、经土壤传播以及医源性传播等，其中经水传播的病毒（主要由人畜的粪、尿排入水体后产生）有150多种（或型）以上，全世界每年约有100万儿童因感染病毒而患病死亡。表5-4列出部分水源性人类病毒及危害，供参考。

表5-4　部分水源性人类病毒及危害

病毒属	俗名	血清型数	可导致的疾病
肠道病毒			
	脊髓灰质炎病毒	3	麻痹、脑膜炎、发热
	柯萨奇病毒A组	24	疱疹、呼吸道疾病、脑膜炎、发热、手足口病
	柯萨奇病毒B组	6	发热、心肌炎、先天性心脏畸形、皮疹、脑膜炎、呼吸道疾病、胸肌痛、糖尿病
	艾可病毒	34	脑膜炎、呼吸道疾病、皮疹、发热、胃肠炎
	肠道病毒68－71型	4	脑膜炎、呼吸道疾病、皮疹、急性出血性结膜炎、发热
肝炎病毒			
	甲型肝炎病毒		甲型肝炎
轮状病毒			
	人轮状病毒	74	胃肠炎、腹泻
呼肠孤病毒			
	人呼肠孤病毒	3	未知
哺乳动物腺病毒			
	人腺病毒	>47	呼吸道疾病、结膜炎、胃肠炎
杯状病毒			
	人杯状病毒		胃肠炎
	诺沃克病毒	3	流行性呕吐腹泻、发热
	小球病毒	2	胃肠炎
	E型肝炎病毒		戊型肝炎
冠状病毒			
	人冠状病毒		胃肠炎、呼吸性疾病
星状病毒			
	人星状病毒	7	胃肠炎
细小病毒			
	人细小病毒		胃肠炎
曲状病毒			
	人曲状病毒		骨肠炎
尿中排出的病毒			
	风症病毒		风症及其他疾病
	麻疹病毒		麻疹及其他疾病
	腮腺炎病毒		腮腺炎
	巨细胞病毒	3	传染性单核细胞增多症、肝炎、肺炎、先天性畸形

【2.2】 腐殖质

约在 1 800 年前后,人们才在土壤和水体中发现有腐殖质存在。腐殖质是土壤中的生物体死亡后在各种环境条件下分解后的残留物,其形成过程可用图 5-1 表示。

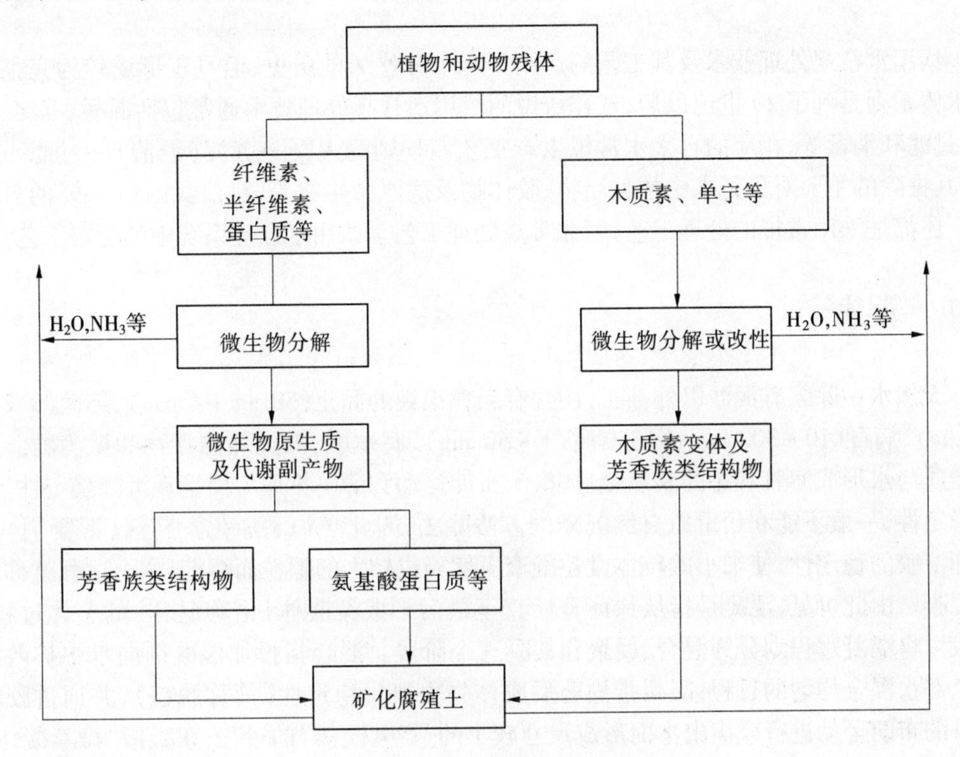

图 5-1　土壤中腐殖质形成过程

腐殖质的化学结构非常复杂,且随其来源(如土壤、淡水、海水、褐煤、沉积物)而异,不过其共性特点都是结构中含有羟基、酚基、醇基和羰基等官能团。腐殖质有三大重要组分,即腐殖酸、富里酸和胡敏质。腐殖酸是能溶于碱而沉积于酸的组分(沉积物);富里酸是兼能溶于酸和碱的组分;胡敏质是酸、碱皆不溶的组分(残留物)。腐殖质的分子量范围为 100 ~ 1 000 000,在水中大部分呈胶体颗粒,因而是水体色度的主要成分。

腐殖质对环境中几乎所有的金属离子都有螯合作用,且螯合能力强弱符合欧文—威廉(Irving - William)次序:Mg < Ca < Cd < Mn < Co < Zn ≈ Ni < Cu < Hg。腐殖质与金属生成的螯合物一般都不溶于水。

腐殖质对生活饮用水的危害主要表现为能与水处理中的药剂 Cl_2 及水中溴化物等反应生成强致癌物质三卤甲烷类化合物(THMs)。去除水中腐殖质及微生物分泌物可采取强化混凝、颗粒活性炭吸附和膜过滤等工艺技术。

第6章 饮用水常规处理技术

饮用水常规处理技术及其工艺的运用具有十分悠久的历史，但真正形成较为完整的技术体系则是到了20世纪以后，现在所说的饮用水常规处理技术通常包括混凝、沉淀、澄清、过滤和消毒等，相应的自来水常规生产工艺流程则为混凝→沉淀（澄清）→过滤→消毒，其去除的主要对象是水中的悬浮物、胶体物及病原微生物等，目前我国约95%的自来水厂还都是采用常规的处理工艺，因此常规处理工艺是饮用水处理系统中的主要工艺。

6.1 混凝

天然水中除含有泥沙以外，通常还含有颗粒很细的黏土（50 nm ~ 4 μm）、细菌（0.2 ~ 80 μm）、病毒（10 ~ 300 nm）及蛋白质（1 ~ 50 nm）、腐殖酸、藻类等悬浮物和微生物。这些杂质与水形成溶胶状态的胶体微粒，由于布朗运动和静电排斥力而呈现沉降稳定性、聚合稳定性，一般不能利用重力自然沉降的方法除去，因此必须添加化学药剂（混凝剂）以破坏溶胶的稳定性，使细小的胶体微粒凝聚再絮凝成较大的颗粒而沉淀，这个过程就称之为混凝。由此可见，混凝是指从加药开始直至最后形成絮凝体（俗称矾花）的整体过程。一般可将混凝过程划分为混合、凝聚和絮凝三个阶段。混合指投加混凝剂向水中扩散并与全部水混合均匀的过程；凝聚指加药后胶体失去聚集稳定性（简称脱稳），并通过胶粒本身的布朗运动进行碰撞聚集而形成尺寸较小的"微絮凝体"的过程；絮凝指"微絮凝体"再通过机械或人力搅拌而进一步聚集成肉眼可见的"絮凝体"的过程。上述凝聚和絮凝两个阶段是在反应池中几乎同步发生的，其间隔时间可表述为瞬间。

6.1.1 混凝作用

混凝的作用主要有：①有效去除原水中的悬浮物和胶体物质，降低出水浊度。混凝一般适用于粒度在1 nm ~ 100 μm的分散体系；②有效去除水中微生物、病原菌和病毒；③去除受污染水中的浮化油、色度、重金属离子及其他一些污染物；④混凝沉淀可去除污水中磷的90% ~ 95%，是最便宜而高效的除磷方法；⑤投加混凝剂可改善水质，有利于后续处理。如用石灰作混凝剂，可同时提高污水的pH值，有利于吹脱除氮。

6.1.2 基本原理

一般认为，混凝作用机理是以其水解形态与水体颗粒物进行电中和脱稳、吸附架桥或黏附卷扫而生成粗大絮体再加以分离去除。目前较为经典的表述是：①吸附电中和。水中的悬浮物或固体微粒（包括黏土、不溶性无机盐晶体、藻类、细菌、病毒、腐殖质、淀粉、纤维素等）通常呈现胶体状态分布，并具有巨大的比表面积且在固液两相界面上分布有双电层。投加一些电解质而使固体微粒表面形成的双电层有效厚度减少，从而使范德华力(分子引力)占优势而使颗粒间彼此相吸,最后达到凝聚。如常用的铝盐混凝剂、铁盐混凝剂产生的带正电荷的氢氧化铝、氢氧化铁胶体以及带正电荷的单核或多核羟基配合物或聚合物等都能与负电胶体很好地吸附而相互凝聚,最后形成空间网架结构的大的絮状聚合体。②吸附架桥。不仅正负电胶体间可以相互吸附架桥,一些不带电荷甚至是带有与胶粒同性电荷的高分子物质,通过氢键、范德华力等与胶粒也有吸附作用,一个高分子聚合物的分子可以吸附多个胶粒从而起到桥联作用。③沉淀物的卷扫或网捕。铝盐、铁盐产生的大量的氢氧化铝、氢氧化铁沉淀物能够直接网捕卷扫水中的胶体颗粒,即水中胶体颗粒直接吸附在已形成的大絮体上,而不是由胶体小颗粒相互凝聚而长大,当然具有这种作用的絮凝剂多为高分子型化合物。需要说明的是,这三种机理是可能同时存在的,只是所起作用的程度与处理条件、工艺设备、混凝剂种类及投药量、源水浊度、水的 pH 值等有关系。

6.1.3 一般流程及设计要点

混凝工艺流程可用图 6-1 简示:

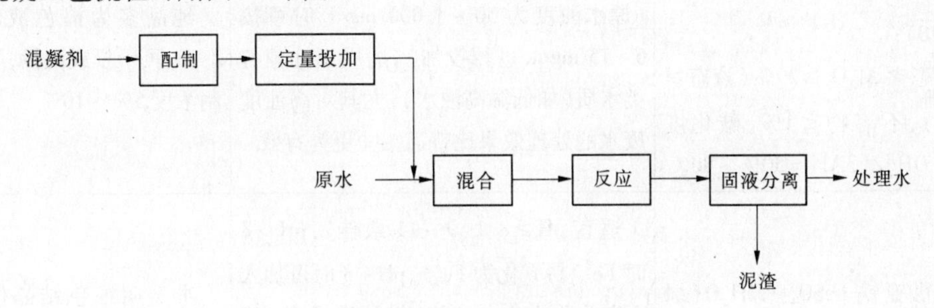

图 6-1 混凝工艺流程

在设计混凝工艺时,应注意把握以下四点:①根据混凝处理目的,通过试验选择混凝剂品种、用量和 pH 值;②选择合适的混凝剂投加位置和方式,调制、投加浓度和设备;③选择合适的混合、反应方法和设备;④考虑与上、下构筑物的衔接。

根据经验,一般的混合搅拌时间为 10 ~ 30 s;絮体形成的适宜水流速度为 15 ~ 30 mm/s、相应反应时间为 15 ~ 30 min,絮体反应(絮凝)池应尽可能地紧邻或与沉淀池合建;当原水胶体浓度、碱度和水温均较低时,宜投加助凝剂,以尽量地降低流速、增加絮凝时间。

6.1.4 混凝剂

混凝剂的主要作用是使悬浮液中的颗粒脱稳并提高絮凝体的生成速率。混凝剂的种类很多,有 200 ~ 300 种。按其所起作用的不同可分为凝聚剂、絮凝剂、助凝剂;按其化学组成可分为无机混凝剂和有机混凝剂;按其分子量大小可分为低分子混凝剂和高分子混凝剂;按其来源可分为天然的和合成的,还可以按基团性质进行分类。常用混凝剂应用特性见表 6-1。

表6-1 常用混凝剂应用特性

药剂	应用特性	投加方式和浓度
硫酸铝 $Al_2(SO_4)_3 \cdot 18H_2O$ 固态精品含 Al_2O_3≥15%、不溶物≤0.3%，粗品含 Al_2O_3≥14%、不溶物≤2.4%； 明矾 $Al_2(SO_4)_3 \cdot K_2SO_4 \cdot 21H_2O$ 矿物，含 $Al_2O_3$10.6%	适宜pH 5.5～8，随原水硬度及处理目的而异：软水5.5～6.6，中硬水6.6～7.2，高硬水7.2～7.8；除有机物4～7，除色度5～6，除浊度6～8。常用剂量范围5～50 mg/L。适用水温20～40 ℃，低于10 ℃效果很差。腐蚀性小，使用方便，无不良影响。水解反应慢，需要消耗一定量的碱。明矾适合于农村分散式供水和灾后应急供水	白色结晶体。可干投或湿投。湿投配制浓度10%～20%，水溶液呈酸性（pH＜2.5）。当原水中有机腐殖质或藻类含量高、色度大时，投药前宜加适量氯或漂白粉，以提高混凝效果
聚合氯化铝（PAC） $[Al_2(OH)_nCl_{6-m}]_m$（$n=1\sim5$，$m<10$）； 固态含 Al_2O_3≥29%（液态≥10%）、不溶物≤1%、碱化度 $B=[OH]/[3Al]=50\%\sim80\%$	适宜pH 5～9，剂量范围2～20 mg/L（原水浊度为50～1 000 mg/L时可按6～15 mg/L进行投加），适用于处理各类水质（如低温高浊水），尤其对高浊度废水的处理效果比普通铝盐更为有效	纯品多为褐色液体，pH 2～3。可干投或湿投，湿投配制浓度5%～10%
硫酸亚铁 $FeSO_4 \cdot 7H_2O$（绿矾） 优等品、一等品、合格品中（质量分数）含量分别为≥97%、94%、90%	适宜pH≥8.1（9～11最佳），pH＞8时 Fe^{2+} 易氧化为 Fe^{3+}，pH＜8时可加入石灰去除水中的 CO_2；剂量范围5～50 mg/L。矾花形成较快、较稳定，沉淀时间短。适用碱度高、浊度高的水。效果受温度影响小。但脱色效果差，残留于水中的 Fe^{2+} 可使处理水带色。需要间接消耗较多的碱。腐蚀性较强	半透明绿色结晶体。湿投：5%～10%。当水中溶解氧不足时，可适当通入氯气或次氯酸盐，以使 Fe^{2+} 尽快氧化成 Fe^{3+}
硫酸铁 $Fe_2(SO_4)_3$ 聚合硫酸铁（PFS） $[Fe_2(OH)_n(SO_4)_{3-n/2}]_m$ $[n<2, m=f(n)]$ 碱化度 $B=8\%\sim20\%$（＞8%为合格品、＞12为一级品）	适宜pH 5～11，剂量范围20～60 mg/L。絮体密度大、沉淀快，脱色效果好，适用于低温低浊及高浊度水，尤其PFS更具明显的脱色、除重金属离子、降低水中COD和BOD浓度等效果。宜当日配置，当日投加。净化后水的pH值及碱度变化幅度较小。使用成本可比三氯化铁低30%～40%。有时会有少量矾花浮出水面，使水略呈微黄色，但不影响水质。有腐蚀性	硫酸铁：粉末；聚合硫酸铁：固体或液体（棕红色黏稠液体）。湿投5%～10%

续表 6-1

药剂	应用特性	投加方式和浓度
三氯化铁 $FeCl_3 \cdot 6H_2O$ 产品分固、液两态，固态优等、一等、合格品含量分别≥98.7%、96%、93%，液态“三品”含量分别≥44%、41%、38%	适宜 pH 5～11（最佳 6～9），剂量范围 4～40 mg/L。絮体密度大、易沉淀、低温或高浊时效果仍很好。晶体有强烈吸水性，溶液具强腐蚀性，溶解投加设备防腐要求很高（对金属尤其铁器腐蚀性大，对混凝土也有腐蚀，塑料管遇之会变形）。需要消耗大量的碱，当原水碱度不够时可添石灰，处理低浊水效果不明显	褐绿色晶体或高浓度液体。极易溶解，溶解时放热并产生废气。湿投高浓溶液：20%～45%
碳酸镁 $MgCO_3$	适宜 pH 10～12。絮体成长快，脱色效果好，镁盐回收率可达 80%	白色粉末。湿投 5%～10%
助凝剂：聚丙烯酰胺（PAM） 分子量 150 万～600 万。含量：胶状 5%～10%；片状 20%～30%；粉状 90%～95%	有阴、阳、非 3 种离子型，适用于各类水质、特别是高浊度水的处理。剂量范围＜5 mg/L（作助凝剂时＜1 mg/L），使用时常加碱（NaOH）20% 以水解 PAM（水解时间 2～4 h），常与铝盐、铁盐配合使用。有极微的毒性（管网末梢水中容许浓度＜0.000 5 mg/L）	白色固体或黏稠液体，机械搅拌溶解、投配浓度：水解时 0.5%；投加时 0.1%
助凝剂：石灰 CaO、$Ca(OH)_2$ 含量 70%～90%	适用于原水碱度不足、需要调整 pH 的情况。可去除水中 CO_2，改善絮体沉淀性。但渣量大、较难脱水、投配条件较差	干投：先粉碎至 0.5 mm 颗粒，然后用石灰投配器投加，混合 0.5～1 min 后进入沉淀池进行水、渣分离；湿投：先消解成 40%～50% 浓度的浆、再搅拌配制成 5%～10% 浓度的乳，最后用泵送到投配槽、经投加器投入到混合设备
助凝剂：活化硅胶 $Na_2O \cdot xSiO_2 \cdot yH_2O$（活化水玻璃，泡花碱）	适用于低浊低温（＜14 ℃）水，常与铁盐、铝盐配合使用，SiO_2 剂量范围 1～3 mg/L，可改良絮体结构、提高滤池滤速。需现场配制、随配随用（最长 1 天内用完）	活化后加水稀释备用，以减慢聚合速度。湿投：0.5%～1.0%

6.1.5 专用设备

混凝设备与混凝剂并称为混凝过程的两大要素。因此，根据不同的原水水质及处理要求而选择合适的水力或机械处理设备，以及制定恰当的投加方案无疑对混凝效果至关重要。

6.1.5.1　**投药方法及设备**

混凝剂可采用干投或湿投。干投法是把经过破碎而易于溶解的药剂直接投入到原水中,其流程一般为:药剂输送→粉碎→提升→计量→加药混合;湿投法是将混凝剂和助凝剂配成一定浓度的溶液,然后按处理水量大小进行定量投加,其常见工艺流程为:溶解池→溶液池→定量控制设备→投加设备→混合池。两种投配方法的比较见表6-2。一般采用湿投法较多,湿法投配混凝剂溶液的调配方法及适用条件见表6-3,投加方法比较见表6-4。

表6-2　干式与湿式投药方法的比较

方法	优点	缺点
干投法	1. 设备占地面积小 2. 投配设备无腐蚀问题 3. 药剂较为新鲜	1. 当用药量大时,需要一套破碎混凝剂设备,对药剂的粒度要求较严 2. 当用药量小时,不易调控 3. 药剂与水不易混合均匀 4. 劳动条件差 5. 不适用吸湿性混凝剂
湿投法	1. 容易与水充分混合 2. 适用于各种混凝剂 3. 投量易于调节 4. 运行方便	1. 设备较复杂,占地面积大 2. 设备易受腐蚀 3. 当要求投药量突变时,投量调整较慢

表6-3　湿法投配混凝剂药液的调配方法及适用条件

调配方法	适用条件	一般规定
水力	1. 易溶解的混凝剂 2. 可利用给水系统的压力(约 1.96×10^5 Pa),节省能耗	1. 混凝剂调配槽容积约为混凝剂的3倍 2. 系统水压力需 2×10^5 Pa
机械	各种水量和混凝剂	搅拌叶轮可用电机带动或水轮带动,桨板转速70~140 r/min,设备防腐
压缩空气	较大水量和各种不同的混凝剂	鼓风强度8~10 L/(s·m^2);管内气速10~15 m/s;孔眼流速20~30 m/s;孔眼3~4 mm 不宜作较长时间的石灰乳连续搅拌
人工调节制	投药量很小	可在溶液桶或溶解池内进行

6.1.5.2　**混合设施**

原水与混凝剂和助凝剂进行充分混合,是进行反应和混凝沉淀的前提。目前,许多农村供水厂把药剂直接投加到絮凝池中造成耗药量增大且净水效果不佳,规范的投加工艺是利用泵、管混合或机械混合槽、分流隔板式混合槽等专用混合设施进行科学投加。几种专用混合设施的结构特点及比较情况见表6-5。

表 6-4 各种投药方式的比较

<table>
<tr><th colspan="2">方式</th><th>作用原理</th><th>优缺点</th><th>适用情况</th></tr>
<tr><td rowspan="2">重力投加</td><td>重力投加</td><td>建造高位药液池，利用重力作用把药剂投入到加药点。加药点多设在池或泵的出水管口</td><td>优点：管理操作较简单，投加安全可靠
缺点：必须建高位池</td><td>泵房距水厂较远且有地形条件修建高位药液池，多用于中小型水厂</td></tr>
<tr><td>泵前重力投加</td><td>加药点设在水泵吸水管头部，借助水泵叶轮旋转使药剂与水均匀混合</td><td>优点：混合效果好且勿需另建混合池
缺点：管线较长时会造成沿程水头损失过大，导致絮体早成而沉积于管中，不利后续絮凝</td><td>大、中、小水厂均可采用，但水厂、泵房间距不宜超过 150 m</td></tr>
<tr><td rowspan="2">压力投加</td><td>水射器</td><td>利用高压水在水射器喷嘴处形成的负压将药液射入压力管</td><td>优点：设备简单，使用方便，不受溶液池高程所限
缺点：效率较低，如药液浓度不当，可能引起堵塞</td><td>适用于不同规模的自来水厂和污水处理厂。水射器来水压力 $\geq 2.5\times10^5$ Pa</td></tr>
<tr><td>加药泵</td><td>直接采用计量泵（通常采用柱塞泵）在溶液池内吸取药液加入到压力水管内</td><td>优点：可以定量投加且不必另设计量设备，也不受压力管压力限制
缺点：价格较贵，泵易引起堵塞，养护较麻烦</td><td>适用于大中型自来水厂和污水处理厂</td></tr>
</table>

表 6-5 几种混合设备的比较

混合池形式	结构及工作原理	优点	缺点	适用条件
水泵混合	混凝剂加在水泵吸水管或吸水管喇叭口处，利用水泵叶轮高速旋转产生的水流紊动达到快速混合目的	设备简单、混合较为充分，效果好，不另外消耗动能	管理较复杂，特别是在吸水管较多时，不宜在距离太长时使用	各种水量
管式混合	最简单的管式混合是直接将药剂加在水泵的压力管内，借助管中水流的冲刷作用而进行混合。为提高混合效果，可在管内增设孔板或将其改装成文丘里管。目前常见的是在管道上安装一种“管式静态混合器”（内装若干单元的固定叶片，使水流与药液通过时可以被多次分割、改向并形成旋涡而达到混合）或“扩散混合器”（水、药对冲器内锥形帽后形成剧烈紊流而达到快速混合），管内水、药混合时间一般不超过 30 s	管道混合器结构简单、安装方便、混合快速均匀	管道混合器的水头损失较大，且当流量较小时其混合效果会因水流紊乱程度不够而下降	直接混合时管内流速不宜低于 1 m/s，投药点后的管内水头损失不应小于 0.3 ~ 0.4 m，投药点至末端出口距离以不小于 50 倍管径为宜

续表 6-5

混合池形式	结构及工作原理	优点	缺点	适用条件
机械混合	在混合池内(多为钢筋混凝土结构)安装搅拌装置,以电机驱动搅拌器使水和药剂混合。搅拌器有桨板式、螺旋板式和透平式等。混合时间一般 10 ~ 30 s、最长不超过 2 min	混合效果良好且不受水量变化影响	维护管理较复杂,1 m^3 设备容量需耗动力 175 W。目前正逐步被其他混合方式所取代	桨板式适用于容积较小的混合池(一般在 2 m^3 以下),其他可用于容积较大的混合池
分流隔板式混合	槽身为钢筋混凝土或钢制,槽内设隔板,药剂于隔板前投入,水在隔板通道间流动过程中与药剂达到充分混合	混合效果较好	水头损失大,占地面积大。目前已逐步被其他混合方式所取代	大中水量

6.1.5.3　**反应设施**

水与药剂混合后进入反应池进行反应。反应池内水流特点是变速由大到小。在较大的反应流速时,使水中的胶体颗粒发生碰撞吸附;在较小的反应流速时,使碰撞吸附后的颗粒结成更大的絮凝体(矾花)。常见的几种反应池形式及其相互比较列于表 6-6。

表 6-6　常用反应设备的比较

反应池形式			结构及工作原理	优点	缺点	适用条件
隔板式	往复式	平流式	多为矩形钢筋混凝土池子(长宽比多大于 4:1、长深比大于 10:1、池深 2 m 左右,池底坡度 0.02 ~ 0.03 并设≥ϕ150 mm 排泥管,水流转弯处做成圆弧状并保证过水断面面积达廊道段的 1.2 ~ 1.5 倍),池内设木质或水泥隔板(隔板间距 > 0.5 m),水流沿廊道回转流动,可形成很好的絮凝体。一般进口流速 0.5 ~ 0.6 m/s、出口流速 0.15 ~ 0.2 m/s、反应时间 20 ~ 30 min	反应效果好,构造简单,施工方便,较常应用	池容大,水头损失大(一般可达 0.3 ~ 0.5 m),水流 180°的急剧转弯有时还会造成絮凝体的破坏	水量大于 1 000 m^3/h 且变化较小(因水量过小必造成隔板间距过小而不便施工和维修)
		竖流式	变水平廊道为竖向通道,工作原理同平流式			
	回转式		是平流式隔板反应池的一种改进形式,水流转向调整为 90°	反应效果良好(絮凝效果较之往复式有所提高),水头损失较小(可比往复式减小 40% 左右)	池较深	水量大于 1 000 m^3/h 且变化较小,改建或扩建旧有设备

续表 6-6

反应池形式	结构及工作原理	优点	缺点	适用条件
折板反应池	是隔板式的改进型，目前已得到广泛应用。池内用折板和波纹板代替竖直平板而组成“同波折板”（即折板峰谷相对）或“异波折板”（即折板波峰相对），折板夹角 90° ~ 120°，使水流在同波折板之间连续不断地曲折流动或在异波折板之间缩、放流动，以致形成众多的小旋涡，提高颗粒碰撞絮凝效果。池内絮凝时间一般控制 12 ~ 20 min，前期流速 0.25 ~ 0.35 m/s、中期 0.15 ~ 0.25 m/s、末期 0.1 ~ 0.15 m/s	与隔板式相比池容较小，絮凝时间缩短，水流条件得到了很大改善	折板费用相对较高、且安装维修较为困难	适用于中、小型水厂
涡流反应池	池体呈锥形，底部锥角 30° ~ 45°，锥体面积逐渐增大，上端设周边集水槽。水流由池底涡旋而上，上升流速由大逐渐减小而形成粗大絮体	反应时间短，容积小，造价低	池较深 截头圆锥形池底难于施工	水量小于 1 000 m^3/h
机械反应池	利用电机驱动搅拌器对水搅拌，分桨板式和叶轮式，前者又按搅拌轴的位置不同分为卧式（水平轴式）和立式（垂直轴式）。一般木制搅拌桨叶宽 100 ~ 300 mm，桨叶上端在水面以下 0.3 m，叶片下端距池底 0.5 m，搅拌挡数多设 3 ~ 6 挡，絮凝时间通常 15 ~ 20 min	反应效果好，水头损失小，可适应水质水量的变化	部分设备处于水下，维护较难	各种水量
穿孔旋流反应池	絮凝池分格数不少于 6 格，总絮凝时间一般为 15 ~ 25 min，起端流速宜为 0.6 ~ 1.0 m/s、末端流速宜为 0.2 ~ 0.3 m/s	池型容积小，常可与斜管沉淀池合建，絮凝效果较好		适用于中、小型水厂
网格反应池	沿流程在一定距离的过水断面上设置网格（通常为 6 ~ 18 格），通过网格的能量消耗完成絮凝过程。总絮凝时间需 10 ~ 15 min，每格的竖向流速在前段和中段分别为 0.3 ~ 0.35 m/s 和 0.2 ~ 0.25 m/s、末段为 0.1 ~ 0.15 m/s	池型构造简单，絮凝时间短，絮凝效果好		适用于中、小型水厂

6.1.5.4 沉淀设施

进行混凝沉淀处理的原水经过投药、混合、反应而生成絮凝体后，进入沉淀池使生成的絮凝体沉淀而与水分离，最后达到净化的目的。

6.2 沉淀

沉淀是指悬浮颗粒依靠重力作用而从水中分离出去的过程。

6.2.1 基本原理

根据水中悬浮物的性质、密度、浓度及凝聚性，沉淀过程可分为4种类型：①自由沉淀。当水中颗粒物粒径在20 μm以上，尤其是达到100 μm以上且呈离散状态分布时，可通过与水的密度差而在重力作用下实现自由沉淀。在这种沉淀过程中，悬浮物浓度往往较低且没有絮凝性，颗粒之间互不干扰，其形状、大小、密度等均不改变，沉淀速度恒定。②絮凝沉淀。当水中悬浮物浓度不高但有絮凝性时，在沉淀过程中颗粒就会互相碰撞而使其粒径和质量增大，从而加速沉降。有数据表明，当絮体达到0.6～1.0 mm时就会转化为重力（自由）沉淀，沉淀时间需25～30 min，这种现象最为常见，如活性污泥的沉淀。③成层沉淀，也称拥挤沉淀或受阻沉淀。当悬浮物浓度较高（矾花浓度>2～3 g/L、活性污泥含量>1 g/L或泥沙含量>5 g/L）、颗粒下沉受到周围其他颗粒的干扰而导致沉降速度放慢时，就往往会在水中形成清水与浊水的分界面，这时的沉淀速度实际上就是界面下沉的速度。④压缩沉淀。当悬浮物浓度很高（如污泥浓缩池底部附近）时，颗粒之间就会在互相接触、互相支撑的同时承受上层颗粒的重力及水压力，从而导致下层颗粒间的水分被挤出，使得颗粒团被压缩。

在以上4种沉淀类型中，自由沉淀是沉淀法的基础，许多沉淀池的理论分析与设计都是基于自由沉淀的。絮凝沉淀的沉速与去除率通常需要由试验获得，由于絮凝沉淀的颗粒沉速在加快，故其去除率往往略高于自由沉淀。在实际设计中，对于絮凝沉淀（如饮用水处理中混凝后的沉淀），一般仍按自由沉淀理论对沉淀池进行分析与设计。成层沉淀理论在给水处理中主要用于高浊度原水（如黄河水）的预沉淀。压缩沉淀主要用于污泥浓缩池的设计。

6.2.2 沉淀池

沉淀池是分离水中悬浮颗粒物的一种常见处理构筑物。简言之，就是完成沉淀过程的构筑物称之为沉淀池。其动能是，原水经投药、混合与絮凝后，水中悬浮的杂质已经形成粗大絮凝体，需要在沉淀池中沉淀而使水得以澄清。沉淀池的出水浊度一般都在10度以下。

6.2.2.1 基本结构

给水处理和废水处理所采用的沉淀池的池型与构造基本相同，只是因为在给水处理中，沉淀紧接在混凝之后，为了防止已经形成的矾花破碎，一般是将沉淀池紧靠在反应池处共建，使反应池中的水通过两池之间的穿孔花墙而直接进入沉淀池。

沉淀池多为钢筋混凝土结构,其内部通常按水的流态及功能划分为进水区、沉淀区、出水区和污泥区:①进水区。进水区的作用是使水流由絮凝池而通过与沉淀池之间的隔墙穿孔进入其内。为防止絮凝体破碎,穿墙孔宜沿水流方向渐次放大(喇叭状),以控制洞口流速不大于0.15 m/s。②沉淀区。沉淀区是液固分离的主体部分,有关介绍参见下面的6.2.2.2内容。③出水区与出水堰。出水区的功能是将水从沉淀区整个过水断面汇集起来,而后通过出水堰、出水渠排出池外。沉淀池的出水堰多采用三角溢流堰(由一系列齿深5 cm左右的直角三角堰构成的锯齿形堰口组成)或穿孔集水渠(即一系列的淹没式孔口出水)两种形式,其目的是控制堰口溢流速度小于500 $m^3/(m \cdot d)$,若不能满足此要求,则就增加水堰的长度。当采用淹没式孔口出流时,可将孔口平置于水面以下12~15 cm处(孔径多为20~30 mm),孔口流速需控制为0.6~0.7 m/s,以使孔口出流能够自由地跌落至出水渠中。④排泥装置。常用的有3种方法:一是平底+刮泥,用刮泥车的刮泥板将沉泥刮到一侧(平流式)或中间(辐流式)的泥斗中,再定期重力排出池外;二是在沉淀池起端设置45°~60°的排泥斗,使沉泥依靠重力滑入其中,然后定期由排泥管排出池外;三是使用吸泥机将沉泥直接吸出池外。村镇水厂一般采用多斗重力排泥或穿孔管排泥。

6.2.2.2 各类沉淀池特点与比较

沉淀池的池型有4种:①平流式沉淀池。平面呈矩形,水流自一端进入,按流向从另一端溢出。②斜板(管)式沉淀池。在平流沉淀池的沉淀区内加设与水平面成一定角度(一般为60°)的斜板或斜管而成。③辐流式沉淀池。池表面呈圆形或方形,水流由中心管自底部进入,然后均匀地沿池子半径向四周变速辐射,流动中絮状物被逐渐分离下沉、清水则从四周环形水槽排出。④竖流式沉淀池。表面多为圆形,水流从池中央下部进入,由下向上流动,沉淀后再从池边溢出。给水处理中常用的是平流式沉淀池和斜板(管)式沉淀池,辐流式沉淀池主要适用于高浊度水(如黄河水)的预沉淀,竖流式沉淀池则主要用于废水处理。各类沉淀池的适用条件见表6-7。

表6-7 各类沉淀池适用条件

类型	设计参数	优点	缺点	适用条件
平流式	狭长的矩形平底结构(微坡0.01~0.02),一般的设计参数拟定为池内平均水平流速 $v=10\sim20$ mm/s,水力停留时间(即沉淀时间)$T=1\sim3$ h,池长 $L=3.6vT$,池内有效水深 $H=2.5\sim3.5$ m(超高0.3~0.5 m),池宽 B 由处理水量 Q 及 H、v 求得,即 $B=Q/Hv$。根据经验,L、B、H 存在关系 $L/B>4$、$L/H>10$,且池宽较大时应采用导流墙将池子纵向分格,每格宜宽3~8 m、最大莫过15 m。一般液面负荷为1~3 $m^3/(m^2 \cdot h)$。	处理水量大小不限,沉淀效果好;对水量和温度变化的适应能力强;平面布置紧凑,构造简单,施工方便,造价低,运行管理简便	不配机械排泥装置时,排泥较困难,占地面积较大	大、中、小型给水及污水处理工程均可采用

续表 6-7

类型	设计参数	优点	缺点	适用条件
斜板式	按水流在斜板沉淀池中的流动方向分为上向流、下向流和侧向流三种：①上向流式。进水从池的一侧下部（称配水区，高度宜不小于1.5 m），进入池后向上穿过斜板斜管区进入清水集水区（高度宜不小于1.0 m），斜板（管）长1 m、倾角60°、板间距3～5 cm。②下向流式。水流先从上向下通过斜板进行泥水分离，再在各斜板缝隙之间把上面一层清水收集起来（缝隙的下层为正在下滑的沉泥）。③斜向流式。斜板沿水流方向（平向流动）平行设置。目前使用的斜板斜管材料有塑料、木材、石棉水泥板、玻璃钢等，定型斜管管径一般为25～35 mm。中、小规模的斜流式沉淀池大多都采用异向流进水和穿孔管法排泥，水在斜管内滞留5.8～7.2 min，适宜液面负荷7.2～9.0 $m^3/(m^2 \cdot h)$，穿孔管则按下倾30°～45°布置，管径通常不小于150 mm，管材可选钢管、铸铁管或钢筋混凝土管	上向流斜板斜管技术发展成熟；下向流式的产水能力比上向流式高；斜向流式便于进出水的衔接，布水也较均匀，池子相对较浅	上向流式的池深一般较大，不易做到配水均匀；下向流式的各斜板缝内都需平向设置清水收集支渠，结构比较复杂	上向流式多适用于中小型给水工程；下向流式实际应用极少；斜向流式适用于大中小各种规模的沉淀池以及老沉淀池的改造、扩建和挖潜
辐流式	池型为圆形，直径通常在20 m以上，池底略向中心倾斜，一般采用机械排泥，刮泥机每小时旋转几周，把污泥刮到池中心，然后依靠静水压力而排出池外	可满足大水量的沉淀处理	因采用中心进水管进水，故不适用于混凝后的沉淀	多用于废水处理或高浊废水（如黄河水）的预沉淀处理
竖流式	采用中心进水管进水，管内流速较高，会使混凝产生的矾花受到过高的剪力而破碎，故一般不适于给水的混凝沉淀处理工艺			主要适用于废水处理

6.3 澄清

以上所讨论的混凝和沉淀是当做两个单元过程对待的：即水中脱稳杂质通过碰撞结合成相当大的絮凝体，然后在沉淀池下沉。澄清池则是将此两大过程中的三个环节（即混合、絮凝、沉淀）综合于一个构筑物中而主要依靠活性泥渣层达到澄清目的的。研究证明，新形成的沉淀泥渣具有较大的表面积和吸附活性（称为活性泥渣），它对水中微小悬浮物和尚未脱稳的胶体仍有良好的吸附作用，因此当经过混凝处理后（即脱稳杂质）的水流与其接触时，便会令活性泥渣层阻留下来而加速沉淀，使水获得澄清。澄清池主要适用于给水处理，也可应用于废水处理，以去除原水中的胶体（尤其是无机性胶体颗粒）。

6.3.1 基本原理

在澄清池中通过机械或水力作用让已经生成的絮凝体悬浮起来形成矾花颗粒(悬浮泥渣层),其中悬浮物浓度一般为 3 ~ 10 g/L,当投加混凝剂的原水通过它时,水中新生成的微絮粒便会被迅速地吸附在矾花上,从而达到应有的去除效果。

6.3.2 澄清池

澄清池的构造形式很多,一般依工作原理的差异可分为两大类:一类称泥渣悬浮型,包括悬浮澄清池、脉冲澄清池;另一类称泥渣循环型,包括机械搅拌澄清池和水力循环加速澄清池。

6.3.2.1 机械搅拌澄清池

机械搅拌澄清池也称机械加速澄清池,是目前给水领域运用最普遍的澄清处理方式。

(1)主要构筑物。池体多为圆形钢筋混凝土结构,小型的也有钢板结构。主要构造包括第一反应室、第二反应室、导流室和泥渣浓缩室,如图 6-2 所示。此外还有进水系统、加药系统、机械搅拌提升系统等。

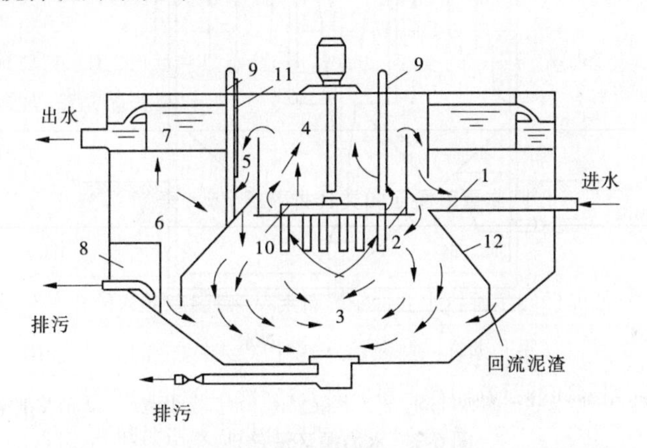

1—进水管;2—进水槽;3—第一反应室(混合室);4—第二反应室;5—导流室;6—分离室;7—集水槽;8—泥渣浓缩室;9—加药管;10—机械搅拌器;11—导流板;12—伞形板

图 6-2 加速澄清池示意图

(2)工作原理与工艺流程。原水由进水管通过环形配水三解槽,从底边的调节缝流入第一反应室,混凝剂可以加在配水三角槽中,也可以加到反应室中。第一反应室周围被伞形板包围着,其上部设有提升搅拌设备,其叶轮的转动在第一反应室内形成涡流,使原水、混凝剂以及回流过来的泥渣充分接触混合,由于叶轮的提升作用(提升流量可为进水流量的 3 ~5 倍),水由第一反应室提升到第二反应室(水在第一室与第二室的停留时间宜控制为 20 ~30 min),继续进行混凝反应。第二反应室为圆筒形,水从筒口四周流出到导流室。导流室内有导流板,使水平稳地流入分离室,分离室的面积较大,可使水流速度突然减小,造成泥渣依靠重力下沉而与水分离。分离室上层清水经集水槽与出水管流出池外。下沉的泥渣一部分进入泥渣浓缩室,经浓缩后排放,而大部分泥渣在提升设备作用下通过回流缝又回到第一反应室,重复上述流程进行再循环。水在池中的总停留时间一般需 1.2 ~ 1.5 h。

(3)特点与适用条件。净水效果好,处理稳定,对水质水量变化的适应性强(进水悬浮物含量 <5 000 mg/L,短时间允许 5 000 ~ 10 000 mg/L),适用于各种规模的给水处理工程。不足之处是需要进行机电维修,同时占地面积也比较大。

6.3.2.2 **水力循环澄清池**

水力循环澄清池与机械搅拌澄清池的工作原理相似,不同的是它利用水射器形成真空自动吸入活性泥渣与加药原水进行充分混合反应,这样省去了机械搅拌设备,使构造更为简单、节能,并使维护管理更为便捷一些。

(1)主要构筑物。水力循环澄清池的构造见图 6-3,其主要由四个部分组成:①进出水系统,包括进水管、出水槽、出水管;②混凝系统,包括喷嘴、喉管、喇叭口、第一絮凝室和第二絮凝室;③分离系统,主要指分离室;④排泥系统,包括浓缩室、排泥管、放空管。

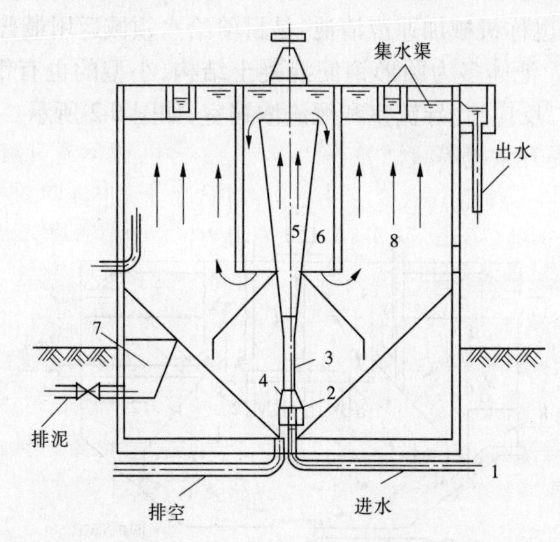

1—进水管;2—喷嘴;3—喉管;4—喇叭口;5—第一絮凝室;6—第二絮凝室;7—泥渣浓缩室;8—分离室

图 6-3 水力循环澄清池

(2)工作原理与工艺流程。原水从池底进入,先经喷嘴 2 高速喷入喉管 3,在喉管下部喇叭口 4 附近造成真空而吸入回流泥渣,原水与回流泥渣在喉管 3 中剧烈混合后被送入第一絮凝室 5 和第二絮凝室 6,从第二絮凝室流出的泥水混合液在分离室中进行泥水分离。清水向上(上升流速一般为 0.7 ~ 1.0 mm/s),泥渣则一部分进入泥渣浓缩室 7、一部分被吸入喉管重新循环,如此周而复始。原水流量与泥渣回流量之比一般为 1:2 至 1:4(即泥渣回流量为进水量的 2 ~ 4 倍)。水在池中的总停留时间需 1.0 ~ 1.5 h,其中在第一絮凝室时间为 15 ~ 30 s,在第二絮凝室时间为 80 ~ 100 s。

(3)特点与适用条件。水力循环澄清池适用于村镇中、小水厂(尤其适用于与无阀滤池配套使用)。国家有标准图集,单池产水量为 40 ~ 320 m^3/h(单池日生产能力 <7 500 m^3/d)。进水悬浮物含量一般要求小于 2 000 mg/L、短时间内允许出现 5 000 mg/L。

6.3.2.3 **脉冲澄清池**

脉冲澄清池内的水流形态类似于竖流式沉淀池,即进水从池的底部进入而向上流动,最后形成的清水从上部集水槽排出。其工作原理和工艺流程是，用水的上升流速使矾花保持悬浮，以此在池中形成泥渣悬浮层，当进水中的小颗粒通过泥渣层时便被絮凝截留。这种澄清池的关键部件是脉冲发生器(分真空式、钟罩式、虹吸式等多种)，在脉冲水流作用下，池内始终处于间歇的周期性(一般为 30 ~ 40 s)供水状态：进水期间泥渣悬浮层上升；停水期间泥渣悬浮层下沉。当泥渣层增长超过预定高度时，多余的泥渣则从池底的穿孔排泥管排出池外(另一方式是从池壁设置的排泥口而滑入泥渣浓缩室，然后再定期排出池外)。

脉冲澄清池具有布水均匀、混合充分、池深较浅(一般 4 ~ 5 m)的优点。不足之处是需要一套抽真空设备，操作管理比较麻烦。一般适用于进水悬浮含量小于 3 000 mg/L (短时间允许 5 000 ~ 10 000 mg/L)的各种规模的水处理厂。

6.3.2.4 悬浮澄清池

投加混凝剂的原水，先经过空气分离器分离出水中空气，再通过底部穿孔配水管进入悬浮泥渣层。清水向上分离，原水得到净化，悬浮泥渣在吸附了水中悬浮颗粒后将不断增加，多余的泥渣便自动地经排泥孔进入浓缩区，浓缩到一定浓度后，由底部穿孔管排走。

悬浮澄清池对水量、水温敏感(一般要求每小时流量变化应小于 10%、水温变化小于 1 ℃)，当进水悬浮物含量小于 3 g/L 时可用单池进行处理，达到 3 ~ 10 g/L 时则需用双层池进行处理。目前由于处理效果不够稳定而较少再用。

6.4 过滤

水在经过混凝、沉淀、澄清处理以后，大部分的悬浮物已被除去，但这样的水质一般还不能满足饮用水标准和进一步深处理的工艺要求，故通常需要在沉淀池或澄清池之后、消毒和深处理工艺(如需要时可选择活性炭吸附、离子交换、膜分离等)之前进行水质过滤。过滤是利用过滤介质对流体中的悬浮颗粒进行截留、从而完成固液分离、使水得以净化的过程。这种过滤用的设施称为过滤器或过滤池。过滤用的粒料或非粒状材料介质叫滤料，堆在一起的滤料层称为滤层。一般情况下，经过前处理的来水浊度都低于 10 NTU，在实际处理时，如果原水浊度不超过 25 NTU 或不超过 100 NTU 且水质较好时，可不经澄清而直接过滤。即在生活饮用水的净化工艺中，有时沉淀池或澄清池是可以省略的，但过滤却是必不或缺的单元，这个环节是保证生活饮用水卫生安全的关键工序。过滤可以去除粒径在 2 ~ 5 μm 的细小颗粒物，经过过滤的出水浊度通常可低于 1 度(NTU)。

6.4.1 过滤原理

总的来看，过滤可以分为慢速过滤和快速过滤两种类型，其过滤原理明显不同。

慢速过滤的主要机理是滤层表面的机械筛除作用，即由大小不同的滤料颗粒组成的滤层像一个“筛子”(滤膜)，当来水通过时，可以使比孔隙大的悬浮颗粒首先被截留在孔隙处，从而使滤料颗粒间的孔隙越来越小，由此也使以后到达的较小悬浮颗粒亦相继被截留下来，最后使水质得到净化。当然，随着悬浮颗粒在滤膜内的积累，“筛子”的过滤效率会逐渐降低，因此每隔一段时间(一般 2 ~ 3 个月)必须停止滤水，将滤层表面的 2 ~ 3 cm

泥沙刮掉(称刮砂)。刮砂破坏了原有的滤膜,在重新开始过滤时还需要经历一个成熟期(1~2 周)。慢速过滤的致命缺点就是水流速度太慢(一般在 10 m/d 以内)、设备占地面积太大,所以当今已基本淘汰,取而代之的就是快速过滤。

快速过滤的主要机理是滤层内部(即深层过滤)的迁移、附着作用,尽管滤层的表面对大颗粒也有机械筛除作用。迁移包括 5 种情况:一是由于孔隙不规则而导致颗粒在流线的会聚处直接碰到滤料表面被拦截;二是粒径和密度较大的颗粒在重力作用下会偏离流线方向而沉淀到滤料表面上;三是具有较大动量和密度的颗粒在绕过滤料表面时会因惯性作用而脱离流线碰到邻近的滤料表面上;四是微小的颗粒会因布朗运动而扩散到滤料表面上;五是黏性颗粒受剪应力作用产生径向运动或转动而脱离流线与滤料表面接触。附着主要是指通过迁移而到达滤料表面的颗粒在物理化学力(包括范德华引力、静电力、化学键和化学吸附等)的作用下使之黏附于滤料表面上不再脱离而从水中除去。快速过滤的过程为:当来水进入滤层时,较大的悬浮颗粒首先被截留下来(机械筛除)。而较微细的悬浮颗粒则进入滤料层内,然后经过迁移、附着而大部被截留下来。一些附着不牢或者由于吸附量过大、造成孔隙度小、导致过水流速增大而使被截留颗粒又被冲刷脱附,随水流带到下一层滤料之中。这样,就在净化水质的同时也使滤层深处的被截留物质逐渐多了起来,最后形成阻力不断增大。一般当滤池的水头损失达到最大允许值时,就需要停止过滤而进行反冲洗处理。早期快滤池的滤速要求达到 5 m/h 以上,现代的快滤池滤速可达 40 m/h 以上。

6.4.2 滤池的类型、构造及工艺过程

6.4.2.1 滤池分类

滤池的形式很多,按滤速大小,可分为慢滤池、快滤池和高速滤池;按水流过滤层的方向,可分为上向流、下向流、双向流等;按滤料种类,可分为砂滤池、煤滤池、煤-砂滤池等;按滤料层数,可分为单层滤池、双层滤池和多层滤池;按水流性质,可分为压力滤池和重力滤池;按进出水及反冲洗水的供给和排出方式,可分为普通快滤池、虹吸滤池、无阀滤池等。

6.4.2.2 滤池构造

滤层的种类虽然很多,但其基本构造是相似的,一般都是在普通快滤池的基础上加以改进而来的,通常包括池体(钢筋混凝土结构)、滤料层、配水系统和承托层、反冲洗装置和各种给排水管道或管渠等。

1)滤料层

滤料层是滤池的核心部分,滤料质量对过滤效果影响至关。因此,必须要求滤料有足够的机械强度和足够的化学稳定性以及合理的颗粒级配和适当的孔隙率。石英砂是使用最为广泛的滤料。在双层和多层滤料中,常用的还有无烟煤、石榴石、磁铁矿、金刚砂等。在轻质滤料中,则有聚苯乙烯、陶粒及纤维球等。

水处理工艺设计时可根据不同情况分别依照《室外给水设计规范》(GB50013—2006)和《村镇供水工程技术规范》(SL310—2004)进行(见表 6-8、表 6-9,两规范中的 d_{10} 表示滤料重量 10% 的筛孔孔径,它反映滤料中的细颗粒尺寸 d_{min};d_{80} 表示滤料重量 80% 的筛孔孔径,它反映滤料中的粗颗粒尺寸 d_{max};K_{80} 表示不均匀系数,它反映了滤料级差)。

表 6-8　室外给水滤池的滤速及滤料组成

滤料种类	滤料组成				正常滤速(m/h)	强制滤速(m/h)
	滤料	粒径(mm)	不均匀系数 K_{80}	厚度(mm)		
单层细砂滤料	石英砂	$d_{10}=0.55$	<2.0	700	7~9	9~12
双层滤料	无烟煤	$d_{10}=0.85$	<2.0	300~400	9~12	12~16
	石英砂	$d_{10}=0.55$	<2.0	400		
三层滤料	无烟煤	$d_{10}=0.85$	<1.7	450	16~18	20~24
	石英砂	$d_{10}=0.55$	<1.5	250		
	重质矿石	$d_{10}=0.25$	<1.7	70		
均匀级配粗砂滤料	石英砂	$d_{10}=0.9\sim1.2$	<1.4	1 200~1 500	8~10	10~13

表 6-9　村镇给水滤池的滤速及滤料组成

类别	滤料组成			正常滤速(m/h)	强制滤速(m/h)
	粒径(mm)	不均匀系数 K_{80}	厚度(mm)		
石英砂单层过滤	$d_{min}=0.5$ $d_{max}=1.2$	<2.0	700	6~8	8~12
双层滤料过滤	无烟煤:$d_{min}=0.8$ $d_{max}=1.8$	<2.0	300~400	8~12	12~16
	石英砂:$d_{min}=0.5$ $d_{max}=1.2$	<2.0	400		

2)承托层

承托层一般是配合大阻力配水系统使用,位于滤料层与底部配水系统之间,主要作用是承托滤料以防止其从配水系统流失,同时在反冲洗时向滤料层均匀布水。承托层一般由天然卵石或砾石组成,其粒径和级配应根据冲洗时所产生的最大冲击力确定。为了保证反冲洗时承托层不发生移动和防止滤料流失,承托层可采用分层布置。单层或双层滤料的承托层粒径和厚度见表 6-10,三层滤料的承托层见表 6-11。

表 6-10　单层和双层滤料承托层粒径与厚度

层次(自上而下)	粒径(mm)	厚度(mm)
1	2~4	100
2	4~8	100
3	8~16	100
4	16~32	本层顶面至少高出配水系统的孔眼 100 mm

表 6-11　三层滤料承托层材料、粒径与厚度

层次(自上而下)	材料	粒径(mm)	厚度(mm)
1	重质矿石(如石榴石、磁铁矿等)	0.5~1.0	50
2	重质矿石(如石榴石、磁铁矿等)	1~2	50
3	重质矿石(如石榴石、磁铁矿等)	2~4	50
4	重质矿石(如石榴石、磁铁矿等)	4~8	50
5	砾石	8~16	100
6	砾石	16~32	本层顶面至少高出配水系统的孔眼 100 mm,当配水系统采用滤砖且孔径为 4 mm 时此层可不设

如果采用小阻力配水系统,承托层可不设,或者适当铺设一些粗砂或细砾石即可。

3)配水系统

配水系统位于滤池的底部,其作用是:在过滤时,均匀地收集滤后水;在反冲洗时,使冲洗水均匀地分布到整个滤池面积上。尤其配水的均匀性对反冲洗效果影响至关。若配水不均匀,水量小处,则往往造成滤料膨胀度不够而导致清洗不完全;水量大处,又造成反冲洗强度过高而把滤料冲出滤池,甚至还会导致局部承托层发生移动而出现漏砂现象。根据反冲洗时配水系统对反冲洗水产生的阻力大小,可分为大阻力配水系统和小阻力配水系统两种。

大阻力配水系统是在快滤池的底部中央设一根干管或干渠,干管两侧接出若干根相互平行的支管,支管下方分出两排与管中心成45°角且交错排列的配水小孔。反冲洗时,水流从干管起端进入后流入各支管,再由各支管的孔口流出经承托层自下而上对滤层进行清洗,最后流入排水槽排出。常见于滤池面积不大于 100 m^2 的情况,配水系统主要设计参数见表6-12。

表 6-12　穿孔管大阻力配水系统设计参数

类别	设计参数	类别	设计参数
干管起端流速(m/s)	1.0~1.5	配水孔直径(mm)	9~12
支管起端流速(m/s)	1.5~2.0	配水孔心距(mm)	75~300
孔口流速(m/s)	5.0~6.0	支管中心距(m)	0.2~0.3
开孔比(配水孔口总面积与滤池面积之比%)	0.2~0.28	支管长度与直径比	<60

注:当干管(渠)直径大于 300 mm 时,干管(渠)顶部应开孔布水,并在孔口上方设挡板;干管(渠)的末端应设直径为 40~100 mm 的排气管,管上装阀门。

配水系统不仅均匀分布反冲洗水,同时也收集滤后水。只是由于冲洗流速远大于过滤流速,所以只要能够保证冲洗水分布均匀,过滤时的集水均匀性也就自无问题。大阻力配水系统的优点是配水均匀性好,但系统结构较复杂,检修比较困难,而且水头损失很大(通常在3.0 m以上),冲洗时需要专用设备(如冲洗水泵),动力耗能较大。

小阻力配水系统不采用穿孔管,而是在滤池底部留有较大的配水空间,在其上铺设穿孔滤板(砖),板(砖)上再铺设一层或两层尼龙网后,直接铺放滤料(尼龙网上也可适当铺设一些卵石)。小阻力配水系统结构简单,冲洗水头通常小于0.5 m,但配水均匀性较大阻力配水系统差,一般仅用于单格面积不大于20 m^2 的无阀滤池、虹吸滤池等。

4)反冲洗装置

为清除滤层中所截留的污物,恢复滤池的过滤能力,一般当水头损失增至一定程度(2~2.5 m)而导致滤池产水量减少或出水水质不符合要求时,就需要停止过滤而进行反冲洗。常用的反冲洗法有高速水流反冲洗和气、水反冲洗等。

高速水流反冲洗是利用流速较大的反向水流冲洗滤料层,使截留于滤层中的污物在水流剪力与滤料颗粒碰撞摩擦的双重作用下从滤料表面脱落下来,然后被冲洗水带出滤池。在整个冲洗过程中,滤料层呈流态化状态并最终具有一定的膨胀度(滤层膨胀后所增加的厚度与膨胀前厚度之比),冲洗效果就取决于冲洗强度(由冲洗流速换算而成,1 cm/s=10 L/(m^2·s))、滤层膨胀度及冲洗时间,反冲洗三要素关系可依据《室外给水设计规范》(GB50013—2006)列表于6-13。

表6-13　冲洗强度、滤层膨胀度和冲洗时间(水温20 ℃)

滤层	冲洗强度 [L/(m^2·s)]	膨胀度(%)	冲洗时间(min)
单层细砂级配滤料	12~15	45	5~7
双层煤、砂级配滤料	13~16	50	6~8
三层煤、砂、重质矿石级配滤料	16~17	55	5~7

高速水流反冲洗方法操作方便,池子结构和设备也相对简单,是广泛采用的一种冲洗方式。其最大缺陷是冲洗耗水量大,冲洗结束后滤料上细下粗分层明显。为此也就引出了另外的一种反冲洗方法——气、水反冲洗法。

气、水反冲洗是利用鼓风机或空气压缩机和储气罐产生的上升气泡将附着于滤料表面的污物先擦洗下来,使之悬浮于水中,然后再用水反冲把污物排出池外。因为气泡能有效地使滤料表面的污物破碎、脱落,故水冲强度可适当降低,即可采用所谓"低速反冲"。气、水反冲洗操作方式主要有:①先用空气反冲,然后再用水反冲;②先用气、水同时反冲,然后再单独用水反冲;③先用空气反冲,然后用气、水同时反冲,最后再用水单独反冲(或漂洗)。具体冲洗程序、冲洗强度及冲洗时间的选用需根据滤料种类、密度、粒径级配及水质水温等因素确定,也与滤池构造形式有关。气、水反冲洗法克服了高速水流反冲洗法的弊端,但池子结构及冲洗操作却相对复杂。

6.4.2.3　滤池工艺过程

快滤池的运行是"过滤—反冲洗"两个过程交替进行的。滤池工作时,来水从进水管分配入滤池并在池内自上而下地穿过滤层、承托层,由配水系统收集后经出水管送出。工作期间,滤池处于全浸没状态。经过一段时间过滤后,滤池会被悬浮物质阻塞,使水头损失增大到一个极限值,或者是由于水流冲刷造成悬浮颗粒从池中大量带出,导致水质不符合要求,这时就应该停止过滤而进行反冲洗。反冲洗时,关闭进水管及出水管,开启排水阀及反冲洗进水管,使反冲洗水自下而上地通过配水系统、承托层、滤层,最后由排水槽收集并经排水管排出池外。在反冲洗过程中,由于反冲洗水的作用,使滤料出现流化、颗粒之间产生相互摩擦和碰撞,从而使滤料表面的附着物被冲刷下来而流走。滤池经反冲洗后,可恢复过滤能力,重新投入工作。两次反冲洗的时间间隔称为过滤周期(或称工作周期)。一般快滤池的工作周期为 12 ~ 24 h。

6.4.2.4 滤池的运行管理

快滤池的运行管理除要搞好日常操作和必要的水质分析外,还要定期进行滤速、冲洗强度、滤层膨胀率的测定。

1)滤速的测定

用近似方法测定:关闭进水阀门后立即开始记录时间,直至滤池水位下降到排水口附近时止,并记下水位下降高度。用式(6-1)算出滤速的近似值:

$$v = \frac{H}{t} \times 3\ 600 \tag{6-1}$$

式中:v 为滤速,m/h;H 为滤池水位下降高度,m;t 为滤池水位下降 H 高度时所用的时间,s。

2)反冲洗强度的测定

反冲洗强度是指单位时间内单位滤池面积上所通过的冲洗水量。当采用水塔或水箱进行反冲洗时,先开启反冲洗阀门,当滤池内水位上升到与排水槽口持平时,开始记录时间直至反冲洗完毕并记下水塔或水箱水位下降数。

$$q = \frac{F_1 \cdot H}{F_2 \cdot T} \times 1\ 000 \tag{6-2}$$

式中:q 为反冲洗强度,L/($m^2 \cdot s$);F_1 为水塔或水箱面积,m^2;F_2 为滤池面积,m^2;H 为水塔或水箱水位下降高度,m;T 为反冲洗时间,s。

当采用冲洗水泵进行反冲洗时,先将滤池内水位降到滤层面以上 10 ~ 20 cm,然后开启反冲洗泵与阀门,待反冲洗水上升流速稳定后,测定水位上升高度和所用时间,然后用式(6-3)计算:

$$q = \frac{H \times 1\ 000}{T} \tag{6-3}$$

式中:q 为反冲洗强度, L/($m^2 \cdot s$); H 为滤池水位上升高度,m;T 为水位上升 H 高度所用时间,s。

3)滤池膨胀率的测定

先制作一个测定膨胀率用的工具。在长 2 m、宽 10 cm 的木板上沿长度方向自距一端(作底部)10 cm 开始每隔 2 cm 设置铁皮小斗一只,交错排列(共 20 只),固定直立于池内滤层表面。冲洗完毕后,检查小斗内遗留下来的砂粒,从发现滤料的最高小斗至冲洗前砂面的高度,即为滤料层的膨胀高度。滤池膨胀率用式(6-4)计算:

$$e = \frac{H}{H_0} \times 100\% \tag{6-4}$$

式中:e 为滤料膨胀率,%;H 为滤层膨胀高度,cm;H_0 为滤层高度,cm。

6.4.2.5 滤池常见故障及排除方法

快滤池的常见故障有气阻、结泥球和跑砂、漏砂现象等。

1)气阻

滤池过滤时,由于某种原因,在滤料层中会积聚大量空气,特别是当滤料层内出现"负水头"时,这部分滤料层内就呈现出真空状态,从而使水中的溶解气体逸出并积聚在滤层中,导致滤水量显著减少。冲洗时,气泡会冲出滤层表面,因而出现大量空气。它是形成滤料层裂缝、水质恶化的重要原因。这种现象称作"气阻"或"气团"。为了防止这种现象的产生,根本的措施就是不使产生"负水头"。具体方法上可以增高滤料层上的水深;而在池深已定的情况下,也可采取调换表面滤料、增大滤料粒径的办法;有时还可适当加大滤速以促使整个滤料层内的积污分布比较均匀。

2)结泥球

滤料层中之所以会结泥球,主要是由于长期冲洗不净、使滤料层面上逐渐累积胶质状污泥并相互黏结的缘故。这种污泥的主要成分是有机质,结泥球严重时会造成腐化发臭。为解决结泥球问题,首先应从改善冲洗措施着手:比如检查冲洗时滤层膨胀程度是否达到规范与设计要求,如若不然可适当调整冲洗强度和冲洗时间,有条件的还可另加表面冲洗装置或压缩空气辅助冲洗。

对于已出现结泥球的滤池,可采用以下方法予以排除:①翻池人工清洗,并检查承托层有否移动和配水系统有否堵塞;②滤池反冲洗后暂停使用,然后保留滤料面上水深20~30 cm,加氯浸泡12 h,最后再进行反冲洗加氯,用量为:漂白粉1 kg/m^2 池面积,液氯0.3 kg/m^2 池面积。这个方法是利用高浓度的氯水来杀灭结泥球中的有机物。

3)跑砂、漏砂

如果冲洗强度过大或滤料级配不当,反冲洗时往往会冲走大量细滤料。另外,如果冲洗水分配不均匀,则会导致承托层发生移动,进一步反促冲洗水分布更不均匀,最后甚至造成一部分承托层被淘空,使大量滤料通过配水系统而漏失。如果出现这类情况,应首先检查配水系统,并适当调整冲洗强度。

6.4.3 普通快滤池设计与各种滤池的特点比较

滤池有多种分类方法。按滤速分慢滤池、快滤池和高速滤池;按水流方向分下向流、上向流、双向流等;按滤料分普通砂滤池(快滤池)、煤-砂双层滤池、煤-砂-磁铁矿(或石榴石)三层滤池、陶粒滤池、硅藻土滤池、纤维球滤池等;按滤池使用的阀门数分四阀滤池(快滤池)、双阀滤池、单阀滤池、无阀滤池、虹吸滤池等;按过滤驱动力分重力滤池和压力滤池;按运行方式分间歇滤池(过滤、冲洗交替进行)和连续滤池(如移动冲洗滤池)。在常见的水处理工艺中,普通快滤池是应用最广泛的池型,其他则大多是在此基础上发展演变出来的,故这里就重点介绍一下普通快滤池的结构设计,其他形式的滤池则列表于后供对比参考。

6.4.3.1 普通快滤池设计

1)构造及工艺过程

普通快滤池一般由钢筋混凝土建造,池内自上而下依次主要设置排水槽、滤料层、承托层和配水系统;池外主要是集中管廊,廊内配有浑水进水管、清水出水管以及冲洗水管、冲洗水排出管和各自阀门等附件。过滤时,经沉淀或澄清后的水由浑水进水管(总、支管)进入池内,然后经冲洗排水槽由上而下通过滤料层、承托层,再由配水支管收集、经配水干管而送入池外的清水支管、清水干管,最后流向下一处理单元或供水管网;反冲洗时,先关闭浑水进水支管和清水支管上的阀门,同时开启冲洗水支管上阀门及排水阀门,冲洗水便从冲洗水干管、冲洗水支管而进入滤池底部,然后通过配水支管和配水支管上均匀分布的孔眼(此环节与过滤时共用,只是流向相反)在整个滤池平面上流出,自下而上地穿过承托层和滤料层,对滤料进行反冲洗。反冲洗后废水溢入排水槽(此环节亦与过滤时共用,只是流向相反)并通过排水阀门汇入废水渠和下水道。

2)结构与构造设计

(1)滤池个数及单池面积。

先计算出所需的滤池总面积 F:

$$F=\frac{1}{3\ 600}\frac{Q}{V} \tag{6-5}$$

式中:Q 为水厂的设计处理水量,m^3/h;v 为设计流速,m/s。

再计算滤池个数 n:

$$n=\frac{F}{F'} \tag{6-6}$$

式中,F'为单池面积,m^2。

滤池个数增多,则单池面积减小,强制流速降低,运转相对灵活,冲洗效果较好,但滤池总造价上升,操作管理也较麻烦。若单池面积过大,则冲洗效果欠佳,尤其是当某个滤池停产检修时,对水厂生产影响更大。设计时,滤池个数可参照表 6-14 选取,但任何时候都不能少于 2 座。

表 6-14　单池面积与总池面积　(单位:m^2)

滤池总面积	单池面积	滤池总面积	单池面积
60	15 ~ 20	250	40 ~ 50
120	20 ~ 30	400	50 ~ 70
180	30 ~ 40	600	60 ~ 80

表 6-8、表 6-9 中分别有两个流速。在设计时,用正常流速计算滤池面积和个数,用强制流速进行校核,即按 1 个或 2 个滤池停产检修时,其余滤池能够分担全部的滤池(设计)负荷(单位时间、单位面积滤池的过滤水量)。

(2)滤池尺寸的确定。单池平面可为正方形或矩形。滤池长宽比决定于处理构筑物的总体布置,同时与造价也有关,应通过技术经济比较确定。一般情况下,单池的长宽比可参照表 6-15。

表 6-15 滤池长宽比

单个滤池面积(m^2)	长:宽
≤30	1:1
>30	1.25:1 ~ 1.5:1
采用旋转式表面冲洗时	1:1,2:1,3:1

滤池的总深度包括:①滤池保护高度 0.2 ~ 0.3 m;②滤层表面以上水深 1.5 ~ 2 m;③滤层厚度,单层滤料一般为 0.7 m、双层为 0.7 ~ 0.8 m;④承托层厚度见表 6-10、表 6-11。此外,还需要考虑配水系统的高度。滤池总深度一般为 3.0 ~ 3.5 m。

(3)管(渠)设计。快滤池管渠断面应根据设计流速确定(见表 6-16)。若今后处理水量有增大的可能,流速宜取低限。

表 6-16 快滤池管(渠)设计流速 (单位:m/s)

管渠	进(浑)水	出(清)水	冲洗水	排水
设计流速	0.8 ~ 1.2	1.0 ~ 1.5	2.0 ~ 2.5	1.0 ~ 1.5

(4)管廊布置。集中布置滤池的管渠、配件及阀门的场所称为管廊。管廊中的管道一般采用金属材料,也可采用钢筋混凝土渠道。在布置形式上,一般滤池个数少于 5 个时宜采取单行单侧排列(即将管廊置于滤池一侧)、超过 5 个时宜采取双行中间排列(即将管廊置于两排滤池的中间)。管廊布置应力求紧凑、简捷;要有良好的防水、排水、通风、照明设施;要留有设备及管件安装和维修的必要空间。

(5)排水槽设计。排水槽总面积一般不应大于滤池面积的 25%,相邻两槽的中心距一般为 1.5 ~ 2.0 m(间距过大会影响排水的均匀性),上部留出 7 cm 左右超高、槽底高出废水渠起端水面 20 cm,废水渠常布设于滤池池壁的一侧位置。

(6)设计中注意的问题。①滤池底部沿坡向(坡度 0.005)设排空管,排空管入口处设栅罩;②每个滤池宜装水头损失计及取样管;③滤池壁与砂层接触处应拉毛成锯齿状,以免过滤水在此形成短流;④滤池清水管上应设置短管,管径一般采用 75 ~ 200 mm,以便排放滤水;⑤各种密封渠道上应设人孔,以便检修;⑥用于污水处理时,由于其黏度和悬浮物的含量比给水要高,所以可结合实际情况适当加大滤料的粒径和滤层厚度,同时还可提高反冲洗强度;⑦设计普通快滤池可采用国家标准图集 S725 ~ S729,其产水能力为 40 ~ 240 m^3/h。

6.4.3.2 **各种滤池的特点比较**

将各种滤池的主要特点归纳入表 6-17。

表 6-17　各种滤池的特点比较

名称		主要构筑物及工艺	主要特点
快滤池	普通快滤池	采用大阻力配水系统，设有滤池进水、滤后清水、反冲洗进水、反冲洗排水四个阀门，池深 3.0～3.5 m，单池面积小于 100 m^2，反冲洗水头 6～7 m（冲洗前水头损失一般为 2～2.5 m）、反冲洗强度 15 L/（m^2·s），设公用的反冲洗水塔或水泵轮流进行冲洗	（1）滤层：①单层细粒石英砂，滤速 7～12 m/h；②粗粒石英砂或均匀陶粒，滤速 8～13 m/h（SL310—2004） （2）适用条件：单层－细粒石英砂适用于给水和较清洁的工业废水；单层粗粒石英砂等均粒滤料适用于二级处理出水、特别是生物膜消化和脱氮处理系统出水。总体上适用于大、中、小型水厂 （3）优缺点：单池面积较大，有成熟运行经验，可采用降速过滤，出水水质较好；阀门多，易损坏，必须配套反冲洗设备
快滤池	双层滤料滤池	基本同于普通快滤池	（1）滤层：①无烟煤、石英砂；陶粒、石英砂；纤维球、石英砂；活性炭、石英砂；树脂、石英砂；树脂、无烟煤等。②均匀－非均匀滤料，上层均匀滤料－均匀煤粒、塑料 372、ABS 颗粒 （2）适用条件：滤速 9～16 m/h（SL310—2004）。大、中型给水和二级处理出水 （3）优缺点：采用降速过滤，出水水质较好；方便旧池改造。滤料选择要求高，冲洗困难，易积泥，易流失
快滤池	三层滤料滤池	基本同于普通快滤池	（1）滤层：无烟煤、石英砂、石榴子石（磁铁矿石） （2）适用条件：滤速 16～24 m/h。中型给水和二级处理出水 （3）优缺点：截污能力大，降速过滤，出水水质较好
无阀滤池		也称重力式无阀滤池。这种滤池在滤料层上面设有顶盖，利用顶盖上储存的滤后水进行反冲洗（冲洗前水头损失一般为 1.5～2.0 m）、平均冲洗强度多设计为 15 L/（m^2·s），反冲后的水通过反冲排水虹吸管而排出池外	（1）滤层：单层砂滤料，滤速 6～10 m/h （2）适用条件：日处理水量 1 万 m^3 以下且单池面积一般不大于 16 m^2（少数也有达到 25 m^2 的）的小型水厂 （3）优缺点：无大型阀门，可自动进水、自动反冲洗，设备由工厂定型制造、安装快速简便，造价较低；小阻力配水系统，变水位等速过滤，管理简便；出水水位高于滤层，过滤时不会出现负水头现象。池深较大，池体结构较复杂，滤料处于封闭池内，装、卸均较困难，尤其检修时清砂很不方便

续表 6-17

名称		主要构筑物及工艺	主要特点
快滤池	虹吸滤池	通常由 6 ~ 8 个单元滤池组成,池型多为矩形、少为圆形,其滤料组成和滤速选定与普通快滤池相同,所不同的是每个单元滤池都配置了进水虹吸管和排水虹吸管,利用两根虹吸管替代完成了普通快滤池的大型阀门控制滤池运行的作用	(1)滤层与反冲洗:单层滤料。各单元滤池反冲洗交替进行,所需反冲洗水由其他单元滤池的滤后水提供,所以勿需配置冲洗塔或冲洗泵,但滤池必须成组设置,单元滤池不能单独生产,且滤池数目必须大于反冲洗强度与滤速的比值(滤速和反冲洗强度可分别选为 8 ~ 10 m/h、15 L/(m^2 · s),冲洗前水头一般控制为 1.2 m) (2)适用条件:日处理水量为 5 000 ~ 50 000 m^3 的中小型给水处理厂 (3)优缺点:无大型阀门、无专用反冲洗设备,操作管理方便,可比普通快滤池节约投资 20% ~ 30%;小阻力配水系统,恒速过滤;滤后水位壅高于滤层,过滤时不会发生负水头现象。主要缺点是池子较深,冲洗水量有时受滤池出水量的限制而影响冲洗效果
	移动冲洗罩滤池	简称移动罩滤池,由若干格滤池为一组进行单排或多排排列,各滤格的底部配水区和滤料层上部均对应连通,形成共用的进水、出水系统。该种滤池兼具了虹吸滤池与无阀滤池的某些特征	(1)滤层与反冲洗:单层滤料。运行时,利用一个可移动的冲洗罩依次轮流罩在各格滤池上,罩住的就冲洗,其余各格正常过滤。反冲洗滤池的所需之水由其余格滤池滤后水提供,冲洗废水利用虹吸或泵吸的方式从冲洗罩的顶部抽出 (2)适用条件:大、中型给水厂,单池不宜过大 (3)优缺点:池深浅、结构简单、移动冲洗罩对各格滤池循环连续冲洗,既勿需大型阀门、亦勿需水泵或水塔,管件少,造价低。滤池分格多,单池面积小,虽是小阻力配水系统,但配水均匀性较好。主要缺点是增加了机电及控制设备,移动罩维护工作量大,罩体与隔墙顶部之间的密封要求高
特制快滤池	压力滤池	压力滤池也称为过滤罐、压力过滤器或机械过滤器,是用钢制压力容器为外壳的一种快滤池,直径一般不超过 3 m,容器内装有滤料及进水和配水系统,容器外设置各种管道和阀门等,运行时由泵加水,滤后借助压力直接送水至管网、水塔或后续处理设备中	(1)滤层:单层、双层或三层滤料,多见为无烟煤、石英砂双层滤料 (2)适用条件:小型给水厂或临时应急供水,工业软化给水时常与离子交换器(罐)串联使用 (3)优缺点:立式滤层较深,卧式过滤面积较大;每个单元的出水可连续起来,互为反冲洗用水,可省去反冲洗设备;滤后水仍有较高余压,可省去清水泵站;有现成的成套产品,可直接购买使用,操作管理较方便。主要缺点是耗用钢材多,装卸、清砂不方便

续表 6-17

名称		主要构筑物及工艺	主要特点
特制快滤池	V型滤池	V 型滤池是 20 世纪 70 年代法国德格雷蒙(Degremont)公司设计的一种气水反冲均粒滤料快滤池。这种滤池的底部是配水配气室,上面滤板上安装长柄滤头($50\sim60$ 个/m^2),过滤时两侧进水(也可单侧进水),反冲时可同时配水配气(滤池继续进水作为表面的横向扫洗)	(1)滤层:单层均质石英砂滤料 (2)适用条件:大、中型给水厂 (3)优缺点:V 形滤池一次性投资较高,但出水水质优良且稳定,能承受生产水量和原水水质的变化,滤层纳污能力强,滤速高,过滤周期长,反冲耗水量少,冲洗效果好,同时还易于实行自动化控制管理
	移动床(连续)过滤器	移动床(连续)过滤器是将滤料的清洗移至过滤器外,从而使过滤操作能够得以连续进行。如国外的 Simater 连续过滤器,能将底面表层的砂层快速移走,冲洗后再返送到上表层,形成移态运行。后来由 Axel Tohnson 设计完成的 Dynasand 单元更一步具有了使砂层迅速下降的功能	这种过滤器的显著特点就是没有反冲洗的冲洗时间,可以实现连续定态的过滤操作,且水头损失比常规过滤器低得多
	滤芯式过滤器	通常由具有圆筒状结构的滤芯配上一个合格的外壳构成,处理量较大时,也可采用多个滤芯装入一个压力容器的管壳状结构内	滤芯的种类很多,按使用性能可分为不可再生滤芯和可再生滤芯。不可再生滤芯采用的过滤介质主要有棉花、羊毛、人造纤维、玻璃纤维、尼龙、石棉等经黏结、缠绕制成的疏松结合物;可再生滤芯采用的过滤介质为刚性的,包括多孔陶瓷、缠绕金属丝、烧结金属及多孔塑料等。这种过滤器的结构比较简单,装置费用也较低
慢滤池	慢滤池	主要特点	
		慢滤池是最早采用的滤池形式,以滤速较慢而得名。慢滤池的设计应符合下列要求:①进水浊度宜小于 20 度(NTU);②滤速宜按 $0.1\sim0.3$ m/h 设计(即 1 m^2 慢滤池每天仅能处理 $2.4\sim7.2$ m^3 原水),进水浊度高时取低值;③出口应有控制滤速的措施,可设可调堰或在出水管上设控制阀和转子流量计;④应按 24 h 连续工作设计;⑤滤料宜采用石英砂,粒径 $0.3\sim1.0$ mm,滤层厚度 $800\sim1\ 200$ mm;⑥滤料表面以上水深为 $1.0\sim1.3$ m,池顶应高出水面 0.3 m、高出地面 0.5 m;⑦承托层宜为卵石或砾石,自上而下分 5 层铺设:第一层粒径 $1\sim2$ mm、厚度 50 mm,第二层粒径 $2\sim4$ mm、厚度 100 mm,第三层粒径 $4\sim8$ mm、厚度 100 mm,第四层粒径 $8\sim16$ mm、厚度 100 mm,第五层粒径 $16\sim32$ mm、厚度 100 mm;⑧滤池面积小于 15 m^2 时,可采用底沟集水,集水坡度 1%。当滤池面积较大时,可设置穿孔集水管,管内流速可采用 $0.3\sim0.5$ m/s;⑨有效水深以上应设溢流管,池底应设排空管;⑩滤池应分格,格数不少于 2 个;⑪北方地区应采取防冻和防风沙措施,南方地区应采取防晒措施	

续表 6-17

名称		主要特点
慢滤池	粗滤池	当原水浊度超过慢滤池进水浊度要求时,可采用粗滤池进行预处理。粗滤池的设计应符合以下要求:①原水含沙量常年较低时,粗滤池宜设在取水口。原水含沙量常年较高或变化较大时,粗滤池宜设在预沉池之后;②进水浊度应小于 500 度(NTU),出水浊度应小于 20 度;③设计滤速宜为 0.3 ~ 1.0 m/h,原水浊度高时取低值;④竖流粗滤池应符合以下要求:宜采用二级串联,滤料表面以上水深 0.2 ~ 0.3 m,保护高 0.2 m。上向流粗滤池底部应设配水室、排水管和集水槽。滤料宜选用卵石或砾石,顺水流方向由大到小按三层铺设:第一层粒径 4 ~ 8 mm、厚度 200 ~ 300 mm,第二层粒径 8 ~ 16 mm、厚度 300 ~ 400 mm,第 3 层粒径 16 ~ 32 mm、厚度 450 ~ 500 mm;⑤平流粗滤池宜由三个相连的卵石或砾石室组成:第Ⅰ室粒径 32 ~ 16 mm、池长 2 m,第Ⅱ室粒径 16 ~ 8 mm、池长 1 m,第Ⅲ室粒径 8 ~ 4 mm、池长 1 m
	乡村分散简易滤池	(1)半山滤池 多建于山溪水附近,主要由滤池和高位蓄水池组成。流程上首先用修渠、引管、筑坝等措施将山溪水引入滤池,滤池出水再引入高位蓄水池。设计中"两池"可合建也可分建,容积一般按日用水量的40% ~50% 考虑(目前农村每人每天需用水 80 L 左右,而每平方米滤池面积每小时的出水量为 0.2 ~ 0.3 m^3,故每平方米滤池面积 24 h 出水量可供 60 ~ 90 人使用),滤池深度一般采用 2 ~ 3 m。滤料层宜为双层:上层细砂粒径 0.3 ~ 1.2 mm、层厚 800 ~ 1 000 mm,下层粗砂粒径 1.2 ~ 2 mm、厚度 150 ~ 200 mm。承托层亦为双层:上层卵石粒径 2 ~ 8 mm、层厚 150 ~ 200 mm,下层卵石粒径 8 ~ 32 mm、层厚 150 ~ 200 mm。为防止滤料在雨洪中流失,可在滤料层的上面铺撒碎石与石子。滤料层下可采用穿孔管收集过滤水,然后送入高位蓄水池中加消毒剂消毒,最后输送到山下用户。半山滤池是一种不经过混凝沉淀的一次净化系统,构造简单,管理方便,适用于植被条件较好、没有源头污染的山泉溪流供水
		(2)塘边滤池 多建在库、塘旁边,一般由滤池和清水池组成。按进水方向的不同分为直滤式、横滤式、直滤加横滤式三种:直滤式为滤层上部进水、下部出水;横滤式为滤层一侧进水、另一侧出水;直滤加横滤式为横滤起初滤作用、直滤起过滤作用。滤池面积与滤料层、承托层的要求可参照半山滤池。同时,滤池表面还要求有 0.5 ~ 1.5 m 的水深,池体应高出地面,以防地面水流入。塘边滤池适用于水位变化不大、浊度较低的库塘供水项目
		(3)河渠边滤池 河渠边滤池分两种情况:一种是河网地区(如南方),通常将滤池直接建在河边,其布置形式与塘边滤池相仿;另一种是距河流较远的缺水地区,先开挖渠道引水,然后将滤池建在渠边。无论哪种形式,其工艺流程都应视河水浊度而定。如果是浊度较高的水源,则必须进行预沉淀,然后再引入滤池过滤。河渠边滤池的过滤原理及滤料层、承托层设计方法均相似于半山滤池,其取水点则应按照地面水的选择要求确定 以上三种滤池在使用过程中均应注意卫生防护,滤池、清水池应密封并由专人管理。对河渠边滤池一般每隔半个月就需将滤池表面带有污泥的砂子刮出清洗一次,每隔 3 ~ 5 个月将砂、卵石全部取出清洗;塘边滤池每隔 1 ~ 2 个月刮砂清洗一次、每隔 1 ~ 2 年将滤料全部取出清洗一次;半山滤池可视使用情况而定

6.5 消毒

饮用水的处理方法中,灭活水中绝大部分病原体,使水的微生物质量满足人类健康要求的技术,称为消毒(许保玖,2000)。事实上,在给水厂中,原水经过混凝、沉淀(澄清)和过滤,能去除大量悬浮物和黏附的细菌,但过滤出水还远远不能达到饮用水的细菌学指标。在一般情况下,水质较好的河水约含大肠杆菌数10 000个/L,经过混凝沉淀后可以去除其50%~90%,再经过过滤又可进一步去除进水中的90%,从而使出水中的大肠杆菌数剩到100个/L左右。而我国现行的生活饮用水标准规定饮用水中该项指标不得检出,所以最后还必须进行消毒,可以说消毒是保证饮用水卫生安全的最后屏障。当然,即使对工业上的循环冷却水,为了防止系统产生生物黏泥,通常要求水中异氧菌要少于5×10^5个/mL,这就需要对原水进行消毒杀菌处理;另外,为了防止离子交换树脂和分离膜受到细菌的侵蚀和污染,同样也要求对原水进行消毒杀菌。在废水生物处理中,为了控制污泥膨胀(如活性污泥法)和滤料堵塞,也可采用杀菌的方法进行预处理。生活污水、医院污水和某些工业废水中不但存在大量细菌,而且含有较多病毒、阿米巴孢囊等,它们通过一般的废水处理都不能被灭绝(活性污泥法只能去除90%~95%,生物膜法去除80%~90%,自然沉淀去除25%~75%)。为了防止疾病的传播,这类废水都必须进行消毒处理。

6.5.1 水中常见病原体微生物

能感染人类的生物有5类:细菌(主要包括杆菌、弧菌、钩端螺旋体及其他病菌)、病毒(目前从污水中检出来自肠道的血清型病毒有100多种,主要包括肠病毒、呼肠弧病毒、腺病毒、乳头泡病毒和小DNA病毒)、原生动物(主要包括贾弟虫、隐孢子虫和各种溶组织变形虫)、寄生虫(主要包括肠道寄生虫如蛔虫、钩虫、绦虫、丝虫以及肺吸虫、血吸虫等)、真菌。

水中常见的部分病原体微生物见表6-18。

表6-18 水中常见的病原体微生物

病原体	疾病	附注
痢疾杆菌	痢疾。临床表现为发热、腹痛、腹泻、脓血样大便等。中毒型急性发作时可出现高烧、甚至感染性休克症状,有时还会出现脑水肿和呼吸衰竭	患细菌性痢疾的病人和病原体携带者是该病的传染源,通过生活接触、食物和饮水经口感染是该病的流行传播途径。含有痢疾杆菌(如宋氏菌、福氏菌和志贺菌)的污水、粪便污染水源后,如未经有效净化消毒处理,便可造成饮用水污染,引起痢疾病暴发流行

续表 6-18

病原体	疾病	附注
伤寒杆菌和副伤寒(甲、乙、丙)杆菌	伤寒和副伤寒。均为急性肠道感染疾病,二者症状基本相同,只是副伤寒者表现相对较轻。临床为持续高烧、脉缓、脾肿大、玫瑰疹及白细胞减少等,主要并发症为肠出血和肠穿孔	伤寒和副伤寒病人以及带菌者是传染源,饮用水则是主要传播途径。未经处理的伤寒及副伤寒病人的粪便流入地面水或水井,鸡鸭等动物在水边放养,都会造成伤寒、副伤寒病原体污染水源。氯和含氯化合物可有效杀灭水中病原菌
沙门氏伤寒杆菌	伤寒	伤寒流行期间,在废水和处理厂排水中常可发现。用漂白粉液消毒具有明显成效
绿脓菌	体弱患者及婴幼儿感染后可引起尿道、眼、耳、支气管、副鼻腔及肺部发炎	这种病原微生物的一端长有 1 个鞭毛,运行较活泼,喜好生存于供水管等流动水的周围,只要有水即可生存,甚至在水蒸气中也可找到
军团菌	症状分为感冒样症状的非肺炎型和肺炎症状的肺炎型两种。前者潜伏期 1 ~ 2 d,是以发烧为主要症状的感冒症状,在 7 d 内自然治愈者居多;后者潜伏期 2 ~ 10 d,早期症状为恶寒、高烧(37 ~ 40 ℃或 40 ℃以上),有全身倦怠感、头痛、肌肉痛、下痢、呕吐、呼吸困难、意识障碍、幻觉、步行障碍等,重症肺炎可造成呼吸紧迫、甚至数日内死亡(死亡率 10% ~15%)	军团菌生有 1 ~ 2 根鞭毛,可运动,相当普遍地存在于河水及土壤中,因此给水中也有出现,美国费城 1976 年就有 29 名军人死于这种急性肺炎病症,英国斯坦福市 1985 年也有 36 人死于这种军团病
霍乱弧菌	霍乱。轻者腹泻,重者剧烈吐泻大量泔水样排泄物,并引起严重脱水及急性肾功能衰竭	可通过水、食物、生活密切接触和苍蝇媒介而传播,其中以水传播最为重要。过滤可有效去除这种病原菌
小肠结肠炎耶尔森氏菌	主要症状为下痢、腹痛、发烧、头痛等急性肠道炎症,特别是 2 岁以下婴幼儿患肠炎者居多	该病为人畜共患疾病,其感染路径为水污染引起的感染病。该菌即使在 5 ~ 10 ℃的低温下也能繁殖,潜伏期为 3 ~ 7 d
血吸虫属	血吸虫病	通过有效的污水处理手段,可能将其杀死
炭疽杆菌	炭疽。为人畜共患传染病,临床表现为局部皮肤坏死及特异黑痂或表现为肺部、肠道及脑膜的急性感染,有时还伴有炭疽杆菌性败血症	传染源为患病的食草动物(如牛、羊、马等),其次是猪和狗,人直接或间接接触其分泌物及排泄物可感染。炭疽病人的痰、粪便等具有传染性。炭疽杆菌可以经皮肤黏膜、呼吸道、消化道吸收或摄入而被感染

续表 6-18

病原体	疾病	附注
亚硝胺	无论对低等动物还是高等动物几乎都能诱发肿瘤,危害的主要脏器是肝、食管、肺、胃和肾,其次是鼻腔、气管、胰腺和口腔等	日常生活中亚硝胺的主要来源是香烟和含硝酸盐、亚硝酸盐的食物,其中食物中的头号祸首便是水——储存时间较长的水。据研究,储存 3 d 以上的水烧开后,其亚硝酸盐为储存 1 d 水的 3.64 倍;储存 7 d 的水则为储存 1 d 水的 9.12 倍。另外,反复煮沸的水及长时间煮沸的水(如蒸锅水)中亚硝酸盐的含量也很高,故亦不宜饮用
黄曲霉素	与苯并芘和 N－亚硝胺并称为三大致癌物之一,其毒性为氰化钾的 10 倍、砒霜的 68 倍,随食物进入人体后首先被肝脏吸收,并造成 DNA 受损,同时破坏抗癌基因 P53。它的急性中毒症状为:以黄疸为主,并伴有呕吐、厌食、发烧等症状,其后 2 ~ 3 周可出现腹水、下肢水肿、肠胃道出血以至死亡	黄曲霉素多见于霉变的花生、大米、玉米、大豆、食用植物油等农产品及腐烂的水果,主要通过食物摄入而由消化道吸收,大部分分布于肝脏,少量分布于肾脏、血液、肌肉和脂肪组织中
结核杆菌	结核病	除空气传播途径外,废水也是可能的传染途径之一,尤其必须注意从疗养院排出的废水和污泥
蛔虫属,蛲虫属	线虫	用废水和干污泥作肥料时,对人会造成危害
病毒(分为动物病毒、植物病毒和细菌病毒,通常与水传染有关的病毒有肝炎病毒、螺旋病毒、诺沃克病毒、艾克病毒、柯萨奇病毒和炎髓灰质炎病毒等)	肝炎病毒能引起肝炎,水介传播的病毒性肝炎主要是甲肝和戊肝;诺沃克病毒可引起腹泻;柯萨奇病毒可引起心肌炎;诱导癌病毒(致癌病毒)是一种含有病毒的 DNA 或 RNA,它能使感染细胞转化,从而以不受控制的方式增殖且形成肿瘤	甲肝或戊肝病毒的传播途径主要是粪口,即病人或病毒携带者的排泄物污染食物和水后,经口进入胃肠道而发病。其他有些病毒的传播途径尚不确切,但在生物废水处理厂的出水中可以发现

水体中的病原菌主要来自粪便,以肠道传染病菌为主。由于肠道传染病菌占细菌总数的比例小,培养分离技术很复杂,因而常用大肠菌群作为消毒效果的控制指标。大肠菌群是一种正常的肠道细菌,本身并不是肠道传染病菌,只有当肌体抵抗力下降或大肠菌侵入肠外组织和器官时,才会变成致病菌而引起肠外感染。选择大肠菌群作为消毒指标有 3 个原因:①大肠菌生理特性与肠道病原菌类似,一旦水体中出现大肠菌,便意味着水体

直接或间接地受到了粪便污染，而如果大肠菌绝大部分地被杀灭，则也说明肠道传染病菌也必然同遭杀灭（个别病毒例外）；②粪便中的大肠菌群数量很多，健康人的粪便通常含 5×10^7 个/g 以上，生活污水中可含 $10^7\sim10^8$ 个/L；③检验大肠菌群并计数的方法不复杂。

人体排泄物中粪性大肠杆菌（FC）和粪性链球菌（FS，又称肠道链球菌）与动物排泄物中的数量有明显差异，因此可以根据同一水样中 FC 和 FS 数的比值推测生物污染物是来源于人还是动物。家畜的 FC/FS <1，而人的 FC/FS >4。

各种病原菌在不同水质条件下的存活时间见表 6-19。

表 6-19　病毒与粪便细菌在不同水质条件下的存活时间　　（单位：d）

微生物	重度污染的河水			中度污染的河水			污水		
	28 ℃	20 ℃	4 ℃	28 ℃	20 ℃	4 ℃	28 ℃	20 ℃	4 ℃
脊髓灰质炎病毒（Ⅰ型）	17	20	27	11	13	19	17	23	110
人肠道孤病毒(7 型)	12	16	26	5	7	15	28	41	130
人肠道孤病毒(12 型)	5	12	33	3	5	19	20	32	60
柯萨奇病毒（A9 型）	8	8	10	5	8	20	6	—	12
产气菌（A. Aerogenes）	6	8	15	15	18	14	10	21	56
大肠杆菌（E. Coli）	6	7	10	5	5	11	12	20	48
粪产介杆菌（S. fecalis）	6	8	17	9	18	57	14	26	48

生活饮用水消毒后应达到：①细菌总数≤100 个/mL；②大肠菌群数及粪大肠杆菌、普通大肠杆菌均不得检出；③出水保持一定的余氯量，即在加氯接触 30 min 后，水中游离性余氯≥0. 3mg/L，在管网末梢≥0. 05 mg/L。供生活饮用的水源水，要求大肠菌平均≤1 000个/L；对于经过净化处理后再消毒的水源水，要求大肠菌平均≤10 000 个/L。

医院污水经处理与消毒后要求达到：①连续 3 次各取样 500 mL 进行检验，不得检出肠道致病菌和结核杆菌；②总大肠菌群数≤500 个/L。综合医院污水及含肠道致病菌的污水，消毒接触时间≥1 h；总余氯量 4 ~ 5 mg/L。含结核菌的污水，接触时间≥1.5 h；总余氯量 6 ~ 8 mg/L。

6.5.2　消毒方法

消毒是水处理技术的主要措施之一，按照原理的不同一般分为化学法和物理法。物理法包括加热法、冷冻法、机械过滤、紫外线法、超声波、辐射法等。其中以机械过滤为代表的混凝 - 沉淀（或澄清）- 过滤法是最常用的水常规处理工艺，其对各种病原体（主要是细菌、病毒、原生动物）的去除效果见表 6-20；化学法是利用各种化学药剂包括氯及其化合物、各种卤素、臭氧、重金属离子、阳离子表面活性剂及其他杀生剂进行消毒。通常所说的消毒工艺多指化学消毒法。

此外，还有德国研究人员新近研究的等离子消毒法（德国马克思 · 普朗克宇宙物理学研究所在新一期英国《新物理学杂志》上报告说，等离子态是物质在固体、液体、气体之外的第四种存在状态，宇宙中的许多恒星就处于等离子态。研究人员将少量高温等离子态原子混入大量低温普通原子中，可以得到低温等离子态物质，它产生的自由基和紫外线

表 6-20　水常规处理工艺对微生物的去除效果

	处理工艺	病原体	基本去除效果	备注
预处理	粗滤滤池	细菌	50%	若能避免浑浊度的冲击或使用熟化的滤池,则去除率可达 95%
		病毒	无数据	
		原生动物	可能去除一部分	去除率可能与浊度去除率相关
	微滤机	所有病原体	0	一般无效果
	地表水天然储存	细菌	0(假定短流)	实际停留时间 10 ~ 40 d 时可达 90%
		病毒	0(假定短流)	实际停留时间 100 d 时可达 93%
		原生动物	0(假定短流)	实际停留时间 21 d 时可达 99%
	河岸过滤	细菌	99.9%(2 m)、99.99%(4 m)	
		病毒	99.9%(2 m)、99.99%(4 m)	
		原生动物	99.99%	
混凝沉淀	传统澄清	细菌	30%	90%,与混凝条件、浊度有关
		病毒	30%	70%,与混凝条件、浊度有关
		原生动物	30%	90%,与混凝条件、浊度有关
	高效澄清	细菌	≥30%	
		病毒	≥30%	
		原生动物	95%	99%,取决于高聚物药剂
	气浮	细菌	无数据	
		病毒	无数据	
		原生动物	95%	99.9%,取决于 pH 和运行参数
	石灰软化	细菌	20%(pH9.5,6 h,2 ~ 8 ℃)	99%(pH11.5,6 h,2 ~ 8 ℃)
		病毒	90%(pH < 11,6 h)	99.99%(pH > 11,取决于病毒种类和沉淀时间)
		原生动物	很低	99%(pH11.5,投药析出沉淀)
	离子交换	所有病原体	0	
过滤	快滤池	细菌	无数据	最佳混凝条件下可达 99%
		病毒	无数据	最佳混凝条件下可达 99.9%
		原生动物	70%	最佳混凝条件下可达 99.9%
	慢滤池	细菌	50%	最佳管理操作条件下可达 99.5%
		病毒	20%	最佳管理操作条件下可达 99.99%
		原生动物	50%	最佳管理操作条件下可达 99%

续表 6-20

处理工艺		病原体	基本去除效果	备注
过滤	预涂层过滤	细菌	30% ~50%	采用高聚物和化学预处理可达96% ~99.9%
		病毒	90%	采用高聚物和化学预处理可达98%
		原生动物	99.9%	99.99%,取决于滤料级配和滤速
	微滤膜过滤	细菌	充分预处理可达99.9% ~99.99%	
		病毒	<90%	
		原生动物	充分预处理可达99.9% ~99.99%	
	超滤、纳滤和反渗透	细菌	充分预处理可达100%	
		病毒	充分预处理,用小孔超滤、纳滤和反渗透可达100%	
		原生动物	充分预处理可达100%	

等具有杀菌效果。运用这一发现而制造出的消毒仪所使用的等离子体可以像空气一样与消毒对象全面接触,如人手伸入到消毒仪中可在几秒钟之内就得以一次安全快捷的消毒),这种消毒新技术不仅可以杀灭一般的致病菌,而且还可以杀灭近年来多次引发感染事故的“超级细菌”耐甲氧西林金黄色葡萄球菌等。

几种消毒方法的比较见表6-21。氯价格便宜,消毒效果可靠,应用最广。

表 6-21　几种消毒方法的比较

项目	液氯	臭氧	紫外线照射	加热	卤素(Br_2、I_2)	金属离子(银、汞、铜等)
使用剂量(mg/L)	10.0	10.0	—	—	—	—
接触时间(min)	10 ~30	5 ~10	短	10 ~20	10 ~30	120
效果:对细菌	有效	有效	有效	有效	有效	有效
对病毒	部分有效	有效	部分有效	有效	部分有效	无效
对芽孢	无效	有效	无效	无效	无效	无效
优点	便宜,成熟后有后续消毒作用	除色、嗅、味效果好,现场发生溶解氧(DO)增加	快速、无化学药剂,没有消毒副产物	简单	同氯,对眼睛影响较小	有长期后续消毒作用

续表 6-21

项目	液氯	臭氧	紫外线照射	加热	卤素（Br_2、I_2）	金属离子（银、汞、铜等）
缺点	对某些病毒、芽孢无效,会产生臭味和生成大量卤代消毒副产物	比氯贵,无后续作用,会造成AOC等有机物指标升高,水中含溴离子时会生成溴酸盐	无后续作用,无大规模应用,对浊度要求高	加热慢、能耗高	缓慢,比氯贵,会生有溴酸盐等	缓慢、成本高,受胺及其他污染物干扰
用途	常用方法	应用日益广泛,与氯结合生产高质量水	试验室及无配水管网的小水厂应用	适用于家庭消毒	适用游泳池	除藻及工业用水消毒

常用于消毒的含氯药剂有氯气、液氯、漂白粉、漂粉精、次氯酸钠和二氧化氯等。各种药剂的氧化能力用有效氯含量表示。氧化价 > -1 的那部分氯具有氧化能力,称之为有效氯。作为比较基准,取液氯的有效氯含量为100%,其他含氯药剂的有效氯含量见表6-22。

表 6-22　纯的含氯化合物的有效氯

化学式	相对分子质量	氯当量 [mol(Cl_2)/mol]	含氯量 (W/W)(%)	有效氯 (W/W)(%)
液氯 Cl_2	71		100	100
漂白粉 $CaCl(OCl)$	127	1	56	56
次氯酸钠 $NaOCl$	74.5	1	47.7	95.4
次氯酸钙 $Ca(OCl)_2$	143	2	49.6	99.2
一氯胺 NH_2Cl	51.5	1	69	138
亚氯酸钠 $NaClO_2$	90.5	2(酸性)	39.2	156.8
氧化二氯 Cl_2O	87	2	81.7	163.4
二氯胺 $NHCl_2$	86	2	82.5	165
三氯胺 NCl_3	120.5	3	88.5	177
二氧化氯 ClO_2	67.5	2.5(酸性)	52.5	262.5

常用的氯消毒方式及优缺点见表6-23。

表 6-23　常用的氯消毒方式及优缺点

消毒剂	优缺点	适用条件
液氯 Cl_2	优点:具有余氯的持续消毒作用;药剂易得,成本较低;操作简单,投量准确;不需要庞大的设备 缺点:原水含有机物时会产生卤代副产物;处理水有氯或氯酚味;氯气有毒,须注意安全操作	液氯供应方便的地点
漂白粉 $CaOCl_2$ 漂粉精 $Ca(OCl)_2$	优点:具有持续消毒作用;投加设备简单;价格低廉;漂粉精含有效氯达60% ~70%;使用方便 缺点:将产生有机氯化物和氯酚味;易受光、热、潮气作用而分解失效,须注意贮存;漂白粉的溶解及调制不便;漂白粉含氯量只有20% ~30%,因而用量大,设备容积大;渣多	漂白粉仅适用于生产能力较小的水厂及村镇供水工程;漂粉精使用方便,一般在水质突然变坏时临时投加
次氯酸钠 NaOCl	优点:具有余氯的持续消毒作用;操作简单,比投加液氯安全、方便;使用成本虽较液氯高,但较漂白粉低 缺点:不能贮存,必须现场制取使用;目前设备尚小,产气量少,使用受限制;必须耗用一定电能及食盐	适用于小型处理厂
氯胺 NH_2Cl 和 $NHCl_2$	优点:能减低三氯甲烷和氯酚的产生(比游离氯减少50% ~80%);能保持管网中的余氯量,不需管网中途补氯;防止管网中细菌的繁殖;可降低加氯量,减小氯和氯酚味 缺点:消毒作用比液氯和漂白粉慢,需较长接触时间;需增加加氨设备,操作管理较麻烦	原水中有机物多以及输配水管线较长时适用
二氧化氯 ClO_2	优点:只起氧化作用,不起氯化作用,不会生成有机氯化物;较液氯的杀菌效果好;具有强烈的氧化作用,可除臭、去色,氧化锰铁等物质;不生成氯胺;不受pH影响 缺点:易引起爆炸;不能贮存,必须现场制取使用;制取设备复杂;操作管理要求高,成本较高	适用于有机污染严重时
臭氧 O_3	优点:具有强氧化能力,对微生物、病毒、芽孢等均有杀伤力,消毒效果好,接触时间短;能除臭、去色,氧化铁锰等物质;能除酚,无氯酚味;不会生成有机氯化物;不受氨和pH影响 缺点:设备投资大,电耗费用高;O_3在水中不稳定,易挥发,无余氯持续消毒作用;设备复杂,管理麻烦,成本高	适用于有机污染严重、供电方便处;可作为氧化工艺,用作预处理

以上消毒方式在应用中常与其他的水常规处理工艺和必要时的深度处理工艺相结合进行设计,一般的组合形式有以下5种,其具体的消毒机理、工艺介绍以及相关副产物的处理方法等可参见第4章内容。

工艺1:原水—生物预处理—混凝沉淀—砂滤—消毒;

工艺2:原水—生物预处理—混凝沉淀—砂滤—活性炭—消毒;

工艺3:原水—生物预处理—混凝沉淀—砂滤—臭氧—活性炭—消毒;

工艺4:原水—气浮—砂滤—臭氧—活性炭—消毒;

工艺5:原水—生物预处理—混凝沉淀—砂滤—纳滤膜—消毒。

知识链接

水处理方法概要

水处理问题包括两个方面:一是从天然水中(河川水、湖泊水、地下水等)获得生活用水、工业用水等而必须进行的用水处理;二是为防止工业废水、生活污水等引起环境水体污染而必须进行的废水处理。实际上多数天然水体兼作用水源和废水受纳对象,其基本的水处理技术在用水(给水)和废水处理当中都是相同的。水处理方法很多,一般可根据处理的原理将其分为物理法、化学法和物理化学法及生物法,还可根据被处理对象物质的不同划分为悬浮物去除技术、溶解性无机物去除技术、溶解性有机物去除技术和杀菌杀藻(消毒)技术等。按照如此分类,可将具代表性的水处理单元操作归纳在表6-24之中,也可按照被处理污染物的不同将可供选择的水处理单元归纳于表6-25。

表6-24 水处理方法类别和单元操作

方法类别	处理目的			
	去除悬浊物	去除溶解性无机物	去除溶解性有机物	消毒杀菌等
物理法	筛分 重力沉降 自然浮上 过滤 超过滤	电渗析 反渗透 气提	气提	超过滤 紫外线照射
化学法和物理化学法	凝聚沉降 凝聚浮上	电解 酸碱中和 离子交换 螯合吸附 氧化还原	臭氧氧化 氯气氧化 焚烧 萃取 活性炭吸附	加氯 加臭氧
生物法	活性污泥 生物滤池 接触氧化 生物转盘 厌氧消化	生物硝化脱氮	活性污泥 生物滤池 接触氧化 生物转盘 厌氧消化	

表6-25　对一些常见污染物可采取的处理单元

处理对象	可以采取的处理单元
pH值	中和
COD	混凝沉淀、化学氧化、吸附、厌氧和好氧生物处理
BOD	混凝沉淀、好氧生物处理、厌氧消化
SS	自然沉淀、混凝沉淀、上浮、过滤、离心分离
油	重力分离、混凝沉淀、上浮
酚	萃取、吸附、化学氧化、生物处理
氰	化学氧化、电解氧化、离子交换、生物处理
铬(六价)	还原、离子交换、电解、蒸发浓缩、化学沉淀
锌	调整pH值生成氢氧化物沉淀并过滤、投加硫化物生成硫酸盐沉淀并过滤、电解、隔膜电解、反渗透
铜	基本同"锌"
铁	自然氧化、接触氧化、氯氧化、高锰酸钾氧化、臭氧氧化、钠离子交换、高梯度磁分离等
硫化物	空气氧化、化学氧化、吹脱、活性污泥法
氨氮	生物处理(硝化—反硝化)、碱性条件下空气吹脱、用斜发沸石等的离子交换
砷	混凝沉淀法、石灰软化法、铁锰氧化法、离子交换法、活性氧化铝法、膜分离法、吸附法等
氟	吸附法、离子交换法、絮凝沉淀法、化学沉淀法(氟化钙沉淀法)、电化学法
汞	硫化钠沉淀、活性炭吸附、离子交换、铁盐或铝盐混凝
镉	调整pH值生成氢氧化物沉淀并过滤、电解、隔膜电解、投加硫化物生成硫酸盐沉淀并过滤、离子交换
铅	沉淀法、混凝法、离子交换法等
有机磷	化学氧化、活性炭吸附、生物处理

表6-24、表6-25列出的各种方法中比较常用的有下列几种：

重力沉降和自然浮上法　不施用药剂条件下，悬浮液中粒子依靠自重而沉降或依靠自身较小密度而浮上的方法。

凝聚沉降和凝聚浮上法　通过施用药剂(絮凝剂、浮选剂)使悬浮粒子发生沉降或浮上的方法，应用这种方法主要能除去被污染水中的细微颗粒物和胶体物质。

过滤法　以砂、无烟煤、石英砂、石榴石粒、磁铁矿粒、白云石粒、花岗岩粒、纤维球、塑料球、橡胶粒等粒状物组成填充层，使水流通过过滤除去悬浮杂质。

滤膜法　是指在某种外加推动力的作用下，利用膜的透过能力，达到分离水中离子或分子以及某些微粒的目的。其中利用压力差的膜法有微滤（MF）、超滤（UF）、纳滤（NF）和反渗透（RO）；利用电位差的膜法有电渗析（ED）和变极电渗析（EDR）。

曝气法　为了使活性污泥法能够得以实施，将空气中的氧强制溶解到混合液中去的过程称为曝气。通常采用的曝气方法有鼓风曝气法和机械曝气法两种。

活性污泥法　用曝气法使水中好氧微生物类繁殖，形成絮状群体（活性污泥）并吸附、摄取和分解污染物，经增殖后的微生物群用沉淀法分去。该法净化污水的过程一般分为吸附、代谢、固液分离三个阶段，由曝气、曝气系统、回流污泥系统及二次沉淀池等组成。处理工艺包括厌氧/好氧工艺、阶段曝气、延时曝气、生物吸附、氧化沟、A/O 工艺、AB 法工艺、SBR 工艺等，活性污泥法已成为当前城市污水处理、尤其是有机性污水处理的主体技术，我国城市污水处理厂运用该项工艺技术占 80% 以上。

生物过滤法　利用碎石或塑料之类作滤料，使其表面形成一层微生物膜，以发挥其净化废水的作用。

厌氧消化法　又称甲烷发酵法，是利用厌氧菌使废水中有机污染物在厌氧条件下分解转化为甲烷和 CO_2 等物质而得以去除的一种处理方法。

生物硝化－脱氮法　以与活性污泥法相同的方法将有机氮化合物氧化到 NO_3^- 形态，随后通过反硝化作用将其还原成氮气而得以去除。

蒸发法　蒸发法处理废水的实质是加热废水，使水分子大量汽化，得到浓缩的废液以便进一步回收利用；水蒸气冷凝后又可以获得纯水。

气提法　用空气或水蒸气作为载气通入水中，使其与废水充分接触，导致废水中的溶解性气体和某些挥发性物质向气相转移，从而达到脱除水中污染物的目的。一般将使用空气作载气的称为吹脱，将使用蒸气作载气的称为气提。气提法常被用于含有 H_2S、HCN、NH_3、CS_2 等气体和甲醛、苯胺、挥发酚等其他挥发性有机物的工业废水的处理。

萃取法　向废水中投加不溶于水或难溶于水的溶剂（萃取剂），使溶解于废水中的某些污染物质经过萃取剂和废水两个液相界而转入到萃取剂中去，然后利用污染物在水和萃取剂中的溶解度或分配比的不同进行分离，进而达到提取污染物和净化废水的目的。

中和法　以酸性药剂处理碱性废水，或以碱性药剂处理酸性废水的方法。

氧化还原法　施用药剂，通过氧化还原反应使污染物价态发生变化并转化成无害或低害的化学形态，或转化成易从水中分出的物理形态（固态或气体状态）。

吸附法　吸附法去除废水中污染物的工艺就是一种物质（吸附质）附着在另一种物质（吸附剂）表面上的过程，即利用吸附剂（固体）表面的活性将分子态和离子态的污染物（吸附质）吸附于其表面上而达到分离去除的目的。

螯合吸附法　使用螯合型树脂以高度选择性吸附重金属离子的方法。

活性炭吸附法　使用活性炭吸附有机物或重金属等的方法。

离子交换法　就是水中的离子和离子交换树脂上的离子所进行等电荷摩尔量的反应。离子交换树脂在软化、脱盐过程中具有选择性，即对于水体中的一些离子很容易吸着，而对另一些离子却很难吸着；被树脂吸着的离子，在再生的时候，有的离子很容易被置换下来，而有的却很难被置换。

消毒与灭菌　消毒主要是杀灭水中对人体健康有害的绝大部分病原微生物(包括细菌、病毒、藻类、原生动物等)，以防止水致传染病危害。加氧化性消毒剂可同时氧化水中的有机物和还原性污染物，降低COD；灭菌则是指杀灭水中所有微生物的处理过程。显然，两者的区别在于程度上的不同。当然，消毒的目标最好是能够达到完全灭菌，但实际上却是不能完全实现的。

一体化水处理　一体化水处理是一种综合的水处理方法。一体化水处理设备也称净水器或综合处理设备，它是将混凝、澄清、过滤三道净水工艺有机地组合在一个构筑物内，再配以投加混凝剂和消毒剂的设备以及进、出水泵，便可成为一座小型的净水厂，特别适宜于村镇级水厂及临时应急供水使用。

一般废水或污水的组分复杂多变，只用某一种单元操作往往达不到预期的净化效果，因此在实际水处理中常将几种方法组合起来使用，典型的组合方式如图6-4所示。

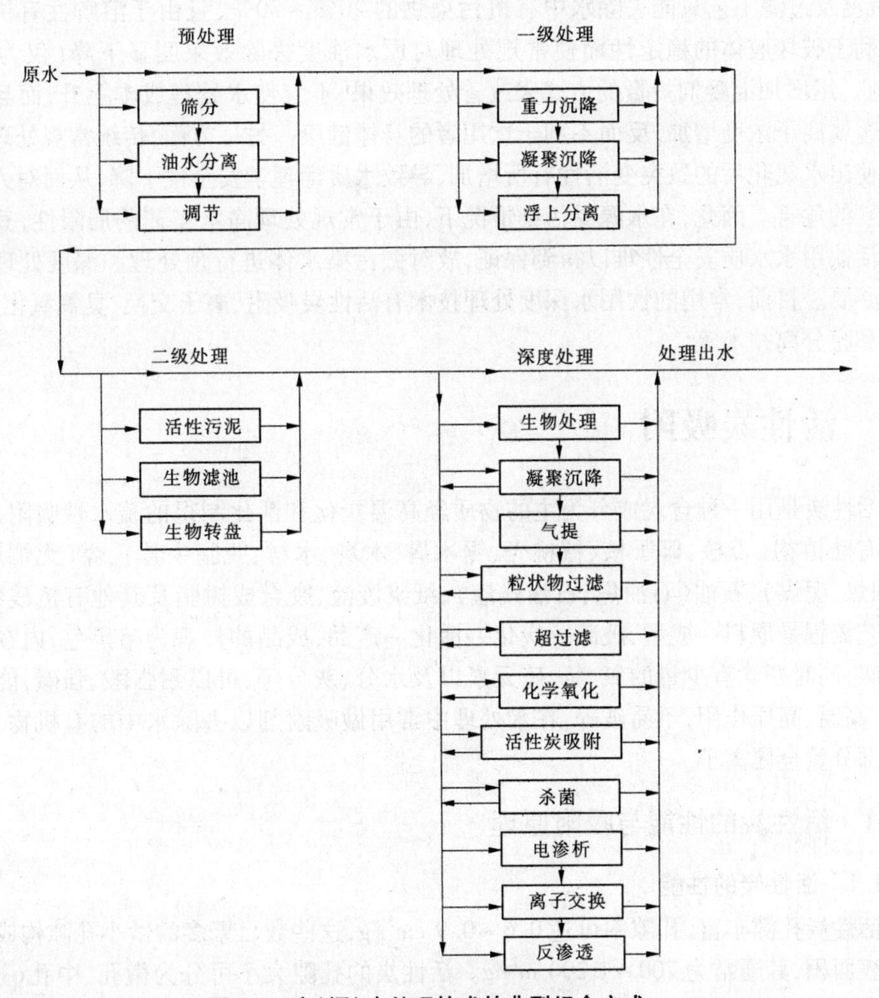

图6-4　废(污)水处理技术的典型组合方式

第7章 饮用水深度处理技术

饮用水深度处理技术是相对于其常规处理技术的局限性而发展起来的一种新的水处理技术。自20世纪70年代初美国环境保护局(USEPA)在饮用水中检测出致突变物三氯甲烷以来,水中有机物对健康的危害已引起了人们对水处理技术越来越多的关注。面对水源水质的变化(有研究认为水源水质已较前退后了一类或两类)和水质标准的日益严格化,饮用水常规处理(即混凝—沉淀—过滤—消毒)已显得力不从心。由于常规处理只能有效去除水中悬浮物、胶体物质以及细菌等,而对大量有机污染物特别是溶解性有机污染物的去除能力差。国内外的试验研究和实际生产结果表明,受污染水源水经常规的混凝、沉淀及过滤工艺只能去除水中有机污染物的20%~30%,且由于溶解性有机物的存在不利于破坏胶体的稳定性而使常规处理对原水浊度去除效果明显下降(仅为50%~60%)。用增加混凝剂投量的方式来改善处理效果,不仅使水处理成本上升,而且可能使水中金属离子浓度增加,反而不利于饮用者的身体健康。另一方面,传统常规处理工艺还可能使出水氯化后的致突变活性有所增加,导致水质毒理学安全性下降,从而对人体健康造成新的危害。因此,在水源受污染情况下,由于常规处理净水工艺的局限性,其处理后的生活饮用水水质安全性难以得到保证,故对微污染水体进行预处理和深度处理就显得十分必要。目前,常用的饮用水深度处理技术有活性炭吸附、离子交换、臭氧氧化、生物活性炭和膜分离技术等。

7.1 活性炭吸附

活性炭是用一种含炭成分为主的物质经高温炭化和活化制得的疏水性吸附剂,常用原料有动植物(杏核、椰子核、核桃壳、锯木屑、木炭、木材、脱脂牛骨)、煤(无烟煤、沥青煤、褐煤、泥煤)、石油(石油焦、石油残渣)、纸浆废液、废合成树脂及其他有机残物等,制造工艺流程是原料→成型、破碎→炭化→活化→产品,成品的外观为暗黑色,内在成分主要是碳,同时还含有少量的氧、氢、硫元素以及水分、灰分等,可以耐强酸、强碱,能够经受水浸、高温、高压作用,不易破碎,在水处理中常用做吸附剂以去除水中的有机物、色、臭、味和部分重金属离子。

7.1.1 活性炭的性能与吸附原理

7.1.1.1 活性炭的性能

活性炭孔隙丰富,孔隙率可达0.6~0.9 cm^3/g,这些数目繁多的微小孔隙构成了巨大的比表面积,其通常为700~1 200 m^2/g。活性炭的孔隙大小可分为微孔、中孔(过滤孔)和大孔,其孔径依次为微孔小于2 nm、中孔2~100 nm、大孔100~10 000 nm,大孔主要作用是溶质到达炭体内部的通道,中孔可同时起吸附与通道双重作用,微孔则是吸附的主要作用点。一般活性炭的微孔越丰富,其比表面积也就越大,潜在的吸附容量也相应越大。表7-1、表7-2分别列出了我国部分厂家生产的活性炭品种及性能指标,供水处理设计时参考。

表7-1　部分水处理用国产颗粒活性炭品种

活性炭型号	ZJ-15	ZJ-25	QJ-20	PJ-20	XN-15J	XN-25J	GH-16	PAC616	H-15
形状	φ1.5圆柱形	φ2.5圆柱形	φ2.0球形	不定形	φ1.5圆柱形	φ2.5圆柱形	无定形	无定形	φ1.5
材质	无烟煤	无烟煤	烟煤	烟煤	无烟煤	无烟煤	杏核	无烟煤	
粒度(筛目)	10~20目	6~14目	8~14目	8~14目	10~20目	6~14目	10~28目		
机械强度	≥85	≥80	≥80	≥85	>70	>85	≥90	90	90
水分(%)	≤5	≤5	≤5	≤5	<5	<5	<10		
灰分(%)	<30						<4	<12	<12
碘值(mg/g)	≥800	≥700	≥850	≥850	>800	>700	≥1 000	≥950	≥900
亚甲蓝值(mg/g)	≥100			≥120				≥150	≥150
真密度(g/cm^3)	约2.20	约2.25	约2.10	约2.15	约2.20	约2.25	约2.0		
颗粒密度(g/cm^3)	约0.8	约0.7	约0.72	约0.8	约0.77	约0.7			
堆积(g/L)	450~530	约520	约450	约400	约>450	约520	340~440	380~450	530
总孔容积(cm^3/g)	约0.8	约0.8	约0.9	约0.8	约0.8	约0.8	约0.9		
大孔容积(cm^3/g)	约0.3		约0.4	约0.3	约0.3				
中孔容积(cm^3/g)	约0.1	约0.1	约0.1	约0.1	约0.1				
微孔容积(cm^3/g)	约0.4		约0.4	约0.4	约0.4				
比表面积(m^2/g)	约900	约800	约900	约1 000	约900		约1 000	1 000~1 100	
包装方式	15~50 kg铁桶或袋装	25~50 kg铁桶或袋装	25~50 kg铁桶或袋装	25~50 kg铁桶或袋装	25~50 kg铁桶或袋装	25~50 kg铁桶或袋装			
主要用途,特点	用于生活饮用水的净化,工业用水的前处理,污水的深度净化	具有良好的大孔,能有效去除污水中各有机物和臭味,宜用于工业废水的深度净化	易于滚动,床层阻力小,用于液相吸附,城市生活用水净化、工业废水深度净化	饮用水及工业用水净化、脱氯、除油去臭	饮用水的净化,工业用水的预处理,生活污水的深度处理,工业废水的吸附处理	工业废水有机毒物(如酚、有机农药等)的吸附处理	用于生活饮用水的净化		
生产厂	太原新华化工厂	太原新华化工厂	太原新华化工厂	太原新华化工厂	宁夏焦化厂	宁夏焦化厂	北京光华厂	宁夏华辉厂	宁夏核工业217活炭厂

表 7-2　活性炭对部分有机物的吸附性能

化合物	分子量	吸收系数(g 物质/g 炭)	备注
醇:			
甲醇	32.0	0.007	极性随分子量增大而减小,结果使吸附性随分子量增大而增大
乙醇	46.1	0.020	
丙醇	60.1	0.038	
丁醇	74.1	0.107	
正戊醇	88.2	0.115	
正已醇	102.2	0.191	
醛:			
甲醛	20.0	0.018	醛和醇都是强极性化合物,吸附性随分子量增大而增大
乙醛	44.1	0.022	
丙醛	58.1	0.057	
丁醛	72.1	0.106	
胺:			
二-N-丙胺	101.2	0.174	吸附作用受极性和溶解性的限制
丁胺	73.1	0.103	
二-N-丁胺	129.3	0.174	
烯丙胺	57.1	0.063	
乙二胺	60.1	0.021	
二亚乙基三胺	103.2	0.062	
芳香族:			
苯	78.1	0.080	化合物的极性和溶解度低,易被活性炭吸附。化合物与活性炭表面形成的 π 键能提高吸附效果
甲苯	92.1	0.050	
乙苯	106.2	0.019	
苯酚	94	0.161	
对苯二酚	110.1	0.167	
苯胺	93.1	0.150	
乙二(醇):			
乙二(醇)	62.1	0.013 6	这些化合物具有亲水性,这使得吸附不易进行
二甘醇	106.1	0.053	
三甘醇	150.2	0.105	
四甘醇	194.2	0.116	
丙二醇	76.1	0.024	

7.1.1.2　活性炭的吸附原理

活性炭是一种具有弱极性的多孔吸附剂,可以对水中的非极性、弱极性有机物质产生很强的吸附能力。这种吸附能力可以表现为三种不同的作用力——分子间力(范德华力)、化学键力和静电引力,并由此也相应地产生了三种不同类型的吸附现象——物理吸附、化学吸附和交换吸附。物理吸附是由吸附剂与吸附质之间的范德华力引起的吸附,一般低温条件下产生的吸附主要是物理吸附,这种吸附基本没有选择性,可以多层地吸附,且脱附比较容易,有利于吸附饱和后再生;化学吸附是由吸附剂与吸附质之间的化学键力引起的吸附,一般在较高的温度下进行,这种吸附往往具有较高的选择性,且只能单层吸附,饱和后脱附比较困难;交换吸附是一种物质的离子由于静电引力的作用而聚集在吸附剂表面的带电点上的吸附,在吸附过程中同时伴随着等量离子的交换(离子的电荷是交换吸附的决定因素),被吸附的物质往往发生了化学变化,这种吸附也是不可逆的,因此仍属于化学吸附。当然,在实际的吸附过程中,上述几种吸附现象往往是同时存在并难以明确区分的。例如有时在低温时发生物理吸附,而后随着温度的升高又转变为化学吸附;有时吸附剂对被吸附物(吸附质)先进行物理吸附,吸附后有进一步产生化学作用而转化为化学吸附;另外,在吸附表面上凸出部分及边缘处、棱角处易于产生化学键力的吸附作用,而在平面平坦处或凹下处的范德华力作用则更强些。不过,总的比较而言,在多数情况下,物理吸附是主要的,化学吸附是次要的。

由上可以看出,活性炭的吸附效果除与自身(吸附剂)性能有关以外,还与被吸附物(吸附质)的特性密不可分。一般情况下,活性炭对相对分子质量在500~3 000的有机物具有良好的去除效果,而对相对分子质量小于500或大于3 000的就效果极差。同时,对同样大小的有机物,其溶解度越小、亲水性越差、极性越弱的,活性炭吸附效果则越好,反之就越差。有研究认为,活性炭吸附对水中臭味、腐殖质、溶解性有机物、微污染物、总有机碳(TOC)、总有机卤化物(TOX)和总三卤甲烷(THM)有明显去除作用(Anderson等研究发现,活性炭对氯化产生的$CHCl_3$去除率为20%~30%),而对水中的微生物和溶解性金属离子的去除效果则不明显。

7.1.2 活性炭的种类及选择

7.1.2.1 活性炭的种类

活性炭品种有200~300种之多,按外观形状及应用形式可分为粉状活性炭(粉末炭或粉炭)、颗粒活性炭(定型颗粒炭和不定型颗粒炭即破碎活性炭)、纤维活性炭(纤维状或织物状)。

(1)粉末活性炭(PAC)。粉末活性炭的粒度一般为10~50 μm,通常与常规工艺的混凝配合使用且以直接投加为主要应用方式。混凝对水中大分子量(相对分子质量3 000~10 000)的有机物去除效果接近完全去除,而对小分子量(相对分子质量1 000~1 500)的有机物去除效果较差;对粉末活性炭而言,大分子有机物难以进入其孔隙,因而去除效果很差,但对小分子量的有机物则具有很好的去除效果。所以,先投加混凝剂使其在短时间内完成去除绝大部分大分子量的有机物,随后再投加粉末活性炭吸附去除低分子量的有机物,这样二者协同作用,便可有效提高微污染水源水中有机物的去除率(也可与混凝剂一起投加并与矾花共同在沉淀池中沉降分离)。PAC价格便宜,便于投加,特别适用于短期和突发性的应急水处理工艺。不足之处是再生技术未突破,故一般只用于投量小或间歇处理的情况。

(2)颗粒活性炭(GAC)。又可分为球状活性炭、高分子涂层活性炭、浸透性活性炭等多种类型，使用时通常都采用固定床的方式（吸附柱或吸附池，颗粒炭层厚度一般为1.0～1.2 m，相应滤速6～8 m/h，与水接触时间不少于7.5 min）进行压力式或重力式投加，具体包括：一是以GAC与砂滤料构成双层滤料滤池；二是全部由GAC颗粒构成滤池；三是在砂滤池后建GAC吸附池。此外，GAC还广泛应用于各种过滤器和净化器中（如多见于小型给水、小区处理站、直饮水净水站、家用净水器等场合的活性炭滤罐、钢制或不锈钢罐，炭层高度1～2 m，滤速15～20 m/h，采用压力式运行），主要去除自来水中的卤化物等有机污染物。

（3）活性炭纤维（ACF）。亦称纤维状活性炭，是由纤维状前驱体经一定的程序炭化活化而成的一种新型高效的吸附材料，它具有发达的微孔结构以及各种官能团，其比表面积通常可达2 000 m^2/g，吸附性能明显优于PAC和GAC，而且还可加工成毡、布、纸等不同款式以方便人们使用。现研制出的ACF产品可去除水中CN^-、Cl^-、F^-、OH^-及大肠杆菌98%以上，且对铁、锰离子吸附效果很好。不足之处是价格较高，市场开发滞后。

7.1.2.2 活性炭的选择

活性炭品种多，性能不一，用途各异，价格较贵，应用在水处理中也各不相同，所以使用时需经过认真选择。首先根据活性炭应用场合，确定活性炭的种类；然后根据一般性能指标、价格及来源等因素进行粗选；最后要对活性炭进行现场吸附及再生试验，以测量其吸附容量和吸附速度，评价其吸附性能，为工艺和设备设计提供必要的技术参数。

需要说明的是，活性炭的吸附量不仅与比表面积有关，更主要的是与细孔的构造及分布有关，细孔大小不同，它在吸附过程中所起的作用就不相同。对液相吸附而言，大孔主要是为吸附质的扩散提供通道，使之扩散到过渡孔和微孔中去，因此吸附质的扩散速度受大孔影响；而过渡孔除为吸附质的扩散提供通道使之扩散到微孔中去而影响吸附扩散速度外，由于水中有机物不但有小分子而且有各种大分子（如着色成分的分子直径多在3 nm以上），这时微孔所起作用并不大，炭的吸附主要靠过渡孔来完成，所以也就需要有相当多的过渡孔；微孔的表面积占比表面积95%以上，吸附量主要靠小孔支配。总的来说，比表面积或孔隙容量可表示一种活性炭的潜在吸附能力，而不同孔径的表面积或孔隙率的分布以及吸附质分子大小的分布对吸附能力也有很大的影响，故要根据吸附质的直径与炭的细孔分布情况选择恰当的活性炭。一般活性炭的微孔容积为0.2～0.6 cm^3/g，比表面积为100～1 000 m^2/g，占总比表面积的90%以上；过渡孔容积一般为0.02～0.1 mL/g，比表面积为20～70 m^2/g，占总比表面积的5%左右；大孔容积一般为0.2～0.8 mL/g，而比表面积仅为0.5～2 m^2/g。

目前，用于净水处理的活性炭主要是木质活性炭和煤质活性炭。表7-3为国内净水用木质活性炭的技术指标（GB/T 13804—1992）、表7-4为净水用煤质活性炭的技术指标（GB/T 77014—1997）。

由于活性炭品种较多，为便于在不同领域应用，在型号命名方面作了规定。其型号由三部分组成：第一部分表示制造活性炭的原料（Z—木质，M—煤质，G—果壳，J—废活性炭）；第二部分用汉语拼音字母表示活化方法（W—物理法，H—化学法）；第三部分用汉语拼音字母表示炭的外观形状，并以阿拉伯数字表示炭粒尺寸（F—粉状，Y—圆柱形，B—不定形，Q—球形）。

表 7-3　净水用木质活性炭技术指标

指标	优级品	一级品	二级品
碘值（mg/g）	>1 000	>900	>800
亚甲基蓝脱色力（mg/g）	>120	>105	>90
强度（%）	>90	>85	>85
填充密度（g/cm^3）	>0.32	>0.32	>0.32
粒度：0.63～2.0（mm）	>90%	>85%	>80%
<0.63（mm）	<5%	<5%	<5%
干燥减量（%）	<10	<10	<10
pH 值	7～11	7～11	7～11
灼烧残渣（%）	<50	<50	<50

表 7-4　净水用煤质活性炭技术指标

指标	优级品	一级品	合格品
孔容积（cm^3/g）	≥0.65		
比表面积（m^2/g）	≥900		
漂浮率（%）	≤2		
pH 值	6～10		
苯酚吸附值（mg/g）	≥140		
水分（%）	≤5		
强度（%）	≥85		
碘吸附值（mg/g）	≥1 050	900～1 049	800～899
亚甲基蓝吸附值（mg/g）	≥180	150～179	120～149
灰分（%）	≤10	11～15	
装填密度（g/L）	380～500	450～520	480～560

7.1.3　活性炭的应用

在饮用水处理中活性炭吸附主要用于：饮用水深度处理、饮用水物化预处理、优质直饮水纯净水生产。

7.1.3.1　饮用水深度处理

采用活性炭的饮用水深度处理工艺流程如图 7-1 所示。

在图 7-1 的工艺流程中，粒状炭（GAC）吸附单元的设计方案一般有 3 种可供选择：第一种是用 GAC 与砂滤料构成双层滤料滤池，GAC 厚度为 1.0～1.2 m，承托层砂滤料厚度 2.5 m（一般采用大—小—大分级配置，即 8～16 mm、4～8 mm、2～4 mm、4～8 mm、8～16

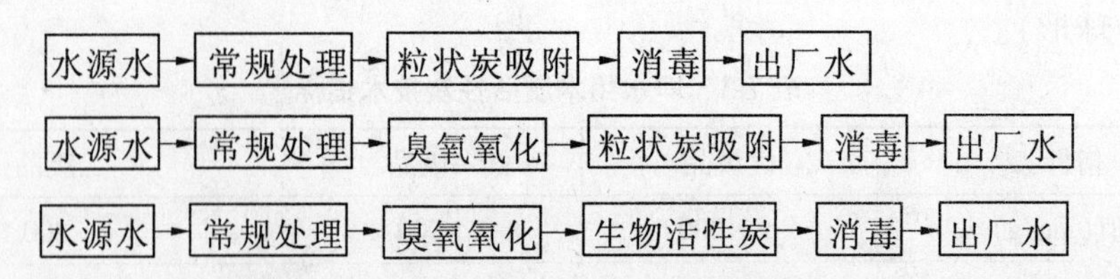

图 7-1　采用活性炭的饮用水深度处理工艺

mm,每层厚度均为50 mm);第二种是全部由GAC填充滤池,厚度多为1.5 m;第三种是在砂滤池后建GAC滤池,先经砂滤,再经GAC吸滤,从而延长GAC使用周期。在给水处理中,最常用的过流方式是下向流重力式滤床,其次是下向流压力式滤床,其他的(如上向流以及移动床、流动床吸附)则应用不多。

采用活性炭的饮用水深度处理工艺在欧洲已十分广泛。在我国目前仅有极少数采用了活性炭处理工艺,但可以预计,随着水污染问题的繁纷复杂以及人民群众对饮用水水质要求的不断提高,必将会有越来越多的水厂采用活性炭深度处理技术。表7-5列举了目前我国已采用活性炭进行深度处理的水厂情况。

表 7-5　我国采用活性炭进行深度处理的水厂

水厂名称	深度处理工艺	规模(万 m^3/d)	投产时间
北京市田村山水厂	O_3－GAC	17	1985
北京市第九水厂	GAC	150	1990、1995、1999(分三批)
北京燕山石化公司饮用水深度净化水厂	O_3－GAC		1986
甘肃白银有色金属公司	GAC	3	1976
昆明市六水厂南分厂	O_3－GAC	10	1998
大庆石化总厂饮用水深度净化水厂	O_3－GAC		1996

7.1.3.2　饮用水物化预处理

在饮用水物化预处理中,主要使用粉状炭吸附水中的有机物和有异臭、异味的物质,使用时注意同时投加预混凝剂。对于季节性严重污染的水源水,可以设立投加粉状炭的水源水质恶化应急处理系统。

7.1.3.3　优质直饮水、纯净水制备

在优质直饮水、纯净水制备中需要使用粒状活性炭吸附水中有机物,并对水进行脱氯处理(因含氯水会使膜分离技术所用的有机膜老化)。优质直饮水或纯净水的生产工艺如图7-2所示。

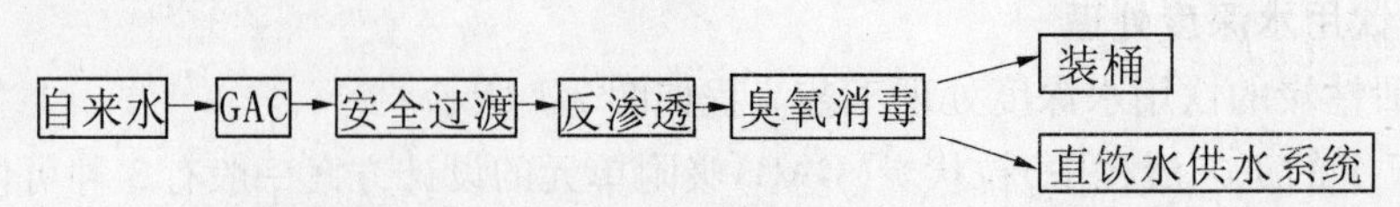

图 7-2　优质直饮水或纯净水生产工艺

7.1.4 活性炭的再生

采用一定的方法,恢复活性炭的吸附性能,使之重复使用的过程称为活性炭的再生。一般当GAC吸附池出水水质超过设计要求或GAC的碘值指标小于600 mg/g、亚甲蓝值小于85 mg/g时,池中的GAC就应该进行更新或再生。目前,比较实用的活性炭再生技术有加热法、药剂再生法和蒸汽吹脱法三种,其中饮用水处理中大都是采取加热再生法,药剂再生法和蒸汽吹脱法主要用于少数高浓度、单组分、有回收价值的工业废水的活性炭吸附处理。

7.1.4.1 加热再生法

加热再生法的原理是在高温(750~950 ℃)下把已经吸附在炭内的有机物烧掉(高温分解),使炭恢复吸附能力。其再生工艺是:饱和炭→脱水→干燥→炭化→活化→冷却→再生炭,与活性炭的生产工艺基本相似,只是用"脱水干燥"代替了生产中的"成型"。活性炭再生的损失率约5%(烧失、磨损),炭吸附能力恢复>90%。常用的活性炭热再生设备是立式多段再生炉,并配套除尘器和后燃烧器以控制再生副产物二噁英和呋喃的有毒气体排放量。加热法的优点是再生效率高,再生时间短,对吸附质无选择性;缺点是炭耗大,一般当每天的再生炭量多于250~500 kg时,热再生才具有经济性。

7.1.4.2 药剂再生法

药剂再生法是采用各种溶剂或酸、碱溶液在常温至80 ℃条件下进行洗脱,使吸附质强离子化形成的盐类解吸或对吸附质产生强亲和力而发生萃取作用,或溶剂本身对活性炭的亲和力大于吸附质从而将吸附质置换出来。药剂再生法又可分为无机药剂再生法和有机药剂再生法。无机药剂主要是用无机酸(H_2SO_4、HCl)或碱(NaOH)等作再生剂,如炭表面吸附的六价铬接触强酸时可脱附,饱和炭上的吸附酚在接触NaOH时可转变为酚钠而脱附;有机药剂是使用苯、丙酮、甲醚、乙醇、氯代烷等作再生剂,如可用苯再生被酚饱和的活性炭,并蒸馏再生液,回收苯和酚。药剂再生法一般只适用于小规模的再生炭处理。

7.1.4.3 蒸汽吹脱

吸附质的沸点较低(如二硫化碳、苯),吸入蒸汽时可以在高温作用下使吸附质从炭表面脱附,然后随蒸汽带出吸附床,经冷凝后可回收吸附质。这种再生工艺可在吸附床中进行,炭的损耗较少。

除上述方法外,还有生物法、湿式催化氧化再生法、臭氧法、电解再生法、高频脉冲放电法、超声波法等,其中有些技术还处在试验阶段。再生方法的如此多样化反映了吸附过程的复杂性。活性炭再生与离子交换再生有明显的不同。

7.2 离子交换

离子交换法是一种借助于离子交换剂上的离子和受污染水体中的离子进行交换反应而除去受污染水体中有害离子的方法。离子交换过程是一种特殊的吸附过程,所以从现象上看在许多方面似乎与吸附过程类同,但其实质却大不一样:离子交换是将交换剂上的相应组分转移(交换)至水相中,进行等当量的离子交换;而吸附则只是将水相中的组分通过物理的或化学的作用吸附在吸附剂的表面上(吸附过程只有分子吸附,单独吸附离子是不可能的),不存在等当量的物质关系。离子交换法是饮用水净化处理中常用的软化除盐方法,同时也可应用于废水处理中去除和回收金、银、铜、镉、铬、锌等金属离子以及对放射性废水和有机物废水的处理。

7.2.1 离子交换剂

7.2.1.1 离子交换剂的分类

离子交换剂分为无机和有机两大类。无机的离子交换剂有天然沸石和人工合成沸石。沸石既可作阳离子交换剂,也能用做吸附剂。有机的离子交换剂有磺化煤和各种离子交换树脂。水处理中应用较多的是离子交换树脂。

离子交换树脂是一类具有离子交换特性的有机高分子聚合电解质,它是一种疏松的具有多孔结构的固体球形颗粒,粒径一般为0.3~1.2 mm,不溶于水也不溶于电解质溶液,其结构可分为不溶性的树脂本体和具有活性的交换基团(也叫活性基团)两部分。树脂本体为有机化合物和交联剂组成的高分子共聚物,交联剂的作用为使树脂本体形成立体的网状结构,交换基团由起交换作用的离子和与树脂本体联结的离子组成,如:

磺酸型阳离子交换树脂

$$R—SO_3^- H^+$$

(树脂本体)(交换基团)

H^+是可交换离子。

季胺型阴离子交换树脂

$$R \equiv N^+ OH^-$$

(树脂本体)(交换基团)

OH^-是可交换离子。

离子交换树脂按离子交换的选择性分为阳离子交换树脂和阴离子交换树脂。

阳离子交换树脂内的活性基团是酸性的,它能够与溶液中的阳离子进行交换。如$R—SO_3H$,酸性基团上的H^+可以电离,能与其他阳离子进行等当量的离子交换。

阴离子交换树脂内的活性基团是碱性的,它能够与溶液中的阴离子进行离子交换。如$R—NH_2$活性基团水合后形成含有可离解的OH^-离子:

$$R—NH_2 \xrightarrow{\text{水合}} R—NH_3^+ OH^- \tag{7-1}$$

OH^-离子可以和其他阴离子进行等当量的交换。

离子交换树脂按活性基团中酸碱的强弱分为以下几种:

(1)强酸性阳离子交换树脂,活性基团一般为$-SO_3H$,故又称磺酸型阳离子交换树脂。

(2)弱酸性阳离子交换树脂,活性基团一般为$-COOH$,故又称为羧酸型阳离子交换树脂。

(3)强碱性阴离子交换树脂,活性基团一般为$\equiv NOH$,故又称为季胺型阴离子交换树脂。

(4)弱碱性阴离子交换树脂,活性基团一般有 $-NH_3OH$、$=NH_2OH$、$\equiv NHOH$(未水化时分解为:$-NH_2$,$=NH$,$\equiv N$)之分,故分别又称伯胺型、仲胺型和叔胺型离子交换树脂。

阳离子交换树脂中的氢离子 H^+ 可用钠离子 Na^+ 代替,阴离子交换树脂中的氢氧根离子 OH^- 可以用氯离子 Cl^- 代替。因此,阳离子交换树脂又有氢型、钠型之分,阴离子交换树脂又有氢氧型和氯型之分。

根据离子交换树脂颗粒内部结构特点,又分为凝胶型和大孔型两类。目前,使用的树脂多数为凝胶型离子交换树脂。

7.2.1.2　离子交换剂的名称及型号

目前国际上还无统一的离子交换树脂型号。我国1979年公布了离子交换树脂分类、命名及型号的国家标准(GB 1631—79),列于表7-6以备查用。

表7-6　我国离子交换树脂的型号、名称及某些性能

型号	名称	交联度	含水量(%)	交换容量
001	强酸性苯乙烯阳离子交换树脂	7	46~52	≥4.5
D001	大孔强酸性苯乙烯阳离子交换树脂	3~4	45~55	3.5~4.4
111	弱酸性丙烯酸系阳离子交换树脂	3~4	75~85	12.0
D111	大孔弱酸性丙烯酸系阳离子交换树脂		40~50	9.5
122	弱酸性酚醛系阳离子交换树脂		70~80	>4.0
201	强碱性季胺Ⅰ型阴离子交换树脂	7	40~60	≥3.0
D201	大孔强碱性季胺Ⅰ型阴离子交换树脂		40~60	3.8~4.0
202	强碱性季胺Ⅱ型阴离子交换树脂	6	47.5	3.64
D202	大孔强碱性季胺Ⅱ型阴离子交换树脂			
301	弱碱性苯乙烯系阴离子交换树脂			
D301	大孔弱碱性苯乙烯系阴离子交换树脂		40~60	4.2~4.8
331	弱碱性环氧系阴离子交换树脂		58~68	9.0
D302	大孔弱碱性苯乙烯系阴离子交换树脂			
D311	大孔弱碱性丙烯酸系阴离子交换树脂			

离子交换树脂全名由分类名称、骨架名称和基本名称三部分组成。分类名称又分为强酸性、弱酸性、强碱性、弱碱性、螯合性、两性、氧化还原性等七类;骨架名称分苯乙烯系、丙烯酸系、酚醛系、环氧系等,若树脂结构为大孔型,则名称前加大孔两字,如大孔强酸性苯乙烯系阳离子交换树脂;若为凝胶型,在型号后用“X”联结阿拉伯数字表示,“X”号数字为交联度。

离子交换树脂的型号代号规定如下:型号由三位阿拉伯数字组成,第一位数字(0~6)代表产品的分类名称,第二位数字(0~6)代表产品的骨架名称,第三位数字为顺序号,用以区别交换基团。举例如表7-7。树脂代号见表7-8。

表7-7 树脂型号

全名称	型号
强酸性苯乙烯系阳离子交换树脂	001X7
大孔型强酸性苯乙烯系阳离子交换树脂	D001
弱酸性酚醛系阳离子交换树脂	122
强碱性季胺Ⅰ型阴离子交换树脂	201

表7-8 树脂代号

代号	0	1	2	3	4	5	6
分类名称	强酸性	弱酸性	强碱性	弱碱性	螯合物	两性	氧化还原
骨架名称	苯乙烯系	丙烯酸系	酚醛系	环氧系	乙烯吡啶系	脲醛系	氯乙烯系

7.2.1.3 离子交换树脂的性能指标

离子交换树脂的性能对处理效率、再生周期及再生剂的耗量有着很大的影响，判断离子交换性能的几个重要指标如下。

(1)离子交换容量。交换容量是树脂交换能力大小的标准，可以用重量法和容积法两种方法表示：重量法是指单位重量的干树脂中离子交换基团的数量，用mmol/g树脂或mol/g树脂来表示；容积法是指单位体积的湿树脂中离子交换基团的数量，用mmol/L树脂或mol/m^3树脂来表示。由于树脂一般在湿态下使用，因此常用的是容积法。离子交换容量指标分为全交换容量和工作交换容量：全交换容量指一定量树脂中所含有的全部可交换离子的数量；工作交换容量指一定量的树脂在给定条件下实际的交换容量，一般由模拟试验确定或参考有关数据选用。

(2)含水率。由于离子交换树脂的亲水性，它总会有一定数量的水化水(或称化合水分)，称为含水率。含水率通常以每克湿树脂(去除表面水分后)所含水分百分数表示(一般在5%左右)，也可折算成相当于每克干树脂的百分数表示。

树脂中也有游离水或表面水，但这种并非化合水分，能用离心法除掉。这种水分与树脂性能无关。

(3)相对密度。离子交换树脂的相对密度有三种表示方法：干真密度、湿真密度和视密度，其中常用的是湿真密度和湿视密度两种表示方法。湿真密度指树脂溶胀后的质量与其本身所占体积(不包括树脂颗粒之间的空隙)之比，树脂的湿真密度对树脂层反冲洗强度、膨胀率以及混合床再生前树脂的分层影响很大，强酸树脂的湿真密度约为1.3 g/mL，强碱树脂约为1.1 g/mL；视密度指树脂溶胀后的质量与其堆积体积(包括树脂颗粒之间的空隙)之比，一般为0.6～0.85 g/mL，常用视密度计算交换器所需装填湿树脂的数量。

(4)溶胀性。当树脂由一种离子型态转变为另一种离子形态时所发生的体积变化称为溶胀性或膨胀。树脂溶胀的程度用溶胀度来表示,如强酸阳离子交换树脂由钠型转变成氢型时其体积溶胀度一般为5% ~7%。

(5)耐热性。各种树脂所能承受的温度都有一个高限,超过这个极限,就会发生比较严重的热分解现象,影响交换容量和使用寿命。

(6)化学稳定性。受污染水中的氧化剂如氧、氯、铬酸、硝酸等,由于其氧化作用能使树脂网状结构遭受破坏、活性基团的数量和性质也会发生变化。防止树脂因氧化而化学降解的办法,一是采用高交联度的树脂,二是在受污染的水体中加入适量的还原剂,三是使交换柱内的 pH 值保持在6 左右。

除上述几项指标外,还有树脂的外形、黏度、耐磨性、在水中的不溶性等。

了解和掌握离子交换树脂的性能指标是选用离子交换树脂的重要前提条件之一,选用时一般应考虑以下两点:一是在保证备选树脂具有较大吸附容量的基础上再具有适当的选择性,而不是选择性越强越好。因为选择性越强,其游动的离子和离子交换剂的键合作用就越强,也就越不易被解吸,将来再生时间和消耗将会增加。二是备选树脂的溶胀性要适度。因为溶胀性越好,固然其渗透能力会增强、吸附容量和速率会增大,但同时在胀缩过程中产生的内应力也会增大,从而导致试剂颗粒的机械强度降低而易于破损。

7.2.2 离子交换基本理论

7.2.2.1 离子交换过程

离子交换过程可以看做是固相的离子交换树脂与液相(原水)中电解质之间的化学置换反应。其反应一般都是可逆的。

阳离子交换过程可用下式表示:

$$R^-A^+ + B^+ \rightleftharpoons R^-B^+ + A^+ \tag{7-2}$$

阴离子交换过程可用下式表示:

$$R^+C^- + D^- \rightleftharpoons R^+D^- + C^- \tag{7-3}$$

式中:R 表示树脂本体;A、C 表示树脂上可被交换的离子;B、D 表示溶液中的交换离子。

离子交换过程通常分为五个步骤:第一步,交换离子从溶液中扩散到树脂颗粒表面;第二步,交换离子在树脂颗粒内部扩散;第三步,交换离子与结合在树脂活性基团上的可交换离子发生交换反应;第四步,被交换下来的离子在树脂颗粒内部扩散;第五步,被交换下来的离子在溶液中扩散。

实际上,离子交换反应的速度是很快的,离子交换的总速度取决于扩散速度。

当离子交换树脂的吸附达到饱和时,通入某种高浓度电解质溶液,将被吸附的离子交换下来,可使树脂得到再生。

7.2.2.2 离子交换树脂的选择性

由于离子交换树脂对于水中各种离子吸附的能力并不相同,对于其中一些离子很容易被吸附而对另一些离子却很难吸附,被树脂吸附的离子在再生的时候,有的离子很容易被置换下来,而有的却很难被置换。离子交换树脂所具有的这种性能称为选择性能。

采用离子交换法处理受污染的水体时,必须考虑树脂的选择性,树脂对各种离子的交换能力是不同的,交换能力大小主要取决于各种离子对该种树脂的亲和力(选择性),在常温低浓度下,各种树脂对各种离子的选择性可归纳出如下规律:

(1)强酸性阳离子交换树脂的选择顺序为:

$Fe^{3+} > Cr^{3+} > Al^{3+} > Ca^{2+} > Mg^{2+} > K^{+} = NH_4^{+} > Na^{+} > H^{+} > Li^{+}$

(2)弱酸性阳离子交换树脂的选择顺序为:

$H^{+} > Fe^{3+} > Cr^{3+} > Al^{3+} > Ca^{2+} > Mg^{2+} > K^{+} = NH_4^{+} > Na^{+} > Li^{+}$

(3)强碱性阴离子交换树脂的选择性顺序为:

$Cr_2O_7^{2-} > SO_4^{2-} > CrO_4^{2-} > NO_3^{-} > Cl^{-} > OH^{-} > F^{-} > HCO_3^{-} > HSiO_3^{-}$

(4)弱碱性阴离子树脂的选择性顺序为:

$OH^{-} > Cr_2O_7^{2-} > SO_4^{2-} > CrO_4^{2-} > NO_3^{-} > Cl^{-} > F^{-} > HCO_3^{-} > HSiO_3^{-}$

(5)螯合树脂的选择性顺序与树脂种类有关。螯合树脂在化学性质方面与弱酸性阳离子树脂相似,但比弱酸树脂对重金属的选择性高。螯合树脂通常以 Na 型为主,典型的螯合树脂为亚氨基醋酸型,这种树脂对金属离子的选择顺序为:

Hg > Cr > Ni > Mn > Ca > Mg > Na

以上位于顺序前列的离子可以取代位于顺序后列的离子。

这里还应说明的是,上面介绍的选择性顺序均为常温低浓度而言。在高温高浓度时,处于顺序后列的离子可以取代位于顺序前列的离子,这就是树脂再生的依据之一。

7.2.2.3　离子交换软化、除盐原理

根据离子交换反应的选择性特点,可以总结出离子交换软化水质的基本原理为:用 Na 型强酸性阳离子交换树脂 RNa 中的 Na^{+} 交换去除水中的 Ca^{2+}、Mg^{2+} 硬度,饱和的树脂用5% ~8% 的食盐 NaCl 溶液再生。原水经过 RNa 树脂的软化,水中的致硬离子 Ca^{2+}、Mg^{2+} 会被全部去除,替换成非致硬的 Na^{+} 离子。但是,处理后水的含盐量(以 mol)不会降低,如含盐量超标,则还需进行除盐处理。

离子交换除盐的基本原理是:先用 H 型强酸性阳离子交换树脂 RH 中的 H^{+} 交换去除水中的所有金属阳离子,饱和的树脂用 3% ~4% 的盐酸 HCl 溶液再生。RH 出水吹脱除去由 HCO_3^{-} 和 H^{+} 生成的 CO_2 气体。再用 OH 型强碱性阴离子交换树脂 ROH 中的 OH^{-} 交换去除水中的除 OH^{-} 外的所有阴离子,饱和的树脂用 2% ~4% 的 NaOH 溶液再生。最后所产生的 H^{+} 与 OH^{-} 合并为水分子,达到除盐目的。

原水中的悬浮物、有机物、高价金属离子以及 pH 值、水温、氧化剂等会对离子交换树脂的交换能力产生影响。

7.2.3　离子交换工艺

7.2.3.1　离子交换设备

离子交换软化除盐设备包括离子交换器、除二氧化碳器和再生液系统等,其中离子交换器是离子交换处理的核心设备,按其结构形式可分为罐式、塔式(柱式)和槽式,按操作方式可分为间歇式和连续式,按两相接触方式可分为固定床、移动床、流动床和浮动床。目前给水工艺上采用较多的是柱式交换法(即树脂装在柱内不移动,原水通过一定高度

的树脂层进行交换)，一般交换形式有以下五种(见图 7-3)。

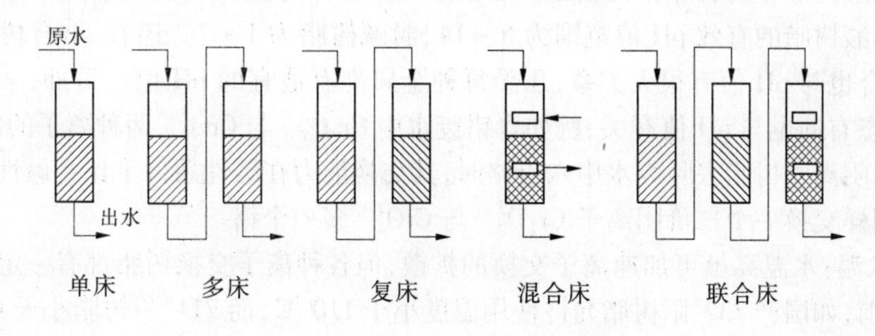

图 7-3 **离子交换柱组合方式**

(1)单床离子交换器:使用一种树脂的单床结构。

(2)多床离子交换器:使用一种树脂,由两个以上交换器组成的离子交换系统。

(3)复床离子交换器:使用两种树脂的两个交换器的串联系统。

(4)混合床离子交换器:同一交换器内填装阴阳两种树脂。

(5)联合床离子交换器:将复床与混合床联合使用。

二氧化碳器简称除碳器,是除去水中游离 CO_2 的专用设备,分鼓风式除碳器和真空式除碳器两种形式。鼓风式除碳器主要由外壳、填料、中间水箱及风机组成,一般可将水中游离 CO_2 降至 5 mg/L 以下;真空式除碳器是用真空泵或水射器从除碳器上部抽真空,从水中除去溶解 CO_2 气体。

再生液系统包括盐液再生系统、酸液再生系统和碱液再生系统。盐液再生系统用于 Na 型阳离子交换树脂的再生,再生剂是工业食盐 NaCl;酸液再生系统用于 H 型阳离子交换树脂的再生,再生剂是盐酸或硫酸;碱液再生系统用于阴离子交换树脂的再生,再生剂是烧碱(NaOH)。

7.2.3.2 离子交换的影响因素

离子交换过程中的主要影响因素有以下几种:

(1)悬浮物和油脂:原水中的悬浮物会堵塞树脂孔隙、油脂会包住树脂颗粒,都会造成交换能力下降,因此当这些物质含量较多时,应进行预处理。预处理的方法有过滤、吸附等。

(2)有机物:原水中某些高分子有机物与树脂活性基团的固定离子结合力很大,一旦结合就很难进行再生,结果降低树脂的再生率和交换能力。例如高分子有机酸与强碱性季胺基团的结合力就很大,难于洗脱下来。为了减少树脂的有机污染,可选用低交联度的树脂,或者原水进行离子交换处理之前进行预处理。

(3)高价金属离子:原水中 Fe^{3+}、Al^{3+}、Cr^{3+} 等高价金属离子可能引起树脂中毒。当树脂受铁中毒时,会使树脂颜色变深。从阳离子交换树脂的选择性可看出,高价金属离子易为树脂吸附,再生时难于把它洗脱下来,结果会降低树脂的交换能力。为了恢复树脂的交换能力,可用高浓度酸进行长时间浸泡。

(4)pH 值:强酸和强碱树脂的活性基团的电离能力很强,交换能力基本上与 pH 值无关。但弱酸性树脂在 pH 值低时不电离或部分电离,因此只有在碱性条件下才能得到较强的交换能力。同理,弱碱性树脂也只有在酸性溶液中才能得到较强的交换能力。通常情况下,弱酸树脂的有效 pH 值范围为 5 ~ 14、弱碱树脂为 1 ~ 7。还有,螯合树脂对金属离子的结合也与 pH 值有很大关系,几乎每种金属都有适宜的 pH 值。另外,杂质在水中存在的状态有的也与 pH 值有关,例如含铬废水中 $Cr_2O_7^{2-}$ 与 CrO_4^{2-} 两种离子的比例与 pH 值有关,用阴离子树脂去除废水中六价铬时,其交换能力在酸性条件下比在碱性条件下为高,因为同样交换一个二价阴离子 $Cr_2O_7^{2-}$ 与 CrO_4^{2-} 多一个铬。

(5)水温:水温高虽可加速离子交换的扩散,但各种离子交换树脂都有一定的允许使用温度范围,如国产 732#阳树脂允许使用温度小于 110 ℃,而 711#阴树脂小于 60 ℃。水温超过允许温度时,会使树脂交换基团分解破坏,从而降低树脂的交换能力,所以温度太高时,应进行降温处理。

(6)氧化剂:水中如果含有氧化剂(如 Cl_2、O_2、$H_2Cr_2O_7$ 等)时,往往会使树脂氧化分解。强碱阴树脂容易被氧化剂氧化,使交换基团变成非碱性物质,从而完全丧失交换能力。氧化作用还会影响交换树脂的本体,使树脂加速老化,导致交换能力下降。为了减轻氧化剂对树脂的影响,可选用交联度大的树脂或加入适当的还原剂。

另外,用离子交换树脂处理高浓度电解废水时,由于渗透压的作用也会使树脂发生破碎现象,处理这种废水一般选用交联度大的树脂。

7.2.3.3 离子交换树脂的再生

离子交换树脂在失去工作能力后,必须再生才能使用。离子交换反应是一个可逆反应,树脂再生就是使离子交换反应逆向进行。树脂再生常用的是化学药剂再生。

(1)再生操作过程。再生的操作运行包括反洗(反冲或逆洗)、再生、正洗三个过程。反洗是在离子交换树脂失效后,逆向通入冲洗水和空气,以松动树脂层和达到清洗树脂层内的杂物或分离阴、阳离子交换树脂(对于混合床)的目的。经反洗后,便可进行再生。对于单床和复合床,可以将再生剂以一定的流速流经各自交换柱内的树脂层进行再生;对于混合床,则有柱内、柱外再生及阴离子交换树脂外移再生三种方法,具体运用应视具体情况而定。再生后还必须用水正洗,以洗去树脂中残余的再生剂及再生反应物。

(2)再生剂的选择。大致上可按照 7.2.3.1 部分介绍的情况进行选择。

(3)再生剂的用量和再生率的控制。根据经验,再生时一般不追求过高的再生率,而是把交换剂的交换能力恢复到原来的 80% 左右就可以了,这样有利于节约再生剂、缩短再生时间。

(4)顺流再生与逆流再生。再生阶段的液流方向和交换时水流方向相同称为顺流再生,反之为逆流再生。顺流再生的优点是设备简单、操作方便、工作可靠,缺点是再生剂用量多、获得的交换容量低、出水水质差。逆流再生时,再生剂耗量少,交换剂获得的工作容量大而且能保证出水质量,但逆流再生的设备较复杂,操作控制(如再生流速)较严格。例如用 33% 的盐酸再生强酸性阳离子交换树脂,逆流再生可比顺流再生节约 50% 的盐酸用量。但采用这种方式,切忌搅乱树脂层,以免影响出水水质,所以要控制再生流速,一般要小于 1.5 m/h。然而再生流速也不宜过低,以免拖长再生时间,对此,通常在再生时可通入 0.03 ~0.05 MPa 的压缩空气以稳定一个适宜的再生流速。

7.3　臭氧氧化与生物活性炭

7.3.1　臭氧氧化

臭氧是一种强氧化剂,在水处理中的应用最早是用于消毒,如20世纪初法国Nice城就开始使用臭氧。到20世纪中期,使用臭氧的目的转为去除水中的色与臭。20世纪70年代以后,随着水体有机污染的日趋严重,臭氧用于水处理的主要目的是去除水中的有机污染物。据马放等对吉林前郭炼油厂饮用水深度净化工程进行色质联机分析后确认,原水中的160余种有机污染物经臭氧氧化后变成了40余种易生物降解的中间产物,从而为后续处理工艺进行进一步的去除创造了有利条件。

7.3.1.1　臭氧氧化机理

大量研究表明,在溶液中,臭氧与污染物的反应方式有两种:一种是直接氧化,再一种是间接氧化(自由基链式反应)。一般情况下,O_3溶解于水中后经自分解产生的反应性自由基·OH的浓度非常低,对污染物的作用通常以直接氧化为主(臭氧分子具有共振结构,其氧原子有强烈的亲质子性与亲电子性,可以通过亲核或亲电作用直接与污染物反应),可直接氧化不饱和芳香族、不饱和脂肪族(直链化合物)和某些特殊官能基团(如双键)的有机污染物及无机污染物。臭氧与无机物的反应主要表现为氧转移反应,即从臭氧向无机物转移一个氧原子,如NO_2^-、卤化物(Br^-)、硫化物的臭氧化是通过氧原子的转移而最终分别形成为NO_3^-、BrO_3^-和SO_4^{2-};水中的低价过渡金属与臭氧反应也是一个氧原子转移过程,如天然水pH值范围内Fe^{2+}与Mn^{2+}分别会被臭氧氧化成$Fe(OH)_3$与MnO_2,从而在混凝、过滤单元中被去除;水中氨氮也可被臭氧缓慢地氧化成硝酸盐离子,然后从砂滤池或粒状活性炭池中经生物硝化和代谢同化而得以去除;此外,控制一定的pH,臭氧还可以去除氰化物与硫氰化物;臭氧也能将水中硫化氢氧化成硫酸根,从而去除其臭味。

O_3溶于水后除产生直接氧化作用外,还会产生一系列的链式反应,分解成氧化还原电位更高的反应性自由基,包括·OH及HO_2·。羟基·OH不但可与水中有机污染物作用,而且反应速度快又基本没有选择性,既能氧化含不饱和链的有机化合物,也能与具有饱和链的脂肪族化合物作用。只不过羟基·OH的产率通常不高,但可通过施用引发剂(H_2O_2、Fe^{2+}、UV、甲酸、腐殖酸、乙醛酸等)、促进剂(甲酸、乙醛酸、腐殖酸等)以及抑制剂(取丁醇等)等来有效调整·OH的产率。

虽然O_3的氧化能力(标准电极电位2.07 V)远高于Cl_2(电位1.36 V)和ClO_2(电位1.5 V)而仅次于F_2(电位2.87 V),能够使水中的绝大多数有机污染物氧化分解,但仍有某些稳定性的有机污染物及已经形成的消毒副产物THMs难以被氧化去除。例如,O_3可使碳碳双键有机物的键断裂、使苯环开环,从而氧化苯并芘、苯、二甲苯、苯乙烯、氯苯和艾氏剂等芳香族化合物,但是却对DDT、环氧七氯、狄氏剂(农药)、氯丹以及已经形成的$CHCl_3$等THMs的去除效果极差。对此目前的对策就是把臭氧氧化与其他处理技术相结合,组成臭氧氧化组合工艺,如臭氧/活性炭吸附、臭氧/生物活性炭、臭氧/过氧化氢、紫外光/臭氧、臭氧/膜处理、臭氧/混凝、臭氧/吹脱等，从而提高水处理效果。

7.3.1.2 臭氧氧化工艺

由于臭氧极不稳定，故只能随生产随使用。臭氧发生的方法按原理可分为无声放电法、放射法、紫外线法、等离子射流法和电解法等，目前水处理中最常用的是无声放电法。无声放电法又称电晕放电法（因制 O_3 过程伴有产生弥散蓝紫色辉光的电晕现象而得名），据此而制的臭氧发生器由高压极、接地极和介电体三部分组成，介电体与接地极之间（缝隙一般 1～3 mm）为臭氧发生区，即当两极加入高电压后即可使通过两电极间的含氧气体发生无声放电而生成氧离子（电流密度增大，氧离子浓度也增大），这些氧离子不仅可以与氧分子发生反应，而且还可以相互之间发生反应而生成臭氧（臭氧是氧分子通过高压放电区时，被高电位电场电离而变成氧原子，一个氧原子与一个氧分子再结合，就形成为 O_3），其原理如图 7-4 所示。使用这种类型的臭氧发生器每生产 1 kg O_3 需耗电 23～25 kWh，气源可以是空气、液态氧（LOX）或气态氧。

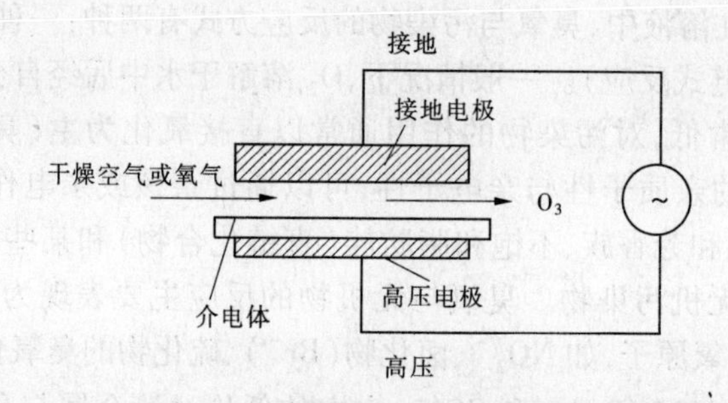

图 7-4 无声放电法制备臭氧原理

常见的臭氧处理系统如图 7-5 所示。系统的接触氧化设施种类主要有气液混合器、螺旋叶片管道混合器、臭氧接触氧化塔、接触氧化池和气液混合泵等。气液混合器是根据文丘里管原理，当水流通过文丘里管时，利用吸入真空泵吸入臭氧化空气，使气、水彼此将对方分割成雾状小球，从而提高臭氧与水中被氧化物质的接触面积和反应几率；螺旋叶片管道混合器一般由三节混合器组成，每节各带有一组分别左、右旋 180°的固定叶片，相邻两叶片之旋转方向相反并相错 90°，可以通过径向和反向旋转，将混合气、液彼此分割，达到相互扩散效果；臭氧接触氧化塔又称鼓泡塔，可使臭氧化空气通过多孔扩散器破碎成小

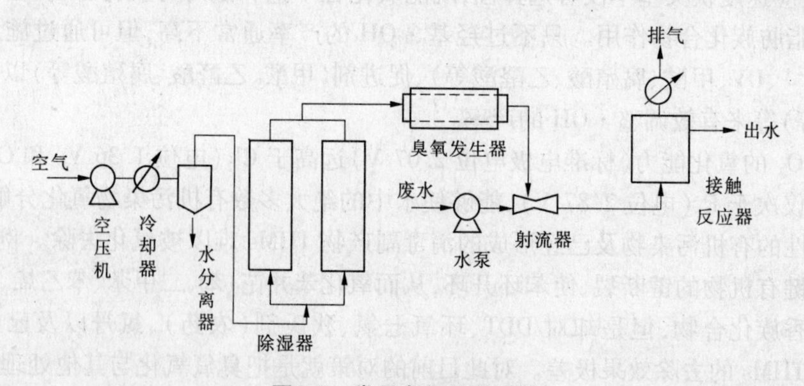

图 7-5 常见臭氧处理系统

气泡,该法多用于受化学反应控制的水处理;接触氧化池分单格式、双格式和多格式等,一般为钢筋混凝土结构,多适用于大流量、接触时间较长的水处理工程。

在饮用水处理工艺流程中,一般根据臭氧投加点位置的不同分为前段投加、中段投加和后段投加三种方式。前段投加称为臭氧化预处理或臭氧预氧化处理,中段投加称为中间氧化,后段投加称为臭氧消毒。图 7-6 表示常规水处理流程(混凝—沉淀—过滤—消毒)中根据臭氧使用的目的不同而在不同位置进行投加所起的作用。

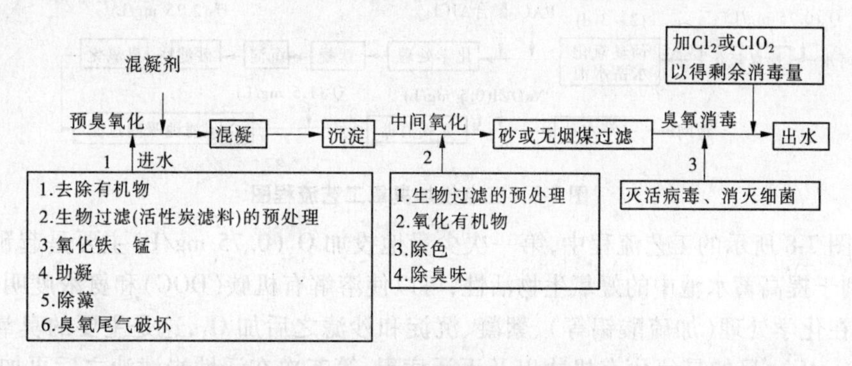

图 7-6　饮用水处理中的臭氧投加点

在实际水处理时,可以根据具体情况实行一点投加,也可以多点同时投加。投加量及接触时间因处理对象的不同而异:一般用于杀菌消毒的为 1 ~ 3 mg/L、5 ~ 15 min;除臭脱色的为 1 ~ 3 mg/L、10 ~ 15 min;除 CN^-、酚的为 5 ~ 10 mg/L、10 ~ 15 min。下面结合两个实例分别说明一点和三点投加的工艺流程。

图 7-7 介绍的是哈尔滨月亮湾开发区前进水厂采用一点投加臭氧进行预氧化处理的工艺流程。

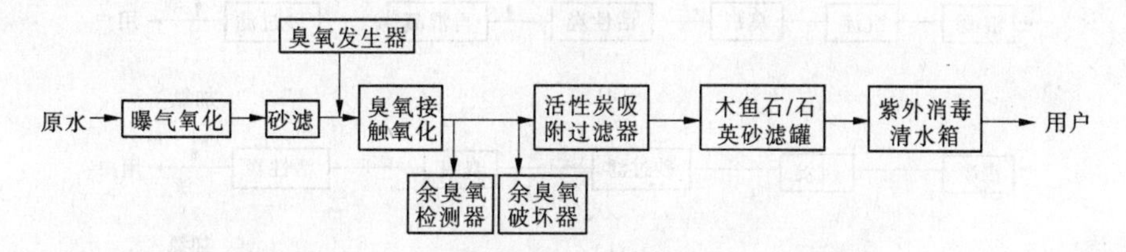

图 7-7　一点投加臭氧(结合活性炭)工艺流程图

在图 7-7 所示的工艺流程中,曝气塔的主要作用是利用其内设的曝气机完成进水的曝气过程,以增加水中溶解氧,同时使低价的铁、锰离子与空气中的氧反应生成高价的不溶性铁锰氧化物或水合氧化物;砂滤罐的主要作用是截留原水中的悬浮物以及铁锰的沉淀物;臭氧发生器配有空气自动处理系统,可以将吸入的空气干燥后送入臭氧发生管,然后在管内高频率高电压强电场作用下分解为单原子氧并再与 O_2 发生反应生成 O_3,最后通过射流器提供到流程管路上;在臭氧接触反应塔的出口处安装余臭氧浓度监测仪以通过监测水中余臭氧浓度来随时调控臭氧的投加量;臭氧接触反应塔内主要安装有臭氧引射器,其主要作用是利用产生的负压将臭氧发生器产生的含臭氧空气吸入系统管道与高速水流进行强烈渗混,形成气水混合物,渗混时间(即氧化反应时间)一般不少于 10 min;之后(即经过臭氧氧化后的水)进入活性炭滤罐,活性炭滤罐的主要作用是配合臭氧去除小分子的有机物（臭氧投加量足够时可将有机物彻底氧化成 CO_2 和 H_2O，但投入不足时则只能氧化成小分子量的中间产物）；分离后的气体则进入剩余臭氧消除器；矿化罐内常装木鱼石或石英砂，主要起反冲洗作用，有条件的可在水箱顶棚上装设紫外灯进行照射以辅助杀菌。

图 7-8 介绍的是法国巴黎郊区水厂采用三点投加臭氧的例子。

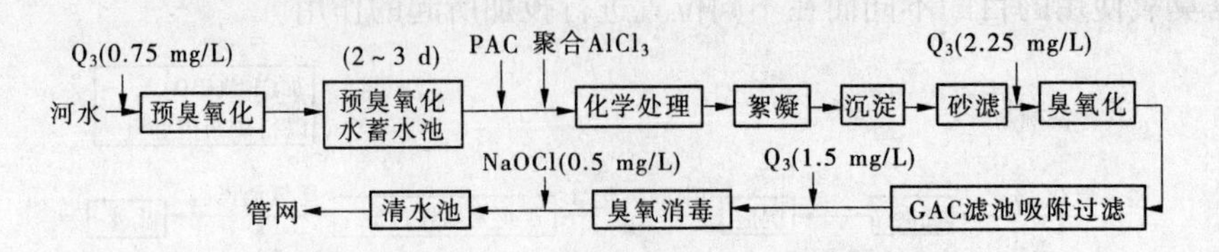

图 7-8　三点投加臭氧工艺流程图

在图 7-8 所示的工艺流程中，第一次少量地投加 O_3（0.75 mg/L）主要是起预氧化作用，有利于提高蓄水池中的好氧生物活性，可以使溶解有机碳（DOC）和氨浓度明显降低；第二次在化学处理（加硫酸铝等）、絮凝、沉淀和沙滤之后加 O_3，这是主要的臭氧化阶段（2.25 mg/L），目的是氧化有机物以及灭活病毒；第三次在活性炭滤池之后再加 O_3（1.5 mg/L），目的主要是保证消毒效果；最后在水入管网之前投加次氯酸钠（NaOCl）主要是保证管网水中有一定的余氯，以防止配水管网内的细菌再生长。

近年来，国外运用较多的自来水深度处理典型流程有以下三种形式（见图 7-9），其共同特点都是以常规的混凝－沉淀－过滤为骨架，而不同之处则在于导入了臭氧和活性炭（多为生物活性炭）两个处理环节上的位置不同。

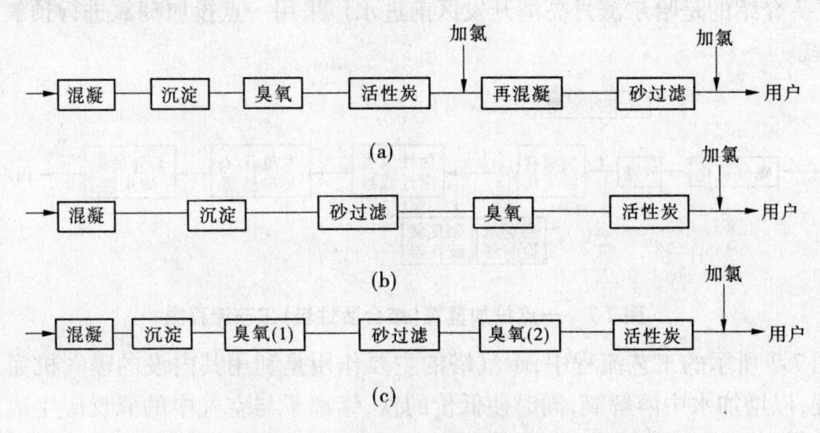

图 7-9　臭氧化技术用于自来水深度处理的典型流程

流程（a）是在沉淀和过滤之间导入臭氧和活性炭处理。活性炭层的出水中往往含有微小炭粒和从活性炭颗粒表面的生物膜上脱落下来的微生物，这些杂质通过最后的砂滤池得以去除。为了提高过滤效率，在此之前进行了氯处理和二次混凝。这一流程的出水水质容易得到保证，但臭氧的投量往往较高。这是因为沉淀池出水中所有的有机物和其他还原物质都会消耗臭氧；流程（b）是将臭氧和活性炭处理放在了砂滤池之后，由于砂滤池能够去除相当一部分可以消耗臭氧的物质，故该流程所需的臭氧投量要比流程（a）低。

但是从活性炭层泄漏出的微炭粒和微生物有可能影响最终出水的水质,这就要求对活性炭层进行比较频繁的反冲洗;流程(c)的特点是进行两级臭氧处理,即在砂滤池前后分两次注入臭氧,其余与流程(b)相同。砂滤前的臭氧投量较小,主要目的是提高砂滤池的过滤效率。此三种流程在微污染控制效果上并无大的差异,但决定流程时应充分考虑原水的水质。原水中悬浮性有机物含量较多时应采用先进行砂滤的方法,而原水中有引起砂滤池堵塞的生物存在时,臭氧处理环节以置于砂滤之前为宜。因此,确定方案之前必须进行可行性试验研究。在欧洲,也有在臭氧和活性炭处理之后再加慢速过滤的设计例子。

当水中含有有机胶体需用 O_3 去除时,法国多家水厂采用了 M-D 法。这种工艺的机理是利用臭氧对水中腐殖酸等有机胶体粒子具有强烈的断开化学键和氧化分解作用,使亲水性的胶体有机物成为疏水性物质。这些物质对凝聚剂非常敏感,可以在少量凝聚剂的作用下迅速被吸附凝聚成微絮体,然后通过直接过滤而得以去除。M-D 法典型流程如图 7-10 所示。这一系统在法国水厂用得较普遍。

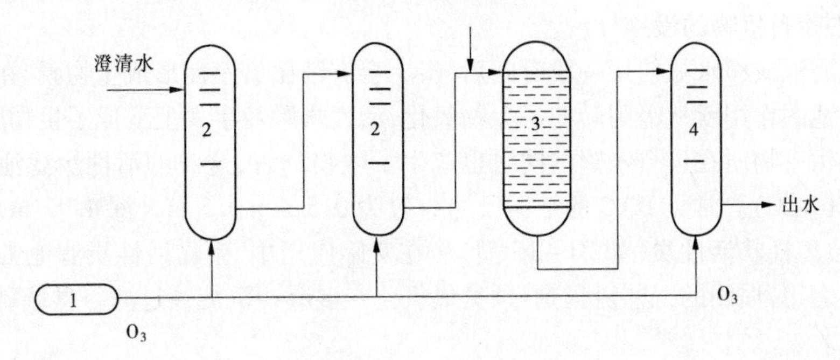

图 7-10　M-D 法典型流程

1—臭氧发生器;2—臭氧接触柱;3—接触滤器;4—臭氧消毒柱

7.3.2　生物活性炭

关于生物活性炭的具体意义,目前较为流行的观点有三种:一是臭氧与粒状活性炭的组合工艺,即为生物活性炭法;二是微生物群落附着在粒状活性炭表面上的水处理法,即为生物活性炭法;三是在给水、废水处理中,活性炭上生长好氧微生物的水处理法,即为生物活性炭法。综合这些观点,可将生物活性炭定义为:在厌氧、缺氧和好氧条件下,粉状或粒状活性炭表面所生长和繁殖的微生物利用水中一些基质为养料,通过活性炭吸附和微生物分解的协同作用,达到去除水中污染物的目的,这一工艺过程称为生物活性炭处理法。此法是在充分发挥活性炭吸附作用的同时,充分利用活性炭床中微生物对有机物的生物降解作用,由此延长活性炭使用寿命,降低水处理成本,提高水处理效果。

7.3.2.1　去除有机物的机理

生物活性炭去除有机物的机理在于活性炭吸附与微生物降解的协同作用。研究表明,固定化细菌(大小为 1 μm)主要集中于颗粒活性炭的外表面及邻近大孔中,而不能进入微孔,这些存在于表面及大孔中的细菌能够将活性炭表面和大孔中吸附的有机物降解。另外,细胞分泌的细胞外酶和因细胞解体而释放出的酶类(大小为 1 nm)能直接进入颗粒活性炭中孔和微孔中,与孔隙内吸附的有机物作用,使其从吸附位上解脱下来,并被微生物利用,这就构成了活性炭吸附和微生物降解的协同作用,这种协同作用可以大大延长活性炭的使用寿命。当然,仅仅依靠长期运行自然形成的生物活性炭菌种往往降解速率不是很高,如果能够通过投加高活性工程菌而进行人工固化所形成的生物活性炭则就可以达到有高效、长久、运行稳定和出水无病原微生物等目的。

生物活性炭法的特点是:可以促使生物硝化作用,将 NH_4^+-N 转化为 NO_3^-;将溶解性有机物进行生物氧化,可去除 mg/L 级浓度的溶解有机碳(DOC)和三卤甲烷(THMFP)以及 ng/L 至 μg/L 级的有机物。有研究表明,生物活性炭对可同化有机碳(AOC)去除效果稳定,大多数情况下去除率可达 50% 以上。此外,还可使活性炭部分再生,明显延长其再生周期,如果用臭氧加在滤池之前还可以防止藻类和浮游植物在滤池中生长繁殖。在目前水源受到污染,水中氨氮、酚、农药以及其他有毒有害有机物经常超标时,而水厂常规水处理工艺又不能将其去除的情况下,选用生物活性炭法就不失为饮用水深度处理的有效方法之一。

7.3.2.2 去除有机物的设施

活性炭滤池或净水器使用一段时间后,炭上会有细菌繁殖而形成生物膜,在这种情况下活性炭滤池的作用就从吸附转向了生物氧化,活性炭颗粒事实上变成了生物膜的载体,从而使有机污染物质在进行吸附的同时也产生了生物降解,这时的活性炭滤池就是生物活性炭滤池(BAC)。常见 BAC 的结构尺寸一般为 0.5 m×0.5 m×深 4.92 m,内部均分为两格,常装填柱状活性炭(如 ZJ-15 型)。在实际应用中,生物活性炭滤池常与臭氧氧化设施联合运用,惯用的工艺流程是:预臭氧氧化→混凝→沉淀→过滤→臭氧氧化→生物活性炭滤池。

7.3.3 臭氧—生物活性炭技术

臭氧—生物活性炭法是一种用于水深度处理的臭氧氧化与活性炭吸附相结合的组合技术,这项技术的特点是先进行臭氧氧化,后进行活性炭吸附,其间还伴随有生物降解作用。有研究资料表明,臭氧—生物活性炭工艺与普通生物活性炭工艺相比较,其对原水中 COD_{Mn} 的去除率可由 34% 提高到 68%。

7.3.3.1 臭氧—生物活性炭的基本原理

臭氧—生物活性炭的基本原理有两点:①臭氧氧化。臭氧氧化能将水中部分有机物或其他还原性物质氧化,从而降低生物活性炭滤池(BAC)的有机负荷,同时还能使水中难以生物降解的有机物(如 NOM 和人工合成有机物等)通过断链和开环而氧化成小分子物质或改变分子的某些基团,从而提高水的可生化性。②生物活性炭吸附和生物降解。生物活性炭主要依靠颗粒活性炭上微生物的新陈代谢作用对有机物进行同化分解和对氨氮进行氧化,其具体作用包括三个方面:一是破坏水中残余臭氧,这一过程一般发生在最初的几厘米炭层内;二是吸附去除有机化合物和臭氧氧化副产物;三是通过活性炭表面细菌的生物降解去除有机污染物。

7.3.3.2 臭氧—生物活性炭的工艺流程

目前国内外采用的典型工艺流程大致有以下三种:

(1)德国缪尔霍姆水厂模式:原水→混凝→澄清→臭氧投加→活性炭过滤→砂滤→

安全投氯→用户。

(2)法国麦瑞休奥斯水厂模式:原水→臭氧预氧化→混凝→沉淀→砂滤→二次臭氧→活性炭过滤→安全投氯→用户。

(3)北京田村山水厂模式:原水→预加氯→混凝→澄清→砂滤→臭氧→活性炭过滤→安全投氯→用户。

7.3.3.3 臭氧—生物活性炭组合工艺的主要设备

臭氧—生物活性炭组合系统中的主要设备包括臭氧氧化、臭氧接触装置尾气处理和生物活性炭处理等单元设备,其中臭氧发生和氧化系统是该组合工艺的关键设备系统,对其设备及工艺参数的优选,具有十分重要的意义。

(1)臭氧扩散装置:臭氧与水接触的效果直接影响到有机物的去除和生物活性炭的效果。现有多种类型的臭氧接触反应设备投入使用,其中包括鼓泡扩散设备、涡轮混合器、水射器、填料塔、喷淋塔等,尤其是鼓泡扩散设备应用最广,其主要优点是:无传动部件、维护简单、传质效率高。现以鼓泡扩散设备为例考察不同扩散设施对臭氧氧化效率的影响,对比穿孔管和微孔钛板的结果表明,采用穿孔管(孔眼直径 0.5 mm),臭氧吸收率为40% ~50%,而采用微孔钛板扩散器(有效直径 150 mm,钛板厚 3 mm,微孔径 20 ~40 μm,孔隙率 50%)时臭氧吸收率达到 80% ~90%,说明微孔钛板扩散器性能优良,可加以推广应用。

(2)臭氧接触反应塔:采用密闭式、逆流接触臭氧反应塔,并在其中装设多层不锈钢穿孔板,板上装填有特制的涡流式扩散接触填料,使水与臭氧通过时能充分混合接触,只需 10 min 便可使臭氧吸收率达到 80% 以上,而普通臭氧接触时间通常为 15 ~20 min,可见能缩小接触反应设备的体积。

(3)臭氧接触装置尾气处理设备:基本方法有霍加拉特剂催化分解方法、活性炭吸收法、加热分解法等。我国大多采用前两种方法,国外大多采用后一种方法。这些方法各具优缺点。我国新研发成功的 HEX 催化剂其成本低于霍加拉特剂,对臭氧的破坏性能优于活性炭。试验表明,将此催化剂与臭氧尾气加热到 50 ℃以上,臭氧破坏率提高 2 ~3 倍。在此基础上所设计制造的 HOZ 型热力催化型臭氧尾气破坏器现已投入实际应用,运行稳定可靠,处理效果良好,投资也较低。

(4)生物活性炭滤池(罐)是确保饮用水水质达标的关键设备。臭氧—生物活性炭生物学特性如下:检测结果表明,原水中细菌总数、大肠菌群分别为 35 个/mL 和 1 700 个/L,而臭氧氧化出水中分别为 4 个/mL 和 0 个,臭氧—生物活性炭出水中分别为 41 个/mL和 3 900 个/L。显微镜下观察,活性炭表面固着大量丝藻、颤藻和芽孢杆菌,说明炭表面已形成生物膜。这些微生物通过氧化降解而去除 COD_{Mn} 中可降解有机物,使活性炭得到生物再生,由此延长使用寿命,一般使用寿命为 2 ~3 年,最长可达到 5 年。因此,选用臭氧—生物活性炭技术深度处理饮用水是行之有效的技术。

7.4 膜分离技术

膜技术特别是以高分子膜为代表的膜分离技术是近 30 年来发展起来的一项高新技

术，是饮用水深度处理技术中的一种重要方法，甚至有人说膜技术是21世纪水处理领域的关键技术。随着饮用水水质标准的提高，特别是对水中日益增多的致病微生物与有毒有害有机物等限值要求的日趋严格，并随着技术的不断发展和膜材料价格的逐年降低，它在饮用水处理中必将具有更加广泛的应用前景。

7.4.1 膜技术的分类及特点

7.4.1.1 膜技术的分类

目前常用的膜技术包括电渗析（ED）、微滤（MF）、超滤（UF）、纳滤（NF）和反渗透（RO）。其中电渗析是以电势梯度作为驱动力，属于脱盐工艺；后四种膜法是以压力梯度（压力差）作为驱动力（推动力），且微滤、超滤为过滤工艺，其作用对象是固液混合的两相体系，重点在于去除水中悬浮性物质，包括沉积物、藻类、细菌、原生动物、病毒和黏土颗粒等，它的作用机理主要是物理性截留，处理效果的优劣主要取决于颗粒物粒径的大小，与原水质和操作工艺参数无关。纳滤和反渗透为脱盐工艺，其作用对象是溶解态的单相体系，重点在于去除水体中的溶解性物质，包括一些离子（如Ca^{2+}、Mg^{2+}、Na^{+}、Cl^{-}、SO_4^{2-}等）和天然溶解性有机物等，它的作用途径主要是扩散机理，因此水处理效果的好坏受进水溶液浓度、流速和操作压力的影响。以上几种膜技术适用的分离粒子范围可用图7-11简示。

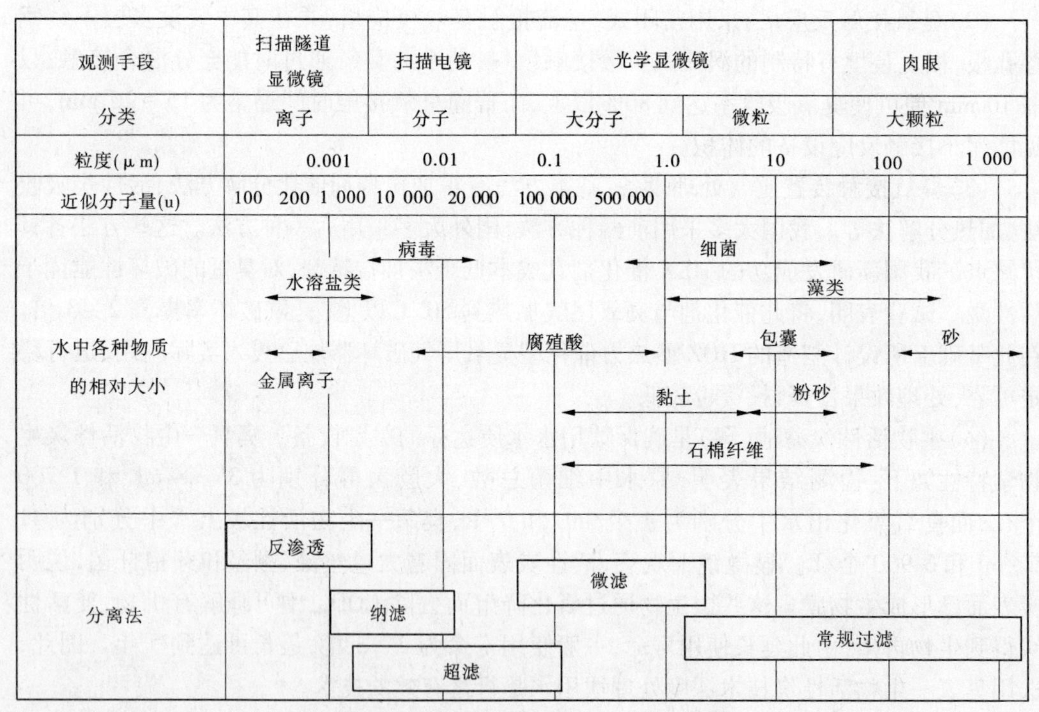

图7-11 膜分离对物质的有效分离范围

（注：u为原子质量单位，1 u =（1.660 540 2 ± 0.000 001）$\times10^{-24}$ g）

7.4.1.2 膜技术特点

膜分离技术与传统分离手段如过滤、沉降、蒸馏、吸收、萃取等相比具有以下外在的特点:①膜分离对混合物中各组分的选择性高,是高效分离过程。比如应用过滤技术分离颗粒粒径的极限是 1 μm,而膜分离可以分离粒径为纳米的颗粒;对有恒沸点的混合物,恒沸点组成下组分间的相对挥发度为 1,采用蒸馏无能为力,而渗透蒸发的分离系数可达几百。②多数膜分离过程中组分不发生相变化,能耗低。③膜分离过程在常温下进行,对食品及生物药品等热敏性物质的分离特别适合。④膜分离应用的规模和处理能力可在较大范围内变化,而不会影响分离效率及运行费用等。⑤所用设备装置简单,设备本身没有运动部件,运行操作方便易控,维护费用低。此外由于膜分离的分离效率高,设备体积也较小,占地较少。

膜分离技术中的电渗析与微滤、超滤、纳滤、反渗透之间还具有以下内在的特点,列表 7-9予以简示。

表 7-9 膜技术的特点

过程	简图	分离目的	膜类型	膜内孔径	推动力	分离(传递)机理	透过物	截留物
微孔过滤(MF)	进料 渗透液	去除SS、高分子物质	多孔膜非对称膜	0.02~10 μm	压力差约 100 kPa(0.1 MPa)	颗粒尺度(大小与形状)的机械筛分	水、溶剂溶解物(溶液)	悬浮物颗粒、纤维、细菌
超滤(UF)	进料 浓缩液 渗透液	脱除大分子	非对称膜	2~100 nm	压力差 0.1~1.0 MPa	颗粒及大分子尺度的筛分	水、溶剂、离子及小分子(Mw<1 000)(小分子溶液)	蛋白质、各类酶、生物制品、胶体、大分子(Mw 1 000~30 0000)、细菌、病毒等
纳滤(NF)	进料 浓缩液 渗透液	水脱盐、溶质浓缩	非对称膜或复合膜	1~5 nm	压力差 1~10 MPa	溶质和溶剂的选择性扩散传递	水溶剂	糖类、氨基酸、BOD、COD、无机盐(低分子、阴离子)
反渗透(RO)	进料 浓缩液 渗透液	水脱盐、溶质浓缩	非对称膜或复合膜	0.8~1 nm	压力差 1~10 MPa	溶质和溶剂的选择性扩散传递	水溶剂	糖类、氨基酸、BOD、COD、无机盐(低分子、离子)
电渗析(ED)	浓电解质 溶剂 +极 -极 阴膜 进料 阳膜	水脱盐、离子浓缩	离子交换膜	1~10 nm	电位差	电解质离子在电场力作用下的选择性传递	电解质离子(0.000 4~0.1 μm)	非电解质大分子物质

虽然饮用水厂采用膜分离技术的历史只有 30 余年,但国内外已取得了许多的应用经验和研究成果,大量资料表明,不同的膜分离方法对不同的水质其效果是不相同的,比如

反渗透和电渗析技术，由于它们具有完全脱盐的性能，所以除了海水淡化和苦咸水脱盐之外，一般是不推荐用于饮水净化的。常见膜法饮水处理技术的应用效果列表7-10，供选用时参考。

表 7-10　膜法饮水处理的效果

参数	处理后水质	典型的去除率（%）	去除效果				
			MF	UF	NF	化学药剂+UF/MF	活性炭+UF/MF
浊度	<0.3NTU	>97	★	★	★	★	★
色度	<5	>90	部分	部分	★	>70%	★
铁	<0.5 mg/L	>80	部分	部分	★	★	★
锰	<0.02 mg/L	>90	部分	部分	★	化学氧化	★
铝	<0.2 mg/L	>90	部分	部分	★	★	部分
硬度	—	—	无	无	中等-好	无	无
三卤甲烷	<0.2	—	部分	部分	90%~99%	≤60%	≤70%
卤乙酸		—	无	部分	≥80%	≤32%	
TOC	—	—	20%~40%	≤50%	90%~99%	≤80%	≤75%
大肠菌群	0	100	LR>6	100%	100%		
粪大肠菌	0	100	LR>6.7	100%	100%		
隐孢子虫	0	100	100%	100%	100%		

注：★表示去除效果很好；—表示效果与原水水质相关；表中空白处表示无相关数据。

随着膜技术的应用和发展，膜材料的研制和开发也一直相伴未停，目前已有数十种材料用于制备分离膜，表7-11列出常见分离膜材料品种及分类，供参考。

表 7-11　常见分离膜的材料品种与分类

项目	类别	膜材料举例
有机材料	纤维素衍生物类	醋酸纤维素、硝酸纤维素、乙基纤维素等
	聚砜类	聚砜、聚醚砜、聚芳醚砜、磺化聚砜等
	聚酰（亚）胺类	聚砜酰胺、芳香族聚酰胺、含氟聚酰亚胺等
	聚脂、烯烃类	涤纶、聚碳酸酯、聚乙烯、聚丙烯腈等
	聚氟（硅）类	聚四氟乙烯、聚偏氟乙烯、聚二甲基硅氧烷等
	其他	壳聚糖、聚碳酸核径迹膜（核孔膜）、聚电解质
无机材料	致密膜	钯、银、合金膜、氧化膜
	多孔膜	陶瓷、多孔玻璃等

7.4.2　膜技术的应用

7.4.2.1　微滤

微滤（MF）是以静压差为推动力，利用膜的“筛分”作用进行分离的膜过程。微滤的主要作用包括:①去除颗粒物质和微生物;②去除天然有机物(NOM)和合成有机物(SOC);③作为反渗透、纳滤或超滤的预处理;④污泥脱水与胶体物质的去除。

1)微滤机理

微滤"筛分"截留的机理包含四种方式:①机械截留。这种作用方式的表现是小于膜孔的粒子通过滤膜,大于膜孔的粒子被截留。②吸附截留。这种作用的表现是依靠表面的吸附性能而截留杂质粒子。③架桥截留。这种作用的表现与表面过滤相类似,通过架桥作用使小于膜孔的粒子被截留。④膜内部网络中截留。这种作用的表现是杂质微粒在网络内部遭截留。以上四种截留方式可用图 7-12 简示。

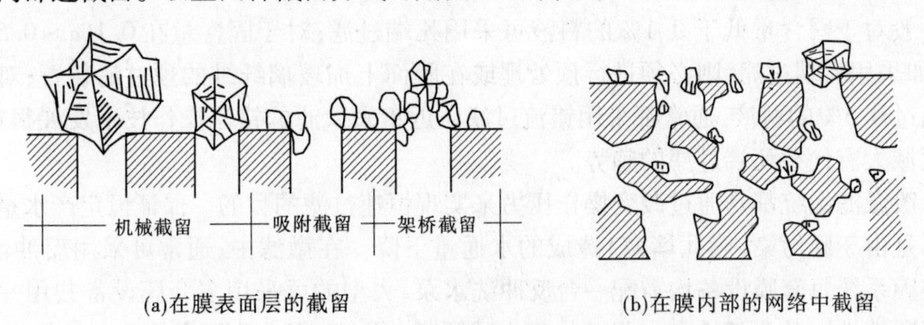

图 7-12 微滤膜的四种截留方式

2)微滤膜组件的选择

典型的微滤工艺包括格栅、微滤膜设备和消毒。其中微滤膜多数为对称结构,厚度 10~150 μm 不等,常见的微滤膜多为曲孔型,即类似于内有相连孔隙的网状海绵,也有的微滤膜为毛细管型,膜孔呈圆筒状而垂直贯通膜面,该类膜孔率通常小于5%,但厚度仅为曲孔型的1/15。水处理的微孔膜也有呈不对称结构的,即膜孔呈截头圆锥体状而贯通膜面,过滤时原水在孔径小的膜面流过。微滤膜的材质有十几种(见表 7-11),其孔径的选择主要视水质要求而定,一般用于 RO 或 NF 前的保安过滤时可选 3~10 μm、用于电子工业高纯水终端过滤时可选 0. 45 μm、用于生活直饮水或医用无菌水或电子工业超纯水终端过滤时可选 0. 2 μm。

3)微滤操作工艺

微滤有两种操作工艺,即死端过滤和错流过滤,如图 7-13 所示。

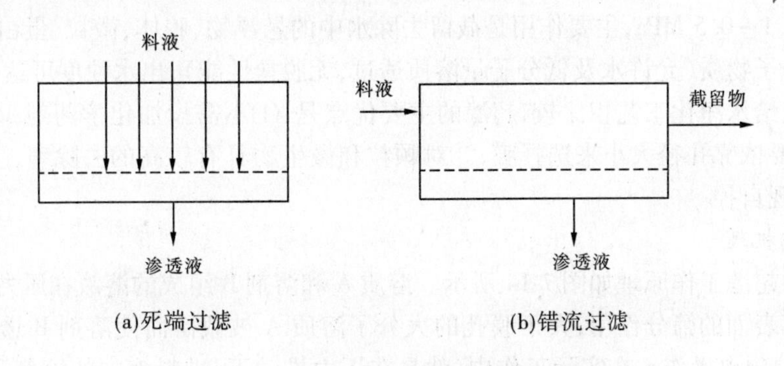

图 7-13 死端过滤和错流过滤示意图

死端过滤时，在压差推动下（用泵将原水送入膜系统），溶剂和小于膜孔的颗粒透过膜，大于膜孔的颗粒被截留后通常都堆积在膜的表面，从而形成额外的透过阻力。在一般操作压差不变的条件下，随着操作时间的延长，膜表面堆积的颗粒会越来越多，过滤阻力则越来越大，最终导致膜的渗透速率下降。所以，死端过滤只能是间歇的，必须周期性地停下来清洗膜或更换膜。

错流过滤时，原料平行于膜面流动，流经膜面时产生的剪切力可把膜面上滞留的颗粒带走，使沉积层保持在一个较薄的水平。因此，一旦沉淀层达到稳定，膜的渗透流率就会在一段较长的时间内保持稳定。

一般对于固含量低于0.1%的料液可采用死端过滤；对于固含量在0.1%~0.5%的料液，如采用死端过滤，则必须进行预处理或在膜面上加玻璃纤维的预过滤装置；对于固含量超过0.5%的料液，通常都采用错流过滤。近年来微滤的错流操作技术发展很快，在许多领域大有代替死端过滤的趋势。

一般微滤系统都是通过改变操作压力来实现恒速过滤的目的。保证恒定产水量的主要障碍是由于膜污染（膜孔堵塞）造成的水通量下降。在微滤中，通常可采用反冲洗（一般小型膜系统每套膜设备均需配一台反冲洗水泵，大型的可采用多套膜设备共用一台泵进行串联冲洗）、化学清洗和加强预处理来减缓膜的污染，但有些污染是难以避免的。

4）微滤的局限性与改新技术

微滤膜的孔径介于常规过滤和超滤之间，它的最大优势是可以有效地去除水中的泥沙、胶体、大分子化合物等杂质颗粒及大肠杆菌等微生物，不足之处是对于小分子有机物、重金属离子、硬度及病毒的去除效果较差，同时当处理水中含较高浓度的高颗粒物时还易造成微滤膜堵塞。针对于此，有学者提出，将微滤与活性炭技术相结合，形成吸附——固液分离组合工艺，以克服对小分子有机物和病毒去除效率低的缺点；以十六烷基三甲基溴化铵（CTAB）作助剂，运用粉末活性炭和错流微滤（CFMF）组合工艺，以提高对重金属离子（如 CrO_4^{2-}）的去除效率；将臭氧氧化工艺与微滤工艺联用，可解决布洛芬、阿莫西林等溶解性有机物堵塞膜孔的问题。

7.4.2.2 超滤

超滤（UF）是介于微滤与纳滤之间的一种压力驱动过程，其三者之间并无明显分界线，一般来说超滤膜的截留相对分子质量为1 000~300 000，而相对孔径在2~100 nm，操作压力在0.1~0.5 MPa，主要作用是截留去除水中的悬浮物、胶体、微粒、蛋白质、细菌和病毒等大分子物质（允许水及低分子量溶质透过，无脱盐性能），出水浊度可达0.1NTU以下。与传统给水净化工艺相比较，超滤的主要优点是：①不需投加化学药剂；②以筛分机理为主，主要依靠孔径大小来选择膜；③对颗粒和微生物具有较高的去除率；④占地面积小；⑤可实现自控。

1）超滤机理

简单的超滤工作原理如图7-14所示。溶质A和溶剂B组成的溶液在压力差推动下，利用多孔膜表面的筛分作用，大于膜孔的大分子溶质A被截留而使溶剂B透过膜孔，实现A和B的分离操作。在实际工作中，就是在压力推动下，进料液中的溶剂和小分子溶质透过超滤膜而进入产水侧，溶液中的大分子物质、胶体、蛋白质等则被超滤膜截留而浓缩。当然超滤的机理并不能简单地用筛分作用来全部解释,粒子被截留的原因还可能是在过滤膜的表面上和孔中发生的吸附行为。实际上超滤过程可能同时存在四种情形:一是溶剂透膜而过;二是溶质在膜表面及微孔壁上吸附;三是粒径略小于膜孔的溶质在孔中停留,引起阻塞;四是粒径大于膜孔的溶质被膜面机械截留。

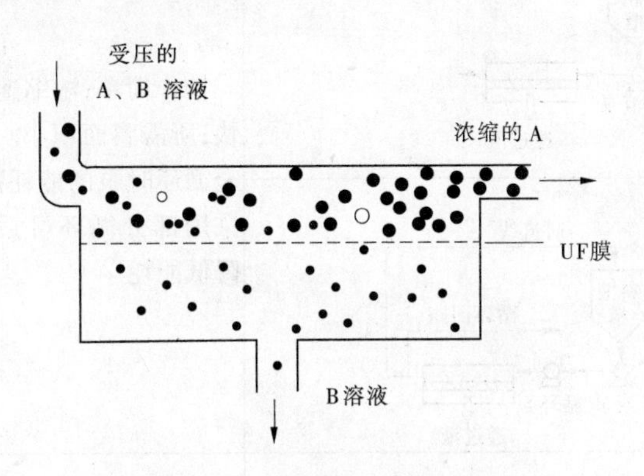

图 7-14 超滤操作原理示意图

2)超滤膜的结构和性能

超滤膜多数为不对称膜,由一层极薄(0.1 ~ 0.25 μm)的致密表皮层和一层较厚(200 ~ 250 μm)的具有海绵状或脂肪状结构的多孔层组成。前者起筛分作用,后者起支撑作用。常用材料如表 7-11 所列,商品规格一般按所截留分子量大小而划分有 6 000、10 000、20 000、30 000、50 000 和 80 000 等 6 种,对应的膜孔径为:分子量 500/孔径 2.1 nm,分子量 1 000/孔径 2.4 nm,分子量 10 000/孔径 3.8 nm,分子量 30 000/孔径 4.7 nm,分子量50 000/孔径 6.6 nm,分子量 100 000/孔径 11 nm。

3)超滤操作工艺

超滤的操作主要有重过滤和错流过滤,可以间接操作也可以连续操作,连续操作时又可分为单级操作和多级操作。多数情况下,超滤大都采用错流操作,只有在小批量生产中才采用重过滤操作。各种超滤操作模型的特点及适用范围见表 7-12。

表 7-12 超滤操作模型的特点及适用范围

操作模型		图示	特点	适用范围
重过滤	间歇	100 UF 膜 20 透过液 加入水 100 RE-UF 20 透过液	设备简单、小型;能耗低;可克服高浓度料液渗透流率低的缺点;能更好的去除渗透组分。但浓差极化和膜污染严重,尤其是在间歇操作中;要求膜对大分子的截留率高	通常用于蛋白质、酶之类大分子的提纯
	连续	连续加水 100 在重过滤中保持体积不变 透过液		

续表 7-12

操作模型			图示	特点	适用范围
间歇错流	截留液全循环		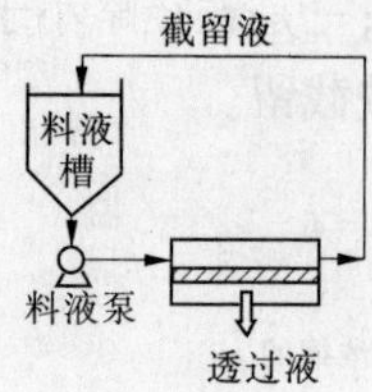 截留液；料液槽；料液泵；透过液	操作简单;浓缩速度快;所需膜面积小。但全循环时泵的能耗高,采用部分循环可适当降低能耗	通常被实验室和小型水厂采用
	截留液部分全循环		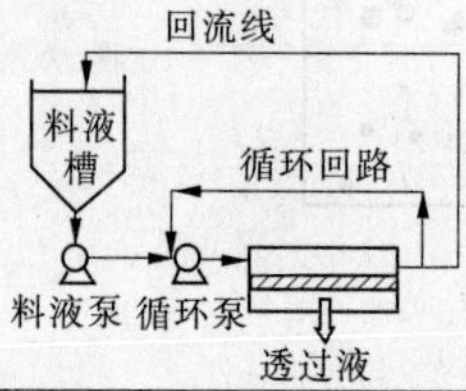 回流线；料液槽；循环回路；料液泵；循环泵；透过液		
错流过滤	单级	无循环	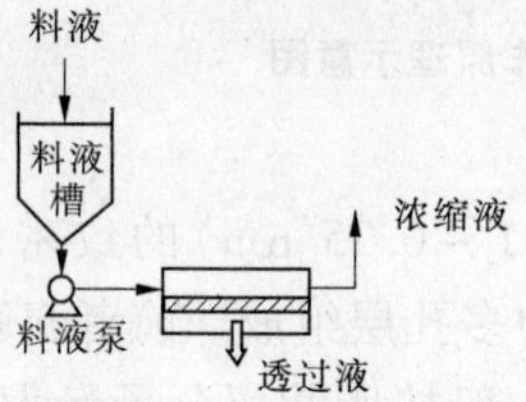 料液；料液槽；浓缩液；料液泵；透过液	渗透液流量低;浓缩比低;所需膜面积大。组分在系统中停留时间短	反渗透中普遍采用,超滤中应用不多,仅在中空纤维生物反应器、水处理、热精脱除中有应用
连续错流		截留液部分循环	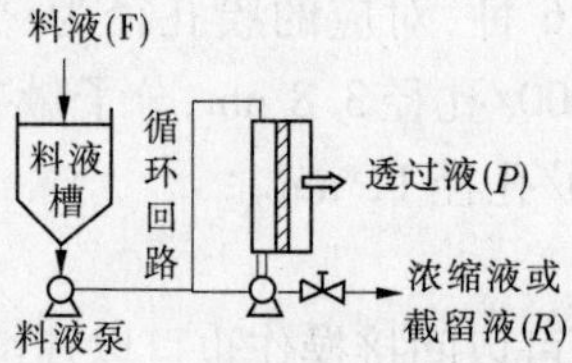 料液(F)；料液槽；循环回路；透过液(P)；浓缩液或截留液(R)；料液泵	单级操作始终在高浓度下进行,渗透流率低。增加级数可提高效率,这是因为除最后一级在高浓度下操作、渗透流率最低外,其他级操作浓度均较低、渗透流率相应较大。多级操作所需总膜面积小于单级操作,接近于间歇操作,而停留时间、滞留时间、所需贮槽均少于相应的间歇操作	大规模生产中被普遍使用,特别是在食品工业领域
	多级		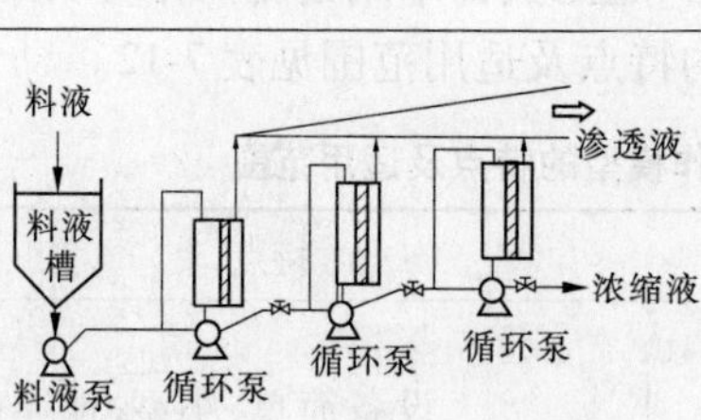 料液；料液槽；渗透液；浓缩液；料液泵；循环泵；循环泵；循环泵		

4)超滤的局限性及改进技术

超滤的显著优点是可以有效清除水中微生物(如导致腹泻的贾弟虫和隐孢子虫、导致痢疾和脑膜炎的兼性寄生阿米巴等),但不足之处是对去除 THMs 前驱物的效果不够好,比如不经预处理而将原水直接进行超滤,其 TOC、COD_{Mn}、UV_{254} 的去除率分别只有 20%、30%、40%左右,并且这些有机物还易于造成滤膜污染,导致产水率降低和运行成本增加,同时缩短膜的使用寿命。对此,研究人员对超滤与其他技术的组合工艺进行了试验研究，目前推出较为成熟的组合工艺主要有混凝—超滤组合工艺和吸附—超滤组合工艺。混凝—超滤组合工艺是首先通过混凝作用使小分子有机物形成微絮体而改善其分离性，再使这些微絮体通过超滤膜时被截留，从而实现水中可凝聚小分子有机物和大分子有机物都得到最大限度去除的目的；吸附—超滤组合工艺是把粉末活性炭对低分子有机物的吸附作用与超滤对大分子有机物及细菌等病原微生物的截留筛分作用很好地结合一体，从而大大提高有机物的去除率，同时有效减缓膜的污染。

7.4.2.3 纳滤

纳滤（NF）是介于超滤与反渗透之间的一种压力驱动型膜分离技术。纳滤膜表面分离皮层具有纳米级（10^{-9} m）微孔结构，孔径一般为1～5 nm（只对特定溶质具有脱除作用），截留分子量界限为200～1 000 u、分子大小约为1 nm的溶解组分（操作压差0.5～2 MPa），可去除水中异味、色度、硬度、农药、合成洗涤剂、可溶性有机物、砷和重金属（如铁、锰等）等有害物质，通常可去除TOC90%以上、AOC80%以上、多价阴离子（例如硫酸盐离子和碳酸盐离子）90%～99%，但对单价离子却只可截留不超过20%。当然，纳滤与反渗透技术相比较，还具有操作压力低、产水率高、浓缩水排放较少、浓缩与脱盐同步进行等优点。

1）纳滤机理

纳滤膜属于无孔膜，是以压力差为推动力的不可逆过程，其分离机理可以运用电荷模型、细孔模型、静电排斥和立体阻碍模型等来描述（许振良，2001）。研究认为，纳滤膜的表面分离层由聚电解质构成，其表面和内部都带有带电基团，所以通过静电作用，可以阻碍多价离子的渗透，从而使分离过程具有离子选择性。这也是纳滤膜在低压下仍具有较高脱盐率和截留分子量为数百的膜也可脱除无机盐的原因（多数纳滤膜带负电，对不同电荷和不同价离子具有不同的作用力，这就决定了纳滤膜独特的分离性能）。根据试验，各种溶质在纳滤膜分离过程中的截留率，随着摩尔质量的增加而增加；在给定进料浓度的情况下，随着跨膜压差的增加而增加；在给定压力的情况下，随着浓度的增加而下降。对于阳离子来说，其截留率顺序为$Cu^{2+} > Mg^{2+} > Ca^{2+} > K^{+} > Na^{+} > H^{+}$；对于阴离子来说，其截留率顺序为$CO_3^{2-} > SO_4^{2-} > OH^{-} > Cl^{-} > NO_3^{-}$。

2）纳滤工艺

日本在“新MAC21”项目中研究开发了膜法净化饮用水工艺，主要采用两种流程（如图7-15所示）：一是纳滤系统并以MF/UF做预处理；二是MF/UF与深度处理工艺如臭氧氧化、生物活性炭和生物处理组合使用，均取得了明显成效。

图7-15　典型膜过滤系统工艺流程

在纳滤系统中，由于进水盐浓度低和一价离子去除率低，使纳滤系统的进水压力不能像反渗透系统那样被忽视，传统的反渗透设计结构已经不适宜于纳滤系统。有专家提出采用渗透回压、增设中间加压泵和部分浓水回流等三种方法来提高回收率，如图7-16所示。

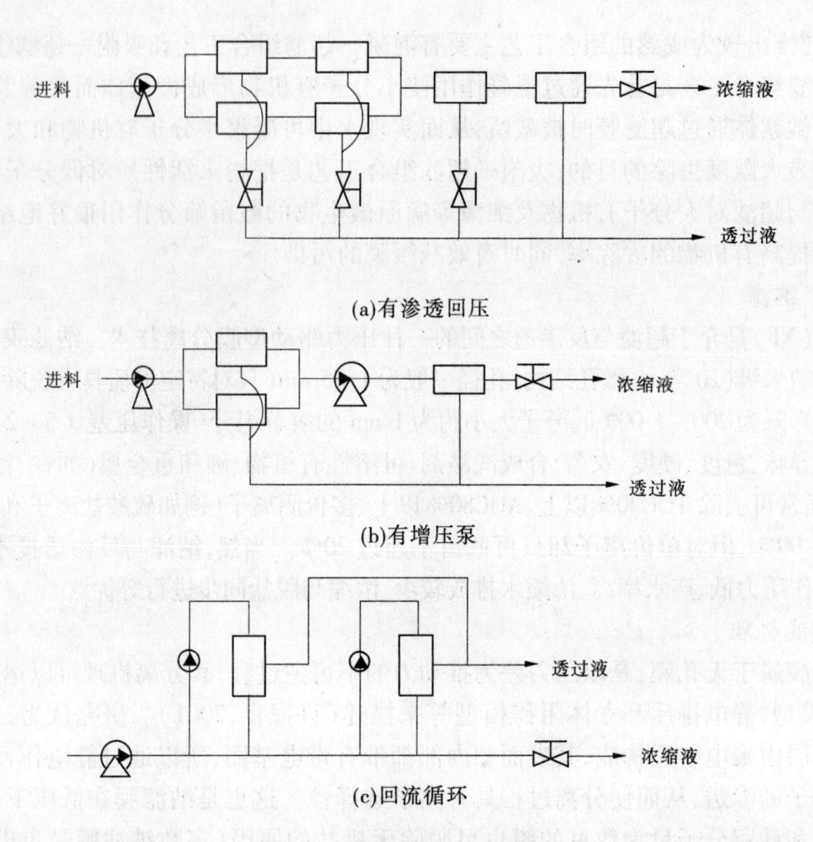

图 7-16　纳滤膜系统工艺流程

7.4.2.4　反渗透

1)反渗透机理

只允许水分子通过而不允许溶质通过的膜称为半渗透膜。用这种半渗透膜将纯水与含有溶质的溶液(盐水)隔开,如图 7-17 所示,纯水将会自动地进入到盐水一侧并使盐水一侧的液位升高,直到两侧达到一定的高度差为止,这种现象称为渗透。渗透平衡时,膜两侧液面的静液位差 h(压力差)称为渗透压。如果在盐水水面上施加大于渗透压的压力,则盐水就会流向纯水一侧,这种现象称为反渗透(RO)。反渗透不能自动进行,必须施加压力,只有当工作压力 P 大于溶液的渗透压时,水才能通过半渗透膜而从溶液中分离出来。考虑到要获得一定的渗透水量和在反渗透过程中因浓缩而使渗透压增加等因素,实际中的工作压力 P 通常要比渗透压大 3 ~10 倍。

2)反渗透工艺流程

在整个反渗透处理系统中,除了反渗透器(反渗透膜组件)和高压泵等主体设备外,为了保证膜性能稳定,防止膜表面结垢和水流道堵塞等,除了设置合适的预处理装置外,还需配置必要的附加设备如 pH 调节、消毒和微孔过滤等。一级反渗透工艺基本流程见图 7-18。

3)反渗透应用效果

反渗透膜的分离层孔径在 1 nm 以下、支撑层孔径在 100 nm 以上(一般为 100 ~400

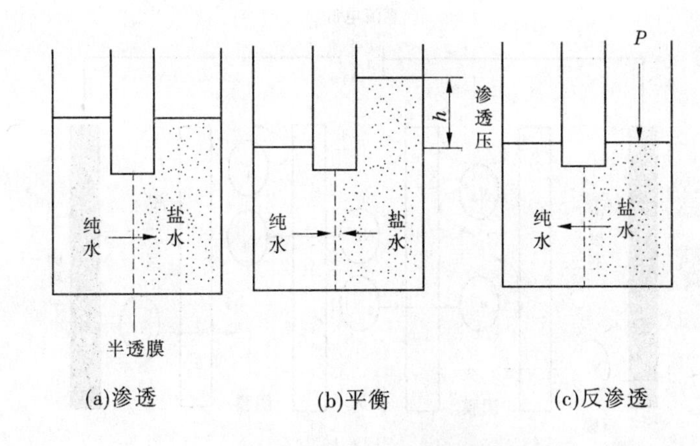

图 7-17　渗透和反渗透示意图

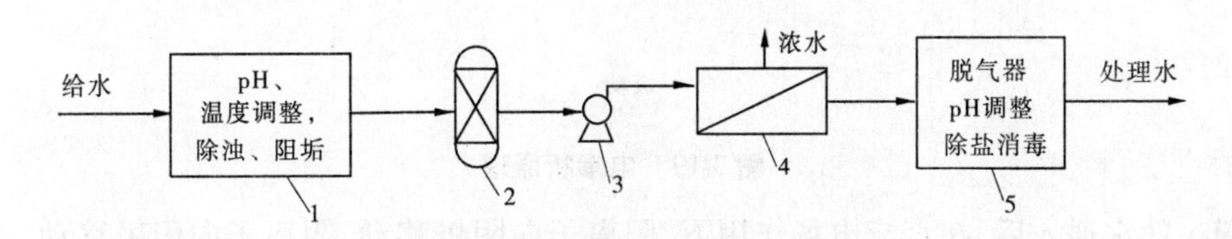

图 7-18　一级反渗透工艺基本流程

1—预处理；2—保安过滤器；3—高压泵；4—反渗透装置；5—后处理

nm)，操作压力一般为 1～10 MPa，反渗透能耗较大，但可以去除水中很多物质，包括各种悬浮物、胶体、溶解性有机物、无机盐、细菌、微生物等。近年来，反渗透技术已大量应用于饮用水的深度处理，成为制备纯水的主要技术之一。但反渗透膜也同时使水中的许多有益矿物质和微量元素随之去除，从而导致长期饮用纯水反而对健康不利。反渗透膜目前在管道直饮水中有较多应用，常出现的问题是膜孔易于阻塞和污染，因此对预处理的要求非常严格。一般预处理措施包括加酸（HCl 或 H_2SO_4）调整 pH 以防止膜表面产生碳酸钙结垢和控制膜水解；加氯或臭氧以消除细菌、藻类及其分泌物所产生的软垢；采用凝聚过滤办法先行去除铁锰对管道的锈蚀影响，等等。另外，还常在微孔过滤器之前设置加热器，将水温控制在 25 ℃左右；在反渗透装置之前装设孔径 5～20 μm 的保安过滤器以阻截直径大于 20 μm 的颗粒入侵，必要时还可设置超滤作为反渗透的前处理以除去油、胶体、微生物、有机物等。当然，对于已经出现膜孔阻塞和污染现象的，可采用低压高速水冲洗、气水联合冲洗或清洗剂（如柠檬酸胺或 4% 硫酸氢钠水溶液）清洗。总之，反渗透的操作比较复杂，产水效率也较低，在一般民用生活饮水的水处理中应用很少。

7.4.2.5　电渗析

1）电渗析原理

电渗析（ED）是在外加直流电场作用下，以电位差为推动力，利用离子交换膜的选择透过特性（即阳膜只允许阳离子透过，阴膜只允许阴离子透过）而使溶液中的离子做定向移动以达到脱除或富集电解质的膜分离技术。其过程可用图 7-19 表示。

在图 7-19 所示的电渗析过程中，阳极和阴极之间交替排列着阳离子交换膜和阴离子

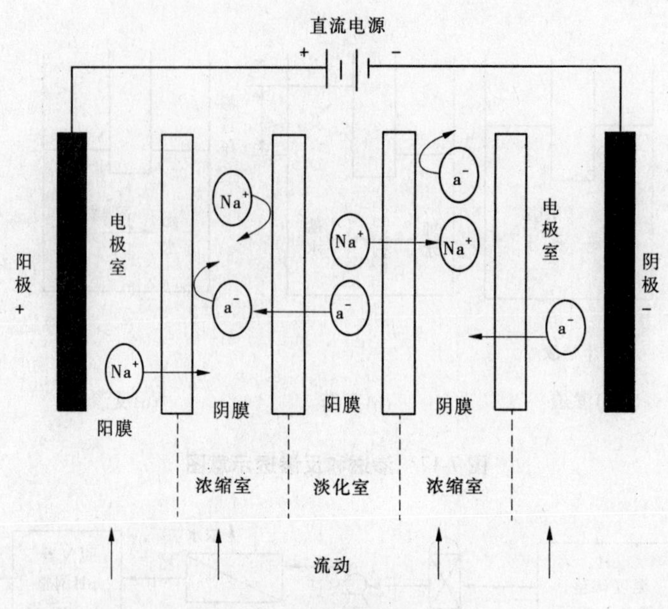

图 7-19 电渗析原理

交换膜。盐水通入后，在直流电场作用下，阳离子向阴极移动，阴离子向阳极移动。在移动过程中，阳离子若遇到阳离子交换膜（阳膜）则可通过，而遇到阴离子交换膜（阴膜）则被阻拦；阴离子则相反，遇到阴离子交换膜则通过，遇到阳离子交换膜则被阻拦。这样阳离子、阴离子均在浓缩室被截留，形成浓缩，而在淡化室就可收集到淡化液。

2）离子交换膜与电渗析装置

离子交换膜实质上就是膜状的离子交换树脂，其化学组成和化学结构与离子交换树脂一致，只是外形为薄膜片状，具有选择透过性。按其选择透过性性能，离子交换膜分为阳膜和阴膜。离子交换膜是电渗析器的关键组件。通常用高分子材料为基体，在其分子链上接殖一些可电离的活性基团。阳膜的活性基团常为磺酸基，在水溶液中电离后的固定基团带负电；阴膜的活性基团常为季铵，电离后的固定基团带正电。阳膜中带负电的固定基团吸引溶液中的阳离子并允许它透过，排斥溶液中的阴离子；阴膜中带正电的固定基团则吸引阴离子并允许透过，阻拦带正电的阳离子，这样就形成了离子交换膜的选择性。

电渗析装置主要由电渗析器本体及辅助设备两部分组成。其中电渗析器本体由膜堆、极区和夹紧装置组成，而膜堆又由交替排列的阴、阳膜和交替排列的浓、淡室隔板组成，极区则包括电极、极水框和保护室，夹紧装置由盖板和螺杆组成。附属设备主要有料液槽、水泵、直流电源及进水预处理设备等。

3）电渗析工艺流程

电渗析器本体的脱盐系统有直流式、循环式和部分循环式 3 种，见图 7-20。直流式可以连续制水，多台串联或并联，管道简单，不需要淡水循环泵和淡水箱，但对原水含盐量变化的适应性稍差，全部膜对不能在同一最佳的工况下运行。循环式为间歇运行，对原水变化的适应性强，适用于规模不大但除盐率要求较高的场合，这种形式需设循环泵和水箱。部分循环式常用多台串联，可用不同型号的设备来适应不同的水质水量，它综合了直流式和循环式的特点,但管路复杂。

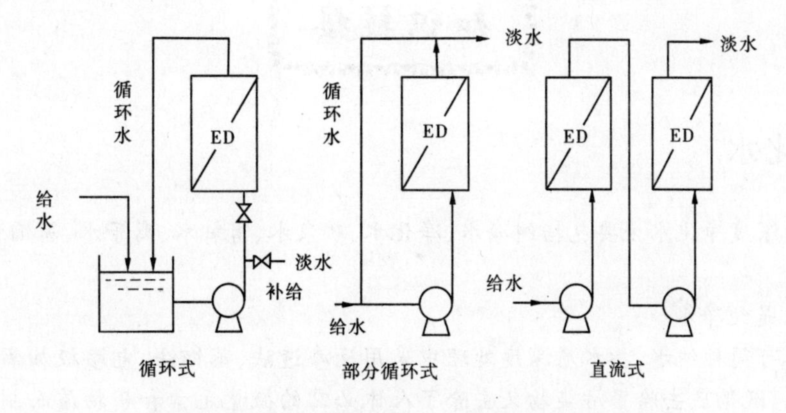

图7-20 电渗析器本体的三种工艺系统示意图

电渗析与其他设备的组合工艺主要有以下4种形式:①原水→预处理→电渗析→除盐水;②原水→预处理→电渗析→消毒→除盐水;③原水→预处理→软化→电渗析→除盐水;④原水→预处理→电渗析→离子交换→纯水或高纯水。

在以上4种组合工艺中,①是制取工业用脱盐水和初级纯水的最简单流程;②用于由海水、苦咸水制取饮用水或从自来水制取食品、饮料用水;③适于处理高硬度、高硫酸盐水或低硬度苦咸水;④将电渗析与离子交换结合,充分利用了电渗析适于处理较高盐浓度水而离子交换适于处理较低盐浓度水的特点,先用电渗析脱盐80%~90%,再用离子交换处理(也可在淡水室填充离子交换树脂),这样既保证出水质量,又使系统运行稳定,耗酸碱少,适于各种原水。

需要注意的是,在电渗析工作过程中,当电流增大到一定程度时,会在膜界面引起水的离解。此时,若离子扩散不及时,氢离子便会透过阳膜,氢氧根离子透过阴膜,使得阳膜淡室一侧富集过量的 OH^-、阳膜浓室一侧富集过量的 H^+,而阴膜淡室一侧富集过量的 H^+、阴膜浓室一侧富集过量的 OH^-,这种现象称为极化。发生极化后,由于浓室中离子浓度增高,就往往会在浓室阴膜的一侧生成碳酸钙、氢氧化镁沉淀,从而增加膜电阻,减小膜的有效面积,降低出水水质,影响正常运行。发生极化现象时的电流密度称为极限电流密度。正常运行时,要控制操作电流在极限电流密度以内。

4)电渗析适用范围

电渗析技术主要用于脱盐,在现阶段其经济适用范围大致是:①当进水含盐量在500~4 000 mg/L时,采用电渗析是技术可行、经济合理的;②当进水含盐量小于500 mg/L时,应结合具体条件,通过技术经济比较以确定是采用电渗析还是采用离子交换或者两者联用;③在进水含盐量波动较大,酸碱来源和废水排放困难等特殊情况下,可采用电渗析法。

考虑电渗析方案时需注意3个问题:一是电渗析的淡水含盐量不宜低于50 mg/L;二是电渗析对于离解度小的盐类是难以去除的;三是某些高价金属离子和有机物会污染电子交换膜。

知识链接

深度净化水

目前的深度净化水主要包括纯净水、净化水、矿泉水、富氧水、离子水、蒸馏水、活化水等。

1)什么是纯净水

纯净水可简称纯水,指水质深度处理中采用反渗透法、蒸馏法、电渗极加离子交换法等生产工艺,既彻底去除了污染物又去除了人体必需的微量元素和矿物质而制得的不含任何杂质和添加物、可直接饮用的水。我国国家技术监督局和卫生部分别于1998年4月颁布了GB 17323—1998《瓶装饮用纯净水》标准和GB 17324—1998《瓶装饮用纯净水卫生标准》,标准除强调上述生产工艺外,还明确规定纯净水的电导率≤10 μS/cm,可见瓶装饮用纯净水实际上就是饮用纯水。需要说明的是,这种水虽不含对人体有害的成分,但如果作为长期饮用水同样对健康是无益的。

2)如何生产纯净水

1991年前后,在我国深圳市用国产CTA中空纤维反渗透组件制备饮用纯净水的生产线投产,这是我国第一条纯净水生产线,开始拓展了我国纯净水市场。现在全国大大小小的纯净水工厂达数千家,今后市场前景看好。目前生产纯净水的工艺主要有以下9种:①初步过滤→微滤(MF)→离子交换(IEX)→超滤(UF)→紫外线杀菌(UV);②初步过滤→活性炭吸附(GAC)→微滤(MF)→电渗析(ED)→超滤(UF)→杀菌;③初步过滤→微滤(MF)→离子交换(IEX)→电渗析(ED)→超滤(UF)→杀菌;④初步过滤→活性炭吸附(GAC)→微滤(MF)→反渗透(RO)→杀菌;⑤初步过滤→活性炭吸附(GAC)→微滤(MF)→反渗透(RO)→离子交换(IEX)→杀菌;⑥自来水→砂滤器→精滤器(保安过滤器)→电渗析(ED)→离子交换(IEX)→紫外线(UV)→超滤(UF)→臭氧(O_3)→灌装;⑦自来水→聚凝剂→砂滤→炭滤(GAC)→精滤→电渗析(ED)→水箱→反渗透(RO)→臭氧(O_3)→灌装;⑧自来水→砂滤器(加聚凝剂)→防垢剂→保安(精密过滤器)→反渗透(RO)→离子交换(IEX)→紫外线(UV)→微滤(MF)→臭氧(O_3)→灌装(深圳首条线工艺);⑨二级RO工艺:自来水→聚凝剂→砂滤→还原剂→炭滤→软化→保安→一级RO→pH值调节→二级RO→O_3→精滤→灌装。以上各种不同的工艺系统一般都包括有4个以上的单元操作:如利用活性炭吸附可以除去大多数有机物,再利用离子交换和电渗析除去无机离子、利用反渗透除去小分子有机物、利用微滤除去胶体级的微粒物,最后用紫外线或臭氧杀菌。具体应用时应根据水源水质情况选择。

3)什么是净化水

净化水是以自来水或符合水源水质标准的水为水源、经过深度净化可直接饮用的管道供水和灌装水。净化水可简称为净水,其主要生产工艺为吸附、精滤(超滤)、紫外线杀菌、灌装(可采用少量臭氧消毒)。这种水既去除了对健康有害的物质,又保留了人体必需的各种元素和矿物质，是理想的饮用水，可供人们直接长期饮用。净化水在水质指标上与WHO提出的优质饮用水较接近，我国目前执行的饮用净水水质标准是建设部1999年9月28日发布的《饮用净水水质标准》（CJ94—1999），主要指标要求包括：不含对人体有毒、有害及有异味的物质；水硬度（以 $CaCO_3$ 计）50～200 mg/L（推荐170 mg/L）；总溶解性固体（TDS）300 mg/L左右；人体所需矿物质适中（其中Ca含量≥8 mg/L）；pH值呈微碱性（pH＝7～8）；水中溶解氧（DO）及 CO_2 含量适中（DO含量≥6 mg/L，CO_2 含量＝10～30 mg/L）；水中总有机碳TOC≤4 mg/L、化学需（耗）氧量 COD_{Mn}≤2 mg/L；水的生理功能（渗透力、溶解力、代谢力等）强。

4）如何生产净化水

灌装净化水的生产工艺通常有以下3种类型：

（1）原水（市政供水或自备水）→粗滤（石英砂、活性炭等）→精滤（微滤、超滤等）→消毒→灌装→贮存→供应；

（2）原水（市政供水或自备水）→粗滤（石英砂、活性炭等）→精滤（纳滤、反渗透、离子交换等）→消毒→灌装→贮存→供应；

（3）原水（市政供水或自备水）→粗滤（石英砂、活性炭等）→蒸馏等→灌装→贮存→供应。

5）什么是矿泉水

GB 8537—1995《饮用天然矿泉水》将其定义为"从地深处自然涌出的或经人工揭露的、未受污染的地下矿水；含有一定量的矿物盐、微量元素或二氧化碳气体；在通常情况下，其化学成分、流量、水温等动态在天然波动范围内相对稳定"。矿泉水一般为从一个或多个井眼中流出，且起源于一个地理上和物理上受保护的地下水源的水，它与地下形成的泉水、自流井水等均属于天然水，饮用前通常只做有限的处理（如过滤、臭氧消毒等）而不加其他任何可能影响水质的改变。长期饮用天然矿泉水，能够促进人体发育，防止一些慢性疾病的发生。

在所有瓶装水饮料中，唯有矿泉水是在国家制定严格标准制约下生产的。早在1987年即颁发了GB 8537—1987《饮用天然矿泉水》标准，1995年又进行了修订，现共有37项指标，包括感官指标4项：色度、臭和味、浑浊度、肉眼可见物；界限指标9项（锂Li、锶Sr、锌Zn、溴化物、偏硅酸、碘化物、硒Se、游离 CO_2、溶解性总固体），其中必须有一项或一项以上指标达到规定的浓度才可称为天然矿泉水。我国市场上大部分矿泉水属于锶型（Sr在人体内具有强壮骨骼、防治心血管疾病之功效）和偏硅酸型（H_2SiO_3 具有促进发育、预防疾病、延年益寿之作用），如闻名遐迩的汝阳杜康矿泉水中Sr含量为0.54 mg/L、H_2SiO_3 含量达65 mg/L，长白山矿泉水（泉阳泉）中 H_2SiO_3 含量25～32.15 mg/L、pH值7.16～7.56，西藏冰川矿泉水中Sr含量0.2～0.5 mg/L、Li含量0.2～0.85 mg/L、H_2SiO_3 含量30～55 mg/L、pH值7～8，广东河源农夫山泉矿泉水中每100 mL含 H_2StO_3≥180 μg、Ca≥400 μg、Mg≥50 μg、K≥35 μg、Na≥80 μg；限量指标18项（Zn≤5 mg/L、Cu≤1 mg/L、Ba≤0.7 mg/L、Cd≤0.01 mg/L、Cr^{6+}≤0.05 mg/L、Pb≤0.01 mg/L、Hg≤0.001 mg/L、Se≤0.05 mg/L、As≤0.05 mg/L，其他还有Li、Sr、碘化物、氟化物、Ag、B、耗氧量、硝酸盐、^{226}镭放射性）；污染物指标4项（挥发性酚、氰化物、亚硝酸盐、总β放射线）；微生物指标2

项(菌落总数、大肠菌群)。

6)如何生产矿泉水

在矿泉水制造中大多选用微滤和超滤,在系统设计上可选择多级微滤膜串联工艺,也可选择超滤与微滤的组合工艺。前者适用于胶体、微粒含量较少,浊度较低、水质稳定的矿泉水水源,后者适用于胶体、微粒较多的水源。此外,在超滤后通常增设微滤器,以防超微膜漏菌。两者工艺流程分别为:前者,井水→锰砂滤→5 μm 过滤→0.45 μm 过滤→0.25 μm 过滤→臭氧(O_3)→1.0 μm 过滤→灌装;后者,井水→曝气→锰砂滤→5 μm 过滤→超滤(UF)→0.25 μm 过滤→臭氧(O_3)→1.0 μm 过滤→灌装。

7)什么是富氧水

富氧水是一种含氧量高且可饮用的水。它是以饮用水为基质,并在其中充入氧而制得的,其含氧量为8%~25%,最好为12%~15%。饮用这种富氧水能消除疲劳、恢复体力较快、促进消化、增强新陈代谢、保持精力充沛。富氧水密度较大、活性较强、易被人体吸收。富氧水具体制备方法实例如下:提取深井水;将其细砂过滤(细砂粒度为150~200目),以除水中杂质和悬浮物;经活性炭过滤,以除水中细小颗粒物;再经臭氧灭菌并进行软化过滤,以除水中钙、铁、锰、镁等金属,实现水质软化;经反渗透过滤,以除水中有机物、无机物等。由此得到纯净水或太空水,其纯净度在98%以上。将此水送入水-气混合器进行充氧,通过调节气水比,使氧含量达到12.1%~15.0%,并在0.1~0.15 MPa压力下进行罐装,即为成品富氧水。制取富氧水的原料水也可采用矿泉水或蒸馏水。

8)如何制备富氧水

目前,市场上销售的诸如矿泉水、纯净水、蒸馏水等饮用水,虽经多道过滤或杀菌且达到洁净可饮用的要求,但其溶解氧含量一般最多不超过7 mg/L。为此,可采用低温高压混合工艺制备富氧饮用水,其口感清纯、甘爽,生理活性高,且保质贮藏期长。这种富氧饮用水的制法如下:将过滤(或杀菌)处理后的饮用水降至低温,使其在密闭的耐压容器内成雾状喷出,且与纯氧在高压下混合,再经贮罐进行恒压分装入瓶。所用低温为0~18 ℃,最好为4~10 ℃;混合压力为0.2~0.8 MPa,最好为0.3~0.5 MPa;等压灌装富氧水的压力为0.15~0.25 MPa,由此实现充分稳定地分装富氧饮用水。选用高密度聚酶材料制作的长口结构的瓶子进行加盖封装富氧饮用水,以防贮运期间水中溶解氧逸出。

9)什么是离子水

市政供水经活性炭等水质处理单元吸附、过滤后,再经隔膜电解生成两种离子水:集中于阴极流出的碱性离子水,可供饮用(人体体液在健康状态下应呈弱碱性,最佳pH值范围为7.35~7.45,所以如能长期饮用弱碱性水将会有助于改善和缓解日常生活中因大量摄入高蛋白、高脂肪而造成酸性体质而诱发的肥胖、高血压、高血脂、痛风、动脉硬化、结石、肿瘤等慢性疾病),属于纯水系列;集中于阳极流出的酸性离子水,可供外用。水在自然状态下是不可能分解成 O_2 及 H_2 的,但是若在水中投入阳极与阴极,通上电流,则就能发生电解反应:在阴极,$2H_2O + 2e^- = 2OH^- + H_2$,生产出具有还原力的碱性离子水;在阳极,$H_2O = 2H^+ + 1/2O_2 + 2e^-$,生产出具有氧化力的酸性离子水。阴、阳表面生成氢与氧后,电极四周的水便会倾刻分出碱性与酸性,其氧化还原电位亦会随之改变。这样,在两极之间插入能够限制水移转的多孔性半透膜或能够使阴、阳离子有选择性地通过的阴阳离子半透膜,即能在阴极收集到氧离子浓度高并具有还原力的碱性水、在阳极收集到氢离子浓度高并具有氧化力的酸性水。这种自阴、阳极产生的电解水就称为离子水,其中电解酸性水亦称为电解氧化水、电解碱性水亦称为电解还原水。

10)什么是蒸馏水

普通蒸馏水是将原水加热汽化、遇冷凝结而成的水。这种水可以去除其中的重金属、病毒和细菌,但却不能去除氯、三氯甲烷、有机物和放射性荧光物,饮用后仍有致病风险。较高标准的蒸馏水是通过吸附、减压低温蒸馏、冷凝、紫外线杀菌、灌装(可用少量 O_3 消毒)而成,其中一般不含矿物质,相应也去除了大部分的有机化合物,因而属于纯水系列,可以直接饮用。

11)什么是活化水

活化水的特征是:既符合国家现行饮用水卫生标准的要求,同时又具有某些特殊功能。根据不同的加工工艺和附加功能,可分为矿化水、磁化水、电解离子水、自然回归水等。这类近年来新生的饮用水产品在理论上饮后对健康有利,但至今尚缺乏长期饮用对健康的影响资料以及对该类产品功能的科学评价方法,因此将其推而广之地作为饮用水产品应当慎重考虑。

12)我国 4 种常用饮用水的水质分析结果如何

4 种常用饮用水通常包括管道自来水、净化水、凉开水和纯净水:管道自来水取自市政系统提供的生活饮用水;净化水是将管道自来水经家用净水器(由活性炭柱及中空纤维组成)过滤而得;凉开水是将管道自来水用铝壶烧开后冷却到(16 h 以后)室温;纯净水取自市售瓶装纯净水,此水由自来水经砂滤、活性炭过滤、超滤、反渗透、臭氧处理而制得。我国科研人员经化验分析后认为:①自来水(未处理)、净化水各项指标均符合相应的国家生活饮用水卫生标准;②凉开水除铝元素含量超标外,其余指标也符合相应的国家生活饮用水卫生标准;③纯净水符合国家纯净水卫生标准,但所有指标数值(包括常量和微量元素)均低于其他三种饮用水,长期饮用后的健康效应值得关注。

13)我国 4 种常用饮用水中非挥发性有机物的检测结果如何

我国科研人员在一项研究工作中检测了自来水、净化水、凉开水和纯净水中非挥发性有机污染物 NOP,其种类及含量分别见表 7-13 和表 7-14。可见,自来水中共检测到 39 种 NOP,其中烷烃类为 19 种;净化水中除减少 6 种烷烃、1 种脂肪酸和 2 种其他污染物外,其余物质种类未见减少,还增加了自来水中未见的苯类和邻苯二甲酸酯类等物质;凉开水中烷烃类大幅度减少(仅存 4 种),酮类、醛类、脂肪酸类有所减少或消失,但出现杂环类、苯环类和邻苯二甲酸酯类物质;纯净水中检测出 8 种 NOP。此外,卤代烃类在 4 种水中总含量无明显差别,净化水和凉开水中杂环类、苯环类和邻苯二甲酸酯类等物质浓度都高于自来水,但在纯净水中消失。

14)我国 4 种常用饮用水的致突变性测试结果如何

Ames 试验是目前国内外广泛采用的用来评价化合物致突变性的体外短期测试系统。目前大多采用 TA98 和 TA100 作为代表菌进行检测,前者反映受试物的移码型致突变能力,后者反映受试物的碱基置换型致突变能力。我国科研人员进行了对自来水、净化水、凉开水和纯净水的 Ames 试验,结果表明:①自来水在所检测的水量范围内(1 L、2 L 和 4

L)对TA98及TA100菌株均表现为较强的阳性致突变活性,而净化水、凉开水和纯净水的致突变性则有不同程度的下降,依次为:净化水>凉开水>纯净水;②纯净水在所检测的水量范围内(1 L、2 L和4 L)对TA98和TA100均表现为阴性。

表7-13　4种水中检出的NOP种类分布

项目	自来水	净化水	凉开水	纯净水
卤代烃类	3	3	3	3
烷烃类	19	13	4	0
酮类	3	3	1	2
杂环类	1	1	2	0
苯环类	0	1	3	0
醛类	3	4	0	0
醇类	1	4	1	1
酯类	1	3	1	0
邻苯二甲酸酯类	0	3	3	0
脂肪酸类	3	2	1	2
其他	5	3	1	0
总计	39	40	20	8

表7-14　4种水中有毒NOP种类的总含量　　(单位:μg/mL)

项目	自来水	净化水	凉开水	纯净水
卤代烃类	3.114	3.206	2.670	2.785
烷烃类	160.424	125.952	10.371	0
杂环类	2.512	3.572	4.408	0
苯环类	0	3.572	9.972	0
邻苯二甲酸脂类	0	37.274	20.552	0

值得注意的是,美国国立癌症研究所在自来水中鉴定出确认致癌物20种、可疑致癌物26种、促癌及助癌物18种、致突变物48种;我国科研人员在华南某市水源水中检测到有机污染物87种,在自来水中检测到有机污染物34种,其中53%为卤代烃类、苯环类的环状结构化合物,具有一定的致癌性、致畸性和致突变性,由此也说明饮用自来水具有一定的化学风险性。

第 8 章　管道分质供水

8.1　管道分质供水概述

8.1.1　管道分质供水定义

管道分质供水是指利用过滤、吸附、氧化、消毒等装置对需要改善水质的集中式供水(或其他水源水)作进一步的深度(特殊)处理,使其达到饮用水水质标准,然后再通过独立封闭的循环管网系统而供给居民可直接饮用的优质水。简言之,就是对自来水进行深度处理后,使其水质达到可以直接饮用的目的,然后再通过新型管网而供给居民饮用。管道分质供水的实质可以看做是城市供水系统的延伸和补充。

在生活社区、住宅区、办公楼宇、学校、公共场所内可建设双管路的供水系统,即采用原来的市政集中式供水作为清洁、冲洗、洗涤、洗衣等生活用水;而采用吸附、过滤、消毒等装置对自来水或其他原水进行深度处理后,再通过循环回流的独立封闭管网系统向用户供应可直接饮用的纯水或净水。

8.1.2　管道分质供水的必要性

据调查,城镇居民生活用水为每人每日 100 ~200 L,而其中真正用于直饮及烹调的水只有 3 L 左右,仅占生活供水量的 2% ~3%,大部分则是生活杂用水。然而我国现行的城镇供水,是无论直接饮用还是用于家庭洗衣、拖地、冲厕、沐浴,或是工业、商业、交通、消防、绿化、环卫等用水,都是无一例外地实行同一水质、同一管网供应,这种将饮水与用水的混合导致了水资源的严重浪费及水处理费用的过度增加,因此实行分质供水是势在必行的大事。

自来水的水质超标(指用于非直饮部分)及二次污染引出了分质供水的设想。

自来水遭受二次污染的主要途径有两个:①输配管网对水的污染。从自来水厂出来的水,尽管经过各种处理,但仍存有一部分有机物,不仅消耗余氯,利于微生物生长繁殖;还与氯反应生成三卤甲烷。重新繁殖的微生物常年在输配水管道中形成生物膜,膜的老化与脱落使水产生不良臭和味,增加色度,并且这些管网上的微生物渐渐对消毒剂产生了抵抗力,从而不易被杀死,更增加了终端自来水微生物的数量。我国一些自来水厂,有相当一部分水质的 Ames 试验呈阳性。②贮水容器对水的污染。我国高层建筑的供水设计,传统上是设置地下蓄水池和高层水箱,由于其设计、管理等诸方面存在缺陷,常使水暴露于空气或密封不严,从而导致水箱里细菌、病毒、原生物和藻类繁殖。在日常生活中,太阳能热水器中的滞留热水中的余氯会与其他有害物质发生反应,同时还易促生水中微生物和细菌,低端饮水机内胆会产生铅、镍、铬等重金属含量超标。以上均是产生二次污染并不易为人觉察的媒介。

为解决以上问题,近年一些发达地区采取将市政自来水加以深度处理后,以新敷管道的形式送到用户作为饮水,而日常洗涤等生活用水仍采用原来的市政供水。这样既确保了饮水卫生的安全,又解决了水的高质低用(对非直饮而言),还避免了大规模的管网改造,因此可以说"分质供水"是个一箭三雕的良策。

8.1.3 管道分质供水的现状及问题

8.1.3.1 管道分质供水管理问题

由于多数地区使用的管道分质供水是将市政自来水当做水源进行深度处理后作为直饮水,而日常洗涤用水等还继续使用原来的市政供水。这样就出现了深度处理水使用量少、价格高的新问题,同时对原来的市政供水往往放松管理,结果导致水质下降而使不良水质通过洗涤等途径影响人体健康。另外,大量管道分质供水单位的建成,实事上又形成了许多小水厂,这就又增加了体制上的管理难度。因此,实行管道分质供水时就应高度重视管理问题,并高起点、高标准地做好总体规划,以实现"分质供水、优水优用、统筹兼顾、协调管理"。

8.1.3.2 管道分质供水水质标准问题

管道分质供水单位引用标准不一,有的以《生活饮用水卫生标准》评价,有的以《瓶装饮用纯净水》评价,有的以《饮用净水标准》评价;有的以企业标准评价,因此近年建成的管道分质供水工程中就不一定全是供的卫生安全水。不过所幸的是,我国第一部《管道直饮水系统技术规程》(CJJ 110—2006)于 2006 年 8 月 1 日起正式颁布实施,从而有望对规范今后的管道直饮水市场起到应有的作用。

8.1.3.3 管道分质供水水质检测问题

目前多数管道分质供水单位没有检验室,不能每天进行自检。另外,由于不能自检滤料,不能及时更换滤料,再加上有的单位布点不当,所以常常不一定能在最差的水质回流点取样,从而使水样不具有典型性和代表性。

8.1.3.4 管道分质供水选材问题

配水管网本身是一个庞大的、复杂的系统,从水质角度来讲,管网就是一个巨大的管式反应器。饮用水从处理厂(清水池)流到用户水龙头,其间会由于与管壁的接触而发生微妙的物理、化学及微生物反应,从而导致水质不同程度的下降,同时还会因水在管网的滞留(可达数小时甚至数天)而产生腐蚀和结垢,腐蚀产物进入水体后造成二次污染。而所有这一切,都主要与管材的品质和质量有关,选材不当和质量不达标常常会造成许多难于纠正的缺陷。

8.2 管道分质供水的水质要求

8.2.1 原水水质要求

市政集中式供水为管道分质供水原水时,其水质必须符合《生活饮用水卫生标准》(GB 5749—2006)的要求。在个别生活区或村镇使用的自建集中式供水为管道分质供水的原水时,其水质也应符合 GB 5749—2006 标准中关于小型集中式供水部分水质指标限值要求。

8.2.2　出水水质要求

8.2.2.1　特殊处理的管道分质供水水质要求

在某些自建集中式供水单位，为了改善其水质达到生活饮用水水质卫生规范的要求，采用特殊处理方式，其管道分质供应饮用水时，用户龙头水质必须符合《生活饮用水卫生标准》(GB 5749—2006)的要求。

8.2.2.2　深度处理的管道分质供水水质要求

根据水处理系统选用的技术和终端供水水质要求，经深度处理的分质供水水质主要分为净水和纯水两大类，其对水质的共同要求都是供水中不含有病原微生物且口感良好、pH 值适中(7～8)，其中净水中尚存的化学物质不应危害人体健康，纯水中不应存在有毒元素且还应几乎检不出有机物和氯化副产物。用户龙头水质应达到表 8-1 要求，除表列指标外其他项目均不得超过《生活饮用水卫生标准》(GB 5749—2006)中所列的限值。

表 8-1　管道分质供水水质卫生要求

项目		净水限值	纯水限值
感官性状	色度	5 度	5 度
	浑浊度	1 NTU	0.5 NTU
一般化学指标	pH 值	6.5～8.5	6.8～7.8
	铁	0.20 mg/L	0.01 mg/L
	锰	0.05 mg/L	0.05 mg/L
	铜	1.0 mg/L	0.5 mg/L
	锌	1.0 mg/L	0.5 mg/L
	铝	0.2 mg/L	0.01 mg/L
	阴离子合成洗涤剂	0.20 mg/L	0.05 mg/L
	氯化物	250 mg/L	6 mg/L
	高锰酸钾消耗量(COD_{Mn}，以氧计)	2.0 mg/L	1.0 mg/L
	亚硝酸盐(以 NO_2^- 计)	0.01mg/L	0.002 mg/L
毒理性指标	氰化物	0.05 mg/L	0.002 mg/L
	砷	0.01 mg/L	0.004 mg/L
	汞	0.001 mg/L	0.000 2 mg/L
	镉	0.005 mg/L	0.000 5 mg/L
	铬(六价)	0.05 mg/L	0.005 mg/L
	铅	0.01 mg/L	0.001 mg/L
	氯仿	30 μg/L	6 μg/L
	四氯化碳	2 μg/L	0.05 μg/L
	硝酸盐(以氮计)	10 mg/L	1 mg/L
微生物指标	细菌总数	50 CFU/mL	20 CFU/mL
	臭氧(臭氧消毒出水)	<0.1 mg/L	<0.1 mg/L

8.3 管道分质供水工程设计

8.3.1 管道分质供水工程的系统组成

管道分质供水工程由制水设备、供水设备、输配水管网、管道分质供水管网的清洗消毒、抄表计费系统等组成。

8.3.1.1 制水设备

目前,生活饮用水市政集中式供水存在的主要问题是有机物和微生物污染,因此制水设备应包括吸附或降解有机物的设备,吸附氯化副产物和过滤胶体、悬浮物、重金属、微生物等颗粒物的过滤设备,以及臭氧等消毒设备。

(1)吸附设备。常用吸附设备有活性炭吸附、分子筛吸附滤罐等。活性炭可起到吸附有机物、氯化副产物、余氯,改善口感等作用。由于不同材质(有木质炭、煤质炭等)、不同工艺(化学、物理)的活性炭其吸附过滤效率不一、用途也不一,所以在水处理工艺上的作用也不一样,应用时应根据其特性进行比较选择。

(2)过滤设备。过滤设备包含砂滤、微滤、超滤、纳滤、反渗透膜等,其主要作用是去除自来水中的胶体、悬浮物、重金属、微生物等颗粒物。一台功效完备的过滤设备往往包含数种性能不一的水质净化操作单元,并使这些操作单元合理地进行组合,才能制出满足用户要求的直饮水。

(3)软化设备。即利用阴、阳离子树脂配成各种软化设备。

(4)消毒设备。主要是臭氧或紫外线消毒装置。消毒工艺主要考虑杀菌效果与持续能力、水质的口感和运行费用。

臭氧消毒装置中,有的是利用纯氧的气源产生臭氧气体,有的是利用空气直接产生臭氧气体,有的是用水直接产生臭氧水。臭氧质量浓度不应大于1 mg/L,要求接触10~15 min,水处理系统出水剩余臭氧质量浓度不得大于0.1 mg/L。工作环境空气臭氧质量浓度不得大于0.1 mg/m^3。

紫外线(波长254 nm)消毒装置有浸没式和过流式两种,适宜水层厚度不超过2 cm、接触时间10~100 s、UV强度不得低于70 MW/cm^2,并注意保持紫外线灯管的表面清洁。

8.3.1.2 供水设备

管道分质供水的设备主要是变频供水设备,由交流变频调速泵、压力传感器、控制器等组成。水泵的流量除考虑住户的用水外,还应考虑循环回流量。循环回流既可使管道内保持一定流速,又可保证用水量小或夜间无人用水时,管道内不产生滞水。

变频供水系统是供水行业的高新技术,目前采用先进的交流电机变频调速技术对供水系统水泵进行调速。它通过压力传感器感知管网压力变化,并将电信号传输给供水控制器,经分析运算后,控制器输出信号给变频器,由变频器控制水泵转速。这样整套供水系统在严格保证管网水泵出口水压恒定的前提下,根据用户用水量的变化,及时调节水泵转速,达到恒压变流量供水。整个系统始终保持在高效节能的最佳状态。

采用变频供水系统可改善用水环境,保证各楼层供水量稳定、水压波动小、各层水流均衡,也使整个供水系统的水处于动态运行中,保证管道分质供水卫生安全。

8.3.1.3 输配水管网

管道分质供水的输配水管网的主要特点是水量少、管径小、沿途距离长、可以 24 h 不间断地向用户提供恒压(变频增压)、足量的新鲜、合格饮用水。这种管网是循环式的管网,其一般流程(自净水站起)为:净水站净水箱→紫外线消毒器→变频调速供水设备→室外供水管→室内供水管→用户→室内回水管→室外回水管→净水站净水箱。

目前使用的输配水管网材料有聚丁烯(PB)、铝塑复合管、不锈钢管、高密度聚乙烯管、钢塑复合管等,其中首选的多推不锈钢管(金属溶出量少、内表面光滑、机械性能与耐腐蚀性能俱佳),其次为塑覆铜管、钢塑复合管、铝塑复合管等复合管材以及优质的塑料管材(如交联聚乙烯 PEX 管、改性聚丙烯 PPC、PPR 管及 ABS 管等)。需要说明的是,由于每种管材的原料来源不同、规格不同以及加工工艺不同,致使每种管材都存有卫生安全风险,比如不锈钢管检出镍超标、三聚丙烯管检出氯仿超标、PVC - U 管检出铅超标、交联聚乙烯管检出挥发酚超标等情况就时有发生。

饮水专用水龙头的额定流量不得小于 0.04 L/s,各饮水龙头的自由水头尽量相近,且不宜大于 0.3 MPa。

8.3.1.4 管道分质供水管网的清洗消毒

管道分质供水使用一段时间后,管道可能有污染物积聚,因此应定期进行清洗消毒。常采用二氧化氯进行清洗消毒,其质量浓度为 0.3 ~ 0.5 mg/L。

8.3.1.5 抄表计费系统

可选用的管道分质供水计量仪表有饮用水计量仪和安装有传感器的远程饮用水计量仪。手工抄表时可选用不带传感器的饮用水计量仪,远程抄表时选用带传感器的远程饮用水计量仪。远程抄表计费系统,目前多采用集 3C 技术为一体的系统,这类 3C 技术的远程抄表系统又可分为单功能集抄系统和多功能集抄系统两类。

8.3.2 管道分质供水工程的设计原则

一般应遵循以下十条原则:

(1)不同水质的原水应采取不同的处理工艺,处理工艺要有广泛性、实用性。处理水量宜留有发展余地。

(2)工艺流程的选择除依据原水水质、处理后达到水质指标外,还应满足水处理技术的先进性和合理性要求。处理方案的选择应经技术经济比较确定。

(3)处理工艺系统要力求合理优化、紧凑节能、占地面积小、自动化程度高、管理操作简便、运行安全可靠和制水成本较低。

(4)深度净化水处理主要设备可采取膜处理或其他成熟的新型处理设备。目前主处理工艺采用膜技术的较多,采用这种工艺时应注意根据原水水质的不同以及对处理后的水质标准要求之不同选择适当的膜处理方法(MF、UF、NF 或 RO)。

(5)膜处理应用中应特别重视前期预处理和后处理以及膜的防污染清洗问题:①前

期预处理有机械过滤器(砂为主)、精密过滤器(保安过滤器)、活性炭处理(或臭氧-活性炭)、离子交换器、KDF(俗名凯得菲,是一种高纯度的Cu/Zn合金颗粒,与水接触可在亚微观尺度上构成无数的原电池系统,从而清除水中99%的氯及铅、汞、铬、镍等金属离子和化合物,还能抑制细菌、真菌、水藻、污垢的滋生)、膜过滤和其他有机物去除设备;②后处理指膜处理后再进行的消毒灭菌等工艺过程。

(6)膜处理、前期处理和后处理应优化组合,必须做到处理后的水质满足安全直饮要求。

(7)消毒灭菌可采用紫外线、臭氧、二氧化氯或氯等。根据季节水质变化也可组合使用。

(8)消毒灭菌设备应安全可靠、具有报警功能,尤其要注意投药量精准,设备失灵时便于管理人员及时采取补救措施。

(9)根据原水和供水水质达标情况,选择优化组合工艺。如原水受污染严重而导致水质较差时,应根据原水水质检测资料,通过试验确定处理工艺流程。

(10)水处理设备的卫生安全与功能应符合有关规范的规定并取得卫生部门的质量验证。

8.3.3 管道分质供水的工艺流程

根据以上十条设计原则,设计出的一般分质供水工艺流程主要有以下几种形式。

8.3.3.1 净水处理工艺

(1)活性炭吸附与超滤。利用活性炭吸附市政自来水中的氯化副产物和有机物;微滤去除悬浮物、胶体、有机大分子、细菌等微生物;超滤去除大分子化合物、胶体、热原和微生物等;管道消毒设施(ClO_2或O_3发生器)杀灭管网内可能存在的微生物,并使净水水质保留水体中的有益矿物质成分。其总的工艺流程如下:

市政自来水→微滤→活性炭吸附→超滤→臭氧或二氧化氯消毒→
优质管道→饮用净水

(2)分子筛吸附与过滤。采用由硅基等多种活性非金属矿物和离子态高纯金属微粒的复合技术,制成具有抑菌及对0.02~1 000 nm之间的微粒有吸附作用的复合吸附材料。处理后的水经过优质管道和紫外线消毒处理,即可成为优质饮水。工艺流程如下:

市政自来水→微滤→选择性吸附材料的吸附→具有抑菌作用的
精滤装置(如KDF)→臭氧消毒→优质管道→饮用净水

(3)臭氧与活性炭。向设备中通入臭氧化空气,提高水体中的含氧量。在好氧的环境中,微生物以有机物为养料进行生命活动,将复杂的有机物大分子分解为简单的小分子,再进一步分解成水和二氧化碳。微生物在活性炭表面生长形成生物膜,产生生物活性炭过滤效果。它能有效地分解水中的氨和有机物,并借助于滤床中微生物的作用,加速过滤水中溶解性有机物的吸附和分解。有工程设计流程为:

市政自来水→微滤→臭氧生物活性炭→超滤或精密过滤器→消毒→饮用净水

(4)微滤与纳滤。利用炭滤、聚丙烯滤芯、纳滤膜的过滤去除市政自来水中的钙镁硬度、有机物、胶体、微生物。通过聚丙烯软管直接与饮水机相连,供应集团饮水的管道分质供水设备。

8.3.3.2 **纯水处理工艺**

(1)微滤与反渗透。经过微滤、反渗透,去除自来水中的钙、镁等矿物质成分。主要优点是水质纯净,既可去除水中矿物质和重金属,又可去除水中有机物、微生物、胶体等。工艺流程如下:

市政自来水→砂滤→活性炭吸附→微滤→反渗透→
臭氧消毒→优质管道→饮用纯水

(2)砂滤与离子交换树脂。利用砂滤、精密过滤和离子交换树脂去除水中钙镁和有机胶体物质,并定期反冲洗,滤后水再经过消毒处理。目前常采用大孔树脂,这样多数无机化合物能被离子交换除去。常用的工艺流程如下:

市政自来水→粗砂滤→精滤→粗树脂柱→精树脂柱→消毒→饮用纯水

除此还有多种的处理单元组合方式,可参阅第7章知识链接内容。

8.3.3.3 **特殊处理**

在个别生活区或村镇使用的自建集中式供水中,浊度、氟、砷、铁、锰等指标超过生活饮用水水质卫生规范的要求,因而应采用特殊的处理工艺和设备。特殊水质的处理技术可参见第2章、第3章有关内容。

8.3.4 管道分质供水设备材料的卫生要求

供水系统的水质处理设备、输配水管材管件、化学处理剂等必须卫生安全;具有省级以上卫生行政部门的卫生许可证件;水处理材料应有卫生安全评价报告。

化学处理剂、pH 值调节剂的投加必须采用自动化调节设备,不得采用人工方法。

纯净水的贮水容器应有空气过滤装置,制水工艺中应有消毒措施,所有与水接触的材料或设备均应清洗消毒后才能安装,供水管网安装后必须进行全管网的清洗消毒。

8.3.5 管道分质供水制水站的卫生要求

水站应选择没有污染源的场地,且面积能够满足生产布局的要求,建筑物结构应完整;地面、墙壁、天花板应使用防水、防腐、易消毒、易清洗的材料铺设;地面应有一定坡度,有废水排放系统;门窗应采用不变形、耐腐蚀材料制成,具有防蚊蝇、防尘、防鼠、防冻等设施,并有上锁装置;应有更换材料的清洗消毒设施和场所;应有专门的设备工作间;制水间应独立、封闭设置,并有机械排风设备和空气消毒装置;应设置更衣室,室内应当有衣帽柜、鞋柜等设施,并配置流动水洗手和消毒设施。

水站还应配置检验室,配齐能开展日常性自检的仪器设备。关于水质检验问题,一是设计布局好水质采样口和采样点:独立专用采样口应设置安全箱,由专人保管并采样,抽样点主要包括机房总出水点、最不利饮水龙头用水点和回水点;普通采样点的设置,一般以每个独立供水系统为单位,实行日、周在原水、成品水、用户点、回流(析返)处取样,用户点数按小于500户设置2个、500~2 000户时每增加500户相应增加1个取样点、大于

2 000 用户时每增加 1 000 户相应增加 1 个取样点布局。二是检测项目至少应包括细菌总数、大肠杆菌群、浊度、色度、pH 和 COD_{Mn}，以保证据此能够判断出水质是否影响健康及洞察出净化设备(含管网)的运行情况。

8.4 管道分质供水系统计算与部件规格选择

由于管道直饮水系统在入户之前为循环管网，其水力计算方法与常规的自来水管网迥然不同，需要根据具体情况进行分析计算，以确定合理的流量、压力和管径等设计参数。

8.4.1 系统最高日用水量

系统最高日用水量 Q_d(L/d)由下式计算：

$$Q_d = Nq_d \tag{8-1}$$

式中：N 为系统服务的人数，人；q_d 为用水定额，L/(d·人)，一般推荐 3～5 L/(d·人)。

8.4.2 系统最大时用水量

系统最大时用水量 Q_h(L/h)由下式计算：

$$Q_h = k_h Q_d / T \tag{8-2}$$

式中：k_h 为时变化系数，按表 8-2 选取；T 为系统中直饮水时间，h/d，见表 8-2。

表 8-2 各场所分质用水时间 T 及时变化系数 k_h

场所	k_h	T(h/d)	场所	k_h	T(h/d)
住宅、公寓	3～5	10～16	学校	6	12
办公楼	2.5～3	9～10	医院、宾馆	2～2.5	24

8.4.3 水龙头使用概率

水龙头使用概率 P 由下式计算：

$$P = aQ_h / (1\,800nq_o) \tag{8-3}$$

式中：a 为经验系数，0.6～0.9；n 为龙头数量；q_o 为龙头额定流量，L/s。

8.4.4 瞬时高峰用水时龙头使用数量

瞬时高峰用水时龙头使用量 m 由表 8-3 和表 8-4 查询。当水量为 5 L/(d·人)以下、龙头数量较少时宜采用表 8-3 的经验值，当水量较大、龙头数量较多时则应先计算 P 值、再查表 8-4 求出 m 值。

表 8-3 瞬间高峰时龙头使用数量经验值 m(一)

水龙头数量 n	1	2	3	4～8	9～12
龙头使用数量 m	1	2	3	3	4

表 8-4　瞬间高峰时龙头使用数量经验值 m(二)

n	P									
	0.010	0.015	0.020	0.025	0.030	0.035	0.040	0.045	0.050	0.055
25	2	2	3	3	3	4	4	4	4	5
50	3	3	4	4	5	5	6	6	7	7
75	3	4	5	6	6	7	8	8	9	9
100	4	5	6	7	8	8	9	10	11	11
125	4	6	7	8	9	10	11	12	13	13
150	5	6	8	9	10	11	12	13	14	15
175	5	7	8	10	11	12	14	15	16	17
200	6	8	9	11	12	14	15	16	18	19
225	6	8	10	12	13	15	16	18	19	21
250	7	9	11	13	14	16	18	19	21	23
275	7	9	12	14	15	17	19	21	23	25
300	8	10	12	14	16	19	21	22	24	26
325	8	11	13	15	18	20	22	24	26	28
350	8	11	14	16	19	21	23	25	28	30
375	9	12	14	17	20	22	24	27	29	32
400	9	12	15	18	21	23	26	28	31	33
425	10	13	16	19	22	24	27	30	32	35

n	P								
	0.060	0.065	0.070	0.075	0.080	0.085	0.090	0.095	0.100
25	5	5	5	5	6	6	6	6	6
50	7	8	8	9	9	9	10	10	10
75	10	10	11	11	12	13	13	14	14
100	12	13	13	14	15	16	16	17	18
125	14	15	16	17	18	18	19	20	21
150	16	17	18	19	20	21	22	23	24
175	18	20	21	22	23	24	25	26	27
200	20	22	23	24	25	27	28	29	30
225	22	24	25	27	28	29	31	32	34
250	24	26	27	29	31	32	34	35	37
275	26	28	30	31	33	35	36	38	40
300	28	30	32	34	36	37	39	41	43
325	30	32	34	36	38	40	42	44	46
350	32	34	36	38	40	42	45	47	49
375	34	36	38	41	43	45	47	49	52
400	36	38	40	43	45	48	50	52	55
425	37	40	43	45	48	50	53	55	57

8.4.5 瞬时高峰用水量

瞬时高峰用水量 q_s(L/s)由下式计算：

$$q_s = q_0 m \tag{8-4}$$

8.4.6 循环流量

循环流量 q_x(L/h)由下式计算：

$$q_x = V/T_1 \tag{8-5}$$

式中：V 为循环水量，即闭式循环回路上供水系统部分的总容积，包括储存设备的容积，L；T_1 为循环时间，即直饮水允许的管网停留时间，h，一般取 3～5 h。

循环管段流量按节点的流出流量等于流入流量计算。

8.4.7 管网流速

当管径 $D_N \geqslant 32$ mm 时，推荐流速 $v = 1.0 \sim 1.5$ m/s；当管径 $D_N < 32$ mm 时，推荐流速 $v = 0.6 \sim 1.0$ m/s。

8.4.8 管道龙头总数

流出节点的供水管道往往带有多个龙头且其使用概率不会完全一致，这时可以按其中一个值计算，对其他概率值不同的管道可按其负担的龙头数量经折算后再计入节点上游管段负担的龙头数量(之和)。折算公式如下：

$$n_e = n \cdot p/p_e \tag{8-6}$$

式中：n_e 为龙头折算数量；p_e 为新的计算概率值。

8.4.9 环状管网平差

环状管网平差时节点的压力差应小于等于 500 Pa。

8.4.10 净水设备产水率

净水设备产水率 Q_j(L/h)由下式计算：

$$Q_j = Q_d/T \tag{8-7}$$

式中：T 为最高用水日净水设备工作时间即系统中的直饮水时间。

8.4.11 变速泵－净水池系统

(1)水泵流量计算式：

$$Q_b = q_s \tag{8-8}$$

水泵扬程

$$H_b = h_0 + Z + \sum h \tag{8-9}$$

式中：h_0 为龙头自由水头，m；Z 为最不利龙头与贮水池的几何高差，m；$\sum h$ 为最不利龙头到贮水池的管路总水头损失，m。

若系统的循环也由供水泵维持，则需校核循环状态下，系统的总流量不得大于水泵的设计流量。

(2)净水水池(箱)的有效容积 V_j 用下式计算：

$$V_j = \beta(Q_b - Q_j) + 600F_j + V_1 + V_2 \quad (L) \tag{8-10}$$

式中：β 为调节系数，据试验为 2～3；F_j 为水池底面积，m^2；V_1 为调节水量，L，按表 8-5 选取；V_2 为控制净水设备自动运行的水量(L)按 $V_2 = Q_j/4K$ 计算。此式中 K 为净水设备启动频率，一般 $K<3$ 次/h。

表 8-5　调节水量计算

$3\,600\ q_s/Q_h$	2	3	4	5
V_1	$Q_h/3$	$Q_h/2$	$3Q_h/5$	$2Q_h/3$

恒速泵－高位水罐系统的计算方法基本同变速泵－净水池系统的计算，只是注意一般取式中 $K \leqslant 8$ 次/h。

8.4.12　循环水泵

水泵流量

$$q_b = q_x \tag{8-11}$$

水泵扬程

$$H_b = h_p(1 + q_f/q_x)^2 + h_x \tag{8-12}$$

式中：h_p 为循环流量在供水管网中的水头损失；q_f 为循环状态时用水流量，L/s，取 $0.15q_s$；h_x 为循环回水管道中的水头损失。

循环泵及兼用于循环的供水泵，若产品扬程比 H_b 明显偏大时，应采取措施增大 h_x，使二者匹配。

8.4.13　净水设备的中间水池有效容积

净水设备的中间水池有效容积 V_m 由下式计算：

$$V_m = 600F_m + Q_j/12 + V \quad (L) \tag{8-13}$$

式中：F_m 为中间水池底面积，m^2；V 为循环水量，L，当循环水不回中间水池时，取 $V=0$。

8.4.14　原水水池容积

原水水池容积 V_y 由下式计算：

$$V_y = 600F_y + Q_j/12 + V \quad (L) \tag{8-14}$$

或

$$V_y = t_o \times Q_h$$

式中：F_y 为原水水池底面积，m^2；V 为循环水量，L，当循环水不回原水水池时，取 $V=0$；

t_o 为调节时间,可取 1 ~4 h。

原水水池的自来水供水管一般按 Q_h 设计。当自来水水压足够时,可不设原水水池,但自来水管上必须设防回流器。

8.5 管道分质供水的卫生管理

在管道分质供水的小区或楼宇,原有的市政供水管理按常规生活饮用水进行管理,管道直饮水的卫生管理和要求应高于一般的市政供水,它属于二次供水管理范畴,从事设计、建设、管理的单位应按照《生活饮用水卫生监督管理办法》(建设部、卫生部 1996 年第 53 号令)的有关规定执行。

8.5.1 管道分质供水产权单位

根据《生活饮用水卫生监督管理办法》之规定,集中式供水、二次供水(二次供水指用水单位将来自市政集中式供水系统的生活饮用水经贮存或过滤、软化、矿化、消毒等再处理后而经管道输送给用户的供水方式,很显然,管道分质供水的供水设施属于二次供水设施的重要形式)单位在生产、经营供水产品时,必须取得县级以上地方人民政府卫生行政部门签发的卫生许可证,并设立专门管理机构,配备专(兼)职卫生管理和经培训合格的检验人员,负责管理分质供水系统的日常保养维护和水质检验等工作。

8.5.2 管道分质供水建设单位

从事管道分质供水的建设单位应配备专职卫生管理人员,负责管道分质供水项目的立项、设计、施工、验收的卫生管理工作。同时,还应配备相应的设计、安装、调试、售后服务人员。管道安装企业应有三级以上饮用水管道安装资质,调试和售后服务人员应经过专业知识培训,并能承担管道分质供水工程的水质卫生管理工作。

建设单位同为水质处理器生产企业时,还应符合《涉及饮用水卫生安全产品生产企业卫生规范》的有关要求。

8.5.3 管道分质供水管理单位

管道分质供水管理单位应公示管道分质供水为何种水质,每月至少向用户公布一次水质卫生监测情况。

过滤、吸附材料应根据水质和设计要求及时更换,供水管网要定期清洗消毒。

每年应按《生活饮用水卫生标准》(GB 5749—2006)中的"生活饮用水水质常规检验项目"检验水质 1 次以上。每天至少进行浑浊度、电导率(纯净水)、pH 值等常规检验,每周增加检测耗氧量、细菌总数、总大肠菌群等项目。更换材料后应进行相关项目的检验。

水质检测按独立供水系统为单位。每日、每周应分别在原水、出水、用户点取样。用户点取样应包括供水系统的最远端、近端、中端管网末梢和回流点等。每年全项目检验在原水、水处理出水和任一用户点取样。更换材料时在出水口取样。

知识链接

饮用水输配水管材的生产工艺与卫生要求

生活饮用水水质除与水源和净水过程有关之外,还与输送管道密切相关,但某些输配水管道却会造成水的“二次污染”,直接影响到饮用水安全。因此,国内外在加速开发与推广应用新型塑料给水管材的同时,均逐步淘汰和限制落后的输水管道,如近几年来先后取消了铸铁管和镀锌钢管作冷、热饮水输送管道(在山区落差大、不具备埋设条件或只能浅埋的地方仍有使用),这样也为塑料管材行业的发展带来了商机。

用于输配水设备的塑料管主要应用于以下八个领域:①建筑内给水管,包括生活用冷、热水和采暖用热水,有 PP-R、PEX、铝塑复合管等;②建筑内排水管,有 PVC-U、PE、PP 建筑排水管等;③室内给水管,包括城市和农村的给水管,有 PVC-U、PE、玻璃钢给水管等;④埋地排水管,包括城市和农村的排污水管、排雨水管、工业排污水管等,有 PVC-U、PE、PP、玻璃钢管等的实壁管和结构壁管;⑤燃气管,主要用在城镇燃气配送管网,国际上一般采用 PE 管;⑥护套管,包括电力和通信用电缆及光缆的各种护套管。有 PVC-U、PE、硅芯管等,此领域还包括金属管的护套管,如保温管外的护套管等;⑦工业,包括工业生产过程中输送液体、气体和固-液混合体(如泥浆)的输送管道,有 PVC-U、PE、PP、ABS 等工程塑料管和塑料-金属复合管;⑧农业,包括灌溉用的各种管道,有 PE、PVC-U、PP 等管材。

根据有关资料介绍,以卫生环保型塑料管道为主的输配水系统将是我国未来市场潜力最大的饮用水输配水设备领域。目前,国内市场上出现的数种塑料管材,诸如聚氯乙烯(PVC-U)管、聚丙烯(PP、PPB、PPR)管、聚乙烯(PE)管、交联聚乙烯(PEX)管、铝塑复合(PEX-AL-PEX)管、氯化聚氯乙烯(PVC-C)管、聚丁烯(PB)管和钢塑复合管等,均可用于给水管,这些管材的性能各异,在不同的应用领域各有利弊。常用给水管材的主要性能指标列于表 8-6,供选用时参考。

表 8-6　常用给水管材的主要性能指标

管材		使用温度(℃)	软化温度(℃)	工作压力(MPa)	静液压强度(MPa)	特点及用途
聚烯烃类	交联聚乙烯 PEX	范围 -70~110 适宜≤95	133	1.0	20 ℃/1 h,12.0 MPa 95 ℃/22 h,4.7 MPa 95 ℃/165 h,4.6 MPa	耐热、耐压、耐腐蚀、抗震,可用做耐温热输水管,使用寿命不低于 50 年(性能不变)。但管材不能回收再用,欧美只限于输送热水时使用,其他用途逐步由 PPR 替代

续表 8-6

管材		使用温度（℃）	软化温度（℃）	工作压力（MPa）	静液压强度（MPa）	特点及用途
聚烯烃类	聚乙烯 PE （HDPE）	≤60	121	冷水:1.6 热水:1.0	60 ℃/10 h,2.48 MPa 82 ℃/10 h,4.7 MPa	柔韧性突出（脆化温度可达 -80 ℃），抗紫外稳定性好，是目前给水市场上的主打产品。使用国标 PE80 树脂原料的成品管材（炭黑含量达到 2.5% 且分散等级达到 3 级，同时水分含量小于 300 mg/kg）寿命至少可达 50 年以上。常用给水 PE 管有 DN32～DN500 十多种规格，其中小口径管可盘圆运输，铺设方便，连接时可采用热熔、电熔、承插等多种方式，一次联管可达数百米铺设，一般埋深不宜小于 60 cm
	聚丙烯 PP PP－B PP－R	≤60	140	常温:2.0 75℃:0.6	20 ℃/1 h,16 MPa 80 ℃/48 h,4.8 MPa 80 ℃/170 h,4.2 MPa	第一代聚丙烯 PP 管材刚性比 PE 好，但耐温性和抗老化性较差；第二代嵌入 PE 称 PPB；第三代采用先进的气相共聚法使 PE 在 PP 分子链中均匀聚合，称为 PPR，具有重量轻、耐热、耐腐蚀、抗冲击性能好，卫生无毒、使用寿命长等特点
铝塑复合管 PEX－Al－PEX		≤60～95	133	1.0	60 ℃/10 h,2.48 MPa 82 ℃/10 h,2.72 MPa	是一种新型的五层复合管材，外层为 PE 或 PEX 塑料，中间层为铝，铝、塑之间是高分子热熔胶，具有极强的复合力和良好的隔热性、保温性、无脆性（易弯曲），可用做冷、热水及煤气的输送
聚丁烯 PB		≤90	124	冷水: 1.6～2.5 热水:0.6	20 ℃/1 h,15 MPa 95 ℃/170 h,6.3 MPa 82 ℃/1 000 h,1.5 MPa	是目前世界上最先进的自来水、热水和暖气排水管材之一，具有质软、耐磨、耐高温（可在 86 ℃、0.7 MPa 下连续使用）、无毒无害、抗冲击性能优越且具有 HDPE 的拉伸强度，但管材价格较高，国内主要靠进口树脂原料生产

续表 8-6

管材	使用温度（℃）	软化温度（℃）	工作压力（MPa）	静液压强度（MPa）	特点及用途
给水用聚氯乙烯 PVC－U（或作 UPVC）RPVC	范围 －15～65，适宜≤45	90	1.6	20 ℃/1 h，42 MPa 20 ℃/100 h，5.3 MPa	给水用 PVC－U 管由卫生级聚氯乙烯树脂与稳定剂、润滑剂等助剂配合后经挤出成型而制得，具有耐酸、碱、盐等多种化学药品腐蚀性能，管壁光滑，流体阻力小，不结垢，质轻、价格便宜，安装施工便利（橡胶圈承插），且具有不透光性，是目前给水工程上使用最广泛的产品。主要缺点是膨胀系数较大，一般温度每增加 1 ℃时每米管长会增长 0.059 mm，因而在安装过程中必须考虑温度补偿装置。另外，PVC 较之 PE 脆性大，在不均匀受力条件下易发生爆管。目前 PVC－U 的常用规格为 DN16～DN710
氯化聚乙烯 PVC－C	≤90	125	冷水：1.0 热水：0.6	20 ℃/1 h，43 MPa 95 ℃/165 h，6.3 MPa	是以氯化聚乙烯为原料，加入适量稳定剂、润滑剂等，经挤出成型而制得，它比 PVC－U 管更具耐化学腐蚀性和阻燃性，使用温度也比 PVC－U 管高出 30 ℃左右，因而国外将其作为热水管的理想材料。但由于含氯量高，制作工艺复杂，热稳定性较差
衬塑复合管	≤60	94～121	1.0	冷热循环（三个循环）： 95 ℃/30 min 循环 5 ℃/30 min 循环	钢塑管（衬塑钢管）是一种在镀锌钢管的内壁衬垫一层塑料（可分别为 PEX、PE、PP、PVC－U）的新型建筑用管，它具有原来钢管的硬度，衬塑后又能防止自来水“二次污染”，属环保产品

续表 8-6

管材	使用温度（℃）	软化温度（℃）	工作压力（MPa）	静液压强度（MPa）	特点及用途
玻璃钢管 FRP					按制造工艺不同可分为离心浇注成型法、连续式纤维缠绕法、往复式纤维缠绕法 3 种，其中前 2 种产品刚度高、但结构脆、抗拉及抗挠曲强度低，并且与水接触会产生“溶剂”味，故一般只适用于无压和低压条件；第 3 种产品承压强度较高，具有较广泛的适用性

第 9 章　应急安全供水

9.1　应急安全供水的必要性与特点

9.1.1　必要性

应急安全供水是指发生了洪涝、地震、旱灾、火灾、风暴潮、沙尘暴、泥石流等自然灾害或重大人为突发事故后破坏了饮用水源、毁坏了供水管线和供水设施以及自来水厂,造成灾期和灾后一个时期内无法由原供水设施向居民正常供应符合卫生安全要求的饮用水时,所必须另外采取应急的、短期的安全供水措施。

我国是个自然灾害多发的国家。如 1991 年江苏省洪涝灾害期间,共计有 659 个自来水厂受淹,损坏水泵 617 台、净水构筑物 72 座、厂房 1 736 间、管道 21 万 m 以及大量配件;1998 年内蒙古、吉林、黑龙江、江西、湖北、湖南、安徽 7 省区遭受水灾,造成 345 个县市的 63% 的农村水厂受损,约 1 200 万人喝不上卫生安全的饮用水;2000 年海南省遭受特大台风和暴雨袭击,部分地区出现百年未遇的洪水,共计损坏大中型水库 14 座、小型水库 150 座,冲毁塘坝 295 座,造成上百万群众出现临时饮水困难;2001 ~ 2004 年,全国先后发生水污染事故 3 988 起,平均每年近 1 000 起;2007 年 5 月,太湖流域暴发大规模蓝藻污染,导致无锡市供水困难,市民抢购桶装、瓶装纯净水,使市价 8 元的 18 L 桶装纯净水涨到了 50 元(河南日报 2007-06-01,太湖暴发大范围蓝藻);2008 年 5 月 12 日汶川发生 8.0 级特大地震,导致震区出现 955.5 万人饮水困难(中新网,2008-05-25,地震造成 955.5 万人饮水困难)。

已往因水引起的突发卫生事件,各地一般多封锁消息或者沟通不力,至今缺乏详细统计记录,从近年零散公布的材料来看,这方面的事件几乎每年都有发生:1994 年黄河兰州段发生两起较大污染事故,造成 500 km 长水体受污染;1994 年 7 月 15 ~ 20 日淮河干流鲁台子段污染事故形成 50 km 长污染带,给沿岸数 10 万居民生活用水带来严重困难;1997 年 6 月湖南黔阳某村小学饮用水源(浅井)被附近橘林施用的有机磷农药污染,造成 150 余人中毒;1999 年 5 月广东某水库被周围喷施荔枝林用的五氯酚钠污染,导致库中大量鱼类中毒死亡;2000 年 4 月山西某地一生产硫氰化钠的村办企业所排废水污染了该村的供水系统,半数村民出现中毒症状;2003 年 7 月广西某地一辆装载有 17 t 硫酸的罐车发生特大泄漏事故,造成当地部分农田、鱼塘及饮水水源污染;2003 年 7 月重庆某县小学出现甲肝疫情,104 名感染者中有 98 名学生,其中 53 名学生被确诊患上了甲肝,事后经市、县疾控中心调查,甲肝暴发的直接原因是学生饮用了被污染的水源水;2009 年 8 月陕西省凤翔县长青镇 731 名儿童中有 615 名被检出血铅超标,其中 166 名被送往医院治疗,事因主要为驻地的一家冶炼公司冶炼铅锌所致(大河报 2009-08-14,陕西凤翔确认 615 名儿童血铅超标,中国新闻网,2009-08-16 陕西凤翔血铅中毒主污染源查明东岭集团为主因);同年同月,湖南省武岗市文坪镇横江村有 80 多名儿童的血液样本被检出高铅血症 38 人、轻度中毒 28 人、中度中毒 17 人(西江都市报,2009-08-21,湖南亦出现血铅中毒);还是同年同月,云南省昆明市东川区铜都镇营盘村和大寨村发生 200 余名儿童血铅水平超标(新华社,2009-08-30,昆明东川区 200 余儿童血铅超标获免费诊疗);仅过两个月,河南省济源市铅冶炼生产基地爆发铅污染事件,到 2009 年 10 月 19 日,当地医疗机构已检出防护范围内 10 个村 3 108 名儿童中血铅含量高于 250 μg/mg 的有 1 008 人,占 32.4%(魏莘,2009-10-26,《新华纵横》视频"血铅事件频发的背后")。

出现饮水不安全事故后,唯一的办法就是采取应急安全供水措施。目前可采取的应急供水方案有很多种,其中比较先进、便捷的主要是移动式水净化装置。比如法国得利满水务工程公司研制的一体化水处理设备,可处理高浊度的水,且装卸方便,能够现场用于自然灾害等突发情况;日本一家公司研制的应急水处理设备体积 1 m^3 左右,自带发电机,处理水量可供几十人饮用;美国军方在海湾战争中使用的水处理供水设备是将取、检、净、储、配功能集于一身而后浓缩集装为一体,从而实现就地打井、就地取水、现场检验、现场净化(主要是采取反渗透技术而淡化水质并有效快速地除去水中的各种有毒有害物质),有效地保障了美军的战时饮水问题。近年来,我国对车载水厂、船载水厂等技术也有一定的开发研究,部分移动式应急安全供水产品逐步地投放到了救灾第一线。

9.1.2 特点

应急安全供水的首要特点就是不同于平时的正常供水。平时正常供水的水源及其污染物都相对比较稳定,一般都可以通过试验而选择一种适宜的处理方法供长期使用。但自然灾害与突发事件多为偶发与不可预测的,灾难中发生的问题往往瞬息多变,造成的水体污染因素也往往多而复杂、程度千差万别,这些都给水净化的技术方案选择带来了很大困难。应急工作没有选择的时间,必须招之即来并立即投入运行。因此,应急工作涉及内容面广,要求技术准备充分,时刻准备解决现场的未知问题。

应急安全供水的再一个突出特点就是"急"。"急"者,快速也。要求快速到达现场,快速制定方案,立即解决问题。这就要求必须在尽可能短的时间内做好以下工作:一是快速寻找出新水源,并对新水源水进行水质检验,以确定出水源受污染的问题与程度;二是根据现场检验结果,从速选择出适宜的水处理方法;三是立即进行水质净化,快速向受灾群众提供安全饮水。

应急安全供水的第三个特点就是野外化、现场化、临时化操作。这一特点决定了供水设施不宜是大体积的、永久固定的,而应是轻型的、便捷的,这就为移动式水净化装置提供了广阔的开发前景。综合各种水事事故情况,常见的灾害种类及援救过程可用图 9-1 简示。

9.2 应急安全供水的水源

寻找新水源是制订应急安全饮水方案的前提。水量与水质是比选供水水源的两大主题。水量需要根据供水人数进行估算,在应急状况下,估算标准只能以能够维持生命(即补充肌体每天的排出量)的需水量为依据。一般北方冬季人均用水量可估算为2 L/d、南方夏季人均用水量可估算为4 L/d。

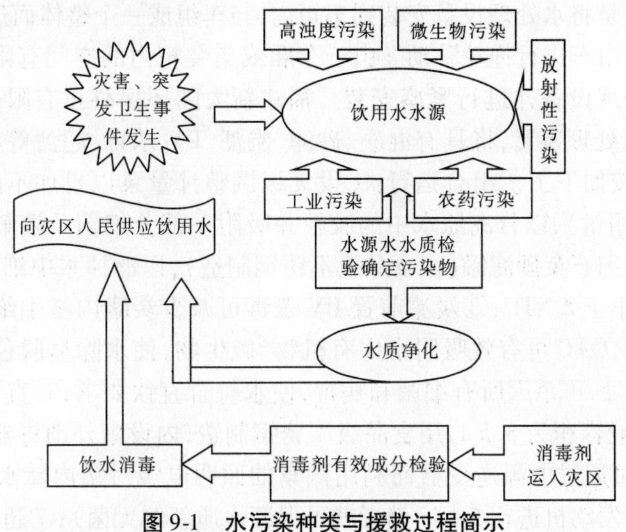

图9-1 水污染种类与援救过程简示

在保证水量的前提下,应选择周边环境卫生较好、无污染源的水源作为应急供水的取水点。一般选择水源的顺序为山泉水、深层地下水、浅层地下水、江河水、湖泊水、水库水、池塘水。

河水的取水点应设在排污口或村落的上游,并划定卫生防护带,设置标志和围栏,取水点及卫生防护带内严禁排放粪便、垃圾、污水等。岸边的污染源或水面飘浮的污染物要及时清除;湖水取水点附近应设置围栏,岸边不得有厕所、垃圾及其他工业污染源。饮用水塘要设立标志,专塘专用,不得用于洗涮,不得倾倒垃圾和放牧牲畜,要清除岸边的粪坑、垃圾堆和工业污染源。

水源选择应尽量考虑现场水处理装置的净化能力。例如,水处理装置仅装备了消毒设备,最好选用感官性状比较好的水源水;若装置有混凝、过滤等设备,一般浑浊度高的水源水也可选用;若装置具备深度净化的设备,则污染较重的水源水亦可选用;若装置有淡化设备,则含盐量高的水源水同样也可选用。

选择的取水点要注意取水方便、容易管理与防护,尽量就近取水、就地供水、减少运送水的人力和物力。

应急安全供水多使用潜水泵取水。取井水时,可将水泵直接放入井中。以地面水作为水源水的情况要复杂得多,以河水为例,水面可能会有漂浮物,水中可能含有大量泥沙,靠岸边的污物会更多一些等。为了防止水面漂浮物进入水泵,应给潜水泵加鼠笼保护。取水点尽量远离岸边,必要时可将泵头伸向河流中心地带取水,有条件的可设取水跳板以深入河心取水。

9.3 应急安全供水设备

目前已开发的应急安全饮水设备主要有以下几种。

9.3.1 车载式安全供水应急净化装置

这种净化装置是将水处理设备安装到车箱内,与车组成一个整体而进行移动,或将设备安装于集装箱内由车进行拖拉移动。由于车厢或集装箱内的空间有限,故应选用体积小而且高效的水处理设备并进行紧凑安装。福建新大陆环保科技有限公司设计制造的NLY移动式饮用水处理装置,将具有混凝、砂滤、炭滤、UV杀毒、超滤等功能的元件压缩于一个集装箱内,按如下工艺组合运行:①设无级调整计量泵以投加不同类型的混凝剂(依水质选药剂和用量),以分离原水中的胶粒并吸附一部分细菌及溶解物,使水质得到初步澄清;②设粗、细石英砂滤罐(由食品级不锈钢制造),以滤掉水中细小颗粒和纤维悬浮物,使滤后浊度小于2 NTU;③炭滤前置UV杀毒可减少炭罐内滋生细菌;④炭罐采用食品级不锈钢制造,GAC可有效吸附水中有机物、微生物,使水除臭脱色得到深度处理;⑤炭滤后置UV消毒,可杀灭所有细菌和病毒,使水符合直饮要求;⑥直饮水罐以方便车载容量为标准,一般容积为3.5 t,用食品级不锈钢制造,内设紫外消毒器和电源逆变器。当系统不运行时,可通过电源逆变器而利用汽车的照明电源对罐内储水进行消毒(通常在使用前发动汽车发动机进行5 min消毒就可保证水质新鲜无菌);⑦超滤前置保安过滤器(是一种介于超滤和机械过滤之间的一种微孔过滤器,一般过滤精度5 μm,具有截污能力强、过滤精度高的特点),以保护和提高超滤系统的运行寿命;⑧最后设置孔径为0.02 μm(比常见细菌的分子量小百倍)、膜质为聚丙烯的中空纤维式超滤膜,从而将细菌、菌尸、细菌碎片、病毒、与细菌大小相仿的微小悬浮物、胶体、热源等近100%地截留,使膜滤后水质清澈味甘、得到高精度的净化。

这种压缩(集装箱)式的水处理装置一般需自配发电机(当然也留有电源外接口)以确保能够独立地运行。

2002年,福建疾病预防控制中心使用NLY移动式水处理装置在闽江进行了现场试验,发现水体中细菌总数由1 400 cfu/mL降到1 cfu/mL、总大肠菌群数由920个(MPN)/100 mL降至0、耗氧量由1.43 mg/L降至0.52 mg/L、铁离子浓度由0.53 mg/L降至$<$0.01 mg/L、锰离子浓度由0.13 mg/L降至$<$0.02 mg/L。

9.3.2 船载式安全供水应急净化装置

这种制水装置是集取水、制水及加压为一体,适用于向大型水利工程及用地紧缺地区提供生产和生活用水,如专为三峡工程施工设计制造的水上水厂船,长82 m、宽22 m、型深3.8 m,制水能力9万t/d,是目前我国规模最大的一艘水上水厂船,主要工艺流程是:舷侧进水→投加絮凝剂→轴流泵混合→沉沙池→投矾→网格絮凝→斜管沉淀 $<$ 加压泵→配水厂→管网。/ 刮泥桁车。

9.3.3 一体化净水器

小型一体化净水器就是把传统自来水厂的三大池(絮凝池、沉淀池、过滤池)设计并制造在一个容器内,同时完成生活用水处理全过程的一种工厂化生产的净水设备。这种净水装置一般由进水定量箱、机械搅拌反应池、斜管沉淀池、快滤池、虹吸出水管组成。其工艺流程是:原水由水泵吸入,同时吸入混凝剂和消毒剂,经水泵混合后流经进水定量箱而直入机械搅拌反应池,然后再经斜管沉淀池而把澄清水和活性泥渣分离,最后使澄清水经快滤池过滤而成为净化水。

一体化净水器按操作运行方式分为全自动式、半自动式、手动式三种;按运行中的受压状态分为重力式和压力式两种。重力式净水器外形多为矩形,机身用 8 ~ 10 mm 的 Q235 钢板焊接制作并采取无毒涂料防腐,净化工艺元件全部在箱体内装置,由反应澄清区、过滤区、搅拌加药装置等组成;压力式净水器外形为罐装,其内部净化处理功能和工作原理与重力式基本相同,只是由于罐体压力较大而必须严格按照 GB150—1989 钢制压力容器标准制造并进行耐压、气密试验达标后才准安装使用。

一体化净水器近年开发研究较多,如上海市政工程设计院与上海市自来水公司联合研制的 ZJS 系列组合式净水器有 10、20、30、50 t/h 等多种产品供选用(大多适用于浊度≤500 NTU、瞬时浊度≤1 000 NTU 的原水净化)。

9.3.4 便携式野战净水器

便携式野战净水器是由兰州铁道学院研制的一种不需电源而仅靠自身位差(工作水压 0.4 mH_2O)提供工作、每小时产出 20 ~ 35 L 净化水的微型净水器。这种净水器的外壳用工程塑料整体注塑成型,内部装有双层高分子滤膜及活性炭与消毒树脂,主要工艺流程是:原水→Ⅰ型高分子滤膜预过滤→Ⅱ型高分子滤膜过滤→ZJ15GAC 吸附→碘树脂消毒→净化水,可以去除原水中的泥沙、胶体、细菌、有机污染物和部分重金属离子。这种净水器的外形尺寸为 25 cm × 18 cm × 16 cm,全机总质量 1.6 kg,适用于浊度 <300 NTU、瞬时浊度 $<1\ 000$ NTU的情况,正常使用寿命 5 ~ 10 年。

9.3.5 野战班用净水器

野战班用净水器是由军事医学科学院卫生装备研究所研制的一种主要由滤头、手动泵和滤芯组成的净水装置:滤头由孔径为 1 mm、孔密度为 24 个/cm^2 的多孔不锈钢片制成;手动泵主要由泵壳、活塞和泵杆组成(一般操作压力为 0.2 MPa),并在进水口处设计有单向阀;滤芯由功能性过滤材料、吸附材料及灭菌材料复合而成。净水器的工作原理与流程是:天然水经滤头除去水中较大颗粒及杂质后,进入精密过滤、吸附及灭菌单元,出水便除去了其中的细菌、浊度和部分有机物。这种净水器的外形尺寸为 16 cm × 7.6 cm × 46 cm,质量 3.2 kg,净水流量 30 L/h。

9.3.6 野营多功能净水车

由中国人民解放军后勤工程学院研制的“野营多功能净水车”能够将江河、湖泊等地表水净化成生活饮用水、超净化为直饮水,将苦咸水、海水淡化为饮用水,是一种集水净化、超净化和淡化多种功能于一体、适用于多种水源的高技术后勤供水装备,可以在我军的后勤供水保障及抢险救灾中发挥显著作用。

9.3.7 科绿士多功能(家用)π水机

科绿士多功能π水机为美国水质协会会员,它采用世界顶尖内压式中空超滤膜技术与生化陶瓷技术,由5支内压式滤芯、共12支反应层组成机体,直接安装到家庭自来水管上(勿需用电),拧开水龙头即可对来水进行净化、活化、离子化、碱性化处理,不仅可以滤除水中的余氯、重金属及细菌病毒等污染物,而且可以将水分子击碎重组,增加水的活性,添加对人体有益的微量元素,把水变成弱碱性的小分子水——即活性π水。长期饮用这种弱碱性的小分子水,可以对人们日常生活中由于食用大鱼大肉、碳酸饮料而造成体内酸性物质越积越多,最终引起便秘、高血压、高血脂、肥胖、痛风、动脉硬化、关节炎、结石、肿瘤等慢性疾病起到改善作用。该产品进入我国后,已通过卫生部ISO9001质量管理体系认证,同时于2008年被政府选为采购产品。

9.3.8 龙医生陶瓷净水器

龙医生陶瓷净水器是以高分子超滤膜为核心,把进口的KDF金属膜、高度合椰壳颗粒活性炭、纳米抗菌远红外矿化球、高效负离子活化球、20余种火山矿石配比放置,实现对水"净化—矿化—磁化—活化"同步处理,即通过15层过滤净化,去除水中的氯气、重金属、泥沙等杂质,并有效杀灭红虫、藻毒素等病菌;通过矿化,有效溶滤出人体健康所需的锌、镁、钙、钾、硒等矿物质和微量元素,并调节pH令水呈弱碱性;通过活化,将自来水的大分子团变为小分子团,增加水中的含氧量和能量,使人体细胞更易吸收;通过磁化,改变水中钙质结构,使其形成软垢,而不是普通水烧开后的白色硬垢,从而避免在人体内形成结石,有利于人体吸收,成为钙源的补充。龙医生陶瓷净水器经山东省疾病预防控制中心检测,经处理过的水中有益微量元素含量提高了1.86倍,是卫生部批准的优质弱碱性小分子团饮用水设备。

9.4 不同供水方式成本分析

主要对常见的移动式应急供水方案(分自备发电机和外接电源)与传统的拉水方案中的三种情况进行对比分析。

9.4.1 动力成本

移动式应急安全供水装置采用自备发电机带动供水时,其制水成本主要包括发电机的油耗费用与使用混凝剂费用两部分,而混凝剂费用通常只为生产1 t水不足0.1元,与电费相比微乎其微,完全可以忽略不计,因此移动式应急安全供水装置的制水成本主要与发电机的耗油量直接相关。

由于各种净化水工艺不同,使用的动力也不相同,其耗电量也会出现很大差异。以使用10 kW汽油发电机为例,其耗油量(汽油)为3.6~4 L/h,在此用电量情况下至少可在现场净化超滤水5 t、反渗透水2 t、海水淡化0.25 t。根据2008年底洛阳地区的汽油价格(洛阳晚报,2008-12-20,洛阳油价下调),制水成本估算见表9-1。

表 9-1　使用汽油发电机净化水成本估算

净化水方式	用油量(L/h)	油价(元/L)	油费(元/h)	产水量(t/h)	制水成本(元/t)
超滤	4.00	4.77	19.08	5	3.82
反渗透	4.00	4.77	19.08	2	9.54
海水淡化	4.00	4.77	19.08	0.25	76.32

9.4.2　直接供电成本

在有条件的情况下,应直接使用外接电源,其耗电量可按实际用电情况计算,制水成本则会大大下降。根据洛阳地区 2008 年 12 月电费价格,估算制水成本见表 9-2。

表 9-2　使用外接电源净化水成本估算

净化水方式	用电量(kW·h)	电价[元/(kW·h)]	电费(元/h)	制水量(t/h)	制水成本(元/t)
超滤	5	0.56	2.80	5	0.56
反渗透	10	0.56	5.60	2	2.80

9.4.3　拉水成本

以前救灾通常需运水到现场。假设运水路程 20 km,使用载重为 5 t 的汽车运水,汽车耗油按 30 L/100 km 计,按洛阳地区生活用水均价 2.0 元/t 计,每吨水的费用约为 7.72 元(见表 9-3)。

表 9-3　拉水成本

项目		单位	成本	项目		单位	成本
汽车	载重	t	5	汽车	载重	t	5
	耗油	L/100 km	30		耗油	L/100 km	30
运水距离(单程)		km	20	每吨水汽油费		元	5.72
消耗汽油		L	6	自来水费		元	2.0
汽油单价		L	4.77	每吨水用费		元	7.72
汽油费用		元	28.62				

9.4.4 成本分析

对以上三种情况的计算表明，拉水救灾的成本并不低。当有条件使用外接电源时，采取移动式应急安全供水装置的还算最为经济。当然，如果再具体探究，对感官与微生物污染的水体使用超滤净化则最为经济；对含有大量有毒有害物质的严重污染水体与苦咸水体，采用反渗透技术进行净化与淡化，其在直(外)供电条件下的制水成本比拉水低、在使用自备发电机的条件下则与拉水基本持平。成本分析如图 9-2 所示。

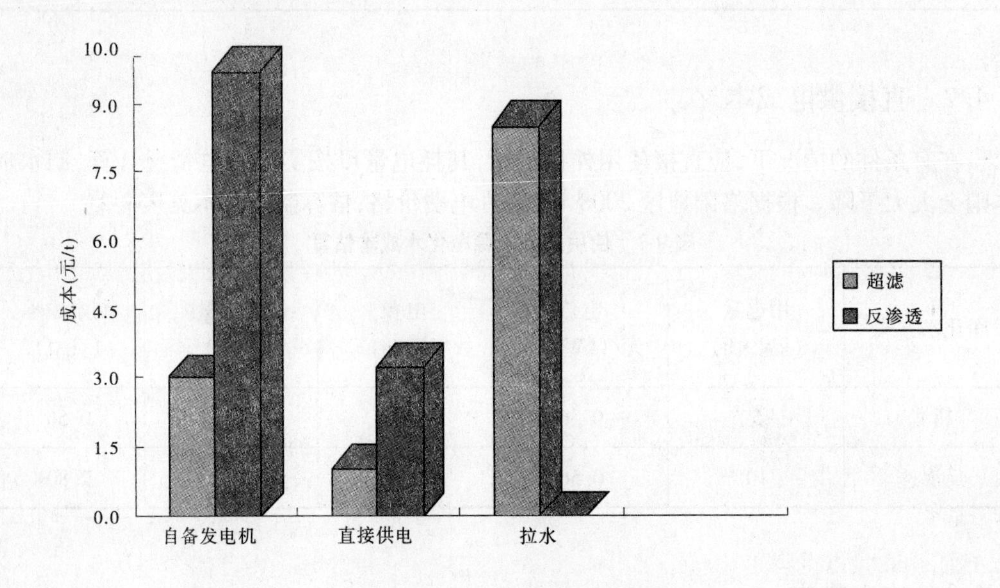

图 9-2 不同供水方式成本分析简图

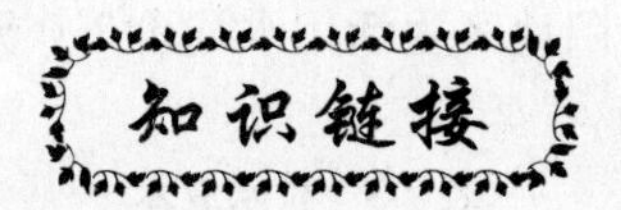

特征污染物与常用处理方法

突发饮水安全事故往往给人们造成严重的损失，但其中一些问题不是不可以预防的，比如附近如果建有可能危及饮用水源安全的工业企业，除应当按照有关法规进行强力监管以外，还应依其排污性质加强水质监测，制订防污预案，尽可能地把水污染事故消灭于萌芽之中。表 9-4、表 9-5 分别列出部分工业企业排放污水性质及对应处理方法，供制订防污预案时参考。

表 9-4　污染来源与特征污染物

污染来源	特征污染物
生产区及生活娱乐设施废水	BOD、COD、pH 值、悬浮物、氨氮、磷酸盐、表面活性剂、溶解氧、水温
城市及开发区废水	BOD、COD、溶解氧、pH 值、悬浮物、氨氮、磷酸盐、表面活性剂、水温、油、重金属
食品工业废水	COD、BOD、pH 值、溶解氧、挥发性酚、大肠杆菌
肉食品加工、发酵、酿造	pH 值、BOD、COD、悬浮物、水温、氨氮、磷酸盐、大肠杆菌、含盐量
制糖废水	pH 值、BOD、COD、悬浮物、水温、大肠杆菌
合成洗涤剂废水	pH 值、BOD、COD、油、苯类、表面活性剂、悬浮物、水温、溶解氧
染料、颜料及油漆废水	pH 值(或酸碱度)、COD、BOD、悬浮物、酚、硫化物、氰化物、砷、铜、镉、锌、汞、铬、石油类、苯胺类、苯类、硝基苯类、水温
纺织、印染废水	pH 值、COD、BOD、悬浮物、水温、酚、硫化物、苯胺类、色度、六价铬
有机原料、合成脂肪酸	pH(或酸盐度)、COD、BOD、悬浮物、酚、氰化物、苯类、硝基苯类、有机氯、石油类、锰、油脂类、硫化物
合成树脂	甲酚、甲醛、酚、汞、苯脂类、氯乙烯、苯乙烯等
石油开发与炼制废水	pH 值、COD、BOD、溶解氧、悬浮物、硫化物、水温、酚、氰化物、石油类、苯类、多环芳烃
化学纤维	二硫化碳、磷、胺类、酮类、丙烯腈、乙二醇
化肥、农药废水	pH 值、COD、BOD、水温、悬浮物、硫化物、氟化物、酚、氰化物、砷、氨氮、磷酸盐、有机氯、有机磷
制药废水	pH 值(或酸碱度)、COD、BOD、悬浮物、石油类、硝基苯类、水温
橡胶、塑料及化纤废水	pH 值(或酸碱度)、COD、BOD、水温、石油类、硫化物、氰化物、砷、铜、铅、锌、汞、六价铬、悬浮物、苯类、有机氯、多环芳类、苯并[a]芘
皮革废水	pH 值、COD、BOD、水温、悬浮物、硫化物、氯化物、总铬、六价铬、色度、砷、洗涤剂、甲醛、醛
玻璃、玻璃纤维及陶瓷制品	pH 值、COD、悬浮物、水温、挥发性酚、氰化物、砷、铅、镉、苯、烷烃
造纸废水	pH 值(或酸碱度)、COD、BOD、悬浮物、水温、挥发性酚、硫化物、铅、汞、木质素、色度、砷
人造板及木料加工	pH 值(或酸碱度)、COD、BOD、悬浮物、水温、挥发性酚、木质素
电子、仪器、仪表废水	pH 值(或酸碱度)、COD、水温、苯类、氰化物、六价铬、铜、锌、镍、镉、铅、汞
机械制造及电镀废水	pH 值(或酸碱度)、COD、BOD、悬浮物、挥发性酚、石油类、氰化物、六价铬、铅、铁、铜、锌、镍、镉、锡、汞
电池	pH 值(或酸度)、COD、BOD、汞、氰、酚、甲苯、锌

续表 9-4

污染来源		特征污染物
无机原料	硫酸废水	pH 值(或酸度)、悬浮物、硫化物、氟化物、铜、铅、锌、砷
	氯碱废水	pH 值(或酸碱度)、COD、悬浮物、汞
	铬酸盐废水	pH 值(或酸度)、总铬、六价铬
水泥厂废水		pH 值、悬浮物
煤矿废水		pH 值、COD、BOD、溶解氧、水温、砷、悬浮物、硫化物、酚
火力发电、热电联供废水		pH 值、悬浮物、硫化物、挥发性酚、砷、水温、铅、镉、铜、石油类、氟化物
焦化及煤气废水		COD、BOD、水温、悬浮物、硫化物、挥发性酚、氰化物、石油类、氨氮、苯类、多环芳烃、砷、苯并[a]芘
黑色金属矿山废水		pH 值、悬浮物、硫化物、铜、铅、锌、镉、汞、六价铬
黑色金属冶炼、有色金属矿山及冶炼		pH 值、悬浮物、COD、硫化物、氟化物、挥发性酚、氰化物、石油类、铜、锌、铅、砷、镉、汞
化学矿开采	硫铁矿废水	pH 值、悬浮物、硫化物、铜、镉、锌、铅、汞、砷、六价铬
	磷矿废水	pH 值、悬浮物、氟化物、砷、铅、磷、钍
	铅锌矿废水	pH 值、硫化物、悬浮物、镉、铅、锌、锗、放射性
	萤石矿废水	pH 值、悬浮物、氟化物
	汞矿废水	pH 值、悬浮物、硫化物、砷、汞
	雄黄矿废水	pH 值、悬浮物、硫化物、汞
人与动物的排泄物、生活污水、医院污水		致病菌

表 9-5　污染物与处理方法

污染物	处理方法
氰	①将水的 pH 调至碱性,再加入氯,使之氧化分解。或用次氯酸钠代替氯来进行氧化分解;②用直流电进行电解氧化;③用离子交换树脂进行处理;④用活性污泥法进行分解
烷基汞及总汞	①用硫化钠使其变成硫化汞;②用活性炭吸附;③用离子交换树脂进行处理
有机磷	活性炭吸附
镉、铅	①沉淀法;②离子交换法;③吸附法
铬(六价)	①钡盐沉淀法;②用离子交换树脂进行处理;③还原(将 6 价的铬还原成 3 价的铬)
砷	①用氢氧化铁将其吸附共沉;②用碱性树脂进行离子交换

续表 9-5

污染物	处理方法
有机物	①活性炭吸附，污染严重时可增加预氧化工艺；②氧化法；③化学混凝法
油类	①活性炭吸附；②机械阻隔
铁、锰	①曝气处理（自然氧化法）；②接触氧化法；③硫酸铁 + 碱；④氯氧化法；⑤高锰酸钾氧化法；⑥臭氧氧化法
氟化物	①吸附法；②离子交换法；③絮凝沉淀法；④化学沉淀法；⑤电化学法
藻类和藻毒素	①化学药剂法，包括氧化型杀藻剂（$CuSO_4$、O_3、ClO_2、$KMnO_4$）和非氧化型杀藻剂（苯扎溴铵碘伏和异噻唑啉酮复配、百毒杀和十六烷基三甲溴化铵复配）；②气浮法；③生物法（投加光合细菌 PSB、原位物理生化修复技术 PBB 等）；④直接过滤及微滤等
致病菌	①液氯消毒；②次氯酸钠消毒；③二氧化氯消毒；④臭氧消毒

第 10 章　饮用水源保护

饮用水源只占地球上淡水资源的很少一部分,但它却是其中最重要的组分。由于对生命与健康的直接影响,饮用水源从来都是人类最为珍惜和努力保护的目标。但随着社会和经济的发展,饮用水源不断地受到人类活动的胁迫,水质污染越来越严重和复杂,因而成为全球共同关心的重大资源与环境、生存与健康问题。

10.1　饮用水源的分类与特点

饮用水源按其存在形式分为地表水源和地下水源。

地表水源包括江河、湖泊、水库和海水等。从传统意义上讲,地表水源是指具有相应功能的地表淡水水体,通常仅指河流与湖泊(水库)两大类。由于海水的含盐量高,以前除了淡水资源特别匮乏的海岛、船舶等,一般不将其作为生活水源。但近年来,随着海水淡化技术的发展和淡水资源短缺的加剧,海水正在成为一些沿海城市的重要补充水源,并表现出强劲的发展势头。地表水源由于其可视易得而往往成为人类的优先选择。地表水源一般具有径流量大、矿化度和硬度以及铁锰含量较低等优点,但是,它却易受人类生产和生活活动干扰,水中悬浮颗粒物、细菌、有机物、重金属、氮磷等含量明显高于地下水,水源保护难度相对较大。

相对地表水而言,另一类重要而储量丰富的水资源就是地下水资源,包括潜水、承压水、裂隙溶岩水、上层滞水和泉水。它位于自然地壳以下、土壤蓄水层之中,经常是含水的砂层或砂砾层,这些岩层称之为储水层。相对于地表水,地下水受人类活动干扰较小,水质比较清洁,水中一般不含悬浮颗粒物,细菌、有机物等含量也比较低。但近年来由于地下水超采和大量污染物渗入地下等因素,水质污染也在不断加剧。地下水的矿化度、硬度以及铁锰含量等一般较高。

地表水与地下水二者之间关系密切,它们同为水文循环的组成部分。对水体产生影响的陆地区域称为“流域”。在考虑饮用水来源和进行水源污染控制时,非常重要的一点就是基于整个流域考虑的,而不是仅仅考虑河流或湖泊的局部。

10.2　饮用水源污染及危害

饮用水源的主要污染类型概括起来有:物理污染、有机物污染、细菌和微生物污染、富营养化污染、酸碱和无机盐污染、毒性物质污染、油污染、放射性污染、内分泌干扰物和管网二次污染等。加拿大水环境研究所将饮用水源水质和水生态系统健康的威胁归纳成13类,分别是水传播病原菌,藻类毒素,农药,由大气传播的长程污染物,市政废水排放,工业废水排放,城市径流,固体废弃物渗液,由于气候变化、筑坝分流和极端事件引起的水量变化,氮磷营养物质,酸化污染,内分泌干扰物(EDCs)和遗传变异生物(GMOs)。这些威胁从污染源、污染物和水量效应三个层面上对饮用水源产生综合影响(见图10-1)。因此,受污染的饮用水源其成分相当复杂,一般同时存在胶体颗粒、无机离子、藻类个体、溶解性有机物、不溶性有机物等。这些污染物质相互作用,相互影响,构成了对水源水质的复合污染。

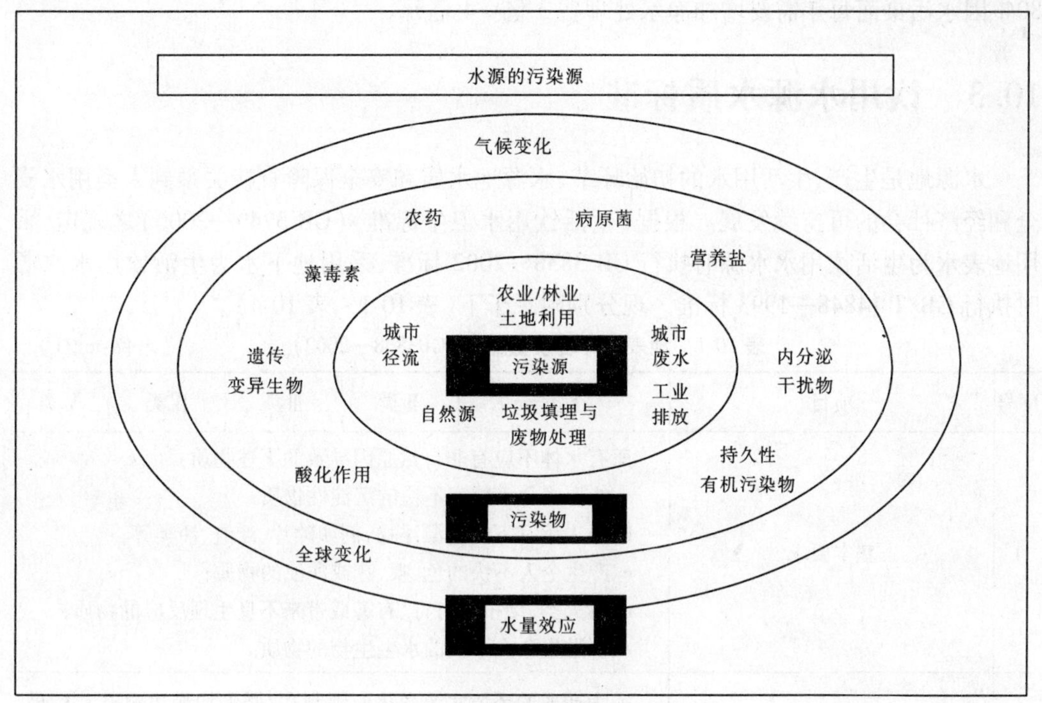

图10-1　饮用水源的污染源

由于这种十分复杂的复合污染,导致了"水质型"缺水成了当今亟待解决的突出问题。联合国的调查表明,全世界每年排放的污水达4 000多亿t,造成5万多亿t水体被污染(另一资料显示排污量为7 000亿t,相应污染水体8万多亿t),由此导致数百万人死于饮用水不洁引起的疾病。我国水利部提供的资料则显示,全国七大江河水系中Ⅰ~Ⅲ类水质仅占29.5%、Ⅳ类水质占17.7%、Ⅴ类和劣Ⅴ类占52.8%;50个主要湖泊中Ⅰ类水质的只有1个、Ⅱ类的也仅9个、Ⅲ类的有13个、Ⅳ类7个、Ⅴ类5个、超Ⅴ类15个;50个主要大型水库中没有Ⅰ类水质的、Ⅱ类的有33个、Ⅲ类的有9个、Ⅳ类的有2个、Ⅴ类的有6个。国家环保部2009年6月4日发布的《2008年中国环境状况公报》也显示,长江、黄河、珠江、松花江、淮河、海河、辽河等七大水系中近一半河段污染严重;在监测营养状况的26个湖泊(水库)中有46.2%呈现出富营养化状态。另据来自世界湖泊大会的数据,我国在过去50年内已减少内陆湖泊1 000多个,在过去30年内造成的湖泊污染面积达1.4万km^2。在地下水方面,目前城市的浅层地下水已被污染了70%~80%、深层则被污染了约30%。饮用水源的直接和间接污染;直接危及到了人民群众的身体健康。根据2003年第三届世界水论坛交流的资料,已检验出有2 200余种化学污染物和1 400余种有毒藻素、细菌、病毒流入人体,导致世界范围内平均每年有至少500万人死于与水有关的疾病。同时水源的严重污染还直接导致了后续处理难度及成本的增加。有资料显示，淮河流域小造纸产值累计不过500亿元，而治理其带来的污染则需要3 000亿元的投入；黄河流域2007年直接纳污水量达43亿t，造成60%的水质降至Ⅲ类以下、35%甚至低于劣Ⅴ类，估算经济损失高达115亿～156亿元。据统计，全国90%以上的城市和近50%的重点城镇水源遭受有不同程度的污染，1985年南方12个城市取水量243.3亿m^3，其中80%因水污染而每年需要增加净水处理费3亿～4亿元。

10.3 饮用水源水质标准

水源地是生产、生活用水的初始环节，水源地水质和安全保障直接关系到人类用水安全和经济社会的可持续发展。根据《生活饮用水卫生标准》(GB 5749—2006)之规定，采用地表水为生活饮用水水源时执行GB 3838—2002标准；采用地下水为生活饮用水水源时执行GB/T 14848—1993标准。现分别附录于下(表10-1～表10-4)。

表10-1　地表水环境质量标准(GB3838—2002)　　(单位:mg/L)

序号	项目		Ⅰ类	Ⅱ类	Ⅲ类	Ⅳ类	Ⅴ类
1	基本要求		所有水体不应有非自然原因导致的下述物质： a.能形成令人感官不快的沉淀性物质； b.令人感官不快的漂浮物，例如碎片、浮渣、油类等； c.产生令人不快的色、嗅、味或浑浊的物质； d.对人类、动植物有毒、有害或带来不良生理反应的物质； e.易滋生令人不快的水生生物的物质。				
2	水温(℃)		人为造成的环境水湿变化应限制在：周平均最大温升≤1、最大温降≤2				
3	pH值(无量纲)		6～9				
4	溶解氧	≥	饱和率90%(或7.5)	6	5	3	2
5	高锰酸盐指数	≤	2	4	6	10	15
6	化学需氧量(COD)	≤	15	15	20	30	40
7	五日生化需氧量(BOD_5)	≤	3	3	4	6	10
8	氨氮(NH_3-N)	≤	0.15	0.5	1.0	1.5	2.0
9	总磷(以P计)	≤	0.02	0.1	0.2	0.3	0.4
10	总氮(湖、库，以N计)	≤	0.2	0.5	1.0	1.5	2.0
11	铜	≤	0.1	1.0	1.0	1.0	1.0
12	锌	≤	0.05	1.0	1.0	2.0	2.0

续表 10-1

序号	项目		Ⅰ类	Ⅱ类	Ⅲ类	Ⅳ类	Ⅴ类
13	氟化物(以F计)	≤	1.0	1.0	1.0	1.5	1.5
14	硒	≤	0.01	0.01	0.01	0.02	0.02
15	砷	≤	0.05	0.05	0.05	0.1	0.1
16	汞	≤	0.000 05	0.000 05	0.000 1	0.001	0.001
17	镉	≤	0.001	0.005	0.005	0.005	0.01
18	铬(六价)	≤	0.01	0.05	0.05	0.05	0.1
19	铅	≤	0.01	0.01	0.05	0.05	0.1
20	氰化物	≤	0.005	0.05	0.2	0.2	0.2
21	挥发酚	≤	0.002	0.002	0.005	0.01	0.1
22	石油类	≤	0.05	0.05	0.05	0.5	1.0
23	阴离子表面活性剂	≤	0.2	0.2	0.2	0.3	0.3
24	硫化物	≤	0.05	0.1	0.2	0.5	1.0
25	粪大肠菌群(个/L)	≤	200	2 000	10 000	20 000	40 000

注:依据地表水水域环境功能和保护目标,按功能高低依次划分为五类:Ⅰ类主要适用于源头水、国家自然保护区;Ⅱ类主要适用于集中式生活饮用水地表水源地一级保护区、珍稀水生生物栖息地、鱼类产卵场、仔稚幼鱼的索饵场等;Ⅲ类主要适用于集中式生活饮用水地表水源地二级保护区、鱼虾类越冬场、洄游通道、水产养殖区等渔业水域及游泳区;Ⅳ类主要适用于一般工业用水区及人体非直接接触的娱乐用水区;Ⅴ类主要适用于农业用水区及一般景观要求水域。

表 10-2　集中式生活饮用水地表水源地补充项目标准限值　　(单位:mg/L)

项目	标准值	项目	标准值
硫酸盐(以 SO_4^{2-} 计)	250	铁	0.3
氯化物(以 Cl^- 计)	250	锰	0.1
硝酸盐(以N计)	10		

注:集中式供水工程按日供水量(W)划分等级:$W>1$ 万 m^3 为Ⅰ型,1 万 $m^3 \geq W > 5\ 000\ m^3$ 为Ⅱ类,$5\ 000\ m^3 \geq W > 1\ 000\ m^3$ 为Ⅲ型,$1\ 000\ m^3 \geq W \geq 200\ m^3$ 为Ⅳ型,$W<200\ m^3$ 为Ⅴ型。

表 10-3　集中式生活用水地表水源地特定项目标准限值　　（单位:mg/L）

序号	项目	标准值	序号	项目	标准值
1	三氯甲烷	0.06	41	丙烯酰胺	0.000 5
2	四氯化碳	0.002	42	丙烯腈	0.1
3	三溴甲烷	0.02	43	邻苯二甲酸二丁脂	0.003
4	二氯甲烷	0.1	44	邻苯二甲酸二(2－乙基己基)酯	0.008
5	1,2－二氯乙烷	0.03	45	水合肼	0.01
6	环氧氯丙烷	0.02	46	四乙基铅	0.000 1
7	氯乙烯	0.005	47	吡啶	0.2
8	1,1－二氯乙烯	0.005	48	松节油	0.2
9	1,2－二氯乙烯	0.05	49	苦味酸	0.5
10	三氯乙烯	0.07	50	丁基黄原酸	0.005
11	四氯乙烯	0.04	51	活性氯	0.01
12	氯丁二烯	0.002	52	滴滴涕	0.001
13	六氯丁二烯	0.0006	53	林丹	0.002
14	苯乙烯	0.02	54	环氧化氯	0.002
15	甲醛	0.9	55	对硫磷	0.003
16	乙醛	0.05	56	甲基对硫磷	0.002
17	丙烯醛	0.1	57	马拉硫磷	0.05
18	三氯乙醛	0.01	58	乐果	0.08
19	苯	0.01	59	敌敌畏	0.05
20	甲苯	0.7	60	敌百虫	0.05
21	乙苯	0.3	61	内吸磷	0.03
22	二甲苯①	0.5	62	百菌清	0.01
23	异丙苯	0.25	63	甲萘威	0.05
24	氯苯	0.3	64	溴氰菊酯	0.02
25	1,2－二氯苯	1.0	65	阿特拉津	0.003
26	1,4－二氯苯	0.02	66	苯并[a]芘	2.8×10^{-6}
27	三氯苯②	0.02	67	甲基汞	1.0×10^{-6}
28	四氯苯③	0.02	68	多氯联苯	2.0×10^{-5}
29	六氯苯	0.05	69	微藻毒素－LR	0.001
30	硝基苯	0.017	70	黄磷	0.003
31	二硝基苯④	0.5	71	钼	0.07
32	2,4－二硝基甲苯	0.0003	72	钴	1.0
33	2,4,6－三硝基甲苯	0.5	73	铍	0.002
34	硝基氯苯⑤	0.05	74	硼	0.5
35	2,4－二硝基氯苯	0.5	75	锑	0.005
36	2,4－二氯苯酚	0.093	76	镍	0.02
37	2,4,6－三氯苯酚	0.2	77	钡	0.7
38	五氯酚	0.009	78	钒	0.05
39	苯胺	0.1	79	钛	0.1
40	联苯胺	0.0002	80	铊	0.000 1

注:①二甲苯指对二甲苯、间二甲苯、邻二甲苯;②三氯苯指 1,2,3－三氯苯、1,2,4－三氯苯、1,3,5－三氯苯;③四氯苯指 1,2,3,4－四氯苯、1,2,3,5－四氯苯、1,2,4,5－四氯苯;④二硝基苯指对二硝基苯、间二硝基苯、邻二硝基苯;⑤硝基氯苯指对硝基氯苯、间硝基氯苯、邻硝基氯苯;⑥多氯联苯指 PCB－1016、PCB－1221、PCB1232、PCB1242、PCB－1248、PCB－1254、PCB1260。

表 10-4　地下水环境质量标准(GB/T14848—1993)

序号	项目	Ⅰ类	Ⅱ类	Ⅲ类	Ⅳ类	Ⅴ类
1	色度	≤5	≤5	≤15	≤25	>25
2	嗅和味	无	无	无	无	有
3	浑浊度(度)	≤3	≤3	≤3	≤10	>10
4	肉眼可见物	无	无	无	无	有
5	pH 值		6.5~8.5		5.5~6.5 8.5~9	<5.5, >9
6	总硬度(以 $CaCO_3$ 计)(mg/L)	≤150	≤300	≤450	≤550	>550
7	溶解性总固体(mg/L)	≤300	≤500	≤1 000	≤2 000	>2 000
8	硫酸盐(mg/L)	≤50	≤150	≤250	≤350	>350
9	氯化物(mg/L)	≤50	≤150	≤250	≤350	>350
10	铁(Fe)(mg/L)	≤0.1	≤0.2	≤0.3	≤1.5	>1.5
11	锰(Mn)(mg/L)	≤0.05	≤0.05	≤0.1	≤1.0	>1.0
12	铜(Cu)(mg/L)	≤0.01	≤0.05	≤1.0	≤1.5	>1.5
13	锌(Zn)(mg/L)	≤0.05	≤0.5	≤1.0	≤5.0	>5.0
14	钼(Mo)(mg/L)	≤0.001	≤0.01	≤0.1	≤0.5	>0.5
15	钴(Co)(mg/L)	≤0.005	≤0.05	≤0.05	≤1.0	>1.0
16	挥发性酚类(以苯酚计)(mg/L)	0.001	0.001	0.002	≤0.01	>0.01
17	阴离子合成洗涤剂(mg/L)	不得检出	≤0.1	≤0.3	≤0.3	>0.3
18	高锰酸钾指数(mg/L)	≤1.0	≤2.0	≤3.0	≤10	>10
19	硝酸盐(以 N 计)(mg/L)	≤2.0	≤5.0	≤20	≤30	>30
20	亚硝酸盐(以 N 计)(mg/L)	≤0.001	≤0.01	≤0.02	≤0.1	>0.1
21	氨氮(NH_4)(mg/L)	≤0.02	≤0.02	≤0.2	≤0.5	>0.5
22	氟化物(mg/L)	≤1.0	≤1.0	≤1.0	≤2.0	>2.0
23	碘化物(mg/L)	≤0.1	≤0.1	≤0.2	≤1.0	>1.0
24	氰化物(mg/L)	≤0.001	≤0.01	≤0.05	≤0.1	>0.1
25	汞(Hg)(mg/L)	≤0.000 05	≤0.000 5	≤0.001	≤0.001	>0.001
26	砷(As)(mg/L)	≤0.005	≤0.01	≤0.05	≤0.05	>0.05
27	硒(Se)(mg/L)	≤0.01	≤0.01	≤0.01	≤0.1	>0.1
28	镉(Cd)(mg/L)	≤0.000 1	≤0.001	≤0.01	≤0.01	>0.01
29	铬(Cr^{6+})(mg/L)	≤0.005	≤0.01	≤0.05	≤0.1	>0.1
30	铅(Pb)(mg/L)	≤0.005	≤0.01	≤0.05	≤0.1	>0.1

续表 10-4

序号	项目	Ⅰ类	Ⅱ类	Ⅲ类	Ⅳ类	Ⅴ类
31	铍(Be)(mg/L)	≤0.000 02	≤0.000 1	≤0.000 2	≤0.001	>0.001
32	钡(Ba)(mg/L)	≤0.01	≤0.1	≤1.0	≤4.0	>4.0
33	镍(Ni)(mg/L)	≤0.005	≤0.05	≤0.05	≤0.1	>0.1
34	滴滴涕(μg/L)	不得检出	≤0.005	≤1.0	≤1.0	>1.0
35	六六六(μg/L)	≤0.005	≤0.05	≤5.0	≤5.0	>5.0
36	总大肠菌群(个/L)	≤3	≤3	≤3	≤100	>100
37	细菌总数(个/mL)	≤100	≤100	≤100	≤1 000	>1 000
38	总α放射线(Bq/L)	≤0.1	≤0.1	≤0.1	>0.1	>0.1
39	总β放射线(Bq/L)	≤0.1	≤1.0	≤1.0	>1.0	>1.0

注：依据我国地下水水质现状、人体健康基准值及地下水质量保护目标，并参考生活饮用水、工业用水、农业用水水质的最低要求，将地下水质量划分为五类：Ⅰ类主要反映地下水化学组分的天然低背景含量，适用于各种用途；Ⅱ类主要反映地下水化学组分的天然背景含量，适用于各种用途；Ⅲ类以人体健康基准值为依据，主要适用于集中式生活饮用水水源及工、农业用水；Ⅳ类以农业和工业用水要求为依据，除适用于农业和部分工业用水外，适当处理后可作生活饮用水；Ⅴ类不宜饮用，其他用水可根据使用目的选用。

10.4 地表水源保护

10.4.1 地表水源保护区的划分

饮用水地表水源保护区包括一定的水域和陆域，其范围应按照不同水域特点进行水质定量预测并考虑当地具体条件加以确定，一般划分为一级保护区和二级保护区，必要时可增设准保护区。各级保护区应有明确的地理界限。饮用水地表水源保护区划分的技术指标见表10-5。

表 10-5 饮用水地表水源保护区划分技术指标

编号	指标名称	指标含义
1	距离	从取水点或某一界线起算的距离
2	面积	各级水源保护区所包括的水域面积和总面积
3	污染物衰减	污染物在水体中输移、扩散、转化，经过一定的时间或流程衰减到某一程度
4	水团传输影响频率	在潮汐涨、落潮过程中，水团传输往返通过某一断面所需时间与涨、落潮历时之比
5	水源保护区边界	根据排水区外边界线划定水源保护区的边界；水源保护区的边界不超出流域/集水域边界

10.4.1.1　河流、潮汐河段水源保护区的划分

河流、潮汐河段水源保护区包括取水点上、下游一定河长和河宽及沿岸陆域一定范围。

1)水源保护区水域范围

选用以下分析计算和比较,确定水源保护区水域所需范围:

(1)一级保护区上、下游范围不小于饮用水水源卫生防护带划定的范围。《生活饮用水卫生标准》中对集中式及分散式给水水源卫生防护地带规定的主要内容如表10-6所示。

表10-6　地表水源卫生防护规定

给水方式	水源类型	卫生防护规定
集中式给水	地面水	1.取水点周围半径100 m的水域内,严禁捕捞、停靠船只、游泳和从事可能污染水源的任何活动。 2.取水点上游1 000 m至下游100 m的水域,不得排入工业废水和生活污水,其沿岸防护范围内不得堆放废渣,不得设立有害化学品仓库、堆放或装卸垃圾、粪便和有毒物品的码头,不得使用工业废水和生活污水灌溉及施用持久性或剧毒的农药,不得从事放牧等有可能污染该段水域水质的活动。 3.可把取水点上游1 000 m以外的一定范围河段划为水源保护区,严格控制上游污染物排放量。 4.水厂生产区外围小于10 m范围内不得设置生活居住区和修建禽畜饲养场、渗水厕所、渗水坑,不得堆放垃圾、粪便、废渣或铺设污水管道,应保持良好的卫生状况和绿化
分散式给水	地面水	参照集中式给水地面水源防护规定1、2

(2)一级保护区上游侧范围大于按二维输移扩散水质模型计算的岸边最大浓度衰减到期望浓度水平所需的距离。

(3)潮汐河段中的一级保护区上、下游侧范围相当。

(4)二级保护区上游侧外边界到一级保护区上游侧边界的距离大于所选定的主要污染物或水质指标衰减期望的浓度水平所需的距离。

(5)潮汐河段中的二级保护区上游侧外边界到一级保护区上游侧边界的距离大于潮汐落潮最大下泄距离;二级保护区下游侧外边界,通过某一允许的水团传输影响频率,确定所需距离。

(6)一、二级保护区宽度,可包括整个江面;对水面宽阔、有岸边污染带的水体,可以中泓线为界划定一、二级保护区水域所需范围。

2)水源保护区陆域范围

以确保水源保护区水体水质为目标,采用以下分析比较确定水源保护区陆域范围:

(1)水源保护区陆域沿岸长度不小于水源保护区水域河长。

(2)一级保护区陆域沿岸纵深不小于饮用水水源卫生防护带划定的范围。

(3)当非点源为主要污染源时,二级保护区沿岸纵深范围主要依据自然地理、环境特征和环境管理的需要,通过分析地形、植被、土地利用、森林开发、地面径流的集水汇流特

性、集水域范围等确定。

(4)当点源为主要污染源时，二级保护区陆域范围应包括废水排水区。

3)其他

(1)饮用水水源的输水渠道及其沿岸一定陆域范围应划定为一级保护区。

(2)以湖泊、水库为水源的河流饮用水源地，其水源保护区范围应包括湖泊、水库水域和陆域一定范围。

(3)水源保护区水体由地下直接补给时，相应的陆域范围可按地下水水源保护区划分要求确定。

(4)在需要设置准水源保护区时，可参照二级保护区的划分方法确定所需范围。

10.4.1.2　湖泊、水库水源保护区的划分

湖泊、水库水源保护区包括湖泊、水库水域和沿岸陆域一定范围以及对水源地起主要补给作用的水体和陆域的一定范围。

1)水源保护区水域范围

根据水体体积、水面面积、水力置换时间、水量补给状况、湖流状况、水源地规模以及环境管理上的需要等，可划定整个水域面积为一级保护区或水源保护区，或划定部分水域为水源保护区。

在将整个水域面积划定为水源保护区时，可采用以下分析计算和比较，确定各级保护区所需范围：

(1)一级保护区的范围不小于饮用水水源卫生防护带划定的范围。

(2)一级保护区边界至取水点的径向流程时间大于所选定的主要污染物或水质指标衰减到期望的浓度水平所需的时间。

(3)对水源起直接补给作用的环流区，应划为一级保护区。

(4)一级保护区不小于90%的水域面积。

(5)需要设置准保护区时，准保护区的水域面积小于10%水域面积，并应避开对一级保护区水体起补给作用的环流区。

在仅将部分水域面积划定为水源保护区时，应通过对水体进行水动力(流动、扩散)特性和水质状况的分析、模拟计算来确定水源保护区所需水域面积。

2)水源保护区陆域范围

以确保水源保护区水体水质为目标，采用以下分析比较确定水源保护区陆域所需范围：

(1)一级保护区陆域沿岸纵深范围不小于饮用水水源卫生防护带划定的范围。

(2)当非点源为主要污染源时，二级保护区陆域沿岸纵深范围主要依据自然地理、环境特征和环境管理的需要，通过分析地形、植被、土地利用、森林开发、地面径流的集水汇流特性、集水域范围等确定。

(3)当点源为主要污染源时，二级保护区陆域范围应包括废水排水区。

3)入湖、库河流的水源保护区范围

入湖、库河流的水源保护区水域和陆域范围的确定，以确保湖泊、水库水源保护区水质为目标，参照河流饮用水水源保护区的划分方法确定一、二级保护区范围。

4)其他

水源保护区水体由地下水直接补给时,相应的陆域范围可按地下水水源保护区划分要求确定。

10.4.1.3 **水源保护区的定界**

依据水源保护区划分的分析、计算结果,结合地形、地标、地物的特点,确定各级保护区界线。充分利用具有永久性的明显标志如分水线、行政区界线、公路、铁路、桥梁、大型建筑物、水库大坝、水工建筑物、河流汊口、输电线、通信线等标示水源保护区界线,并应设置专门标志。

10.4.2 地表水源保护区的防护

饮用水地表水源保护区及准保护区内均必须遵守表10-7所列之各项规定。

表10-7 饮用水地表水源保护区分级水质标准及防护规定

保护区名称	水质标准	分级防护规定
各级保护区	《地面水环境质量标准》(GB3838—2002)	禁止一切破坏水环境生态平衡的活动以及破坏水源林、护岸林和水源保护相关植被的活动; 禁止向水域倾倒工业废渣、城市垃圾、粪便及其他废弃物; 运输有毒有害物质、油类、粪便的船舶和车辆一般不准进入保护区,必须进入者应事先申请并经有关部门批准、登记并设置防渗、防溢、防漏设施; 禁止使用剧毒和高残留农药,不得滥用化肥,不得使用炸药、毒品捕杀鱼类
一级保护区	《地面水环境质量标准》(GB3838—2002)Ⅱ类水质标准	禁止新建、扩建与供水设施和保护水源无关的建设项目; 禁止向水域排放废水,已设置的排污口必须拆除; 不得设置与供水需要无关的码头,禁止停靠船舶; 禁止堆置和存放工业废渣、城市垃圾、粪便和其他废弃物; 禁止设置油库; 禁止从事种植、放养禽畜,严格控制网箱养殖活动; 禁止可能污染水源的旅游活动和其他活动
二级保护区	《地面水环境质量标准》(GB3838—2002)Ⅲ类水质标准	不准新建、扩建向水体排放污染物的建设项目,改建项目必须削减污染物排放量; 原有排污口必须削减废水排放量,保证保护区内水质满足规定的水质标准; 禁止设立装卸垃圾、粪便、油类和有毒物品的码头
准保护区	保证二级保护区水质达到规定标准	直接或间接向水域排放废水,必须符合国家及地方规定的废水排放标准;当排放总量不能保证保护区内水质满足规定的标准时,必须削减排污负荷

10.4.3 地表水源保护区的管理

对保护区内水源的管理工作包括两个方面:一是水质水量检测;二是防治监督管理。

前者是基础,后者则是措施。

10.4.3.1 水量检测

1)检测内容

(1)认真观察和记录取水口附近河流的流量与水位。每日一次,洪水期间可适当增加观测次数。

(2)记录当天取水流量和总取水量。

(3)收听当地气象预报,记录当天气温和降雨情况。

(4)防汛期间及时了解上游水文变化和洪水情况。

(5)水库水源还要观察和记录水库的进水量、出水量、库容量。

2)检测方法

(1)江河水源应先在取水口附近测出河床断面,标定好流量和水位的大致关系,然后在便于观察的地点设置固定的水位标尺,以后就用检测到的水位值来推算河水流量。

(2)水库与湖泊水源要事先搜集到水位与库容量的关系曲线图,然后在取水塔附近设立水位标尺,运行期间就根据水位的上升和下降幅度来推算进水量、出水量与库容。

(3)职责分工:地表水源的水量管理一般由进水泵房或取水设施值班人员负责观测和记录,每月由厂部管生产、技术的人员进行汇总,每年进行一次分析整理,绘制河水流量与水位的变化曲线以逐步掌握水源的变化规律。发现异常情况时要及时查清原因、寻求对策。

10.4.3.2 水质检测

1)主要工作内容

(1)认真分析和记录取水口附近河水的浊度、pH 值及水的温度,每日一次,在水质变化频繁的季节要适当增加分析次数和内容。

(2)每月或每季对取水口附近河水的水质进行一次常规分析。分析项目有浊度、色度、臭和味、肉眼可见物、pH 值、酸碱度、亚硝酸氮、硬度、溶解氧、耗氧量、细菌总数、大肠菌值及选择对本水源有代表性的几个重要理化指标。水库与湖泊水源还要增加氮、磷。

(3)每季或每半年对取水口附近河水按《生活饮用水卫生标准》规定的所有项目进行一次全分析。

(4)每年对取水口上游进行一次水源污染调查。

(5)水库与湖泊水源每三个月还要对不同深度的水温、浊度进行一次检测,并要掌握藻类与浮游动物含量。在水质变化频繁季节,还要增加检测次数。

2)一般职责分工

(1)每日的浊度、pH 值及水的温度可由进水泵房或净化操作工人进行测定。

(2)常规分析、全分析与其他检测都应由厂化验室负责,没有化验室的由厂部责成水质管理人员委托当地卫生部门或其他有条件的水厂进行。

(3)水源污染调查由厂部负责。

(4)所有分析资料都要指定专人进行分析、整理,发现异常情况要立即分析研究,查找原因、寻求对策。每年还要写出源水水质分析方面的书面总结材料,所有资料都要存档保存。

10.4.3.3 防治监督管理

地表水环境质量标准规定了不同功能水域执行不同标准值。作为生活饮用水水源地一级保护区一般要求水源水质要至少达到Ⅱ类水体标准、二级保护区则要求至少达到Ⅲ类水体标准。如果水源受到人为或自然因素的影响,使水的感官性状、理化指标、有毒成分等超过了相应标准的限额,则表明水体受到了污染,应采取一定的防治措施。目前,对水源保护区的防治监管工作仍主要执行的是由国家环境保护总局、卫生部、建设部、水利部、地质矿产部联合颁布的《饮用水水源保护区污染防治管理规定》,该规定有以下主要内容:

(1)各级人民政府的环境保护部门会同有关部门做好饮用水水源保护区的污染防治工作,并根据当地人民政府的要求制定和颁布地方饮用水水源保护区污染防治管理规定。

(2)饮用水水源保护区由地方环境保护部门会同水利、地质矿产、卫生、建设等有关部门共同划定,报经县以上人民政府批准。跨省、市、县的饮用水水源保护区,其位置划定和管理办法由保护区范围内的各级人民政府共同商定并报经上一级人民政府批准。

(3)环境保护、水利、地质矿产、卫生、建设等部门应结合各自的职责,对饮用水水源保护区污染防治实施监督管理。

(4)因突发性事故造成或可能造成饮用水水源污染时,事故责任者应立即采取措施消除污染并报告当地市政供水、卫生防疫、环境保护、水利、地质矿产等部门和本单位主管部门,由环境保护部门根据当地人民政府要求组织有关部门调查处理,必要时经当地人民政府批准后采取强制性措施以减轻损失。

另外,在《生活饮用水卫生标准》中也有有关水源污染监督管理方面的内容,主要条款如下:

(1)在新建、扩建、改建集中式给水工程时,应由供水单位的主管部门会同卫生、环境保护、规划、水利等单位共同确定水源选择和水源防护方案并认真审查和验收。

(2)各级公安、规划、卫生、环境保护等单位必须协同供水单位按标准规定的防护地带要求,做好水源保护工作,防止污染事件发生。

(3)城镇集中式给水的水质检验采样点应有一定的点数选在水源,每一采样点每月采样检验应不少于两次,有条件时可适当增加次数。对水源水宜每月进行一次全分析 。

(4)卫生防疫站、环境卫生监测站应对水源水进行定期监测。

10.5 地下水源保护

10.5.1 地下水源保护区的划分

饮用水地下水源保护区应根据饮用水水源地所处的地理位置、水文地质条件、供水数量、开采方式和污染源的分布划定。地下饮用水源保护区一般划定为一级保护区、二级保护区和准保护区。各级保护区应有明确的地理界限。饮用水地下水水源保护区划分的技术指标见表10-8。

表 10-8　饮用水地下水水源保护区划分技术指标

编号	指标名称	指标含义
1	距离	从开采井起算的某一距离
2	迁移时间	污染物在地下水中输移，到达开采井位或某一界线所经历的时间
3	地下水流边界	已知的地下水流动分界线和含水层边界
4	净化能力	污染物在地下水中输移，经一定的时间或距离衰减到某一浓度水平

1）一级保护区的范围

一级保护区位于开采井或井群区周围，其作用是保证集水有一定滞后时间，以防止一般病原菌的污染。

一级保护区的范围，采用距离和（或）迁移时间指标，通过以下分析计算和比较确定：

（1）一级保护区边界距开采井或井群的最小距离不小于饮用水水源卫生防护带半径，同时其单井的保护半径也不应小于 50 m。

（2）一级保护区的边界到开采井或井群的迁移时间大于一旦发生可能污染水源的突发情况时，采取紧急补救措施所需的时间。

（3）一级保护区边界到开采井或井群的迁移时间相当于一般病原菌衰减的时间。

（4）直接影响开采井水质的补给区，应执行一级保护区的规定。

（5）当含水层埋藏较深或与地面水没有互补关系时，可根据具体情况调整一级保护区范围。

2）二级保护区的范围

二级保护区位于饮用水水源一级保护区外，其作用是保证集水有足够的滞后时间，以防止病原菌以外的其他污染。

二级保护区的范围，采用迁移时间、地下水流动边界、净化能力指标，通过以下分析计算和比较确定：

（1）二级保护区边界到一级保护区边界的迁移时间大于所选定的主要污染物在覆盖层土壤和含水层中被吸附、衰减到期望的浓度水平所需的时间。

（2）地下水流动分界线和（或）被开采含水层边缘为二级保护区边界线。

（3）被开采含水层的补给区可划定为二级保护区。

（4）在存在地下水越流补给时，应根据补给条件，调整一、二级保护区的范围。

3）准保护区的范围

饮用水水源准保护区位于饮用水水源二级保护区外的主要补给区，其作用是保护水源地补给水源的水量和水质。

被开采含水层的补给区、补给二级保护区的地表水和地下水区域，可划为准保护区。

4）已形成地下水降落漏斗区的水源保护区划分

在地下水区域性持续下降和过快下降、已形成地下水降落漏斗地区，应控制地下水开采规模，根据地下水水位、水力坡度等变化，适当扩大一级保护区的范围，二级保护区的范围划分如前所述。

10.5.2 地下水源保护区的防护

我国地下水源保护区的卫生防护规定见表10-9。

表10-9 地下水源保护区的卫生防护规定

给水方式	卫生防护规定
集中式给水	1. 防护范围根据水文地质条件、取水构筑物的形式和附近地区的卫生状况进行确定，其防护措施与地面水的水厂生产区要求相同。 2. 在单井或井群的影响半径范围内，不得使用工业废水或生活污水灌溉和施用持久性或剧毒的农药，不得修建渗水厕所、渗水坑、堆放废渣或铺设污水渠道。 3. 在水厂生产区的范围内，应按地面水水厂生产区的要求执行。
分散式给水	水井周围30 m的范围内不得设置渗水厕所、渗水坑、粪坑、垃圾堆和废渣堆等污染源，建立卫生检查制度

饮用水地下水源各级保护区内均必须遵守表10-10所列之各项规定。

表10-10 饮用水地下水源保护区分级水质标准及防护规定

护区名称	水质标准	分级防护规定
各级保护区	《地下水环境质量标准》(GB/T14848—1993)	禁止利用渗坑、渗井、裂缝、溶洞等排放废水和其他有害废弃物； 禁止利用透水层孔隙、裂隙、溶洞及废弃矿坑储存石油、天然气、放射性物质、有毒有害化工原料及农药等； 实行人工回灌地下水时不得污染当地地下水源。
一级保护区	《地下水环境质量标准》(GB/T14848—1993)Ⅱ类	禁止建设与取水设施无关的建筑物； 禁止从事农牧业活动； 禁止倾倒、堆放工业废渣及城市垃圾、粪便和其他有害废弃物； 禁止输送废水的渠道、管道及输油管道通过本区； 禁止建设油库； 禁止建立墓地
二级保护区	《地下水环境质量标准》(GB/T14848—1993)Ⅲ类	1. 潜水含水层水源地： 禁止建设化工、电镀、皮革、造纸、制浆、冶炼、放射性、印染、染料、炼焦、炼油及其他有严重污染的企业，已建成的要限期治理、转产或搬迁； 禁设城市垃圾、粪便和易溶、有毒有害废弃物堆放场和转运站，已有的要限期搬迁； 禁止利用未经净化的废水灌溉农田，已有的污灌农田要限期改用清水灌溉； 化工原料、矿物油类及有毒有害矿产品的堆放场所必须有防雨、防渗措施。 2. 承压含水层水源地：禁止承压水和潜水的混合开采，做好潜水的止水措施
准保护区	保证二级保护区水质达到规定标准	禁止建设城市垃圾、粪便和易溶、有毒有害废弃物的堆放场站。因特殊需要设立转运站的，必须经有关部门批准，并采取防渗漏措施； 当补给源为地表水体时，该地表水体水质不应低于《地面水环境质量标准》(GB3838—2002)Ⅲ类标准； 不得使用不符合《农田灌溉水质标准》(GB 5084—2005)的污水进行灌溉，合理使用化肥，保护水源林，禁止毁林开荒，禁止非更新砍伐水源林

知识链接

地下岩层含水简况

给水水源分为地表水源和地下水源。地表水源包括江河水、湖泊水、水库水以及海水等；地下水源包括上层滞水、潜水、承压水、裂隙水、溶岩水和泉水等。地下岩层的含水情况与岩石的地质年代有关，列表10-11供参考。

表10-11　岩石形成的地质时代和含水情况

代	纪世		距今年数（百万年）	自然环境	岩石主要特点	含水情况
新生代	第四纪	全新世		全国皆为陆地	砂、砾石、黏性土	砂、砾石为主要含水层，一般水量较大
		新更新世	—0.01—		黄土为主	一般不含水
		中更新世			红色黏土为主	不含水
		老更新世			黏土、砾石	一般不含水
	第三纪		—1.0—		黏土、砂岩、砾岩	含水量很少
中生代	白垩纪		—60—	当时华北上升为陆地，华南部分上升为陆地，西南仍为大海	砂岩、砾岩、火山岩	砂岩含少量水
	侏罗纪		—130—		砂岩、页岩、夹煤层	砂岩有时含少量水
	三叠纪				砂岩、页岩	砂岩有时含少量水
古生代	二叠纪		—220—		页岩、砂岩、煤层	砂岩含少量水
	石炭纪				砂岩、页岩、石灰岩、煤层	砂岩含少量水
	泥盆纪		—265—		北方未形成岩石南方为砂页岩	
	志留纪		—320—			
	奥陶纪		—375—	当时全国范围内皆被海水淹没	石灰岩	易形成溶洞，溶洞发育地段，一般水量丰富
	寒武纪		—440—		石灰岩为主，夹有页岩	石灰岩含水量不均匀，有时水量较多
元古代	震旦纪		—550—		石灰岩、石英岩	石灰岩含少量裂隙水
太古代	五台纪 泰山纪		—1 100—		片石、大理石、片麻石	片麻岩含少量裂隙水

参 考 文 献

[1] (美)F·巴特曼. 水是最好的药[M]. 刘晓梅,译. 长春:吉林文史出版社,2006.

[2] 赵广和. 中国水利百科全书·综合分册[M]. 北京:中国水利水电出版社,2004.

[3] 谭见安. 地球环境与健康[M]. 北京:化学工业出版社,2004.

[4] 李党生. 水质监测与评价[M]. 北京:中国水利水电出版社,1999.

[5] 任树梅,杨培岭. 水资源保护[M]. 北京:中国水利水电出版社,2003.

[6] 李永存,李伟,吴建华. 饮用水健康与饮用水处理技术[M]. 北京:中国石化出版社,2004.

[7] 何燧源. 环境化学[M]. 上海:华东理工大学出版社,2005.

[8] 何强,井文涌,王翊亭. 环境学导论[M]. 北京:清华大学出版社,2004.

[9] 陈志恺. 中国水利百科全书·水文与水资源分册[M]. 北京:中国水利水电出版社,2004.

[10] 刘善建. 水的开发与利用[M]. 北京:中国水利水电出版社,2000.

[11] 高俊发. 水环境工程学[M]. 北京:化学工业出版社,2003.

[12] 刘东生. 人与自然和谐发展[N]. 光明日报,2004-11-12.

[13] 许士国. 环境水利学[M]. 北京:中国广播电视大学出版社,2005.

[14] 张漱洁,林萍. 饮用水卫生手册[M]. 北京:人民卫生出版社,2006.

[15] 战友. 环境保护概论[M]. 北京:化学工业出版社,2004.

[16] 刘静玲. 人口、资源与环境[M]. 北京:化学工业出版社,2001.

[17] 吴季松. 现代水资源管理概论[M]. 北京:中国水利水电出版社,2002.

[18] 朱党生,王超,程晓冰. 水资源保护规划理论及技术[M]. 北京:中国水利水电出版社,2001.

[19] 林洪孝,管恩宏,王国新. 水资源管理理论与实践[M]. 北京:中国水利水电出版社,2003.

[20] 吴季松,袁弘任. 水资源保护知识问答[M]. 北京:中国水利水电出版社,2002.

[21] 杨志保,汪山,潘远友. 水资源知识[M]. 郑州:黄河水利出版社,2001.

[22] 刘超臣,蒋辉. 环境学基础[M]. 北京:化学工业出版社,2003.

[23] 郑正. 环境工程学[M]. 北京:科学出版社,2004.

[24] 刘树坤. 中国生态水利建设[M]. 北京:人民日报出版社,2004.

[25] 高俊才. 积极推进城乡统筹供水 实现农村饮水安全[J]. 中国水利,2009(1):12-19.

[26] 潘岳,刘青松. 环境保护 ABC[M]. 北京:中国环境科学出版社,2004.

[27] 王淑莹,高春娣. 环境导论[M]. 北京:中国建筑工业出版社,2004.

[28] 王子健,王东红. 饮用水安全评价[M]. 北京:化学工业出版社,2008.

[29] 蒋辉. 环境地质学[M]. 北京:化学工业出版社,2008.

[30] 仇雁翎,陈玲,赵建夫. 饮用水水质监测与分析[M]. 北京:化学工业出版社,2006.

[31] 廉有轩. 环境地学[M]. 北京:中国环境科学出版社,2008.

[32] 曹小欢,邱雪莹,黄茁. 饮用水水源地安全评价指标的分析[J]. 中国水利,2009(21):25-28.

[33] 张建强,刘颖. 生态与环境[M]. 北京:化学工业出版社,2009.

[34] 武宝轩,韩博平. 环境与人类[M]. 北京:电子工业出版社,2004.

[35] 王正平. 环境哲学[M]. 上海:上海人民出版社,2004.

[36] 马占青. 水污染控制与废水生物处理[M]. 北京:中国水利水电出版社,2003.

[37] 韦凤年,刘炳忠. 全球水伙伴为饮用水安全献言献策[J]. 中国水利,2006(13):1-3.

[38] 朱正威,赵占良. 生物3·稳定与环境[M]. 北京:人民教育出版社,2007.

[39] 梁振廷,李岩,刘泽飞.“3名河南矿工被困井下25天后奇迹生还”后续[N].大河报,2009-07-15.
[40] 温中豪.夏枯草为啥惹祸?[N].大河报,2009-05-14.
[41] 林辉.天热了泌尿系统结石病多了[N].大河报,2009-05-15.
[42] 王珂.出汗也惹病[N].大河报,2009-07-06.
[43] 王珂.肠胃“脆弱”当心伤着[N].大河报,2009-06-23.
[44] 简明.出汗要“会”喝水[N].大河报,2009-07-13.
[45] 胡炳俊.出门在外不方便少喝水,旅途缺水易致尿路感染[N].大河报,2009-04-29.
[46] Martin Fox,Ph. D.健康的水[M].罗敏,周蓉,译.北京:中国建筑工业出版社,2001.
[47] 杨波.合理补水胜于良药[N].健康时报,2009-07-02.
[48] 刘宁.充分关注水质,科学保障饮水安全[J].中国水利,2006(3):5.
[49] 央视《百科探秘》[N].洛阳广播电视报,2009-07-31.
[50] 王久思,陈学民,肖举强.水处理化学[M].北京:化学工业出版社,2002.
[51] 宋业林.新编化学水处理技术问题[M].北京:中国石化出版社,2008.
[52] 张胜华.水处理微生物学[M].北京:化学工业出版社,2005.
[53] 周凤霞.环境微生物[M].北京:化学工业出版社,2006.
[54] 陈朝东.水环境监测技术[M].北京:化学工业出版社,2006.
[55] 郝瑞霞,吕鉴.水质工程学实验与技术[M].北京:北京工业大学出版社,2006.
[56] 何文杰.安全饮用水保障技术[M].北京:中国建筑工业出版社,2006.
[57] 曲久辉.饮用水安全保障技术原理[M].北京:科学出版社,2007.
[58] 何煦.紫外消毒技术商机凸显[N].中国水利报,2003-07-17.
[59] 刘文君,孙文俊.农村地区饮用水消毒技术的应用[J].中国水利,2005(19):23-25.
[60] 陆柱,蔡兰坤,丛梅.给水与用水处理技术[M].北京:化学工业出版社,2004.
[61] 鄂学礼.饮用水深度净化与水质处理器[M].北京:化学工业出版社,2005.
[62] 张永吉.紫外线消毒工艺在给水处理中的应用[N].中国水利报,2009-10-12.
[63] 张林生.水的深度处理与回用技术[M].北京:化学工业出版社,2004.
[64] 吴一蘩,高乃云,乐林生.饮用水消毒技术[M].北京:化学工业出版社,2006.
[65] 秦钰慧.饮用水卫生与处理技术[M].北京:化学工业出版社,2002.
[66] 白雪涛.生活环境与健康[M].北京:化学工业出版社,2004.
[67] 梁好,盛选军,刘传胜.饮用水安全保障技术[M].北京:化学工业出版社,2007.
[68] 张可方.水处理实验技术[M].广州:暨南大学出版社,2003.
[69] 王秀梅,张树春.砷与人体健康[J].环境保护,1989(11):16-17.
[70] 纪轩.废水处理技术问答[M].北京:中国石化出版社,2005.
[71] 世界卫生组织.饮用水水质准则[M].梁相钦,译.北京:人民卫生出版社,2003.
[72] 朱长振.大沙河砷污染事件调查[N].大河报,2009-03-25.
[73] 贾振邦.环境与健康[M].北京:北京大学出版社,2008.
[74] 陈欢欢.单根头发有玄机,死亡细胞藏信息[N].科学时报,2007-06-04.
[75] 吴旖旎.光绪死于急性砒霜中毒[N].大河报,2008-11-04.
[76] 王国惠.水分析化学[M].北京:化学工业出版社,2006.
[77] 李振瑜,刘皓磊,刘洙.高氟水和高砷水处理技术与设备问题探讨[J].中国水利,2007(10):131-134.
[78] 崔招女,刘学功,李晓琴.农村饮水工程适宜水质净化技术[J].中国水利,2007(10):94-98.
[79] 美国自来水协会.水质与水处理公共供水技术手册[M].刘文君,施周,译.中国建筑工业出版社,

2008.
[80] 蒋辉. 环境水化学[M]. 北京:化学工业出版社,2003.
[81] 刘绮. 环境化学[M]. 北京:化学工业出版社,2004.
[82] 徐顺清. 环境健康科学[M]. 北京:化学工业出版社,2005.
[83] 刘倩,邵天一. 日本饮水安全的实践与经验[J]. 水利发展研究,2007(12):56-61.
[84] 新华社. 湖南镉污染事件追踪[N]. 洛阳日报,2009-08-03.
[85] 张翠,毕春娟,陈振楼. 地表水体中重金属类内分泌干扰物的环境行为[J]. 水资源保护,2008,24(2):1-5.
[86] 刘先利,刘彬,邓南圣. 环境内分泌干扰物研究进展[J]. 上海环境科学,2003,22(1):57-64.
[87] 胡炳俊. 吃啥补啥,吃腰子"壮阳"? [N]. 大河报,2009-04-10.
[88] 邓志瑞,余瑞云,余采薇. 重金属污染与人体健康[J]. 环境保护,1991(12):26-27.
[89] 唐受印,戴友芝. 水处理工程师手册[M]. 北京:化学工业出版社,2000.
[90] 阮云迪. 大连儿童24%血铅水平超标 主要原因为环境污染[N]. 半岛晨报,2005-05-22.
[91] 张延. 日本水俣病和水俣湾的环境恢复与保护[J]. 水利技术监督,2006(5):50-52.
[92] 赵永新. 水俣病——无法愈合的污染伤痛[N]. 人民日报,2004-04-01.
[93] 杨文丽. 氢化物发生—原子荧光光谱法测定地表水中微量汞[J]. 水利技术监督,2006(5):36-38.
[94] 毛磊. 零食当饭吃 9 岁孩子脱发[N]. 大河报,2009-05-21.
[95] 北京晚报. 硒 刺向肿瘤的一把利剑[N]. 洛阳广播电视报,2009-06-12.
[96] 王琳,施永生. 含硒水处理[M]. 北京:化学工业出版社,2005.
[97] 王鹏. 富营养化湖泊营养盐的来源及治理[J]. 水资源保护,2004,20(2):9-12.
[98] 田怀疆. 氰化物与人体健康[J]. 环境保护,1989(8):16-17.
[99] 陈维杰,张建生,李孟奇. 高氟地下水的成因类型与处理技术[J]. 河南水利与南水北调 · 农村饮用水安全特刊,2007(10):116-117.
[100] 张莉平,习晋. 特殊水质处理技术[M]. 北京:化学工业出版社,2006.
[101] 宋爱华. 自来水变"长寿水"[N]. 洛阳广播电视报,2009-10-30.
[102] 赵奎霞,夏宏生,韩永萍. 水处理工程[M]. 北京:中国环境科学出版社,2008.
[103] 严煦世,范瑾初,刘荣光. 给水工程[M]. 北京:中国建筑工业出版社,1999.
[104] 佟元清,李金英,王立新. 地下水降氟方法对比研究[J]. 中国水利,2007(10):116-118.
[105] 关旭. 除氟剂性能的比较研究[J]. 市政技术,2006,24(4):228-231.
[106] 孙士权. 村镇供水工程[M]. 郑州:黄河水利出版社,2008.
[107] 黄富民,赵广健,陆全球. 饮用水除氟技术的研究现状及发展趋势[J]. 西南给排水,2002,24(5):4-6.
[108] 程有普,闻建平,杨素亮. 天然沸石活化及除氟性能[J]. 化学工业与工程,2006,23(3):236-239.
[109] 沈振华,张玉先. 改性沸石用于饮用水除氟的试验研究[J]. 工业安全与环保,2006,32(3):14-16.
[110] 张志斌. 一种新型除氟滤料[J]. 中国水利,2009(1):73.
[111] 石作福,毕德合,付献林. 电渗析水处理设备在农村饮水中的应用[J]. 中国农村水利水电,2005(5):11-12.
[112] 吕昌银,董明元. 镧型阳离子交换树脂静态除氟实验研究[J]. 南华大学学报 · 医学版,2003,31(4):386-390.
[113] 罗湘成. 中国基础水利水资源与水处理务实[M]. 北京:中国环境科学出版社,1998.
[114] 刘凌,王湖. 地下水污染趋势预测研究[J]. 水文,1998(2):26-31.
[115] 崔玉亭. 化肥与生态环境保护[M]. 北京:化学工业出版社,2000.

[116] 曲格平. 环境保护知识读本[M]. 北京:红旗出版社,1999.
[117] 王珂. 超市自制食品如何放心买[N]. 大河报,2009－04－20.
[118] 李勇. 夏季饮水如何喝出健康来[N]. 洛阳广播电视报,2009－06－05.
[119] 张乃明. 环境污染与食品安全[M]. 北京:化学工业出版社,2007.
[120] 乔光建,张均玲,唐俊智. 地下水氮污染机理分析及治理措施[J]. 水资源保护,2004,20(3):9-12.
[121] 高乃云,严敏,乐林生. 饮用水强化处理技术[M]. 北京:化学工业出版社,2005.
[122] 魏荣宝,梁娅,孙有光. 绿色化学与环境[M]. 北京:国防工业出版社,2007.
[123] 林金明,宋冠群,赵利霞. 环境、健康与负氧离子[M]. 北京:化学工业出版社,2006.
[124] 辛渐. 药酒虽好,可不能乱喝[N]. 大河报,2009－05－05.
[125] 邹家庆. 工业废水处理技术[M]. 北京:化学工业出版社,2003.
[126] 佟玉衡. 实用废水处理技术[M]. 北京:化学工业出版社,1998.
[127] 施小平,周明浩. 二氧化氯饮用水中亚氯酸盐污染的初步研究[J]. 环境与健康,2000,17(6):341.
[128] 王琳,王宝贞. 饮用水深度处理技术[M]. 北京:化学工业出版社,2002.
[129] 赵占良. 生物[M]. 北京:人民教育出版社,2006.
[130] 小文. 夏季多吃哪些蔬菜可抗癌[N]. 洛阳广播电视报,2009－06－12.
[131] 吴景初. 酶与人类[J]. 环境保护,1989(1):17-18.
[132] 胡美玲. 化学[M]. 北京:人民教育出版社,2006.
[133] 丛丽,苏德林. 饮用水感官评价及工程技术[M]. 北京:化学工业出版社,2008.
[134] 金熙,项成林,齐冬子. 工业处理技术[M]. 北京:化学工业出版社,2003.
[135] 方子云. 中国水利百科全书・环境水利分册[M]. 北京:中国水利水电出版社,2004.
[136] 宋业林. 水质化验实用手册[M]. 北京:中国石化出版社,2003.
[137] 李天杰,宁大同,薛纪渝. 环境地学原理[M]. 北京:化学工业出版社,2004.
[138] 王又蓉. 工业废水处理问答[M]. 北京:国防工业出版社,2007.
[139] 朱琨,陈惠. 含水层中铁锰的地下去除方法[J]. 地下水,1993,15(4):168-170.
[140] 邢颖,张大钧,李冰. 地下水除铁除锰水厂设计实例[J]. 北方环境,2002(1):65-66.
[141] 张培良,周洪海. 接触氧化法除铁的滤料选择[J]. 黑龙江环境通报,1998,22(2):51-53.
[142] 赵钦勋,乔守良,赵文斌. 新亚铜灵直接光度法测定水中微量铜[J]. 农业环境与发展,2000(3):44-45.
[143] 许维光. 铜检测管技术介绍[J]. 环境保护,1990(4):28.
[144] 黄益宗. 镉、锌、铁、钙等元素的交互作用及其生态效应[J]. 生态学杂志,2004,23(2):92-97.
[145] 付善明,周永章,张澄博. 粤北大宝山矿废水中锌的环境地球化学[J]. 水资源保护,2007,23(6):7-11.
[146] 李博文,郝晋珉. 土壤镉、铅、锌污染的植物效应研究进展[J]. 河北农业大学学报,2002,25(增):74-76.
[147] 刘裴文,王萍. 现代水处理方法与材料[M]. 北京:中国环境科学出版社,2003.
[148] 王晓蓉. 环境化学[M]. 南京:南京大学出版社,1993.
[149] 高湘. 电渗析用于饮用水生产的工程设计实例[C]//水处理工程典型设计实例. 北京:化学工业出版社,2001.
[150] 马军,李圭白. 高锰酸钾去除水中有机污染物[C]//水和废水技术研究. 北京:中国建筑工业出版社,1992.
[151] 赵由才. 环境工程化学[M]. 北京:化学工业出版社,2003.

[152] 刘玉兰,徐宁,胡爱英.我国食品和水中天然放射性核素水平的调查[J].中华放射医学与防护杂志,1988,8(增刊):1-14.
[153] 刘英.《国家生活饮用水卫生标准》中总α和总β放射性标准的适用性探讨[J].中华放射医学与防护杂志,1996,6(6):396-398.
[154] 徐宁,刘玉兰,胡爱英.我国居民对天然放射性核素的食入量及所致内照射剂量[J].中华放射医学与防护杂志,1988,8(增刊):15-19.
[155] 全国环境天然放射性水平调查总结报告编写小组.全国水体中天然放射性核素浓度调查(1983－1990)[J].辐射防护,1992,12(2):143.
[156] 张志军,李定龙.戴竹青.水分析化学[M].北京:中国石化出版社,2009.
[157] 宋业林.水质化验技术问答[M].北京:中国石化出版社,2009.
[158] 王丽伟,黄亮,郭正.水质自动监测站技术与应用指南[M].郑州:黄河水利出版社,2008.
[159] 朱文杰.发光细菌在环境监测中的应用[N].中国水利报,2009－11－26.
[160] 马唐宽.水中化学需氧量与高锰酸盐指数关系的研究[J].水利技术监督,2006(5):39-41.
[161] 朱文杰.发光细菌在环境监测中的应用[N].中国水利报,2009－11－26.
[162] 张世瑕.村镇供水[M].北京:中国水利水电出版社,2005.
[163] 陈维杰.集雨节灌技术[M].郑州:黄河水利出版社,2003.
[164] 陈一文."缺氧"是癌症、心脏病以及严重损害人类健康的变质性疾病的主要原因[C]//第二届中国灾害史学术会议交流资料.北京林业大学,2005－10－09.
[165] 严瑞瑄.水处理剂应用手册[M].北京:化学工业出版社,2003.
[166] 水利部.村镇供水工程技术规范[SL310—2004].
[167] 刘玲花,周怀东,金旸.农村安全供水技术手册[M].北京:化学工业出版社,2005.
[168] 凌波,李玲文,樊荣涛.二氧化氯等多种消毒剂发生器[J].环境保护,1989(8):19-20.
[169] 武永兴,胡美玲.化学[M].北京:人民教育出版社,2007.
[170] (日)山根靖弘.环境污染物质与毒性(无机篇)[M].霍振东,等,译.成都:四川人民出版社,1981.
[171] 常青.饮用水中的THMs和TOX[J].环境保护,1989(6):16-19.
[172] 吴沈春.环境与健康[M].北京:人民卫生出版社,1982.
[173] 钟会墀.癌症的流行与预防[M].广州:科学普及出版社广州分社,1987.
[174] 中国环境监测总站.中国土壤元素背景值[M].北京:中国环境科学出版社,1990.
[175] 四川医学院.卫生统计学[M].北京:人民卫生出版社,1987.
[176] 曾昭华,曾雪萍.中国癌症与土壤中钼元素的关系[J].农村生态环境,2000,16(2):60-61.
[177] 朱群.镍与人体健康[J].环境保护,1991(8):19.
[178] 黄君礼,范启祥,寇广中.国内主要水厂卤仿的调查[J].环境化学,1987,6(4):80.
[179] 王丽花,周鸿,张晓健.供水管网中AOC、消毒副产物的变化规律[J].中国给水排水,2001,17(6):1.
[180] 田家怡,张洪凯,周桂芬.小清河污灌水质有机化合物污染及对地下水影响的研究[J].山东环境,1995,64:15.
[181] 《工业毒理学》编写组.工业毒理学[M].上海:上海人民出版社,1977.
[182] 尹先仁,秦钰慧.环境卫生国家标准应用手册[M].北京:中国标准出版社,2000.
[183] 李林,周玲,张杨.西安市饮用水中六六六滴滴涕污染的调查[J].环境与健康杂志,1998,15(5):208.
[184] 赵建明.农药百菌清、茅草枯、杀虫脒的细胞遗传学效应[J].中华劳动卫生职业病杂志,1984

(1):46.
[185] 王翔朴. 车间空气中百菌清卫生标准的研究[J]. 职业医学,1993(4):233.
[186] 江希流,华小梅. 加强农药的环境管理刻不容缓[J]. 农村生态环境,2000,16(2):35-38.
[187] 蔡道基. 农药环境毒理学研究[M]. 北京:中国环境科学出版社,1999.
[188] 胡幼涛. 干洗行业的四氯乙烯与人体健康[J]. 环境保护. 1990(1):21.
[189] 黄国兰,李卫华,李红亮. 水体表面微层中 DBP 和 DEHP 的色谱测定[J]. 中国环境监测. 1999,15(3):19.
[190] 新华社. 食烧焦的肉增加患癌风险[N]. 大河报,2009-04-23.
[191] 郝广杰. 我国近年来部分地区发生蓝藻污染水环境事件[N]. 中国青年报,2007-06-01.
[192] 董传辉,俞顺章,陈刚. 某湖周围水厂源水及出厂水微囊藻毒素调查[J]. 卫生研究,1998,27(2):100.
[193] 孟玉珍,张丁,王兴国. 郑州市黄河水源水藻类和藻类毒素污染状况调查[J]. 中华预防医学杂志,2000,34(2):92.
[194] 吴静,王玉鹏,蒋颂辉. 城市供水藻毒素污染水平的动态研究[J]. 中国环境科学,2001,21(4):322.
[195] 俞顺章,赵宁,资晓林. 饮水中微囊藻毒素与我国原发性肝癌关系的调查[J]. 中华肿瘤杂志,2001,23(2):96.
[196] 吴泳. 环境污染治理[M]. 北京:科学出版社,2004.
[197] 辛渐. 每天该吃多少盐?[N]. 大河报,2009-05-18.
[198] 南都周刊. 2009 健康杀手:环境污染引发多起伤害[N]. 洛阳广播电视报. 2009-12-11.
[199] 于敏. 不同蔬菜防癌效用各异[N]. 洛阳日报,2009-02-17.
[200] 小文. 夏季多吃哪些蔬菜可抗癌[N]. 洛阳广播电视报,2009-06-12.
[201] 郑耀通. 环境病毒学[M]. 北京:化学工业出版社,2006.
[202] 刘文朝. 农村供(饮)水发展及关键技术的思考[J]. 中国水利,2009(1):39-41.
[203] 张启海,原玉英. 城市与村镇给水工程[M]. 北京:中国水利水电出版社,2005.
[204] 吕春生. 高效絮凝拦截沉降集成系统工艺研究[D]. 北京:中国科学院,2000.
[205] 李天麟. 高原与健康[M]. 北京:北京科学技术出版社,2001.
[206] 胡炳俊. 坏水果中没腐烂的部分仍有致病菌[N]. 大河报,2009-04-29.
[207] 黄堃. 德国开发出快速消毒仪[N]. 洛阳日报,2009-12-01.
[208] 纪轩. 污水处理工必读[M]. 北京:中国石化出版社,2008.
[209] 于丁一,宋澄章,李航宇. 膜分离工程及典型设计实例[M]. 北京:化学工业出版社,2005.
[210] 陈益清,尹华升,尤作亮. 超滤处理微污染水库水的中试研究[C]//饮用水安全保障技术与管理国际研讨会论文集. 北京:中国建筑工业出版社,2005.
[211] 薛巧玲,陈维杰,远铁栓. 气候与生态研究[M]. 北京:气象出版社,2004.
[212] 中国建筑设计研究院. 管道直饮水系统技术规程(CJJ—2006)[S].
[213] 温中豪. 太阳能热水器里的水不能做饭[N]. 大河报,2009-05-08.
[214] 南方周末. 低端饮水机内胆重金属污染严重[N]. 洛阳广播电视报,2009-05-08.
[215] 何维华. 管材聚焦[N]. 中国水利报,2003-06-19.
[216] 杨凤栋. 村镇供水管网设计技术问题探讨[J]. 中国水利,2007(10):99-101.
[217] 王建辉,高鹏远. 塑料管材优劣的鉴别方法[J]. 中国水利,2007(10):108-110.
[218] 赵凌云. 北京山区农村安全饮水工程设计问题的探讨[J]. 中国水利,2009(19):52-54.
[219] 李尉卿. 环境评价[M]. 北京:化学工业出版社,2003.

[220] 王国新,陈韶君,杨小柳. 水资源学基础知识[M]. 北京:中国水利水电出版社,2003.
[221] 姚忆江,熊凯. 蓝藻重来凸显中国治水困境[N]. 南方周末,2009-07-09.
[222] 新华社. 花 910 亿元巨资治污收获不多[N]. 洛阳晚报,2009-11-11.
[223] 梓铭. 治水的背后[N]. 人民日报,2004-05-13.
[224] 郑松波. 黄河流域九省、区人大共议“保卫黄河”[N]. 大河报,2009-06-03.
[225] 曹升乐,王少青,孙秀玲. 农村饮水安全工程建设与管理[M]. 北京:中国水利水电出版社,2007.
[226] 章至洁,韩宝平,张月华. 水文地质学基础[M]. 徐州:中国矿业大学出版社,2004.